U0271574

高职高专制药技术类专业规划教材
编审委员会

主 任 委 员　程桂花

副主任委员　杨永杰　张健泓　乔德阳　于文国　鞠加学

委　　　员　（按姓名汉语拼音排列）

陈文华	陈学棣	程桂花	崔文彬	崔一强	丁敬敏
冯　利	关荐伊	韩忠霄	郝艳霞	黄一石	鞠加学
雷和稳	冷士良	李　莉	李丽娟	李晓华	厉明蓉
刘　兵	刘　军	刘　崧	陆　敏	乔德阳	任丽静
申玉双	苏建智	孙安荣	孙乃有	孙祎敏	孙玉泉
王炳强	王玉亭	韦平和	魏怀生	温志刚	吴晓明
吴英绵	辛述元	薛叙明	闫志谦	杨瑞虹	杨永杰
叶昌伦	于淑萍	于文国	张宏丽	张健泓	张素萍
张文雯	张雪荣	张正兢	张志华	赵　靖	周长丽
邹玉繁					

"十二五"职业教育国家规划教材

经全国职业教育教材审定委员会审定

制药单元操作技术

第二版

（下）

于文国　耿海义　主编

程桂花　主审

化学工业出版社

·北京·

本书主要介绍固体物料的输送与破碎、固体物料的筛分与混合、液体的混合、发酵液的预处理、蛋白质的沉淀、溶质的萃取、离子交换、吸附、膜分离、结晶、干燥、粉体物料处理等单元技术。各单元技术主要介绍单元操作的主要任务、岗位职责要求、基本原理、工艺计算、主要设备结构与操作、生产工艺及其操作过程、影响因素及其控制手段、常见问题分析及主要处理方法等。

本书适合于高等职业技术院校生化制药技术、生物制药技术、化学制药技术、生物化工工艺、药物制剂技术等工艺类专业的教学及制药生产企业职工培训，也可供从事生产、科研开发等工作的有关技术人员阅读、学习和参考。

图书在版编目（CIP）数据

制药单元操作技术·下/于文国，耿海义主编 . 2 版 . —北京：化学工业出版社，2015.5（2019.8 重印）
"十二五"职业教育国家规划教材
ISBN 978-7-122-23480-3

Ⅰ.①制… Ⅱ.①于…②耿… Ⅲ.①制药工业-化工单元操作-高等职业教育-教材 Ⅳ.①TQ460.3
中国版本图书馆 CIP 数据核字（2015）第 064300 号

责任编辑：蔡洪伟 陈有华　　　　　　　　　装帧设计：关　飞
责任校对：徐贞珍

出版发行：化学工业出版社（北京市东城区青年湖南街 13 号　邮政编码 100011）
印　　刷：北京市振南印刷有限责任公司
装　　订：北京国马印刷厂
787mm×1092mm　1/16　印张 17¾　字数 467 千字　2019 年 8 月北京第 2 版第 2 次印刷

购书咨询：010-64518888　　　　　　　　售后服务：010-64518899
网　　址：http://www.cip.com.cn
凡购买本书，如有缺损质量问题，本社销售中心负责调换。

定　　价：36.00 元

版权所有　违者必究

前　言

　　随着高职教育改革的深入推进，人才培养质量要求与当前高职生源现状之间的矛盾也变得越来越突出，改革教学内容已成为解决这种矛盾的一种有效方式。教材作为承载教学内容的一种有效载体，必须适应职业教育教学改革的需要。因此，开发适宜的教材，设计更加合理的教材体例，便于学生阅读和提高读书兴趣；选择有效内容，使其瞄准产业技术发展又贴近产业技术现状，在培养学生岗位工作能力的同时，也注重学生职业素质的养成，才有利于培养上手快、动手能力与解决实际问题能力强，有较好技术创新能力与职业发展潜力的高素质技术技能人才。

　　《制药单元操作技术·下》第二版在保持第一版教材主体风格和内容的基础上，进一步与企业优秀技术人员合作，在企业技术人员提供必要技术资料的基础上，对教材内容中的操作规程、设备及生产工艺，常见（或工艺）问题及处理等进行修改补充，增加了岗位职责要求、渗透蒸发与渗透蒸馏等新内容，删除了制药生产岗位很少使用的电泳与色谱技术两章内容，设计了"问题思考、案例解析、知识拓展"等模块。教材以制药生产单元技术为主线，通过分析单元技术的实施进行具体内容设计，即：生产单元所对应的岗位工作任务是什么？这些任务完成的职责要求有哪些？工作任务如何实现，如何完成得更好？完成任务的方法、途径、措施或手段是什么？完成任务过程中会有哪些问题，这些问题是怎么出现的，解决的方法或措施是什么？修订后的教材内容突出了实践性知识，实用性和针对性得以加强，教材体例也更加合理，有利于培养制药生产一线岗位员工的职业能力与素质。

　　本教材共分十章。绪论、第六、第七章由于文国编写，第三、第五、第九章部分内容由华北制药河北维尔康药业有限公司高级工程师耿海义编写，第一、第四、第九章部分内容由张之东编写，第二、第八章由郑永丽编写。本书在编写过程中得到了程桂花教授的指导，并对书稿进行审核；河北淀粉糖业有限公司高级工程师鞠加学再次对书稿提出了许多宝贵建议，在此一并表示诚挚的感谢！

　　限于编者业务水平所限，以及编写时间仓促，错误与疏漏之处敬请广大读者批评指正。

编　者

2015 年 2 月

第一版前言

近年来，随着经济的不断向前发展，生产技术领域发生了显著变化——新技术不断出现，老技术也在不断更新优化。制药产业作为应用技术的集成产业，正呈现良好的发展态势：生产能力逐步提升，生产规模不断扩大，产品种类也不断增加。随着制药产业的稳步发展，生产企业也正经历着前所未有的技术变革——节能减排，绿色生产，应用新技术、新工艺与新设备，实现低成本高效益。如何适应制药产业技术变革的需要，必须提高生产一线人员的技术水平与职业素质。高等职业技术院校肩负着培养面向生产、建设、服务和管理第一线需要的高技能人才的使命。只有培养掌握生产技术，并能应用技术解决具体问题的高素质技能人才，才能促进产业发展，适应社会经济发展的需要。

教材作为推广技术的一种载体，必须紧跟技术发展，瞄准技术领域现状，突出应用性、实用性内容，才能更好地辅助教学，适应培养一线岗位工作人员业务能力的需要。《制药单元操作技术》分为上下两册，上册主要介绍药物制备过程中除产物合成技术之外的相关工程技术，涉及物料的输送、传热、传质、分离、成品或半成品加工等所应用的各项单元操作技术。下册内容从制药生产岗位一线工作出发，以制药产业所应用的单元操作技术为对象，以任务为载体，以工作过程为导向，以完成岗位工作任务所需的知识、技能与素质为要素，设计适当理论知识，突出实践性知识，在加强介绍普遍应用的操作技术同时，也注重新技术的介绍，旨在使学生学习后能做、会做、做好，并具备一定的创新能力。

为了更好地跟踪生产单元操作技术应用现状，编者深入了多家具有代表性的大中型药物生产企业进行调研，并请多名企业技术人员给予指导和帮助。在企业通过与技术人员及生产操作人员进行深入的交流与研讨，掌握了大量的生产一线技术资料，为编写教材内容积累了丰富的素材，使得教材内容更加实用，生产实践知识得以加强。希望这本教材有助于培养学生从事生产一线工作的能力。

本书主要阐述产物分离纯化与产品初加工技术，共分十二章。其中，绪论、第六、第九章由于文国编写，第三、第五、第七章及第十一章部分内容由程桂花编写，第一、第四、第十一章部分内容由张之东编写，第二、第八、第十章由郑永丽编写。全书由于文国、程桂花统稿修正，由华北制药集团华胜有限公司高级工程师鞠加学主审。

限于编者业务水平，以及编写时间仓促，疏漏之处敬请广大读者批评指正。

编　者
2010 年 5 月

目　　录

绪　　论

【学习目标】
① 了解生物技术产品特点，以及药物分离精制过程的基本特点及技术发展趋势。
② 理解药物分离精制过程的基本原理。
③ 掌握药物分离精制过程选择与设计基本方法。
④ 熟悉药物分离精制与成品加工的一般工艺过程。

药物生产中，合成单元及以前的物料加工单元构成的生产过程称为上游加工过程，合成单元之后的物料加工单元所构成的生产过程称为下游加工过程。上下游加工过程涉及许多单元操作技术，主要包括：破碎、筛分、混合、制粒、输送、合成、凝聚或絮凝、沉降或沉淀、浸取与萃取、常规过滤、膜过滤、压缩、换热、制冷、吸收、精馏、蒸发、吸附与离子交换、电泳、色谱、结晶、干燥、制粒等。这些单元技术依据各自特点及产品加工的需要，通过组合可实现特定药物产品的生产加工过程。

《制药单元操作技术》分上、下两册，主要介绍除药物合成技术之外的单元操作技术，上册侧重于单元操作基础知识的学习及应用，下册主要介绍下游加工过程中药物的分离精制及产品的初加工技术。在药物的分离精制技术中，尤以生物技术产品的分离精制更为复杂。本书主要介绍生物技术产品分离精制技术，当然这些分离精制技术也适用于化学药物。

第一节　生物技术产品与药物分离精制过程

一、生物技术产品特性

生物技术产品是指在生产过程应用微生物发酵技术、酶反应技术、动植物细胞培养技术等生物技术制得的产品。它包括常规的生物技术产品（如用发酵生产的有机溶剂、氨基酸、有机酸、蛋白质、酶、多糖、核酸、维生素和抗生素等）和现代生物技术产品（如用基因工程技术生产的医疗性多肽和蛋白质等）。它们的生产不同于一般化学品生产，而产品本身又具有许多特殊性。有的是胞内产物，如胰岛素、干扰素等；有的是胞外产物，如抗生素、胞外酶等；有的是分子量较小的物质，如抗生素、有机酸、氨基酸等；有的是分子量很大的物质，如酶、多肽、重组蛋白等。概括起来生物技术产品主要有以下几方面特性。

（1）生物技术产品具有不同的生理功能，其中有些是生物活性物质，如蛋白质、酶、核酸等。这些生物活性物质都有复杂的空间结构，而维系这种特定的三维结构主要是靠氢键、盐键、二硫键、疏水作用和范德华力等。这些生物活性物质对外界条件非常敏感，酸、碱、高温、重金属、剧烈的振荡和搅拌、空气和日光等都可能导致生物活性丧失。

（2）生物技术产品有些是胞内产品，有些是胞外产物。胞外产物直接由细胞产生，直接分泌至培养液中。而胞内产物较为复杂，有些是游离在胞浆中，有些结合于质膜上或存在于细胞器内。对于胞内的物质的提取要先破碎细胞，对于膜上的物质则要选择适当的溶剂使其从膜上溶解下来。

（3）生物技术产品通常是由产物浓度很低的发酵液或培养液中提取的，除少数特定的生化反应系统，如酶在有机相中的催化反应外，在其他大多数生化反应过程中，溶剂全部是水。产物（溶质和悬浮物）在溶剂水中的浓度很低，原因主要受到细胞本身代谢活动限制及外在条件对传质传热的影响。而杂质的浓度很高，并且这些杂质有很多与目标产物的性质很相近，有的还是同分异构体，如手性药物的制备过程。

（4）发酵液或培养液是多组分的混合物，且是复杂的多相系统，固液分离很困难。由于各种细胞代谢活动是非常复杂的网络体系，导致在生产过程中会产生一系列复杂的产品混合物。另外，细胞本身组成成分也非常复杂，不同的细胞具有不同的细胞组成，细胞在培养过程中由于衰老和死亡，使细胞本身自溶而将相应组成成分释放到培养液中。这些混合物不仅包含了大分子量物质，如核酸、蛋白质、多糖、类脂、磷脂和脂多糖等，而且还包含了低分子量物质，即大量存在于代谢途径的中间产物，如氨基酸、有机酸和碱。另外，混合物不仅包括可溶性物质，而且也包括了以胶体悬浮液和粒子形态存在的组分，如细胞和细胞碎片、培养基残余组分、沉淀物等。总之，组分的总数相当大，即使是一个特定的体系，也不可能对它们进行精确的测定，何况各组分的含量还会随着细胞所处环境的变化而变化。

在下游加工过程中，由于对发酵液进行预处理，还会由于添加化学品或其他物理、化学和生物方面的原因而引起培养液组分的变化及发酵液流体力学特性的改变。分散在培养液中的固体和胶状物质，具有可压缩性，其密度又与液体接近，加上黏度很大，属于非牛顿型液体，使从培养液中分离固体很困难。

（5）生物技术产品的稳定性差，易随时间变化，如易受空气氧化、微生物污染、蛋白质水解、自身水解等。无论是大分子量产物还是小分子量产物都存在着产物的稳定性问题。产物失活的主要机制是化学降解或因微生物引起的降解。在化学降解的情况下，产物只能在一定的温度和 pH 范围内保持稳定。蛋白质一般稳定性很窄，超过此范围，将发生功能的变性和失活；对于小分子生物技术产物，可能它们结构上的特性，例如青霉素的 β-内酰胺环，在极端 pH 条件下会受损；对于手性分子的产物可能由于 pH、温度和溶液中存在某些物质所催化而被外消旋，导致有活性的产物大量损失。微生物降解是由于产品被自身的代谢酶所破坏；或由于污染杂菌而被其他微生物的代谢活动所分解。

（6）生物技术产品的生产多为分批操作，生物变异性大，各批发酵液或培养液不尽相同。另外由于生物技术产品多数是医药、生物试剂或食品等精细产品，必须达到药典、试剂标准和食品规范的要求，因此对最终的产品质量要求很高。

二、药物分离精制过程的重要性及其特点

要想从各种杂质的总含量大大多于目标产物的悬浮液中制得最终所需的产品，必须经过一系列必要的分离精制过程才能实现。因此，药物分离精制技术是生物技术产品制备过程中的必要技术手段，具有十分重要的地位。由于生物技术产品的特点导致药物分离精制过程实施十分艰难且需付出昂贵的代价。据各种资料统计，分离精制过程的成本在产品总成本中占有的比例越来越高，如化学合成药的分离精制成本是合成反应成本的 1～2 倍；抗生素类药物的分离精制费用约为发酵部分的 3～4 倍；对维生素和氨基酸等药物的分离精制费用而言，约为 1.5～2 倍；对于新开发的基因药物和各种生物药品，其分离精制费用可占整个生产费用的 80%～90%。由此可以看出，分离精制技术直接影响着产品的总成本，制约着产品生产工业化的进程。没有下游加工过程的配套就不可能有工业化结果，没有下游加工过程的进步就不可能有工业化的经济效益。开发和研究新的先进的适合于不同产品的分离精制技术和过程是提高经济效益，顺利实现产品工业化的重要途径。

在分离精制过程中，要克服分离步骤多、加工周期长、影响因素复杂、控制条件严格、生产过程中不确定性较大、收率低且重复性差的弊端，就必须综合运用多种现代分离精制技术手

段，才能保证产品的有效性、稳定性、均一性和纯净度，使产品质量符合标准要求。下游加工过程呈现如下几方面特点。

(1) 发酵液或细胞培养液中杂质复杂，它们的确切组分不十分清楚，这给药物分离精制过程设计造成很大困难。药物分离精制实际上是利用各种物质的性质差别进行的分离，对成分的数据的缺乏是现在下游加工过程共同的障碍。

(2) 产物的起始浓度低，最终产品要求纯度高，常需应用多种分离精制技术，进行多步分离，致使产物收率较低，加工成本增大。例如发酵液中抗生素的质量分数为 $1\% \sim 3\%$，酶为 $0.1\% \sim 0.5\%$，维生素 B_{12} 为 $0.002\% \sim 0.005\%$，胰岛素不超过 0.01%，单克隆抗体不超过 0.0001%，而杂质含量却很高，并且杂质往往与目标药物成分有相似的结构，从而加大了分离的难度。因此，对目标产物进行高度浓缩与纯化就必须应用多种分离精制技术，进行多步分离，这必将使产物最终收率降低，加工成本增大。如有的产品达到要求要 9 步分离才能完成，即使每步的收率达 90%，最终的收率也只能达到 38%。

(3) 药物分离精制过程通常在十分温和的条件下操作，以避免因强烈外界因子的作用而丧失产品的生物活性，同时生产要尽可能迅速，缩短加工时间。生物产物很不稳定，还有活性要求，从某种程度上来说，生物技术产品不是量的多少来衡量，而是生物活性的量化。遇热、极端 pH、有机溶剂都会引起失活或分解，如蛋白质的生物活性与一些辅因子、金属离子的存在和分子的空间构型有关。剪切力会影响蛋白质的空间构型，促使其分子降解，从而影响蛋白质活性，这是分离精制过程中要考虑的。另外，料液中有效组分通常性质不稳定，在各种分离精制过程中会发生水解，使其生物活性丧失。因此，对药物分离精制过程的操作条件有严格限制，同时尽可能缩短加工时间，以满足生物物质活性的限制。

(4) 发酵和培养很多是分批操作，生物变异性大，各批发酵液不尽相同，这就要求下游加工设备有一定的操作弹性，特别是对染菌的批号，也要能处理。发酵液的放罐时间、发酵过程中消沫剂的加入都对提取有影响。另外，发酵液放罐后，由于条件改变，还会继续按另一条途径发酵，同时也容易感染杂菌，破坏产品，所以在防止染菌的同时，整个提取过程要尽量缩短发酵液存放的时间。另外发酵废液量大，BOD 值较高，必须经过生物处理后才能排放。

(5) 某些产品在分离精制过程中，还要求无菌操作或除去对人体有害的物质。对基因工程产品，还应注意生物安全问题，即在密闭环境下操作，防止因生物体扩散对环境造成危害。生物产物一般用于医药、食品及化妆品，与人类生命息息相关。因此，要求分离精制过程必须除去原料液中含有的热原及具有免疫原性的异体蛋白等有害人类健康的物质，并且防止这些物质在操作过程中从外界混入，但可允许少量对人体无害的杂质的存在。

由于生物技术产品生产所用原料的多样性，反应过程的复杂性，产品质量要求的高标准性，药物分离过程应做到以下几点：迅速加工，缩短停留时间；控制好操作温度和 pH；减少或避免与空气接触氧化和受污染的机会；设计好组分的分离顺序；选择合适的分离精制方法。

三、药物分离精制的基本原理

生物反应产物一般是由细胞、游离的细胞外代谢产物、细胞内代谢产物、残存底物及惰性组分组成的混合液。因此，要想从混合液中得到目标产物，必须利用混合液中目标产物与共存杂质之间在物理、化学以及生物学性质上的差异，选择合理的药物分离精制技术，使目标产物与杂质在分离操作中具有不同的传质速率或平衡状态，从而实现分离精制。物理性质包括：分子量、粒度、密度、相态、黏度、溶解度、电荷形式、极性、稳定性、沸点和蒸气压等；化学性质包括：等电点、化学平衡、反应速率、离子化程度、酸性、碱性、氧化性与还原性等；生物学性质主要包括：疏水性、亲和作用、生物学识别、酶反应等。

药物分离精制技术按其原理可分为机械分离与传质分离两大类。机械分离针对非均相混合物，根据物质的大小、密度的差异，依靠外力作用，将两相或多相分开，此过程的特点是相间不发生物质传递，如过滤、沉降、膜分离等。传质分离针对均相混合物，也包括非均相混合物，通过加入分离剂（能量或物质），使原混合物体系形成新相，在推动力的作用下，物质从一相转移到另一相，达到分离精制的目的，此过程的特点是相间发生了物质传递。

某些传质分离过程利用溶质在两相中的浓度与达到相平衡时的浓度之差为推动力进行分离，称为平衡分离过程，如蒸馏、蒸发、吸收、吸附、萃取、结晶、离子交换等。某些传质分离过程依据溶质在某种介质中移动速率的差异，在压力、化学位、浓度、电势和磁场等梯度所造成的推动力下进行分离，称为速率控制分离过程，如超滤、反渗透、电渗析、电泳和磁泳等。有些传质分离过程还要经过机械分离才能实现物质的最终分离，如萃取、结晶等传质分离精制过程都需经离心分离来实现液-液、固-液两相的分离。因此，机械分离的好坏也会直接影响到传质分离速度和效果，必须同时掌握传质分离和机械分离的原理和方法，合理运用各种分离技术，才能优化产品生产工艺过程。

图 0-1 表示了分离精制过程的一般原则。原料是某种混合物，产品为不同组分或相的物流。分离剂是分离过程的辅助物质或推动力，它可以是某种形式的能量，也可以是某一种物质，如蒸馏过程的分离剂是热能，液-液萃取过程的分离剂是萃取剂，离子交换过程的分离剂是离子交换树脂。分离装置主要提供分离场所或分离介质。

图 0-1　分离精制过程的一般原则

随着原料来源的不同，对分离程度的要求不同，所选用的分离剂不同，分离装置将有很大差异。另外，对于某一混合物的分离要求，有时用一种分离方法就能完成，但大多数情况下，需要用两种、甚至多种分离方法才能实现分离；有时分离技术上可行，但经济上不一定可行，需要将几种分离技术优化组合，才能达到高效分离的目的。综上所述，对于某一混合物的分离精制过程，其分离工艺和设备是多种多样的。

四、药物分离精制过程的选择与设计

由于含有目标生物物质的原料液是一个多组分、多相态的混合料液。因此，选择什么样的药物分离精制过程，如何选择各过程的技术处理方法，以得到所需的目标物质，则要考虑以下很多因素。

（1）产物所存在的位置（细胞内或细胞外）。

（2）原料中产物和主要杂质浓度。

（3）产物和主要杂质的物理、化学及生物学特性的差异。

（4）产品的用途和质量标准等。

（5）药物分离精制过程自身规模和目标产物的商业价值也是选择分离精制技术的重要因素。如各种形式的色谱技术多用于价格昂贵的医药产品及生理活性物质（如人干扰素）的分离精制，但其分离过程成本较高，并且规模放大困难，不适用低价格生物产物的分离精制。

（6）工艺要求药物分离精制过程涉及许多问题，但在工业生产中尤其要注重以下几点。

① 目标产物的纯度。这是分离的目标，纯度越高，分离过程难度越大。

② 提高每一步的收率。过程的总收率为 $\eta = \prod_{i=1}^{N} \eta_i$，所以在保证统一计划的前提下，要通过提高每一步的收率来提高总收率。

③ 缩短流程和简化工艺过程，减少投资及运行成本。

④ 降低对环境的负担和原料的循环利用问题。

通过综合考虑上述相关因素，选择合理的分离精制方法，设计适宜的分离精制过程。一般分离精制过程设计原则是：①尽可能简单、低耗、快速、成熟；②分离精制步骤尽可能少；③避免相同原理的分离精制技术多次重复出现；④尽量减少新化合物进入待分离的溶液；⑤合理的分离步骤次序（原则：先低选择性，后高选择性；先高通量，后低通量；先粗分，后精分；先低成本，后高成本；先除去固体杂质，然后对液相物料进行处理，或者先使固体物料中的有效组分进入液相，再对液相进行后序分离操作）。

第二节　药物分离精制及成品加工

一、药物分离精制及成品加工的一般工艺过程

一般来说，药物分离精制及成品加工过程主要包括四个方面：①原料液的预处理和固液分离；②初步纯化（提取）；③高度纯化（精制）；④成品加工。其一般工艺过程如图 0-2 所示。但就具体产品的分离精制及加工工艺要根据原料液的特点和产品的要求来决定。如有的可以直接从发酵液中提取，可省去固液分离过程。

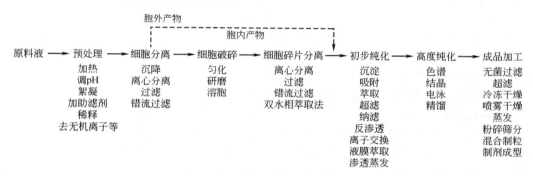

图 0-2　药物分离精制及成品加工的一般工艺过程

二、发酵液的预处理和固液分离

发酵液中含有菌（细胞）体、胞内外代谢产物、残余的培养基以及发酵过程中加入其他一些物质等。发酵液的预处理和固液分离过程是下游加工的第一步操作。常用的预处理方法有酸化、加热、加絮凝剂等。如在活性物质稳定的范围，通过酸化、加热以降低发酵液的黏度。对于杂蛋白的去除，常采用酸化、加热或在发酵液中加絮凝剂的方法。有的产品预处理过程更复杂，还包括细胞的破碎、蛋白质复性等。

固液分离方法主要分为两大类：一类是限制液体流动，颗粒在外力场的作用下（如重力和离心力）自由运动。传统方法如浮选、重力沉降和离心沉降等。另外一类为颗粒受限，液体自由运动的分离方法，如过滤等。发酵液的分离过程中，当前较多使用的还是过滤和离心分离。随着新技术的发展，一种新的过滤方法引入固液分离领域，即错流过滤。这种分离方法采用了膜作为过滤介质，有过滤速度快、收率高、滤液质量好等优点。

三、细胞破碎和其碎片的分离

细胞破碎主要是用于提取细胞内的发酵产物。细胞破碎是指选用物理、化学、酶或机械的方法来破坏细胞壁或细胞膜，使产物从胞内释放到周围环境中的过程。在基因工程里，大肠杆菌是最常用的宿主，细胞破碎释放细胞内产物并恢复其生物活性显得尤为重要。细胞破碎的方法按照是否外加作用力可分为机械法和非机械法两大类。大规模生产中常用高压匀浆器和球磨机。其他方法像超声波破碎法、冻融法、干燥法以及化学渗透法等还停留在实验室基础上。这几年，一种新的方法——双水相萃取技术引起了广泛的关注，它可以通过选择适当的条件，使

细胞碎片集中于一相而达到分离。

四、初步纯化（提取）

发酵产物存在于发酵液中，要得到纯化的产物必须将其从发酵滤液中提取出来。这个过程为初步纯化的过程。初步纯化的方法有很多，常用的有吸附法、离子交换法、沉淀法、溶剂萃取法、双水相萃取法、超临界流体萃取、反胶团萃取、超滤、纳滤、反渗透、液膜萃取、渗透蒸发等。

（1）吸附法　是指利用吸附剂与生物质之间的分子引力而将目标产物吸附在吸附剂上，然后分离洗脱得到产物的过程，主要用于抗生素等小分子物质的提取。常用的吸附剂有活性炭、白土、氧化铝、各种离子交换树脂等。其中以活性炭应用最广，但由于其选择性不高、吸附性能不稳定、可逆性差、影响连续操作等，限制了它的使用。吸附法只有在新抗生素生产中或其他方法都不适用时才采用。例如维生素 B_{12} 用弱酸 122 树脂吸附，丝裂霉素用活性炭吸附等。随着大网络聚合物吸附剂的合成和应用成功，吸附又呈现了新的广阔的应用前景。

（2）离子交换法　是指利用离子交换树脂和生物物质之间的化学亲和力，有选择地将目的产物吸附，然后洗脱收集而纯化的过程，也主要用于小分子的提取。离子交换树脂是人工合成的不溶于酸、碱和有机溶剂的高分子聚合物，它的化学性质稳定，并具有离子交换能力。

采用离子交换法分离的生物物质必须是极性化合物，即能在溶液中形成离子的化合物。如生物物质为碱性则可用酸性离子交换树脂提取；如果生物物质为酸性，则可用碱性离子交换树脂来提取。例如链霉素是强碱性物质，可用弱酸性树脂来提取，这主要是从容易解吸的角度来考虑的，否则如果采用强酸性吸附树脂，则吸附容易，洗脱困难。

尽管发酵液中生物物质的浓度很低，但是只要选择合适的树脂和操作条件，也能选择性地将目的产物吸附到树脂上，并采用有选择的洗脱来达到浓缩和提纯的目的。

（3）沉淀法　是指通过改变条件或加入某种试剂，使发酵溶液中的溶质由液相转变为固相的过程。沉淀法广泛应用于蛋白质的提取中，主要起浓缩作用，而纯化的效果较差。根据加入的沉淀剂不同，沉淀法可以分为：盐析法、有机溶剂沉淀法、等电点沉淀法、非离子型聚合物沉淀法、聚电解质沉淀法、生成盐复合物沉淀法、选择性变性沉淀法等。

沉淀法也用于小分子物质的提取中，但具有不同的作用机理。在发酵液中加入一些无机酸、有机离子等，能和生物物质形成不溶解的盐或复合物沉淀，而沉淀在适宜的条件下，又很容易分解。例如四环类抗生素在碱性条件下能和钙、镁、钡等重金属离子或溴化十五烷吡啶形成沉淀，青霉素可与 N,N'-二苄基乙二胺形成沉淀，新霉素可以和强酸性表面活性剂形成沉淀。另外，对于两性抗生素（如四环素）可调节 pH 至等电点而沉淀，弱酸性抗生素如新生毒素，可调节 pH 至酸性而沉淀。

（4）溶剂萃取　由于蛋白质遇有机溶剂会引起变性，所以溶剂萃取法一般仅用于抗生素等小分子生物物质的提取。其原理为：当抗生素以不同的化学状态（游离状态或成盐状态）存在时，在水及与水不互溶的溶剂中有不同的溶解度。例如青霉素在酸性环境下成游离酸状态，在乙酸丁酯中溶解度较大，所以能从水转移到乙酸丁酯中；而在中性环境下成盐状态，在水中溶解度较大，因而能从乙酸丁酯中转移到水中。

（5）双水相萃取　双水相萃取技术又称水溶液两相分配技术，是通过在水溶液中加入两种亲水聚合物或者一种亲水性聚合物和盐，到一定浓度时，就会形成两相，利用目标生物质在两相中分配不同的特性来完成浓缩和纯化的技术。双水相萃取技术可用于细胞碎片除去的固液分离，蛋白质和酶的分离提取。对于小分子的分离研究也不断深入，如用于抗生素的提取等。采用与其他分离技术集成进一步完善了双水相技术，如亲水配基的引入等。较典型的双水相分配系统有聚乙二醇（PEG）和葡聚糖（DEX），以及聚乙二醇和磷酸盐系统。该方法的萃取效果取决于目标物质在两相中的分配。影响分配系数的因素很多，如聚合物的种类、浓度、分子量，离子的种类及离子强度，pH 和温度等，而且这些因素相互间又有影响。

（6）超临界流体萃取　对一般物质，当液相和气相在常压下平衡时，两相的物理性质如黏度、密度等相差显著。压力升高，这种差别逐渐缩小，当达到某一温度与压力时，差别消失，成为一相，这时称为临界点，其温度和压力分别称为临界温度和临界压力。当温度和压力略超过或靠近临界点时，其性质介于液体和气体之间，称为超临界流体。如 CO_2 的临界温度为 31.1℃，临界压力为 7.3MPa，常用作该项技术的萃取剂。适用于萃取非极性物质，对极性物质萃取能力差，但可加入极性的辅助溶剂称为夹带剂来补救。

超临界流体的密度和液体相近，黏度和气体相近，溶质在其中的扩散速度可为液体的 100 倍，这是超临界流体的萃取能力和萃取速度优于一般溶剂的原因。而且流体的密度越大，萃取能力也越大。变化温度和压力可改变萃取能力，使对某物质具有选择性。该技术已用于咖啡脱咖啡因、啤酒花脱气味等。

（7）反胶团萃取　反胶团萃取是利用表面活性剂在有机相中浓度达到一定值后，其憎水性基团向外与有机相接触，其亲水性基团向内形成极性核心，形成聚集体（称反胶团），这种聚集体分散在有机相中，聚集体内部溶解一定量的水或水溶液称为微水相或"水池"，可溶解肽、蛋白质和氨基酸等生物活性物质。当含有此种反胶团的有机溶剂与蛋白质等的水溶液接触后，蛋白质及其他亲水性物质能通过螯合作用进入"水池"，实现与其他物质的分离，并得到初步的浓缩。由于水层和极性基团的存在，为生物分子提供了适宜的亲水微环境，保持了蛋白质的天然构型，不会造成失活。

（8）超滤　利用超滤膜作为分离介质对生物物质进行浓缩和提纯的过程。适用于超滤的物质相对分子质量在 500～1000000 之间，或分子大小近似地在 1～10nm 之间。在小分子物质的提取中，超滤用于去除大分子杂质；在大分子物质的提取中，超滤主要用于脱盐浓缩。和其他膜过滤一样，超滤的主要缺点是浓差极化和膜的污染的问题，膜的寿命较短和通量低等。

（9）反渗透　反渗透是利用一种半透膜，在外加作用力的条件下，使溶液中的溶剂通过膜，而溶质不能通过膜，来实现溶液浓缩或除去溶剂的过程。反渗透法比其他的分离方法（如蒸发、冷冻等方法）有显著的优点：整个操作过程相态不变，可以避免由于相的变化而造成许多有害效应，无需加热，设备简单、效率高、占地小、操作方便、能量消耗少等。

（10）纳滤　纳滤是介于反渗透与超过滤之间的一种以压力为驱动力的新型膜分离过程。纳滤膜的截断分子质量大于 200Da 或 100Da❶。这种膜截断分子量范围比反渗透膜大而比超滤膜小，因此纳滤膜可以截留能通过超滤膜的溶质而让不能通过反渗透膜的溶质通过。根据这一原理，可用纳滤来填补由超滤和反渗透所留下的空白部分。

（11）液膜萃取　液膜萃取又称液膜分离，是一种以液膜为分离介质、以浓度差为推动力的膜分离操作。液膜是悬浮在液体中的很薄的一层乳液微粒。它能把两个组成不同而又互溶的溶液隔开，并通过渗透现象起到分离的作用。乳液微粒通常是由溶剂（水和有机溶剂）、表面活性剂和添加剂制成的。溶剂构成膜基体，表面活性剂起乳化作用，它含有亲水基和疏水基，可以促进液膜传质速度和提高其选择性；添加剂用于控制膜的稳定性和渗透性。通常将含有被分离组分的料液作连续相，称为外相，接受被分离组分的液体，称内相；成膜的液体处于两者之间称为膜相，三者组成液膜分离体系。它与溶剂萃取虽然机理不同，但都属于液-液系统的传质分离过程。液膜分离技术具有良好的选择性和定向性，分离效率高，能实现浓缩、净化和分离的目的。

（12）渗透蒸发　渗透蒸发膜分离是以一种选择性膜（非多孔膜或复合膜）相隔，膜的前

---

❶ $1Da = 1.67 \times 10^{-24} g$。

侧为原料混合液，经过选择性渗透，然后在膜的后侧通过减压或用干燥的惰性气体吹扫，不断地将蒸汽抽出，经过冷凝捕集，从而达到分离的目的。

（13）渗透蒸馏　渗透蒸馏又称为等温膜蒸馏，是基于渗透与蒸馏概念而开发的一种渗透过程与蒸馏过程耦合的新型膜分离技术。是指被处理物料中易挥发性组分选择性地透过疏水性的膜在膜的另一侧被脱除剂吸收的膜分离操作。在通常情况下，被处理物料与脱除剂均为水溶液，渗透蒸馏过程能够顺利进行是由于被处理物料中的易挥发组分在疏水膜的两侧存在渗透活度差，当被处理液中的易挥发组分在疏水膜两侧的渗透活度相等，即蒸汽压力差不再存在时，则渗透蒸馏过程将停止进行。渗透蒸馏包括三个连续的过程，被处理物料中，易挥发组分的汽化，易挥发组分选择地通过疏水性膜，透过疏水性膜的易挥发性组分被脱除剂所吸收。

五、高度纯化（精制）

发酵液经过初步纯化后，体积大大缩小，目标生物物质的浓度已提高，但纯度达不到产品要求，必须进一步进行精制。初步纯化中的某些操作，也可应用于精制中。对于易挥发的有机小分子物质精制可用精馏的方式，对于生物大分子（蛋白质）和难挥发的小分子物质的精制方法有类似之处，但侧重点有所不同，大分子物质的精制依赖于色层分离，而难挥发的小分子物质的精制常常利用结晶操作。

（1）精馏　通过采用加热、冷凝与回流的方式，使液体混合物经过多次部分汽化和多次部分冷凝，最终获得较纯液体的操作。

（2）分子蒸馏　分子蒸馏是一种在高真空下操作的液-液分离技术，它不同于传统蒸馏依靠沸点差分离原理，而是靠不同物质分子运动平均自由程的差别实现分离。在高真空度下，蒸气分子的平均自由程大于蒸发表面与冷凝表面之间的距离，当液体混合物受热，轻、重分子会逸出液面而进入气相，由于轻、重分子的自由程不同，则从液面逸出后移动距离不同，轻分子优先达到冷凝表面被冷凝排出，而重分子达不到冷凝表面沿混合液排出，从而实现液体混合物的分离。

（3）色层分离　是一组相关技术的总称，又叫色谱法、层离法、层析法等，是一种高效的分离技术。操作是在柱中进行的，包含两个相——固定相和移动相，生物物质因在两相间分配情况不同，在柱中随流动相的运动速度也不同，从而获得分离。

（4）电泳　是利用生物分子的带电性，在电场作用下带正电荷的粒子向负极方向移动，带负电荷的粒子向正极方向移动。由于混合物中各组分所带电荷性质、数量以及分子量各不相同，即使在同一电场作用下，各组分的泳动方向和速度各有差异，所以在一定时间内，它们移动距离不同，从而可达到分离鉴定的目的。

（5）结晶　是指物质从液态中形成晶体析出的过程。结晶的前提条件是溶液要达到过饱和，可用的方法有：

① 加入某些物质，使溶解平衡发生改变，例如调 pH，加入反应剂、盐析剂或溶剂等；

② 将溶液冷却或将溶剂蒸发等。

六、成品加工

产品的最终规格和用途决定了加工方法，经过提取和精制以后，最后还需要一些加工步骤。例如浓缩、无菌过滤和去热原、干燥、加入稳定剂等。如果最后的产品要求是结晶性产品，则浓缩、无菌过滤和去热原等步骤在结晶之前，干燥一般是最后一道工序。如果最后产品是成品药可能还需对干燥后的药物原料进行粉碎、筛分、混合、制粒、制剂成型等。

（1）浓缩　浓缩可以采用升膜式或降膜式的薄膜蒸发来实现。对热敏性物质，可采用离心薄膜蒸发器，而且可处理黏度较大的物料。膜技术也可应用浓缩，对大分子溶液的浓缩可以用超滤膜，对小分子溶液的浓缩可用反渗透膜。

（2）无菌过滤和去热原　热原是指多糖的磷类脂质和蛋白质等物质的结合体。注入体内会使体温升高，因此应除去。传统的去热原的方法是蒸馏或石棉板过滤，但前者只能用于产品能蒸发或冷凝的场合，后者对人体健康和产品质量都有一定问题。当产品相对分子质量在 1000 以下，用截断相对分子质量为 1000 的超滤膜除去热原是有效的，同时也达到了无菌要求。

（3）干燥　是除去残留的水分或溶剂的过程。干燥的方法很多，如真空干燥、红外线干燥、沸腾干燥、气流干燥、喷雾干燥和冷冻干燥等。干燥方法的选择应根据物料性质、物料状况及当时具体条件而定。

（4）粉碎筛分　固体物料用外加的机械力将分子间的结合力破坏，可将大颗粒物质粉碎成小颗粒或粉状物质。粉碎后的固体物料通过筛分可获得一定粒度范围的粒状或粉状物料。

（5）混合制粒　将几种分散的粉状固体物料或液体物料通过一定装置混合均匀后，借助制粒设备可制备一定粒度大小的颗粒产品，便于储存或进一步处理（如制备各种剂型的产品）。

（6）制剂成型　分离精制后得到的药物产品，通常称原料药，将这些原料药依据一定目的，借助不同类型的设备及生产方法可制备成片剂、胶囊剂、颗粒剂、散剂、丸剂、滴丸剂、液体制剂等剂型，供临床使用。

第三节　药物分离精制技术的发展

随着科学技术的发展，对药物分离精制技术提出了越来越高的要求。近几年，不断有新的分离精制技术出现，药物分离精制技术主要呈现以下发展方向。

（1）新技术、新方法的开发及推广使用　这些年来，科学工作者在探索基础理论方面做了大量的工作。如基础数据的获得、数学模型的建立等。随着材料工作者的进入，膜技术应用领域也在不断拓展。随着膜本身质量的改进和膜装置性能的改善，在药物分离过程的各个阶段，将会越来越多地使用膜技术。例如 Millipore 公司进行研究提取头孢菌素 C 的过程，利用微滤进行发酵液的过滤；利用超滤去除一些蛋白质杂质和色素；利用反渗透进行浓缩等。另外，如分子蒸馏、双水相萃取、超临界萃取、反胶团萃取、液膜萃取及亲和技术等也逐渐用于工业化生产。

（2）药物分离精制过程的高效集成化　目前，应用的单元分离技术，如亲和法、双水相分配技术、反胶团法、液膜法、各类高效色谱法等都是适用于分离过程的新型分离技术。在高效集成化方面，如将亲和技术和双水相分配技术组合的亲和分配技术；将亲和色谱和膜分离结合的亲和膜分离技术；将离心的处理量、超滤的浓缩效能及色谱的纯化能力合而为一的扩张床吸附技术等；将膜技术和萃取、蒸馏、蒸发技术相结合形成了膜萃取、膜蒸馏及渗透蒸发技术；色谱技术与离子交换技术等结合形成离子交换色谱、等电聚焦色谱等。通过分离技术的集成，利用每种方法的优点，补充其不足，使分离效率更高。

（3）上下游技术的集成耦合　如很多发酵过程存在着最终产物的抑制作用，近年来，研究开发了各种发酵过程可以消除产物的抑制作用，可以采用蒸发、吸附、萃取、透析、过滤等方法，使过程边发酵边分离。萃取发酵法生产乙醇和丙酮丁醇，固定化细胞闪蒸式酒精发酵就是典型的范例。

（4）新型分离介质材料的开发　色层分离中主要困难之一是色谱介质的机械强度差。色谱介质经历了天然多糖类化合物（纤维素、葡聚糖、琼脂糖）、人工合成化合物（聚丙烯酰胺凝胶、甲基丙烯酸羟乙酯、聚甲基丙烯酰胺）和天然、人造混合型几个阶段，主要着重于开发亲水性、孔径大、机械强度好的介质。特别是，加强了对天然糖类为骨架的介质改进。目前已研究出高交联度的产品或能与无机介质（如硅藻土）相结合的产品。

（5）清洁生产　随着人们生活水平的逐渐提高，人们越来越关注所处的环境。减少环境污染、清洁生产已越来越得到社会的认同。因此，开发或应用高效、环境友好的绿色分离技术，使药物分离过程在保证产品质量的同时，符合环保的要求，保证原材料、能源的高效利用，并尽可能确保未反应的原料和水的循环利用。

综上所述，药物分离技术的发展方向是解决传统分离技术中存在的分离效率低、步骤多、消耗大、环境污染大等问题，使分离技术从宏观水平向着分子水平发展；从多步串联操作走向集成化方向发展；从低选择性朝着高选择性的技术发展；从环境污染向清洁生产方向发展；从上、下游独立操作向集成操作发展；从使用传统分离介质向应用新型高性能介质方向发展。

第四节　药物生产岗位基本职责要求

制药企业一线工艺操作人员在完成相应生产任务的同时，必须明确岗位职责，才能保障生产与人员安全，保障产品质量，降低生产成本及提高生产效率。一般从事药品生产岗位工作的一线工艺人员需履行如下基本职责。

（1）认真执行操作工的"六严格"：严格执行交接班制，严格进行巡回检查，严格控制工艺指标，严格执行操作法，严格遵守劳动纪律，严格执行安全规定。

（2）掌握本岗位生产工艺及与本岗位有关的设备原理，构造，使用方法及简单故障排除技能。认真总结经验，大胆提出技改、技措项目挖掘生产潜力。

（3）做好工作区的"6S"工作，即整理（seiri）——将工作场所的任何物品区分为有必要和没有必要的，除了有必要的留下来，其余的都清除掉；整顿（seiton）——把留下来的必要用的物品依规定位置摆放，并放置整齐加以标示；清扫（seiso）——将工作场所内看得见与看不见的地方清扫干净，保持工作场所的干净、亮丽的环境；清洁（seiketdu）——维持上面3S成果；素养（shitsuke）——每位成员养成良好的习惯，并遵守规定做事，培养积极主动的精神；安全（security）——重视全员安全教育，安全第一观念，防患于未然。建立安全生产环境，所有工作应建立在安全的前提下。

（4）严格执行防爆区防止违章动火的六大禁令：动火证未经批准，禁止动火；不与生产系统可靠隔绝，禁止动火；不清洗，置换不合格，禁止动火；不消除周围易燃物，禁止动火；不按时作动火分析，禁止动火；没有消防措施，无人监护，严格禁止动火。动火时备好灭火器材，并设专人监护。

（5）不得隐瞒事故，及时上报，认真填写事故报告单。

（6）出事故后必须根据四不放过："事故原因分析不清楚不放过，事故责任者和群众没有受到教育不放过，没有采取切实可行的防范措施不放过，未对有关责任人处理不放过"原则，认真进行善后处理。

（7）配备足量的灭火器材和设施，定置定人管理，定期检查和更换，搞好消防培训，做到全岗位人员都会正确、熟练使用灭火器材。

（8）进入容器设备内检修，按规定办理进罐作业许可证，并落实各条安全措施。

（9）保持车间安全、消防通道畅通无阻，以便应急疏散人员。

（10）不准用湿布擦拭电气设备，严禁用水冲洗电气设备。

（11）2m（或相对高度不到2m，但也有摔伤危险的场所）作业，必须系好安全带，且做到高挂低用。

（12）岗位配备足够完好的劳保防护用品。进行相应的危险操作，必须佩戴并保持用品完好。

（13）各种改造施工前，必须接受检修前的安全教育，明确工作目的、任务、危险性及必须采取的措施、注意事项，做好完善的施工方案，并办理各种票证手续。

（14）认真执行生产区内的"十四不准"。加强明火管理，厂区内不准吸烟；生产区内，不准未成年人进入；上班时间，不准睡觉、干私活、离岗和干与生产无关的事；在班前、班上不准喝酒；不准使用汽油等易燃液体擦洗设备、用具和衣物；不按规定穿戴劳动保护用品，不准进入生产岗位；装置不齐全的设备不准使用；不是自己分管的设备、工具不准使用；检修设备时安全措施不落实，不准开始检修；停机检修后的设备，未经彻底检查，不准启用；未办高处作业证，不带安全带、脚手架、跳板不牢，不准登高作业；石棉瓦上不固定好跳板，不准作业；未安装触电保安器的移动式电动工具，不准使用；未取得安全作业证的职工，不准许独立作业，特殊工种职工，未经取证，不准作业。

（15）进入设备贯彻"八个必须"。必须申请办证，并得到批准；必须进行安全隔绝；必须切断动力电，并使用安全灯具；必须进行置换、通风；必须按时间要求进行安全分析；必须佩戴规定的防护用具；必须有人在器外监护，并坚守岗位；必须有抢救后备措施。

（16）非电工不得进入配电室，电器设备有故障时，通知电工修理，不得自行检修。

（17）接触易燃、易爆、腐蚀、有毒有害溶剂时，必须穿戴好防护用品，不能使酸碱溢出；维修酸碱设备时，必须戴好防护用品，方可开始作业。

（18）压力容器的检修，必须在常压，常温下进行检修。

（19）不准带病或醉酒状态上岗，不迟到、早退，进岗前按规定着装。

（20）参加班前会及班后会，做好交接班工作。交接班要认真、清楚，做到书面、口头、现场三方面交接，以免发生事故，接班者要对设备运转、使用情况及阀门状态等进行认真检查。

（21）按要求进行设备状态标识，并依据企业制定的生产标准操作规程进行操作，处理相应工艺问题，保障工艺指标在规定的范围内，不能处理的问题及时向上级汇报。

（22）按照当班班长的指示，正确进行设备的开停，倒换和调节生产负荷。在努力完成当班生产任务的同时，为下一班创造良好的生产条件。

（23）生产过程中要定点进行巡回检查，检查设备的运行情况及各部件的紧固、磨损及润滑情况，检查管道、阀门、仪表、电器等是否正常，注意设备、管线保养和维护，消除跑、冒、滴、漏，不能处理的情况及时上报。

（24）负责或协助有关人员，对需检修的设备进行处理，以达到安全要求。检修过程中积极做好配合和监护工作，修复后认真做好质量验收工作。

（25）及时、认真填写生产记录，不得涂改。

（26）工作期间，除必要联系外严禁串岗、脱岗、睡岗，不得做与本岗位无关之事。

（27）下班前做好厂房、设备清洁卫生。

思 考 题

1. 药物生产过程主要涉及哪些单元操作技术？
2. 药物分离精制技术指的是什么？药物分离精制过程有哪些特点？
3. 药物分离精制的基本原理是什么？如何设计和选择药物分离精制过程？
4. 药物分离精制及成品加工工艺过程一般包括哪几个方面？
5. 初步纯化与高度纯化有哪些单元操作方法？
6. 药物分离精制技术的发展趋势体现在哪些方面？

第一章　固体物料的处理技术

【学习目标】

① 了解粉碎、筛分、混合、输送单元的主要任务。

② 理解粉碎、筛分、混合、输送的基本原理。

③ 熟悉常用的粉碎、筛分、混合、输送设备，会操作设备进行物料的粉碎、分级、混合与输送。

④ 掌握粉碎、筛分、混合、输送的操作方法，能够按标准操作规程完成相应操作单元的工作任务。

⑤ 会分析影响粉碎、筛分、混合、输送效果的相关因素，能正确处理操作过程中相关问题。

固体物料的处理是一项范围较广、内容复杂的基础性工作，是关系到生产进度的连续性与产品质量稳定性的重要内容。一般来说，固体物料的处理技术包括：物料的输送、粉碎、筛分、混合等技术。

第一节　粉 碎 技 术

固体的粉碎一般为生产工序的前期或准备阶段，目的是得到一定粒度分布的颗粒。在制药生产过程中物料经过粉碎，有如下作用。

① 提高疗效，减少副作用。药物经过粉碎可增加其比表面积，有利于药物的溶解和吸收，给药量可比原来减少，同时也减少了副作用的发生。

② 使制剂含量更准确。经粉碎后粒度相同的几种物料混合在一块，要比粒度不同时混合得更均匀，制得的颗粒、胶囊或药片的含量就更准确。

③ 有利于溶解或分散。固体物料粉碎得越细，其相际接触表面越大，它在液体中的溶解或分散速率越快，且分散得更均匀。

④ 可缩短药材的提取时间。药材经粉碎后再提取，增加了与溶剂的接触面积，并使溶剂的穿透距离减小。

⑤ 提高颗粒及药片的机械强度。物料粉碎得越细，黏合效果越好。

⑥ 在原料药生产过程中，粉碎可使灭菌更彻底，也使物料参与反应速率加快。

粉碎是借助于机械力将大块固体物料制成合适粒径的碎块与细粉的单元操作。为了便于区分固体粒度的大小，《中国药典》（2010 版）将固体粉末分为如下六级。

① 最粗粉　指能全部通过一号筛，但混有能通过三号筛不超过 20% 的粉末；

② 粗粉　指能全部通过二号筛，但混有能通过四号筛不超过 40% 的粉末；

③ 中粉　指能全部通过四号筛，但混有能通过五号筛不超过 60% 的粉末；

④ 细粉　指能全部通过五号筛，并含能通过六号筛不少于 95% 的粉末；

⑤ 最细粉　指能全部通过六号筛，并含能通过七号筛不少于 95% 的粉末；

⑥ 极细粉　指能全部通过八号筛，并含能通过九号筛不少于 95% 的粉末。

一、粉碎单元的主要任务

在制药企业中，粉碎单元的主要任务，一般如下。

（1）选择适宜的粉碎设备，以减少药物的破坏与损失。

（2）按操作规程将固体物料加入至粉碎设备进行粉碎，达到一定的粉碎比，将粉碎的物料经过筛分处理得到一定粒度要求的颗粒，大颗粒送回粉碎机进一步粉碎。

（3）做好捕尘与集尘措施，避免粉尘的飞扬。

（4）减少粉碎过程中，振动对设备的损坏，并抑制噪声的产生。

（5）尽量减少粉尘在环境的暴露时间，防止氧、光及其他物质对药物的污染。

二、粉碎岗位职责要求

粉碎岗位有一定粉尘，为了实现粉碎岗位安全、优质、高效生产，岗位操作人员除了要履行"绪论——第四节　药物生产岗位基本职责要求"相关职责外，还应履行如下职责。

（1）严格按 GMP 管理要求进入车间，遵守消毒制度进行个人工作前消毒处理，穿戴洁净工衣、工帽、口罩上岗，必要时佩带耳塞，严禁佩戴手饰、手表等，女员工长发一定要盘在帽子中，严禁露在外面，做好安全防护工作。

（2）根据生产指令按规定程序领取原辅料，核对物料的生产企业名称、规格、批号、数量、物理外观、检验合格证等，并检查物料中有无杂料、五金工具、碎纸、碎布及其他异物，并将其分拣干净。

（3）工作结束或更换品种时，按规定进行物料移交，并按照岗位清场 SOP 进行清场。

（4）破碎机上禁止摆放五金工具，以防落入碎料机内损坏刀片或机器。

（5）因产品过大或添加量过多而出现卡机现象，应立即关电停机进行处理，防止损坏电机。

（6）碎料时严禁将手伸进碎料区内，不要在皮带轮转动时去取出卡在皮带轮中的物件，确保人身安全。

三、粉碎的基本原理

药物是通过分子间结合力而集结成固体的块状物。粉碎过程中，用外加的机械力将分子间的结合力破坏，从而达到粉碎的目的。被粉碎的药物表面形状一般是不规则的，所以表面上最先受力的部位，产生较大的内应力，温度升高。当内应力超过药物本身分子间结合力的时候，分子间即产生裂痕，裂痕不断发展，最终粉碎。当作用力没有达到药物的破坏强度时，药物只是变形并不开裂。

不同的药物结构，粉碎时所需的外力也不相同。在粉碎过程中，主要有以下几种方式。

① 挤压　固体原料放在两挤压面之间，当挤压面施加的挤压力达到一定值后，物料即被粉碎。大块物料往往先以这种方式粉碎。

② 冲击　物料受瞬时冲击力而被粉碎。这种方式特别适用于脆性物料的粉碎。

③ 磨碎　物料在两相对运动的硬质材料平面或各种形状的研磨体之间，受到摩擦作用而被研磨成细粒。这种方式多用于小块物料的细磨。

④ 劈碎　物料放在一带有齿的面和一平面间受挤压即劈裂而粉碎。

⑤ 剪碎　物料在两个粉碎工作面间，如同承受载荷的两支点（或多支点）梁，除了在外力作用点受劈力外，还发生弯曲折断。多用于较大块的长或薄的硬、脆性物料粉碎。

固体物料的粉碎，可按粉碎物料和成品的粒度大小，作如下分类。

① 粗碎　原料粒度范围为 $40\sim1500$mm，成品粒度约为 $5\sim50$mm；

② 中、细碎　原料粒度范围为 $5\sim50$mm，成品粒度为 $0.1\sim5$mm；

③ 微粉碎　原料粒度范围为 $5\sim10$mm，成品粒度 $<100\mu$m；

④ 超微粉碎　原料粒度范围为 0.5~5mm，而成品＜10~25μm。

物料粉碎前后的粒度比称为粉碎比或粉碎度。如以 x 表示之，则：

$$x = \frac{d_1}{d_2} \tag{1-1}$$

式中　d_1——粉碎前物料的平均粒径，mm；

　　　　d_2——粉碎后物料的平均粒径，mm。

可见粉碎比表示粉碎操作中物料粒度变小的比例。磨碎时粉碎比较粗碎和中、细碎时为大。对于一次粉碎后的粉碎比，粗碎约为 2~6，中、细碎为 5~50，磨碎为 50 以上。总粉碎比是表示经过几道粉碎步骤后的总结果。粉碎物料时，须根据固体物料的物理性质、块粒大小、需要粉碎或粉磨的程度，选择适当的粉碎方法。一般来说，任何一种粉碎机往往利用几种粉碎方式进行物料的粉碎。选择粉碎物料的方法，必须根据物料的物理性质，物料的大小，粉碎的程度等，应特别注意物料的硬度和破裂性。对坚硬的和脆性的物料，挤压和冲击很有效；对韧性物料剪切力作用较好；对方向性物料则以劈碎为宜。但不论哪一种粉碎机，很少单独使用其中的一种方法，而是几种方法的组合，使粉碎更加有效。

无论粉碎机械属哪种作用力形式，原料的性质如何及所需粉碎度怎样，都应符合下述一些基本要求：

① 粉碎后的物料颗粒大小要均匀；

② 已被粉碎的物块，须立即从轧压部位排除；

③ 操作能自动化，如能不断地自动卸料等；

④ 容易更换磨损的部分，在操作发生障碍时，有保险装置使其能自动停车；

⑤ 产生较少的粉尘，以减少环境污染及保障工人健康；

⑥ 单位产品消耗的能量要小。

物料在粉碎过程中应考虑如下因素。

① 晶型转变。药物粉碎过程中，产生大量的热量，会引起药物晶体的溶解与再次结晶，易引起晶型转变。

② 热分解。粉碎所产生的热量，有时能达到药物分解所需的温度，从而引起部分药物分解。因此，对于不稳定药物的粉碎，及时降温十分必要。

③ 黏附凝聚性的增大。随着粒径的不断减少，颗粒表面积增加，系统的表面自由能变大。颗粒之间的吸力，也会不断增强。

④ 堆密度的减小。

⑤ 在粒子或粉末的表面上吸附的空气膜对湿润性的影响等。

四、粉碎设备

常用粉碎设备的一般性能见表 1-1。

表 1-1　常用粉碎设备的一般性能

粉碎设备	作用方式	产品粒度	适用范围	不宜用于
锤击式粉碎机	冲击	4~325 目	几乎所有物料	高硬度和黏性物料
截切式粉碎机	剪切	20~80 目	纤维质动植物药材	脆性和黏性物料
滚筒式粉碎机	压力	20~200 目	低硬度脆性物料	高硬度和黏性物料
球磨机	冲击和研磨	35~200 目	适度硬质及脆性物料	高硬度物料
乳钵研磨机	研磨	35~200 目	适度硬质及脆性物料	高硬度物料
流能磨	摩擦与撞击	1~30μm	适度硬质及脆性物料	黏性物料

下面介绍一些工业上常用的粉碎设备，对切刀、乳钵、杵棒、研船、石碾等常见简单粉碎

器械则不作介绍。

1. 锤击式粉碎机

如图 1-1 所示，锤击式粉碎机的粉碎室内装有一个能高速旋转的回转盘，其上装有许多活动的钢锤。转盘旋转时，由于离心作用使钢锤挺立，对物料进行强烈锤击（钢锤受阻时自动退避，以免损坏）。物料从料斗由螺旋给料器定量加入，经过锤头的冲击、剪断以及被抛向衬板的撞击等作用而粉碎，细料通过底部筛板的筛孔排入集粉袋收集，粗料则被留下继续粉碎。

它适用于粉碎干燥、性脆易碎的药物或用于粗碎。常用转速：小型机 1000～2500r/min；大型机 500～800r/min。

2. 轴流撞击式粉碎机

轴流撞击式粉碎机（也称冲击式粉碎机）的原理与锤击式粉碎机相同。其结构如图 1-2 所示。这种粉碎机借助刀盘在水平轴上固定五组刀片，其中四组矩形刀片（正刀片）在前，一组梯形刀片（斜刀片）在后，在轴的后端装有一个风轮，各组正刀片之间各有圆形挡盘一个。当转轴高速旋转时，由于风轮的作用，物料和空气同时进入机内，物料多次受到圆周速度越来越大的刀片的冲击、剪切和衬板的撞击作用而粉碎，最后被空气携带由出口排出。被粉碎物料的粒度可以通过调节刀片与衬板间的间隙而改变。

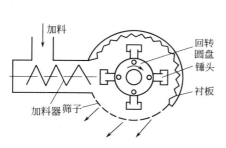

图 1-1　锤击式粉碎机

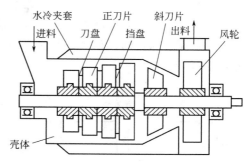

图 1-2　轴流撞击式粉碎机

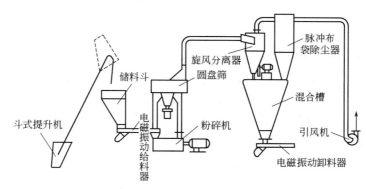

图 1-3　粉碎工艺

它适用于产量较大的化学药品、纤维质动植物药材等的粉碎。由轴流撞击式粉碎机所组成的粉碎工艺如图 1-3 所示。

物料由斗式提升机投入到储料斗中，电磁振动给料器将物料连续定量地加入粉碎机进行粉碎，被粉碎的物料由空气携带进入圆盘筛，细粉与空气通过圆盘筛进入旋风分离器进行分离除尘，未被分离的细粉在脉冲布袋除尘器进一步分离，净化的尾气由风机排空，由旋风分离器及布袋除尘器所分离出的细粉在混合槽中混合后由电磁振动卸料器排出。在圆盘筛中分出的粗粉返回粉碎机被再次粉碎。

3. 万能粉碎机

如图 1-4 所示，药物自加料斗加入后，借助抖动装置以一定的速度从粉碎室中心进入粉碎室，粉碎室内的转子（回转盘）上及密封盖上各装有多个钢齿（冲击柱），呈同心圆状排列，

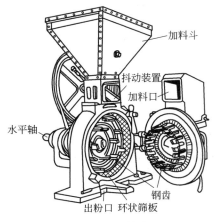

密封盖关闭后，转子上的钢齿在与其交错的密封盖上钢齿的内圈和外圈高速旋转。在药物受离心力的作用被甩向室壁的过程中，经受了钢齿和室壁反复的劈裂、撕裂、碰撞、挤压和研磨作用。粉碎后的物料随转子产生的强烈气流冲向粉碎室壁的环状筛板，细粉通过环状筛板，经出粉口落入有排气功能的粉末收集袋中，粗粉则被留下继续粉碎。

它可以制备各种粉碎度的粉末，并且粉碎与过筛操作可以同时进行。这种粉碎机几乎适用于粉碎所有的药物，除了含大量挥发性成分的药物和黏性药物外。

图 1-4 万能粉碎机

4. 球磨机

球磨机是由不锈钢、生铁或瓷制的圆筒，内装一定数量的钢球或瓷球构成。钢球或瓷球起研磨介质的作用。使用时将药物装入圆筒密闭后，由电动机带动旋转，药物借圆球落下时的撞击作用和圆球与筒壁以及球与球之间的研磨作用而粉碎，球磨机可将药物粉碎成很细的粉末。图 1-5 和图 1-6 为球磨机的示意图。

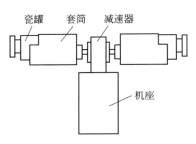

图 1-5 小型球磨机

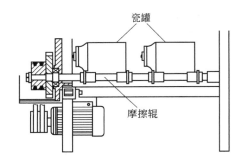

图 1-6 球磨机

图 1-7 为不同转速下球磨机内圆球运动情况，其中：图 1-7(a) 转速太慢，进行粉碎的仅有研磨作用；图 1-7(b) 转速适中，进行粉碎的既有研磨作用又有撞击作用；图 1-7(c) 转速太快，既没有研磨作用又没有撞击作用。式(1-2) 为实用转速的计算公式

$$实用转速(r/min) = 32/\sqrt{D} \sim 37.2/\sqrt{D} \tag{1-2}$$

式中　D——罐体直径，m。

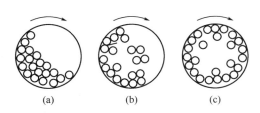

图 1-7 不同转速下球磨机内圆球运动情况

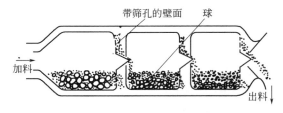

图 1-8 连续式球磨机

罐中球的充填率一般为 28%～35%（干法粉碎）或 40%～50%（湿法粉碎）。罐体加入物料的体积一般以球间空隙全部填满为宜。罐内圆球的直径应比被粉碎物料大 4～9 倍，磨损的

圆球应及时更换。

图 1-8 所示为一连续式球磨机，在罐体内设置三个侧壁有筛孔的粉碎室，物料由一端加入，在另一端出料。室中放置的球在进料端较大，以后各室依次减小，故可将粒径较大的物料粉碎至很细。

球磨机的优点：①应用范围较广；②管理简便；③不易被污染；④无粉尘飞扬。缺点：①能量消耗大；②间歇操作；③加卸料费时、费事；④粉碎时间较长。

要将物料粉碎至微米水平，可选用振动球磨机。球磨的罐体以依靠偏心振动块和弹簧产生的振动代替了前述的旋转运动，其振幅为 $3\sim20mm$，频率在 $25\sim42Hz$。罐内球体在振动下自器底以抛物线轨迹向上运动，在其落下时与上升的球体相遇，故其粉碎作用仍属于撞击、压缩粉碎。与普通球磨机相比，振动球磨机粉碎速度快，适于物料的细碎，但其构造复杂，不易大型化。

图 1-9 为两种振动球磨机原理的示意图，其中图 1-9(b) 的罐体进行的是螺旋状回旋振动，其粉碎效果更好。

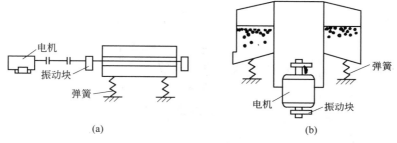

图 1-9 振动球磨机原理

对于小量物料的快速粉碎，则可选用高速回转球磨机，其结构见图 1-10。在工作盘上装有四只球磨罐，当工作盘旋转时，带动球磨罐围绕同一轴心作自转运动，罐内的球体由于离心力不断将物料粉碎。由于工作盘公转的结果，球磨罐可以比普通球磨机更高的速度自转，故粉碎时间可由几十小时缩短到几十分钟。

5. 流能磨（射流磨）

流能磨即流体能量磨，也称射流磨，是利用高压气体自喷嘴喷出的动能将固体粒子加速，使粒子之间、粒子与器壁之间发生冲击、研磨而粉碎的设备。常见的流能磨有圆盘式（扁平式）和跑道式（轮形）等。

流能磨的优点：粉碎过程中物料温度几乎不升高，故可适用于热敏性物料。缺点：能量消耗较大，故加入的物料最好先经过预粉碎。

圆盘式流能磨又称微粉磨和扁平式流能磨，如图 1-11 所示。在空气室内壁装有数个喷嘴，高压空气由喷嘴以超音速喷入粉碎室，物料由加料口引射（相当于气流喷射泵的作用）进入粉碎室后被加速到 $50\sim300m/s$，由于高速气流的剪切作用和物料粒子间、粒子与器壁间的撞击作用将物料粉碎。被粉碎粒子在靠近内管的分级涡处分离：较细粒子被空气夹带通过分级涡由内管出料，较粗粒子则再次被气流吸引继续粉碎。

轮形流能磨又称跑道式流能磨，如图 1-12 所示，无活动部件。物料从加料口引射进入粉碎室，气流以 $0.2\sim2MPa$（表压）自底部喷嘴引入，物料由于粒子间、粒子与器壁间的撞击作用而被粉碎。气流夹带着细粉由出料口进入旋风分离器或袋滤器，较大的颗粒返回粉碎室继续粉碎。

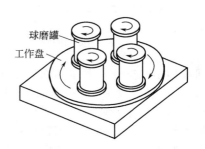

图 1-10 高速回转球磨机

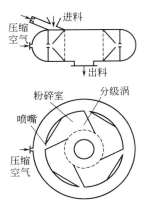

图 1-11　圆盘式流能磨

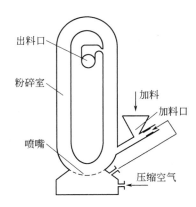

图 1-12　轮形流能磨

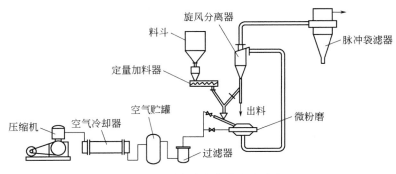

图 1-13　圆盘式流能磨生产流程

　　圆盘式流能磨的生产流程如图 1-13 所示。压缩机产生的压缩空气经空气冷却器、空气储罐、过滤器后，分两路进入流能磨。物料由料斗经定量加料器被压缩空气引射进入流能磨，被粉碎的微粒由底部出口管进入旋风分离器得到成品。若需重复粉碎，可经旁通管重新进入流能磨，直到粒度达到要求为止。尾气经脉冲袋滤器捕集细粉后放空。

　　6. 滚碎机

　　如图 1-14 所示，滚碎机有两个相向旋转的滚筒，块状药物加入后被带入滚筒间隙中而被挤碎，粉碎程度可由滚筒间隙的大小来调节。两滚筒的转速不同，故除了挤压作用外还兼有研磨作用。其中一个滚筒的活动轴装在强力弹簧上，遇到硬物填塞时滚筒能自动向后移位而避免损坏。它适用于脆性药物的粗碎，不宜用于潮湿、有弹性或黏性以及富于纤维的药材。

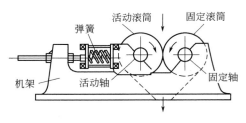

图 1-14　滚碎机

　　7. 乳钵研磨机

　　乳钵研磨机的构造如图 1-15 所示，研磨头在研钵内沿底壁作一种既有公转又有自转的有规律研磨运动将物料粉碎。其公转速度为 100r/min，自转速度为 240r/min。操作时将物料加入研钵后将研钵上升至研钵底接近研磨头，调好位置后即可进行研磨。在研钵内靠研磨头的回转运动将物料粉碎，可采用干磨或加水研磨。研磨完毕，可将研钵下降翻转出料。

　　它适用于少量物料的细碎或超细碎，多用于中药材细料（麝香、牛黄、珍珠、冰片等）的研磨和各种中成药药粉的套色及混合等。其缺点是粉碎效率较低。

8. 往复式切药机和转盘式切药机

往复式切药机又称截切机或铡刀式切药机。如图 1-16 所示，其切刀被曲柄连杆机构带动作上下的往复运动以切断药材。操作时，均匀加到输送带上的药材被送到相向旋转的给料辊处受到挤压，刻有网纹的给料辊将药材向前推出适宜的长度，当切刀向下移动时，输送带和给料辊则停止不动。已切碎的药材经出料槽排出。

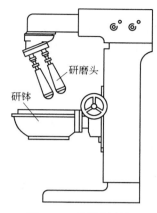

图 1-15　乳钵研磨机

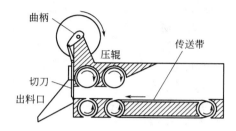

图 1-16　往复式切药机

转盘式切药机的构造与其基本相同，只是将往复式切刀改为转盘式切刀，并可以连续进料。往复式切药机和转盘式切药机的生产能力大，主要用于草、叶或韧性根的截切。

五、粉碎技术实施

1. 粉碎工艺方法

制药工业中根据被粉碎物料的性质、产品粒度、物料量等而采用不同的粉碎工艺。

（1）分批粉碎与连续粉碎　分批粉碎适用粉碎量小的物料并希望一次操作完成。分批粉碎中，细物料不能及时排出而多次被重复粉碎，能耗较大。大批量物料的粉碎一般采用连续粉碎。连续粉碎中，物料一次通过粉碎设备，即被排出，称为开路粉碎，如图 1-17(a)。开路粉碎适用于对产品粒度要求不高的场合，或是为下一步粉碎作预粉碎之用。

若将粉碎产品通过分级器将未达到要求的粗颗粒再返回粉碎机继续粉碎的工艺，称为闭路粉碎或循环粉碎，如图 1-17(b)。闭路粉碎所得的产品粒径分布更为均一，更适用于药物制剂的加工。

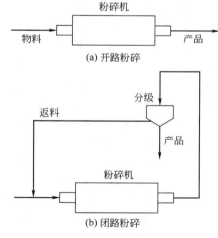

图 1-17　连续粉碎工艺

（2）干法粉碎与湿法粉碎　干法粉碎是将干燥药材直接粉碎的方法。药材应先采用晒干、阴干、烘干等方法充分干燥再进行粉碎。因为含水量高的药材易引起黏附现象，因此要求药材的水分一般为 5% 以下。但干法粉碎易引起粉尘飞扬，有可能引起药物的氧化或爆炸，此时应在惰性气体保护下进行粉碎。

> 问题思考：空气中哪类粉尘达到一定浓度会发生爆炸？在什么样条件下粉尘会发生爆炸？

湿法粉碎是将药料中加入适量的水或其他液体进行研磨粉碎的方法。"水飞法"和"加液研磨法"均属湿法粉碎。

① 水飞法　系将非水溶性药料先打成碎块，置于研钵中，加入适量水，用杵棒用力研磨，直至药料被研细，如朱砂、炉甘石、珍珠、滑石粉等。当有部分研成的细粉混悬于水中时，及时将混悬液倾出，余下的稍粗大药料再加水研磨，再将细粉混悬液倾出，如此进行，直至全部药料被研成细粉为止。将混悬液合并，静置沉降，倾出上部清水，将底部细粉取出干燥，即得极细粉。很多矿物、贝壳类药物可用水飞法制得极细粉。但水溶性的矿物药如硼砂、芒硝等则不能采用水飞法。

② 加液研磨法　系将药料先放入研钵中，加入少量液体后进行研磨，直至药料被研细为止。研樟脑、冰片、薄荷脑等药时，常加入少量乙醇；研麝香时，则加入极少量水。注意要轻研冰片，重研麝香。

（3）低温粉碎　低温时物料脆性增加，易于粉碎。低温粉碎适用于在常温下粉碎困难的物料，软化点低的物料，如树脂、树胶、干浸膏等。

粉碎时将物料冷却，迅速通过粉碎机粉碎，或将物料与干冰或液化氮气混合再进行粉碎。

（4）超细粉碎　超细粉碎是一项具有广泛应用前景的粉碎技术。一般粉碎方法可将原料药材粉碎至 200 目左右（$75\mu m$），而超细粉碎可将原料药材进行细胞级粉碎。粉碎体粒径为 1～100nm 称为纳米粉体；粒径为 0.1～$1\mu m$ 的称为亚微米粉体；粒径大于 $1\mu m$ 称为微米粉体。

2. 粉碎操作规程

粉碎操作规程一般包括作业前检查、备料、操作、清场、填写生产记录等。

（1）上岗前的检查

① 主机部分　检查各部位紧固件是否可靠？检查压筛板、门是否压紧？

打开粉碎室的操作门，用手小心转动转子，转子应能灵活转动。检查粉碎室内确无杂物后，将操作门紧固好。检查导向板是否固定？检查各行程开关是否动作可靠？轴承是否加油脂？油脂是否适用？设备旁无人，点动主电机。检查有无异常杂声，及电机转向和导向板是否一致？

② 系统部分　风机是否合适？转向是否正确？脉冲工作是否正常？压缩空气是否正常？旋风除尘器是否正常（这是针对风输送而言）？粉碎机下闭风绞龙是否正常（这是针对机械输送而言）？喂料器工作是否正常、合适？各个关风器工作是否正常？

③ 生产指令单内容是否正确？经过复核。

④ 清场情况是否符合生产要求？

⑤ 检查并校正磅秤零点，并检查灵敏度。

（2）备料并复核　按生产指令单领取原辅料，领料时逐桶（包）核对原辅料的品名、规格、数量，检查是否有异物、变质、变色等。领取记录、生产用具；检查环境清洁度符合GMP 要求；检查生产标志与生产指令单一致。

问题思考：粉碎操作前进行检查有何意义？

（3）粉碎操作

① 使用前应在润滑部分加注润滑油，开机前应用手动，待转动正常，无异常声音方能试开机。

② 试机正常后，扎紧出料布袋，开机加料，不得超负荷运行。

③ 按工艺要求对原辅料进行粉碎，粉碎时应打开排尘装置。

④ 生产完毕，关机后切断电源，拆除筛网，清洗粉碎机各部位。

⑤ 将已处理好的原辅料及时装入不锈钢桶内塑料袋中，扎紧袋口，放盛装单。

（4）清场

① 每班工作完毕，应及时清洁机器设备和场地，更换品种应彻底清场。

② 填写好生产记录及清场记录。

3. 操作注意事项

粉碎操作中应注意如下几点。

（1）对于运转的粉碎机，需待其转速稳定时再行加料。否则，会因物料先进入粉碎室而导致机器难以启动，使电动机增加负荷，引起发热，甚至会烧坏电动机。

（2）物料中不应夹杂硬物，以免卡塞。特别是铁钉、铁块，应预先拣除或在加料斗内壁附加电磁铁装置，使物料依设定方向流入加料口，当药物通过电磁区时，铁块即被吸除，否则铁钉等进入粉碎室经长期摩擦易引起燃烧，或破坏钢齿及筛板。

（3）各种转动部件如轴承、伞形齿轮等，必须保持良好润滑性，以保证机件的完好与正常运转。

（4）电动机及传动机需用防护罩罩好，以保证安全，同时注意防尘，清洁与干燥。使用时不能超过电动机功率的负荷，以免启动困难，停车或烧伤。

（5）电源必须符合电动机的要求，使用前应注意检查，一切电气设备都应装接地线，确保安全。各种粉碎机在每次使用后，均应检查配件，清洁内外各部件，添加润滑油后罩好，必要时应检修后使用。

六、粉碎中常见问题及其处理

1. 堵塞

粉碎机堵塞是粉碎机使用中常见的故障之一，可能有设计上存在的问题，但更多是由于使用操作不当造成的。

（1）进料速度过快，负荷增大，造成堵塞。在进料过程中，要随时注意电流表指针偏转角度大小，如果超过额定电流，表明电动机超载，长时间过载，会烧坏电动机。出现这种情况应立即减小或关闭料门，也可以改变进料的方式，通过增加喂料器来控制进料量。喂料器有手动、自动两种，用户应根据实际情况选择合适的喂料器。由于粉碎机转速高、负荷大，并且负荷的波动性较强。所以，粉碎机工作时的电流一般控制在额定电流的 85% 左右。

（2）出料管道不畅或堵塞，进料过快，会使粉碎机风口堵塞；与输送设备匹配不当会造成出料管道风减弱或无风后堵死。查出故障后，应先清通出料管，变更不匹配的输送设备，调整进料量，使设备正常运行。

（3）锤片断、老化，筛网孔封闭、破烂，粉碎的物料含水量过高都会使粉碎机堵塞。应定期更新折断和严重老化的锤片，保持粉碎机良好的工作状态，并定期检查筛网，粉碎的物料含水率应低于 14%，这样既可提高生产效率，又使粉碎机不堵塞，增强粉碎机工作的可靠性。

2. 机器发生剧烈的振动

（1）机器与地面接触不均匀，地脚螺丝松动或机壳与底座固定不牢。解决方法是垫平机器与地面的接触点，使其稳固，拧紧地脚螺丝。

（2）高速回转部分平衡不良，检查各锤片架平衡程度，对不平衡的锤片和锤架进行静平衡调整。

（3）轴承磨损，更换新轴承。

3. 工作时发现机壳内有剧烈的金属撞击声

可能的原因有：①有坚硬杂物落入粉碎室，应立即停机检查，清除杂物，对损毁件修补或调换；②粉碎室内有螺栓等连接件松脱落下；③锤片局部破裂或崩落；④齿板破裂落下。

4. 工作时负荷不均匀，电流忽高忽低，变化很大

可能的原因是加料不均匀。

5. 工作时主轴承发热

可能的原因是高速回转体平衡不良，解决方法

（1）如润滑油不足或使用不当，应加换润滑油，选用合理的高速润滑油；

（2）如皮带拉力过紧，应纠正皮带拉力，不能过紧也不能过松；

（3）如污泥杂物进入轴承内，降低了润滑油的润滑性能，应进行清理后加入新润滑油；

（4）如冷却机不畅通或水温较高，散热不良，应采取措施保持冷却机交换冷却水畅通，避免水温过高。

6. 工作时生产效率显著下降，电流增大

（1）物料含水量过多，测定物料含水量不能超过 25％，必要时对物料进行干燥处理；

（2）机体内物料堵塞，应清除机体内堵塞物料；

（3）风叶损伤或风道拥塞，应检查风叶，如有损坏应更换，排除出料部位的拥塞。

第二节　筛分技术

筛分是借助于筛网将粒度不均匀的松散物料分离为两种或两种以上粒级的操作。在制剂生产中，筛分既是原料药生产的基础操作，又是片剂、颗粒剂、胶囊剂、丸剂等固体制剂生产的基础操作，筛分操作的主要目的如下。

（1）**筛除粗粉**　从物料中筛除少量粗粒或异物等，如片剂制作的辅料和制备混悬剂的固体物料均需要筛除粗粉。

（2）**筛除细粉**　从物料中筛除细粉或杂质等，如物料送入粉碎机之前将其细粉筛除，以免物料的过度粉碎，减少粉碎机的负荷，再如喷雾流化制粒操作需不断将床层中的物料引出筛分，所筛除的细粉再返回床层继续操作。

（3）**整粒**　从物料中筛除粗粒和细粉，留取粗筛网和细筛网之间的筛分，如制备泛丸、糖丸时，将最终产品中粒度过大或过小的筛除以获得成品。

一、筛分单元的主要任务

在药物生产中为了提高药物的溶出度，达到药物的均匀性，一般情况下需对药物进行筛分操作。筛分单元的主要任务如下。

（1）选择适宜的筛分设备，以得到符合要求的粒度与粒度分布；

（2）通常与粉碎单元结合在一起，以整合生产过程；

（3）做好捕尘与集尘措施，避免粉尘的飞扬；

（4）尽量减少粉尘在环境的暴露时间，防止氧、光及其他物质对药物的污染。

二、筛分岗位职责要求

筛分是物料破碎后紧接的一项操作，筛分岗位也有一定的粉尘，操作筛分设备的人员除了要履行"绪论——第四节　药物生产岗位基本职责要求"相关职责外，还应履行如下职责。

（1）严格按 GMP 管理要求进入车间，遵守消毒制度进行个人工作前消毒处理，穿戴洁净工衣、工帽、口罩上岗，必要时佩带耳塞，严禁佩戴手饰、手表等，女员工长发一定要盘在帽子中，严禁露在外面，做好安全防护工作。

（2）努力提高筛分效率，经常检查筛网有无破损，及时清除筛底结块，确保筛下产品粒度达到规定要求。

（3）对筛后物料的品名、规格、批号、数量、物理外观进行记录。

（4）严禁筛后物料受到污染。

（5）在已筛好的物料盛装容器内正确填写盛装单。

（6）做好除尘设备及设施的维护、管理工作，降低室内外粉尘。

三、筛分的基本原理

使松散物料通过一层或数层筛面，按筛孔大小分成不同粒度级别产品的过程。在筛分过程中物料通过筛面按粒度分层和分离。小于筛孔的颗粒通过筛孔成为筛下产品；大于筛孔的颗粒留在筛面上成为筛上产品。

当物料通过筛孔直径为 a 的筛网时，如果大于 a 的粒子全部在筛上，小于 a 的粒子全部在筛下，这时的分离为理想分离。因为颗粒本身的不规则性，可能造成大于筛网孔径的成为筛下品，而小于筛网孔径的却没有落到筛下，从而影响了分级的效果。见图 1-18。

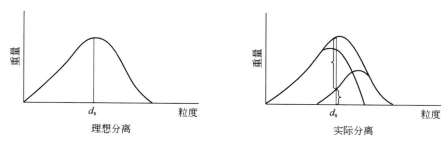

图 1-18　筛分的粒度分布曲线

影响筛分的主要因素有：物料性质（包括粒度、黏度和形状等）、设备结构和操作条件、筛分操作管理等。

（1）物料性质　对筛分过程产生影响的物料性质主要包括：物料的水分、颗粒与筛孔的相对尺寸等。

颗粒透筛的概率主要取决于：颗粒横截面在筛子平面上的投影与筛孔面积之比。由筛分理论和实践证明：粒度小于筛孔尺寸 75％ 的颗粒，称为易筛物，粒度大于筛孔尺寸 75％ 的颗粒称为"难筛粒"。颗粒的直径越接近筛孔尺寸，其透筛的难度就越大。对直径超过筛孔尺寸的 1.5 倍的粗粒在筛面上形成的物料层，对易筛粒和难筛粒自上而下向筛面转移的影响并不大。直径大于筛孔但又小于筛孔尺寸的 1.5 倍的粗粒，在筛分过程中，遮盖筛面，堵塞筛孔，阻碍颗粒向筛面移动，对这一粒径的颗粒，通常称之"阻碍粒"。

只有当颗粒小于筛孔时，经过多次反复与筛孔接触比较，才有透筛的机会。颗粒透筛的概率主要取决于：颗粒横截面在筛子平面上的投影与筛孔面积之比。原料中，难筛粒、阻碍粒含量高，筛分率就越低。

物料所含水分可分为两种：一是内在水分，存在于物料的孔隙中；二是外在水分，物料表面上所吸附的水分。物料的水分对不同筛孔尺寸影响程度不同。如果物料的黏结性大，即使水分很低，也易使物料黏结成团和堵塞筛孔。

（2）筛分设备性能及工艺参数　虽然物料性质对筛分过程影响很大，但同一物料用不同类型的筛分设备，可以得到不同的筛分效果，这主要取决于筛分设备的工艺参数，筛面运动形式，筛面长度，宽度，筛面倾角，筛孔形状等。

筛分不同相对粒度的物料，其筛面都具有一个与之相应的临界倾角，即物料经过多次振动也不能透过筛面的最大倾角。根据这些原理，通过模拟实验确定筛子的尺寸，筛面长度及其倾角，就可以达到一定筛分效率。

（3）操作管理　主要是给料要均匀，及时地清理和维修筛面，保证筛面正常工作。

四、筛分设备

1. 筛分常用的筛面

（1）筛板　在金属板上冲出圆形、长方形、人字形等筛孔制成。主要用于锤击式、冲击柱式粉碎机的底部。

（2）筛网　是用一定机械强度的金属丝（如不锈钢丝、铜丝、铁丝等）或非金属丝（如尼龙丝、绢丝、马尾丝等）编织而成。编织筛线易发生位移致使筛孔变形，故常将金属筛线交叉处压扁固定。《中国药典》按筛孔内径规定了9种筛号。各国药典均有规定，但大致按每英寸筛网长度有多少孔目表示。表1-2列出《中国药典》与一些外国药典标准筛号的比较。

表1-2　《中国药典》与一些外国药典标准筛号的比较

《中国药典》标准筛号	筛孔内径/μm	相当于国外药典的标准筛号/目				相当于工业筛/目
		日本	美国	英国	WHO	
一号	2000±70	9.2	10	8	8	10
二号	850±29	20	20	18	18	23~24
三号	355±13	42	45	44	44	50
四号	250±9.9	55	60	60	60	65
五号	180±7.6	80	80	85	85	80
六号	150±6.6	100	100	100	100	100
七号	125±5.8	120	120	120	120	120
八号	90±4.6	170	170	170	170	170
九号	75±4.1	200	200	200	200	200

在我国制药工业中，长期以来习惯用目数表示筛号和粉体粒度，例如：每英寸长度（25.4mm）有100个孔的筛称为100目筛，能通过此筛的粉末称为100目粉。如果筛网的材质不同或直径不同，目数相同筛网的筛孔内径会有较大差异。我国工业用筛大部分按五金公司铜丝箩底的规格制定。

2. 筛分设备

（1）手摇筛　手摇筛是由不锈钢丝、铜丝、尼龙丝等编织的筛网，固定在圆形或长方形的不锈钢框上制成。药典标准筛一般制成圆形，按照筛号大小依次叠放成套（也称套筛），最粗号在顶上，其上面加盖，最细号在底下，套在接收器上。应用时可取所需要号数的药筛套在接收器上，上面用盖子盖好，用手摇动过筛。

它多用于小量生产或粒度检验，也适于筛剧毒性、刺激性或质轻的药粉。

（2）摇动筛　如图1-19所示，摇动筛由筛网、摇杆、连杆、偏心轮等组成。边框呈簸箕状的长方形筛网水平或出口稍低放置，筛框支承于摇杆上或用绳索悬吊于框架上，操作时利用偏心轮和连杆使其往复运动，加入物料后细料通过筛网落下，粗料由出口排出。其摇动幅度为5~225mm，频率为50~400次/min。有的在筛网摇动幅度两端设置可被筛框击打的板框，以振动筛网，提高过筛效果。摇动筛所需功率较小，但维护费用较高，生产能力低，适宜小规模生产。

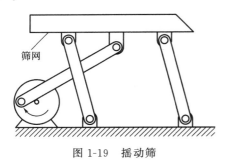

图1-19　摇动筛　　　　　　　　　　图1-20　滚筒筛

（3）滚筒筛　如图1-20所示，滚筒筛的筛网覆在圆筒形、圆锥形或六角形的滚筒筛框上，滚筒与水平面一般有 2°～9° 的倾斜角，由电动机经减速器等带动其转动。物料由高端加入筒内，筛过的细料在筛下收集，粗料自低端排出。滚筒转速一般为 15～20r/min。滚筒筛只用于粗粒物料的筛选，也不适于黏性物料，其缺点是有效的筛网面积小。

（4）旋动筛　如图 1-21 所示，旋动筛的筛框一般为长方形或正方形，由偏心轴带动在水平面内绕轴心沿圆形轨迹旋动，回转速度为 150～260r/min，回转半径为 32～60mm，筛框旋动时，筛网可产生高频振动。筛网具有一定的倾斜度。在筛网底部网格内放有若干小球，利用小球的撞击作用振动筛网，可以防止堵网。它可以连续操作，粗、细粉可由各自的出口排出。

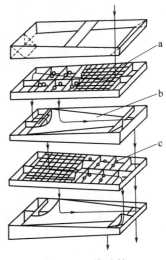

图 1-21　旋动筛

（5）振动筛（也称"振荡筛"）

① 机械振动筛　机械振动筛一般是在旋转轴上配置不平衡重锤或配置有棱角的凸轮，而使筛网产生振动，图 1-22 是一种常见的圆形振动筛，其电动机轴的上下各装有一个不平衡重锤，电动机轴向上穿过筛网并与其相连，筛框以弹簧支承于底座上，上部重锤使筛网水平圆周运动，下部重锤使筛网垂直方向运动，故筛网的运动方向具有三维性质。物料加在筛网中心部位，筛网上的粗料由排出口排出，筛出的细料由下部出口排出。筛网直径一般为 0.4～1.5m，通常安装1～3 层筛网。

为避免振动造成设备位移，可将机械振动筛制成悬挂式，如图 1-23 所示。筛内装毛刷，随时刷过筛网，以防筛孔堵塞。装有不平衡重锤的偏重轮外有防护罩保护。为避免粉尘飞扬，可将机器用布罩盖严（留出加料口）。由于需要清除累积粗粉，它属于间歇性筛分。

其特点是结构简单，造价低，占地小，效率较高，适用于无显著黏性物料。

② 电磁振动筛　如图 1-24 所示。电磁振动筛的电磁振动装置支承在筛网的边框上，磁芯下端与筛网相连，磁芯的一边装有电磁铁，一边装有弹簧，当弹簧带动磁芯将筛网拉紧时，接触器通电，使电磁铁产生磁性而吸引磁芯，将弹簧拉伸并使筛网放松，这时接触器被拉脱而断电，使电磁铁失去磁性，筛网又重新被弹簧拉紧，如此不断地循环，使筛网产生垂直方向的振动。因此其筛网不易堵塞，能适用于黏性较强，如含油或含树脂的药粉。其振动频率约为 3000～3600 次/min，振幅约为 0.5～1mm。

五、筛分技术实施

1. 筛分操作规程

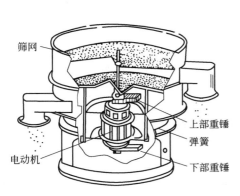

图 1-22　圆形振动筛

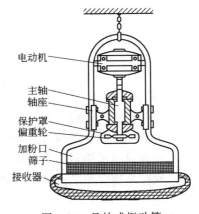

图 1-23　悬挂式振动筛

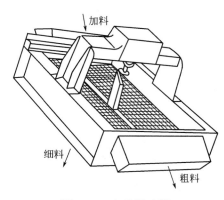

加料

细料

粗料

图 1-24　电磁振动筛

筛分操作规程一般包括作业前检查、备料、操作、清场、填写生产记录等。

（1）上岗前的检查

① 进岗前按规定着装，做好操作前的一切准备工作。

② 检查旋振筛分机、容器及工具应洁净、干燥，设备性能正常。

③ 复核生产指令单内容是否正确。

④ 核对《清场合格证》并确定在有效期内。取下《清场合格证》状态牌换上《正在生产》状态牌，开启除尘风机 10min，当温度在 18～26℃，相对湿度 45％～65％要求范围内，方可投料生产。

⑤ 检查并校正磅秤零点，并检查灵敏度。

⑥ 检查筛网是否清洁干净，是否与生产指令要求相符，必要时用 75％酒精擦拭消毒。

（2）备料并复核　根据生产指令按规定程序领取原辅料，核对所过筛物料的品名、规格、产品批号、数量、生产企业名称、物理外观、检验合格等，准确无误，过筛产品粒度符合要求。

（3）筛分操作

① 使用前应在润滑部分加注润滑油，按标准操作程序进行试运行，如不正常，自己又不能排除，则通知机修人员来排除。

② 按筛分标准操作规程安装好筛网，检查筛网的牢固性与完好性后，有专人复核。连接好接收布袋，安装完毕应检查密封性，并开动设备运行。

③ 按工艺要求对原辅料进行筛分，筛分时应打开排尘装置。

④ 已过筛的物料，盛装于洁净的容器中密封，交中间站。并称量贴签，填写请验单，由化验室检测，每件容器均应附有物料状态标记，注明品名、批号、数量、日期、操作人等。

⑤ 运行过程中用听、看等办法判断设备性能是否正常，一般故障自己排除。自己不能排除的通知维修人员维修正常后方可使用。筛好的物料用塑料袋作内包装，填写好的物料卡存在塑料袋上，交下工序。

⑥ 停机时必须先停止加料，待不再出料后再停机。

⑦ 筛分结束后，将筛网取下，进行内部清洁。

问题思考：筛分结束后为什么要进行清场？如何进行清场？

（4）清场

① 工作结束或更换品种时，严格按本岗位清场 SOP 进行清场，经质量监督员检查合格后，挂标识牌。

② 生产完毕，按规定进行物料移交，并认真填写工序记录及生产记录。

2. 操作注意事项

筛分操作中应注意如下几点。

（1）筛分操作间必须保持干燥，室内呈负压，须有捕尘装置。

（2）筛分设备可用清洁布擦拭，筛可用水清洁。

（3）要注意加料速度，加量不能太大，以免电动机负荷太大或筛分效果下降。

（4）电源必须符合电动机的要求，使用前应注意检查，一切电气设备都应装接地线，确保安全。各种筛分机在每次使用后，均应检查配件，清洁内外各部件，添加润滑剂后罩好，必要时加以检修后备用。

> 问题思考：药品生产筛分房间为什么要保持干燥？为什么要在负压下操作？

3. 筛分工艺问题及处理

（1）药粉的运动方式与运动速度　药粉在静止情况下，由于药粉相互摩擦和表面能的影响，往往形成粉堆不易通过筛孔，但在外力振动下，小于筛孔的粉末才能通过筛孔。粉末在振动情况下产生滑动和跳动两种运动方式，滑动增加粉末与筛孔接触的机会，跳动可增加粉末的间距，且粉末的运动方式与筛孔成直角，使筛孔暴露，物料易于通过筛孔。但运动速度不宜过快，否则粉末来不及与筛孔接触而混在不可筛过粉末之中，运动速度过慢，则降低过筛的生产效率。

（2）药粉厚度　药筛内的药粉不宜堆积过厚，否则上层小粒径的物料来不及与筛孔接触混在不可筛过粉末之中，影响过筛效率。

（3）粉末干燥程度。药粉的湿度及油脂量太大，较细粉末易黏结成团。所以药粉中水分含量较高时，应充分干燥后再筛选。富含油脂的药粉，应先行脱脂，或掺入其他药粉一起过筛。

第三节　混合技术

一、混合单元的主要任务

混合单元的主要任务是利用机械方法使两种或多种物料相互分散而达到均匀状态。混合操作的主要目的有：①主药在辅料中分散均匀，或两种、多种固体物料分布均匀；②将大量固体与少量液体混合，以达到增加黏度、水分、延展性的目的；③将大量液体与少量固体混合，使固体均匀分散到液相中。

在制药过程中，固体间的混合与气体间的混合有很大的差别。气体通过分子扩散，互相掺合，最终自动达到均匀混合。而固体间混合需要外加机械作用才能进行。因固体粒子形状、粒径、密度等各不相同，各成分在混合的同时伴随着分离现象，所以固体间的混合不能达到完全的均匀，只能达到总体的均匀而不能达到局部的均匀。

二、混合岗位职责要求

筛分合格后的物料，可按照工艺配方进行几种物料的混合操作，操作混合设备人员除了要履行"绪论——第四节　药物生产岗位基本职责要求"相关职责外，还应履行如下职责。

（1）严格按 GMP 管理要求进入车间，遵守消毒制度进行个人工作前消毒处理，穿戴洁净工衣、工帽、口罩上岗，必要时佩带耳塞，严禁佩戴手饰、手表等，女员工长发一定要盘在帽子中，严禁露在外面，做好安全防护工作。

（2）监督检查粉碎筛分后物料品种质量，不用不合格原料，对所有原料做到先检查再使用。如发现原料质量与生产工艺及质量标准不符，应退回上个工序，并上报相关负责人。

（3）严格按配方管理，保管好配料单，并严格按配方进行物料计量及混合。

（4）用过物料要及时封口，妥善保管；严格遵守操作规程，保证设备、工具及区域卫生安全。

（5）核对本批原料各成分的名称、数量、批号、质量等无误后，方可开始混合操作。

（6）混合完后，挂标志牌，注明品名、数量、规格、批号、质量等及时转入下一工序。

三、混合的基本原理

1. 混合形式

固体粒子在混合器内混合时，会发生对流、剪切、扩散等三种不同运动形式，形成三种不同的混合。

（1）对流混合　固体粒子在设备内发生较大的位置移动，形成固体粒子的循环流。如图 1-25（a）所示。固体粒子贴在回转圆筒内壁上，超过休止角后，纷纷下落至筒壁的下部，形成循环流，使固体粒子得以混合。

（2）剪切混合　粒子间相互滑动和撞击所产生的剪切作用，搅拌叶片端部与粒子间的压缩和拉伸，既使粒子粉碎，又使粒子混合，如图 1-25（b）所示的剪切面就是粒子间相互滑动和撞击所产生的。

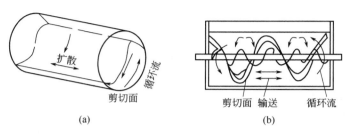

图 1-25　混合形式

（3）扩散混合　由于粒子间的粒子形状、充填状态或流动速度不同，会导致相邻粒子间相互交换位置，产生局部混合作用。把这种混合作用称为扩散混合。

2. 影响混合效果的因素

在实际混合过程中，由于物料性质不同，混合程度也不相同。另外，混合效果同时也会受到设备、操作条件等因素的影响。

（1）物料性质　物料性质主要包括：粒径大小、粒径形态、粒子密度、所带电荷。

① 粒径的影响　在混合操作中，一般被混物质各组分间的粒径大小相近时，物料容易混合均匀。相反，粒径不同或相差较大时，由于粒子间的离析作用，故不易混合均匀。所以当粒径相差较大时，在混合前，应先将它们粉碎处理，使各成分的粒子都比较小，并力求大小一致，然后再进行混合。

② 粒子形态的影响　如粉末粒子的形态比较复杂，表面粗糙，则粒子间的摩擦力较大，混合均匀后不易再分离，有利于保持均匀状态。如阿司匹林与乳糖混合时，如果用粉碎的阿司匹林和粉碎的乳糖混合，其均匀度较好。

统计结果表明粒子的过筛分离性能是球状＞粒状＞圆柱状。所以在混合过程中，球状的小粒子容易从大粒子间隙通过，混合效果较差；而小圆柱状的粒子不易从大圆柱状粒子间隙通过，混合效果较好。

③ 粒子密度的影响　相同粒径的粒子间的密度不同时，由于流动速度的差异造成混合时的离析作用，使得混合效果下降。当组分的堆密度有差异时，一般将堆密度小的先放于容器内，再加入堆密度大的，混匀。

④ 颗粒表面的静电荷可以引起粉粒之间的排斥造成混合不均匀，尤其在长时间的混合过程中，随着摩擦引起电荷的积累，这种现象会愈加明显，并伴随有团块的形成，所以需要对混合的时间予以控制。

（2）操作条件　设备转速的影响：以圆筒形混合器为例，设备的转速必须适当，使粒子随转筒升到适当的高位，然后沿抛物线轨迹下落，相互堆积进行混合。另外，通过实验发现 V 形混合机的转速和搅拌式混合机的搅拌器同样也存在一个最适宜转速。

3. 混合度的表示方法

混合对产品的均一性有直接的相关性。又因固体混合的特殊性，因此对固体的混合程度进行检测十分必要。固相混合的检测，通常在粉粒状物料混合均匀后进行。可以在混合机内取样分析，也可以在成品包内取样。一般情况下，以成品包内取样为准。在原料药生产中，为达到产品的均一性，通常将过筛后的产品进行混合操作。

取样要注重随机与代表性。用采样器自上而下插至容量上、中、下三个部位取样，每个部位不得少于 3 个取样点。要求每件取样量均等，等量对角翻动数次混匀。对于某一种型号的混合机，在各个取样分析孔取样，取样编号为 A_1、A_2、$A_3 \cdots A_i$。把混合物料中的一个最重要的必须控制的组分作为分析对象，测定样品中这个组分 N 的含量为 N_1、N_2、$N_3 \cdots N_i$，一般规定为：

$$混合度 \quad M = \frac{N_a}{N_b} \times 100\% \tag{1-3}$$

式中　N_a——各样品中控制组分的最低含量；

　　　N_b——各样品中控制组分的最高含量。

显然，混合度愈接近于 1，混合程度愈高。但单纯混合度还不能确定混合的全部结果，因为取样量的不同会影响到混合度数值的实际意义。如果从不同混合机械中分析得到相同的混合度，在取样份数和取样量相同的情况下，投料量大的混合机械代表更好的混合程度。因此需要规定一个与投料量有关的参数，即混合均匀度（U），其计算式为：

$$U = A/W \tag{1-4}$$

式中　A——取样质量，g；

　　　W——混合机投料量，g。

对于大生产混合机械而言，其混合均匀度定为 4 级。一级：$U \leqslant 1 \times 10^{-6}$；二级：$1 \times 10^{-6} < U \leqslant 10 \times 10^{-6}$；三级：$10 \times 10^{-6} < U \leqslant 100 \times 10^{-6}$；四级：$100 \times 10^{-6} < U \leqslant 1000 \times 10^{-6}$。级数愈高，混合均匀性愈好。所以，对于混合程度的完整表述方式为，在一定时间内混合机按某级均匀度所达到的混合度。

例如，某混合机内投料为 100kg，混合 3min 后在不同部位各取样 10g，经测定得主药含量分别为 0.296g、0.302g 和 0.305g，则其混合均匀度级数为 10/100000＝100×10^{-6}（三级），混合度为 0.296/0.305＝0.97。因此，该混合机的混合效率为 3min 内按三级均匀度，对药物及辅料的混合度为 97%。

四、混合设备

混合设备有两种，一种是不能转动的固定型混合机；一种是可以转动的回旋型混合机。

1. 回旋型混合机

有水平圆筒型、倾斜圆筒型、V 型、双锥型、立方体型等。如图 1-26。

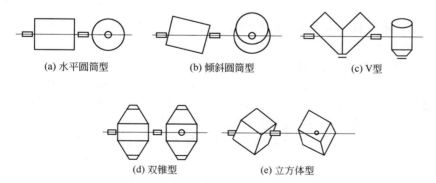

(a) 水平圆筒型　　　(b) 倾斜圆筒型　　　(c) V 型

(d) 双锥型　　　(e) 立方体型

图 1-26　回旋型混合机的形式

（1）水平圆筒型混合机与倾斜圆筒型混合机　水平圆筒型混合机仅靠扩散作用混合，故混合速度较低。由于其剪切作用，混合性能也较低，为提高其混合性能有时加入一些球体以加强粉碎混合作用，但又会引起细粉末的粘壁作用和降低粒子的流动性。最适宜转速可取临界转速的 70%～90%。最适宜的容量比约为 30%。高于 50%或低于 10%的容量比混合程度均较低。

采用倾斜圆筒型混合机可改善水平圆筒型混合机的性能。有两种倾斜方式：一种是圆筒的轴心与旋转轴的轴心重合，但轴心与水平面倾斜一个角度，一般为 14°左右。粒子呈螺旋状移动，一种是旋转轴水平放置，但圆筒的轴心倾斜安装，粒子在其中呈复杂的环状移动。

（2）V 型混合机 由两个圆筒 V 形交叉结合而成，圆筒的直径与长度之比一般为 0.8 左右。两圆筒的交角为 80°或 81°，减小交角可提高混合程度。V 型混合机主要靠粒子反复地分离与合一而达到混合作用。最适宜转速为临界转速的 30%～40%，最适宜容量比为 30%。V型混合机比水平圆筒型混合机混合效果更好。有时为了防止物料在容器内部结团，在容器内装一个逆向旋转的搅拌器。

（3）双锥型混合机 由一个短圆筒两端各与一个锥形圆筒结合而成，旋转轴与容器中心线垂直。最大混合度、混合时间等与 V 型混合机相似。

2. 槽型混合机

槽型混合机又称搅拌槽式混合机。如图 1-27 所示，在槽型容器内部有与旋转方向成一定角度的螺旋带状搅拌桨，它可将物料由两端向中心集中，而中心上部的物料自动向两端补充，使物料混合均匀。槽型容器一般可以绕水平轴转动（倾斜），以倒出混合好的物料。

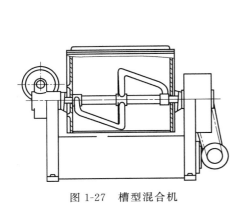

图 1-27 槽型混合机

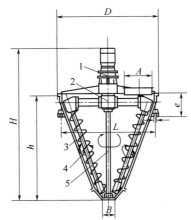

图 1-28 双螺旋锥型混合机结构示意图
1—电动机及减速装置；2—转臂传动系统；
3—筒体；4—螺旋部分；5—拉杆部分

它除了用于各种粉料的混合外，还可用于片剂、丸剂、颗粒剂、软膏剂的软材制作。

3. 双螺旋锥型混合机

如图 1-28 所示，双螺旋锥型混合机由以下四部分组成：①锥体；②螺旋杆；③转臂；④传动部分。电动机经过套轴输出自转（108r/min）和公转（5r/min）两种速度的动力，两个螺旋杆的快速自转将物料自下而上提升，形成两股对称的沿壁上升的螺旋状物料流。转臂带动螺旋杆公转，使螺柱体外的物料相应地混入螺旋状物料内。中心锥体内外的物料不断地混掺错位，由锥体中心汇合，向下流动，又被螺旋杆向上提升。如此循环，使物料能在较短时间内混合均匀（通常 2～8min）。

双螺旋锥型混合机的特点：①适用性广，包括湿润、黏性物料；②混合均匀；③动力消耗小；④劳动强度低；⑤可连续生产。

4. 二维运动混合机

如图 1-29 所示，二维运动混合机的机架分为上、下两部分，其混合容器是两端为锥形的圆桶，称为料筒，桶身横躺在上机架上。固定在上机架上的转动电动机及其传动机构驱动料筒绕其中心线自转。下机架上的摆动电动机通过曲柄摇杆机构可以使上机架两端像跷跷板一样上下摆动，料筒的两端也就随着上机架上下摆动。两个电动机同时运转就可使料筒内的物料实现二维混合。料筒内装有出料导向板，它不能随意正反旋转，从出料口方向看，逆时针转动时为混料，顺时针转动时为出料。与V型混合机相比，它的特点：①混合均匀度高；②物料装载系数大；③占地面积和空间高度小，上料和出料方便。

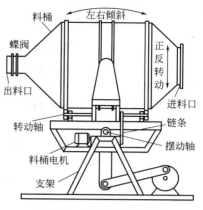

图 1-29　二维运动混合机

5. 三维运动混合机

如图 1-30 所示，三维运动混合机的混合容器是两端为锥形的圆桶，桶身通过两个万向节（俗称"十字头"）分别与两个平行的轴向连接，其中一个轴为主动轴，另一个轴为从动轴。两个轴的旋转方向相同。当主动轴旋转时，由于受两个万向节的钳制，混合容器在空间既有公转又有自转和翻转，完成复杂的空间运动。主动轴转一圈，混合容器在空间上下颠倒 4 次。物料在容器内被抛落、平移、翻倒，有效地进行对流混合、剪切混合、扩散混合。

与二维运动混合机相比，它的特点：①混合均匀度高，对物料间密度、形状、粒径差别较大时也能较好的混合；②可将容器和机身用隔断墙隔开，减少污染机会；③物料装载系数大。

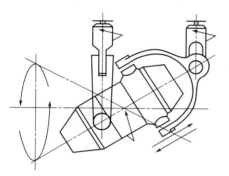

图 1-30　三维运动混合机

6. 回转圆盘（板）型混合机

如图 1-31 所示，进入回转圆盘（板）型混合机的两种不同的固体粒子分别落在两个高速旋转的圆盘上，在离心力的作用下向四外散开。两种粒子在同时散开过程中均匀混合。回转圆盘的转速为 1500～5400r/min，处理量由回转圆盘的大小而定。一般情况下，为保证混合比例，需通过加料器来调节物料流量。

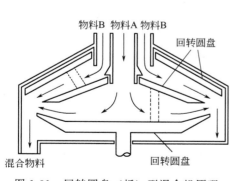

图 1-31　回转圆盘（板）型混合机原理

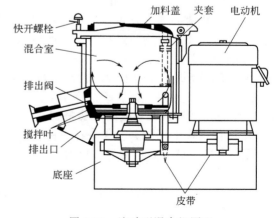

图 1-32　流动型混合机原理

7. 流动型混合机

如图 1-32 所示，流动混合机内有高速回转（500～1500r/min）的搅拌叶，物料由顶部加入后受到搅拌叶片的剪切与离心作用，在整个混合室内产生对流混合。一般用 2～3min 即可完成混合操作，混好物料由排出口排出。

五、混合技术实施

1. 混合方式

在生产过程中，因为物料的多少、密度不同、颜色不同，其混合的方式也不相同。对于生产量较小，通常采用手工作业。此时常见的方法有等量递增法、底轻上重法、打底套色法。

（1）等量递增法　对于含有剧毒药品、贵重药品或各组分比例相差太大时，一般用此方法。先取量少组分，加入等量的量大组分，再取与混合物等量的量大组分混合均匀，如此倍量增加，直至全部混合均匀。

（2）底轻上重法　当两组分密度悬殊时，一般采用此方法。将密度小者先放于研钵内，再加密度大者等量研匀。

（3）打底套色法　当两组分颜色相差较大时，一般采用此方法。先将量少的、质重的、色深的药粉先放入乳钵中（之前应用其他色浅的药粉饱和乳钵）作为基础，即是"打底"，然后将量多的、质轻的、色浅的逐渐分次加入乳钵中，轻研，使之混匀，这是"套色"。

2. 混合操作规程

混合操作规程一般包括作业前检查、备料、操作、清场、填写生产记录等。

（1）上岗前的检查

① 进岗前按规定着装，做好操作前的一切准备工作。

② 检查混合机、容器及工具应洁净、干燥，设备性能正常。设备要有"合格"标牌、"已清洁"标牌，并对设备状况进行检查，证实设备正常，方可使用。

③ 复核生产指令单内容是否正确。

④ 检查操作间、工具、容器、设备等是否有清场合格标志，并核对是否在有效期内。否则按清场标准程序进行清场并经质量监督人员检查合格后，填写清场合格证。

⑤ 检查并校正磅秤零点，并检查灵敏度。

（2）备料并复核　根据生产指令按规定程序领取原辅料，核对物料的品名、规格、产品批号、数量、外观、检验合格等，准确无误，进行下一步操作。

（3）混合操作

① 使用前应在润滑部分加注润滑油，按标准操作程序进行试运行，如不正常，自己又不能排除，则通知机修人员来排除。

② 根据物料的混合要求，设定好时间继电器的混合时间。

③ 按工艺要求对物料进行混合，严格混合时间、转速与装填量。

④ 混合时间达到后，停止设备运转。当设备完全停止，点动，慢慢使混合桶的加料口调至适当位置，停机，关闭电源，打开加料口出料。

⑤ 已混合的物料，盛装于洁净的容器中密封，交中间站。并称量贴签，填写请验单，由化验室检测，每件容器均应附有物料状态标记，注明品名、批号、数量、日期、操作人等。

⑥ 运行过程中用听、看等办法判断设备性能是否正常，一般故障自己排除。自己不能排除的通知维修人员维修正常后方可使用。

（4）清场

① 工作结束或更换品种时，严格按本岗位清场 SOP 进行清场，经质量监督员检查合格后，挂标识牌。

② 生产完毕，按规定进行物料移交，并认真填写工序记录及生产记录。

3. 操作注意事项

在使用中应注意如下几点。

（1）当各组分比例量相差悬殊时，如制备含剧毒药或药物剂量小的散剂时要用等量递加法。

（2）当组分密度相差大时，应先加轻的，再加重的。

（3）当组分色泽深浅不一时，应先加色深者垫底，再加色浅者。

（4）控制适宜的混合时间，实际所需时间应由混合药物量的多少及使用器械的性能而定。

（5）应注意组分的吸附性与带电性，量大且不易吸附的药粉垫底，量少且易吸附者后加，粉末的带电性可加入少量表面活性剂克服。

（6）含液体或易吸湿性组分时，可用处方中其他成分或另加吸收剂吸收至不显湿为止，吸湿性强的药物，则应控制相对湿度，操作迅速，并密封防潮包装。

（7）含共熔组分时，则应尽量避免或用其他组分吸收、分散液化的共熔物。

（8）混合操作间必须保持干燥，室内呈正压，须有捕尘装置。

（9）生产过程所有物料均应有标示，防止发生混药、混批。

（10）在混合桶运动区范围外应设隔离标志线，以免人员误入运动区。

4. 混合设备养护要点

（1）混合设备应垂直于地面安装。

（2）每次操作前，应检查设备的各种关键部件是否灵敏可靠。

（3）机器应有专职人员负责保养、维修，要经常检查机器运转情况。

（4）操作后或更换品种批号时均需彻底清洗，清洗时切勿用移动水管在设备内外冲洗，需按设备说明书上的方法进行有效的清洗。

（5）混合毒性、刺激性药物时，应防止污染环境，加强劳动保护。

（6）每年必须进行一次大检修。

5. 混合工艺问题及处理

粉体物料混合中会出现混料不均匀、物料分层严重的现象。这主要是由于物料颗粒度不均匀，物料湿度大，装料系数过大，转速、混合时间或装料顺序不合理所致。

对于粒度不均，可通过对混合物料进行粉碎、筛分等预处理，使混合物料粒度尽可能接近。物料湿度大会使颗粒互相粘成团，使混合效果下降，因此需预先进行适当干燥。装料系数过大，需适当降低，保证良好的充填系数，使物料有充分混合空间。装料顺序不合理可采取先装"大料"，再装"小料"；对于物料中有微量成分者可先加一半散料后，接着加微量成分，再加另一半散料。混合时间过长、过短都会使混合效果下降。时间过长会使混合物料发生分离；时间过短就会使物料不能进行充分混合。因此，混合时间应随物料性质变化随时调整，新装设备和更换配方都要测定最佳混合时间。转速过大会使物料的离心力超过其重力，从而导致物料随着容器作等速旋转，彼此之间失去相对运动而不进行混合；转速过小，物料相对运动速度小，混合效果差，因此应根据物料装填量与物料性质、混合容器特点合理选择。

案例解析

案例：某药品在制粒前混合了三种原料，其中一种原料的粒径为全部通过九号筛，一种原料全部通过五号筛，一种原料全部通过二号筛，三种原料没有混合均匀，为什么？

分析：粒径相同或相似的两种原料混合时，混合程度随混合机的转数增加到一定程度趋于一定值，达到混合均匀，而粒径不同时，因为小颗粒易在大颗粒的缝隙中往下流动而影响均匀混合，则混合程度较差，所以上述 3 种原料不能均匀混合。

第四节 输送技术

物料的传输与转移是药品生产工艺流程的中枢神经网络。各工序为网络中的节点，物料输送则将各工序合理地连接起来，构造出各种完整的工艺路线。物料输送方式将对工艺流程水平有重要影响，直接影响药品生产的效率化及规模化，是药品生产工艺流程好与不好的一个重要参考指标。

近年来，在现代化的工业生产中，为了提高劳动生产率、减轻劳动强度、节约原材料和缩短生产周期，除了采用新型的工艺设备和实现单机自动化外，还要求生产过程按连续流水作业进行，组成生产自动线。即所加工的物品在一组设备上完成某一工序加工后，再由连续运输机械将其输送至另一组设备上进行下一工序的加工，甚至有时直接就在连续运输机上进行各种加工。这就使连续运输机械成为工业生产自动化的一个重要环节。

一、输送单元的主要任务

在制药企业中，输送单元的主要任务，一般如下：

（1）确定适宜的工艺路线，选择适宜的输送设备，要求输送能量与生产量相一致；

（2）尽可能做到自动化控制，减少操作人员的劳动量；

（3）控制好设备，将物料从一个位置输送到目标位置，减少物料的暴露时间。

二、输送岗位职责要求

输送岗位工艺人员除了要履行"绪论——第四节　药物生产岗位基本职责要求"相关职责外，还需履行如下职责。

（1）依据生产指令，认真检查核对待输送的物料。

（2）定期检查输送设备运行、各部件紧固及润滑情况，对设备进行维护，出现异常及时与机修人员沟通进行处理。

（3）按输送岗位标准操作规程开、停机，处理出现的问题，将物料输送至下一工序，不能处理的问题及时向上级汇报。

三、输送的基本原理

工业生产中，输送方式有两种：一种是机械输送，利用机械运动输送物料；另一种是气力输送，借助风力输送物料。这两种方式各有特点，设计时应根据地形、输送距离、输送高度、原料形状和性质、输送量、输送要求以及操作人员的劳动条件来考虑。

四、输送设备

连续机械输送设备种类繁多，用于输送固体原料的主要有带式输送机、斗式提升机、刮板输送机、螺旋输送机。下面就这几个主要机械输送设备进行介绍。

1. 带式输送机

带式输送机是连续输送机中效率最高、使用最普遍的一种机型。它可用来输送散粒物品、块状物品，可以做到定量、定速、定时的作业。按结构不同带式输送机可分为固定式、运动式、搬移式三类。工厂以采用固定式的带式输送机为多。

带式输送机的主要构件包括：输送带、鼓轮、张紧装置、支架和托辊等。有的还附有加料和中途卸载设备。带式输送机的示意图如图 1-33。

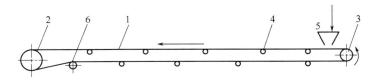

图 1-33　带式输送机

1—输送带；2—主动轮；3—从动轮；4—托辊；5—加料斗；6—张紧装置

在带式输送机中，输送带既是承载构件，又是牵引构件，主要有橡胶带、塑料带、钢带等几种，一般采用多层的橡胶带。它们都是联成环形，套在两个鼓轮上。普通橡胶带上胶层厚度在 3～6mm 之间，下胶层是输送带和支撑托辊接触的一面，其厚度一般较薄，为 1.5mm。卸料端的鼓轮由电动机传动，称主动轮，借摩擦力带动输送带，另一端的鼓轮则称从动轮。鼓轮可以铸造，也可以焊制成鼓形的空心轮，表面稍微凸起，使带运行时能对准中心。为了增加主动轮和输送带的摩擦，在鼓轮表面包以橡胶、皮革或木条。鼓轮的宽度应比输送带宽 100～200mm。鼓轮直径根据橡胶带的层数确定。由于环形带长又重，若只由两端鼓轮支承而中间悬空，则带必然下垂，所以必须在输送带的下面装置若干个托辊把输送带托起来，不使其下垂。托辊多用钢管，长度比输送带宽 100～200mm，两端管口有盖板，板中镶以轴承。环形带回空部分，由于已经卸载，托辊个数可以减少。此外还有张紧装置使输送带有一定的张紧力，以利正常运行。

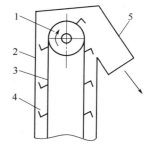

图 1-34　斗式提升机构造
1—主动轮；2—机壳；3—带；
4—斗子；5—卸料

2. 斗式提升机

斗式提升机是将物料连续地由低的地方提升到高的地方的运输机械，广泛地应用于制药加工工业。所输送的物料为粉末状、颗粒状和块状等。

斗式提升机构造如图 1-34 所示。主要由传动的滚轮、张紧的滚轮、环形牵引带或链、斗子、机壳和装、卸料装置等几部分组成。它是一个长的支架，上下两端各安一个滚轮，上端的是启动滚轮，连传动设备，下端的是张紧滚轮，提升机的带或链则围绕在两个滚轮上，提升机的带上每隔一定的距离就装有斗子。

物料放在斗式提升机的底座内，当提升机运转时，机带随之而被带动，斗子经过底座时将物料舀起，斗子渐渐提升到上部，当斗子转过上端的滚轮时物料便倒入出料槽内流出。

传动滚轮的转速及直径的选择很重要。若选择不当，物料很可能由于离心力的作用将物料超过卸料槽而抛到很远的地方；或者未到卸料槽口即被抛落于提升机上段的机壳内。传动滚轮的直径与速度的关系：

$$u = (1.8 \sim 2)\sqrt{D} \tag{1-5}$$

式中　D——滚轮直径，m；

u——滚轮线速度，m/s。

一般运碎料时，u 不超过 1.2m/s；运小块物料，u 不超过 0.9m/s；运大块而坚硬物料，u 取 0.3m/s。主动轮和从动轮的直径相同，一般为 300～500mm。

料斗有深斗和浅斗两种。深斗的特征是前方边缘倾斜 65°，浅斗 45°。深斗和浅斗的选择取决于物料的性质和装卸的方式。输送干燥且易流动的粒状和块状物料常用深斗；潮湿和流动性不良的物料，由于浅斗前缘倾斜角小能更好地卸料，故一般采用浅斗。

　　　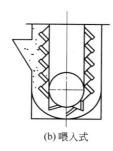

(a) 掏取式　　　　　　　　(b) 喂入式

图 1-35　斗式提升机的装料方法

斗式提升机的装料方法分掏取式和喂入式两种，如图 1-35 所示。

掏取式装料是从提升机下部的加料口处，将物料加进底部机壳里，由运动着的料斗掏取提升。这种方法适用于磨损性小的松散物料，料斗的速度可较高，可与离心式或重力式卸料法相配合。喂入式装料就是把物料直接加入到运动着的料斗中，料斗宜低速运行，适用于大块和磨损性大的物料，可与导槽式卸料法相配合。

斗式提升机的优点是横断面上的外形尺寸小，有可能将物料提升到很高的地方（可达30～50m），生产能力的范围也很大（50～160m³/h）；缺点是动力消耗较大。

3. 螺旋输送机

螺旋输送机的结构简单，它是由一个旋转的螺旋和料槽以及传动装置构成，如图1-36。当轴旋转时，螺旋把物料沿着料槽推动。物料由于重力和对槽壁的摩擦力作用，在运动中不随螺旋旋转，而是以滑动形式沿料槽移动。

螺旋是由转轴与装在轴上的叶片所构成。根据叶片的形状可分为四种：实体式、带式、成型式和叶片式。在这些螺旋中，实体式是常见的，构造简单，效率也高，对谷物和松散的物料较为适宜。黏滞性物料宜采用带式，可压缩的物料宜用叶片式或成型式。

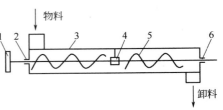

图1-36　螺旋输送机

1—皮带轮；2—轴承；3—机槽；
4—吊架；5—螺旋；6—轴承

螺旋的轴用圆钢或钢管制成。为减轻螺旋的重量，以钢管为好，一般可用直径为50～100mm的厚壁钢管。螺旋大都用厚4～8mm的薄钢板冲压成型，然后互相焊接或铆接，并用焊接方法固定在轴上。螺旋的直径普遍为150mm、200mm、300mm、400mm、500mm和600mm。螺旋的转数一般为50～80r/min。螺旋的螺距有两种：实体螺旋的螺距等于直径的0.8倍；带式螺旋的螺距等于直径。螺旋与料槽之间要保持一定间隙，一般采取较物料直径大5～15mm。间隙小，则阻力大；间隙大，则运输效率低。

料槽多用3～6mm厚的钢板制成，槽底为半圆形，槽顶有平盖。为了搬运、安装和修理的方便，多用数节联成，每节长约3m。各节连接处和料槽边焊有角钢，这样便于安装又增加刚性。料槽两端的槽端板，可用铸铁制成，同时也是轴承的支座。

螺旋输送机的优点在于结构简单、紧凑、外形小，便于进行密封及中间卸料，特别适用于输送有毒和尘状物料。它的缺点是能量消耗大，槽壁与螺旋的磨损大，对物料有所研磨。常用于短距离的水平输送，也可用于倾斜角不大（倾角小于20°）的输送。常用它来输送粉状及小块物料，如麸曲、薯粉、麦芽等，还可用于固体发酵中的培养基混合等。

4. 刮板输送机

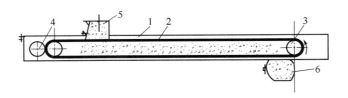

图1-37　刮板输送机

1—料槽；2—刮板链条；3—驱动链条；4—张紧齿轮；5—进料口；6—出料口

如图1-37所示，刮板输送机在作水平输送时，被输送的物料受到刮板链条在运动方向的压力和自身重量的作用，在物料之间产生了内摩擦力。这种物料之间的内摩擦力，保证了物料堆形成稳定状态，不至于在输送过程中发生翻滚现象。同时，这种内摩擦力足以克服物料在料槽内移动时料槽对物料的外摩擦阻力，使物料成为连续整体的料流而被输送。

5. 气力输送设备

气力输送是利用气流在密闭管道中输送固体物料的一种输送方法，也就是利用具有一定压力和一定速度的气流，来输送固体物料的一种输送装置，气力输送又称为风力输送。

气流输送在垂直管中，气流速率达到粒子的自由沉降速率时，颗粒在气流中呈流态化状态，自由悬浮在气流中；气流速率超过悬浮速率时，进行气流输送，颗粒基本上是均匀分布于气流中的。

在水平管道中，当气流速率很大时，颗粒全部悬浮，均匀分布于气流中，呈现所谓的悬浮流状态；当气流速率降低时，一部分颗粒沉积到管底下部，但没有降落到管壁上，整个管的截面上出现上部颗粒稀薄，下部颗粒密集的所谓两相流动状态；这种状态为悬浮输送的极限状态。当气流速率进一步降低时，将有颗粒从气流中分离出来沉于管底部，形成"小砂丘"向前推移，产生所谓团块流。

由上述分析看出，要想得到完全悬浮流气流输送，必须有足够的气流速率，以保证气流输送的正常进行。但是，过大的气流速率也是没有必要的，因为这将造成很大的输送阻力和较大的磨损。

气力输送与其他机械输送相比，具有以下的一些优点：

① 系统密闭，可以避免粉尘和有害气体对环境的污染；

② 在输送过程中，可同时进行对输送物料的加热、冷却、混合、粉碎、干燥和分级除尘等操作；

③ 设备简单，操作方便，容易实现自动化、连续化，改善了劳动条件；

④ 占地面积小，可以根据建筑物的结构，比较随意地布置气力输送管道。

当然，气力输送也有不足的地方：一般来讲其所需的动力较大，风机噪声大，一般要求物料的颗粒尺寸限制在 30mm 以下，对管路和物料的磨损较大，不适于输送黏性和易带静电而有爆炸性的物料。对于输送量少而且是间歇性操作的，亦不宜采用气力输送。

典型的气力输送工艺流程如图 1-38 与图 1-39 所示。

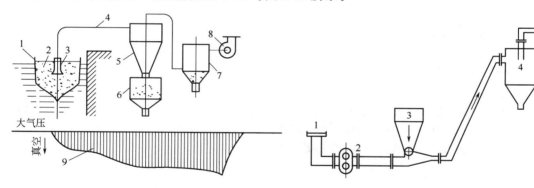

图 1-38 吸送式气力输送流程
1—船舱；2—散装料；3—吸嘴；4—输料管；
5—旋风分离器；6—料仓；7—袋式除尘器；
8—离心通风机；9—压力变化图

图 1-39 压送式流程
1—空气粗滤机；2—罗茨鼓风机；
3—料斗；4—分离器；5—除尘器

（1）进料装置　吸送式气力输送装置通常采用吸嘴作为供料器。吸嘴有多种不同形式，主要有单筒型、双筒型、固定型三种。

单筒型吸嘴可以做成直口、喇叭口、斜口和扁口等多种形式，如图 1-40 所示。其结构简单，应用较多，缺点是当管口外侧被大量物料堆积封堵时，空气不能进入管道而使操作中断。

双筒型吸嘴由一个与输料管相通的内筒和一个可上下移动的外筒组成，如图 1-41 所示。内筒用来吸取物料，其直径与输料管直径相同。外筒与内筒间的环隙是二次空气通道。外筒可上下调节，以获得最佳操作位置。环隙面积与吸入口面积之比 a 的最佳值为：

$$a = (D^2 - d^2)/d_e^2 = 0.2 \sim 0.8$$

内外筒口的高度差 S 一般在 $S=0$ 附近为宜，a 取较小值时，$S = \pm 0.5d_e$ 左右为好。吸嘴长度一般不超过 900mm。

固定型吸嘴如图 1-42 所示，物料通过料斗被吸至输料管中，由滑板调节进料量。空气进

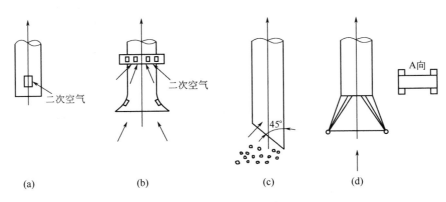

图 1-40　吸嘴的形式

口应装有铁丝网，防止异物吸入。

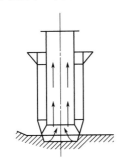

图 1-41　双筒喇叭型吸嘴

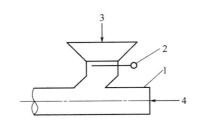

图 1-42　固定型吸嘴

1—输料管；2—滑板；3—物料；4—空气

　　（2）旋转加料器　旋转加料器广泛应用在中、低压的压送式气力装置中，或在吸送式气力装置中作卸料用。它具有一定的气密性，适用于输送流动性好、磨碰性小的粉状、小块状的干燥物料。

　　旋转加料器结构如图 1-43 所示，它主要由圆柱形的壳体及壳体内的叶轮组成。叶轮由 6～8 片

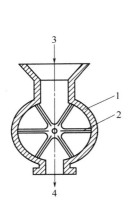

图 1-43　旋转加料器

1—外壳；2—叶片；3—入料；4—出料

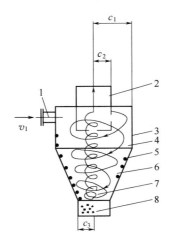

图 1-44　普通旋风分离器

1—入口管；2—排气管；3—圆筒体；4—空间螺旋线；
5—较大粒子；6—圆锥体；7—反转螺旋线；8—卸料口

叶片组成，由电动机带动旋转。在低转速时，转速与排料量成正比，当达到最大排料量后，如

继续提高转速，排料量反而降低。这是因为转速太快时，物料不能充分落入格腔里，已落入的又可能被甩出来。通常圆周速度在 0.3～0.6m/s 较合适。

叶轮与外壳之间的间隙约为 0.2～0.5mm，间隙愈小，气密性愈好，但相应的加工精度也就愈高，从而增加制造费用。也可在叶片端部装聚四氟乙烯或橡胶板，以提高其气密性。

此外还有喷射式加料器和螺旋式加料器，它们都可用于压送式气力输送系统。

（3）物料分离装置　物料沿输料管被送达目的地后，必须有一个装置（分离器）将物料从气流中分离出来，然后卸出。常用的分离器有旋风分离器和重力式分离器。

旋风分离器是利用离心力来分离捕集粉粒体的装置。这种分离器结构简单，加工制造方便，而且进口气速不宜过高，以减轻颗粒对器壁的磨损。如图 1-44 所示：气、固两相流经入口管 1，以切线方向进入圆筒体 3 后，形成下降的空间螺旋线 4 运动，较大粒子 5 借离心惯性力被甩向器壁而分离下沉，经圆锥体 6，由卸料口 8 排出。而较细的粒子和大部分气体，则沿上升的反转螺旋线 7，经排气管 2 排出。

重力式分离器又叫沉降器，有各种结构形式，图 1-45 是其中一种。带有悬浮物料的气流进入分离器后，流速大大降低，物料由于自身的重力而沉降，气体则由上部排出。

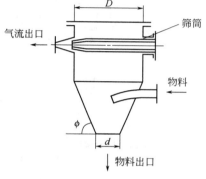

图 1-45　重力式分离器

（4）空气除尘装置　由于经分离器出来的气流尚含有较多的微细物料和灰尘，为保护环境，回收气流中有经济价值的粉末并防止粉末进入风机使其磨损，需在分离器后和风机入口前装设除尘器。

除尘器的形式很多，常用的除尘器有离心式除尘器、袋式除尘器和湿式除尘器。

① 普通离心式除尘器　又称旋风分离器，其构造与离心式分离器相似，如图 1-46 所示。含尘空气沿除尘器外壳的切线方向进入圆筒的上部，并在圆筒部分的环形空间作向下的螺旋运动。被分离的灰尘沉降到圆锥底部，而除尘后的空气则从下部螺旋上升，并经排气管排出。

离心式除尘器近十几年在结构形式上有很多变化，种类较多，如图 1-47 所示旁路式离心除尘器，图 1-48 所示扩散式离心除尘器等。

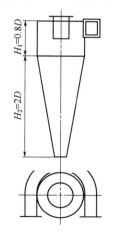

图 1-46　离心式除尘器

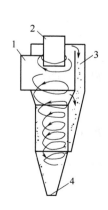

图 1-47　旁路式离心除尘器
1—切向进口；2—排气管；
3—旁路分离室；4—卸灰口

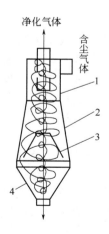

图 1-48　扩散式离心除尘器
1—圆柱筒体；2—倒锥筒体；
3—反射屏；4—集灰斗

② 袋式除尘器　是利用织物袋子将气体中的粉尘过滤出来的净化设备，其结构如图 1-49 所示。含尘气流由进气口进入，穿过滤袋，粉尘被截留在滤袋内，从滤袋透出的清净空气通过滤袋由排气管排出，袋内粉尘借振动器振落到下部排出。

③ 湿式除尘器　是利用水来捕集气流中的粉尘，有多种不同的结构形式，图 1-50 就是结构较为简单的一种。含尘气体进入除尘器后，经伞形孔板洗涤鼓泡而净化，粉尘则被截留在水中。这种除尘器要定期更换新水，只适用于含尘量较少的气体净化。

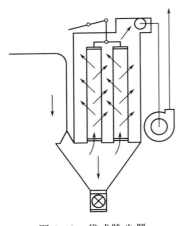

图 1-49　袋式除尘器

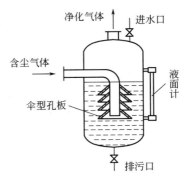

图 1-50　湿式除尘器

五、输送技术实施

以斗式提升机为例，输送操作规程一般包括作业前检查、备料、操作、清场、填写生产记录等。

1. 上岗前的检查

（1）上料前检查物料的备料量，查验原材料化验单，确认原材料质量符合要求。

（2）确认设备运转状态，检查斗式提升机运转情况是否良好、筛网是否完好以防止异物进入。

（3）检查各轴承有无松动，润滑是否正常。轴承如有松动，应立即加固，缺油时应及时加油。

（4）设备要有"合格"标牌、"已清洁"标牌，并对设备状况进行检查，确证设备正常，方可使用。

2. 上料

（1）开启斗式提升机，空车运转 2～3min。待转速稳定，无异常噪声时，方可上料。

（2）喂料要均匀，不能超出提升机的额定输送量。进料闸门一经调好，不得随意变动。以免提升机下部发生堵料现象。操作人员应及时巡检，如发生堵料必须立即停机清除。

（3）提升机在工作过程中应保持各润滑点正常润滑。

（4）工作完毕，关闭斗式提升机，清理现场卫生，填写《领料、上料操作记录》。

3. 操作注意事项

（1）开车流量要控制由小到大，逐渐增加至规定范围内。

（2）发现料斗带跑偏时，要及时进行纠正。

（3）在升运流动性比较差的物料时，应及时排除进料中的堵塞；密切注意物料回料情况，回流过大时，应及时采取措施解决。

（4）堵料严重时，需停车进行排料，严禁用手直接伸进机座内。重新启动后，待料斗带转正常后，才可以上料。

（5）必须在斗内的物料完全排尽后，方可停机或更换升运物料。

（6）提升机内的残存物料，在停机后要完全清除。

4. 设备养护要点

（1）滚动轴承要加钙基润滑脂，每三个月加油一次。每年大修后，对轴承清洗后，完全更换润滑油。

（2）定期检查料斗与坚固件，若发现松动，应及时旋紧或更换，以免发生安全事故。

（3）机器应有专职人员负责保养、维修，要经常检查机器运转情况。

（4）为防止大块物料进入料机损坏料斗，应在进料处加装铁栅。

思 考 题

1. 对物料进行粉碎有什么作用？粉碎操作单元的主要任务是什么？

2. 简述粉碎的基本原理，并简要说明粉碎过程中要考虑哪些因素。

3. 简述锤击式粉碎机、轴流撞击式粉碎机、万能粉碎机、球磨机、流能磨的基本结构及工作原理。

4. 常用的粉碎工艺方法有哪些？各有何特点？

5. 粉碎操作过程中粉碎机堵塞的主要原因及处理手段是什么？

6. 筛分单元的主要任务是什么？其主要目的是什么？

7. 分析影响筛分效果的有关因素。

8. 简述振动筛、滚动筛、旋动筛的基本结构及工作原理。

9. 简述筛分操作规程。

10. 混合操作单元的主要任务是什么？其主要目的是什么？

11. 简述混合操作的基本原理。

12. 分析影响混合效果的有关因素。

13. 简述回旋型混合机、槽型混合机、双螺旋锥型混合机、二维运动混合机、三维运动混合机的基本结构及工作原理。

14. 输送操作单元的主要任务是什么？输送的基本原理是什么？

15. 简述带式输送机、斗式提升机、螺旋输送机的基本结构及工作原理。

16. 简述气力输送系统的组成及主要设备的结构特点。

17. 以斗式提升机为例，简述物料输送操作规程。

第二章　液体处理技术

【学习目标】
① 了解混合单元、发酵液预处理单元、沉淀单元的主要任务。
② 了解发酵液预处理的目的、常用的絮凝剂种类及蛋白质的基本性质。
③ 掌握混合技术、发酵液预处理技术、沉淀技术的基本原理、方法及基本工艺。
④ 掌握常用的液体混合设备结构及特点。
⑤ 会从事液体混合、发酵液的预处理及沉淀操作，能够对操作过程进行控制与优化。

第一节　液体的混合技术

液体混合技术通常指用机械方法使两种或多种物料相互分散而达到一定均匀程度的单元操作。用以加速传热、传质和化学反应（如硝化、磺化、皂化等），也用以促进物理变化，制取许多混合体，如溶液、乳浊液、悬浊液、混合物等。

一、混合单元的主要任务

混合单元在制药生产中的应用十分普遍，其主要任务是将两种或以上的液体物料通过一定的装置混合均匀，来实现不同的生产目的。①用以制备各种均匀的混合物，如溶液、乳浊液、悬浮液及浆状、糊状或固体粉粒混合物等；②为某些单元操作（如萃取、吸附、换热等）或化学反应过程提供良好的条件。在制备均匀混合物时，混合效果以混合物的混合程度即所达到的均匀性来衡量。在加速物理或化学过程时，混合效果常用传质总系数、传热系数或反应速率增大的程度来衡量。

二、液体混合岗位职责要求

液体混合岗位主要是对液体物料加入一定量的调节剂调节 pH，或是将几种液体混合均匀。其操作主要在混合设备的中进行，操作人员除了要履行"绪论——第四节　药物生产岗位基本职责要求"相关职责外，还需履行如下职责。

（1）配制酸液或碱液时注意安全防护，带好防护目镜及手套。

（2）配制酸液或碱液时应将浓酸或浓碱缓慢加入一定量的水中，严禁颠倒操作顺序。

（3）碱液及酸液的储存过程应防止泄漏。

（4）进入槽罐清理检修时，要将和槽罐相连的所有阀门关闭，有搅拌的要切断电源，挂上警示牌，有人检修"禁止合闸"，必须把槽罐内的物料放完，确保通风良好，使用安全照明设施，在有人监护下进行检修。

（5）在开启带压阀门时要缓慢进行，面部不得对向丝杆以避免刺料伤人。

三、混合的基本原理

混合时要求所有参与混合的物料均匀分布。混合的程度分为理想混合、随机混合和完全不相混 3 种状态（图 2-1）。

液体的混合主要靠机械搅拌器、气流和待混液体的射流等方式，使待混物料受到搅动，以达到均匀混合。搅动引起部分液体流动，流动液体又推动其周围的液体，结果在容器内形成循环液流，由此产生的液体之间的扩散称为主体对流扩散。

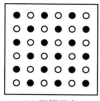 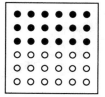

(a) 理想混合　　　　　　(b) 随机混合　　　　　　(c) 完全不相混

图 2-1　混合状态示意

当搅动引起的液体流动速度很高时，在高速液流与周围低速液流之间的界面上出现剪切作用，从而产生大量的局部性漩涡。这些漩涡迅速向四周扩散，又把更多的液体卷进漩涡中来，在小范围内形成的紊乱对流扩散称为涡流扩散。

机械搅拌器的运动部件在旋转时也会对液体产生剪切作用，液体在流经器壁和安装在容器内的各种固定构件时，也要受到剪切作用，这些剪切作用都会引起许多局部涡流扩散。搅拌引起的主体对流扩散和涡流扩散，增加了不同液体间分子扩散的表面积，减少了扩散距离，从而缩短了分子扩散的时间。若待混液体的黏度不高，可以在不长的搅拌时间内达到随机混合的状态；若黏度较高，则需较长的混合时间。对于密度、成分不同、互不相溶的液体，搅拌产生的剪切作用和强烈的湍动，将密度大的液体撕碎成小液滴，并使其均匀地分散到主液体中。

各种物料在混合机械中的混合程度，取决于待混物料的比例、物理状态和特性，以及所用混合机械的类型和混合操作持续的时间等因素。

四、混合设备

根据被混合物料的相态和性质，混合设备主要有以下几种。

1. 机械搅拌混合器

这种混合器由搅拌桨（搅拌器）和容器组成，机械搅拌是将液体、气体或固体粉粒分散到液体中去的一种最常用方法。

工业上常用的机械搅拌装置是一个圆筒形罐体（图2-2），有时罐外装有夹套，或在罐内设有蛇管等换热器件，用以加热或冷却罐内物料。罐壁内侧常装有几条垂直挡板，用以消除液体高速旋转所造成的液面凹陷旋涡，并可强化液流的湍动，以增强混合效果。搅拌器一般装在转轴顶部，通常从罐顶插入液层（大型搅拌罐也有用底部伸入式的）。有时在搅拌器外围设置圆筒形导流筒，促进液体循环，消除短路和死区。对于高径比大的罐体，为使全罐液体都得到良好搅拌，可在同一转轴上安装几组搅拌器。搅拌器轴用电动机通过减速器带动，带动搅拌器的另一种方法是磁力传动，即在罐外施加旋转磁场，使设在罐内的磁性元件旋转，带动搅拌器搅拌液体。

搅拌器的类型主要有下列几种。

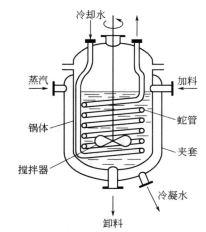

图 2-2　机械搅拌装置

（1）桨式搅拌器　有平桨式和斜桨式两种。平桨式搅拌器由两片平直桨叶构成。斜桨式搅拌器（图2-3）的两叶相反折转 45°或 60°，因而产生轴向液流。桨式搅拌器结构简单，常用于低黏度液体的混合以及固体微粒的溶解和悬浮。

（2）旋桨式（推进式）搅拌器　由 2～3 片推进式螺旋桨叶构成（图2-4），工作转速较高，适用于搅拌低黏度（<2Pa·s）液体、乳浊液及固体微粒含量低于 10%的悬浮液。搅

图 2-3　桨式搅拌器

拌器的转轴也可水平或斜向插入罐内，此时液流的循环回路不对称，可增加湍动，防止液面凹陷。

图 2-4　旋桨式搅拌器

（3）涡轮式搅拌器　由在水平圆盘上安装平直的或弯曲的叶片所构成（图 2-5）。涡轮在旋转时造成高度湍动的径向流动，适用于气体及不互溶液体的分散和液液相反应过程。被搅拌液体的黏度一般不超过 25Pa·s。

图 2-5　涡轮式搅拌器

图 2-6　框式、锚式搅拌器

（4）框式、锚式搅拌器　桨叶外缘形状与搅拌罐内壁一致（图 2-6），其间仅有很小间隙，可清除附在罐壁上的黏性反应产物或堆积于罐底的固体物，保持较好的传热效果。可用于搅拌黏度高达 200Pa·s 的流体。但是在搅拌高黏度液体时，液层中有较大的停滞区，不能使液体得到很好的混合。

（5）螺杆、螺带式搅拌器　这类搅拌器如图 2-7 所示。螺带一般贴近罐壁，与罐壁形成自然配合操作，而螺杆位于轴心，物料沿容器壁面螺旋上升，再向中心凹穴处汇合，形成上下对流循环。螺带的形式和层数应根据容器的几何形状和液层高度来确定。适用于高黏度或粉状物料的混合、传热、反应溶解等操作。

图 2-7　螺杆、螺带式搅拌器

（6）磁力驱动搅拌器　磁力驱动搅拌器（图 2-8）在磁力耦合器的基础上，经过技术革新，成功将其运用于化工搅拌器转轴的驱动上，它以静密封代替了动密封，彻底解决了机械密封和填料密封难以解决的密封失效和泄漏污染问题。

2. 射流混合器

工作流体从圆形管口或渐缩喷嘴高速喷出，形成射流。由于射流与周围流体交界处的湍流脉动，促成不同组成、不同温度的流体发生混合。

射流混合装置的主要部分是带有吸入室的两个同心喷嘴（图 2-9）。当流体流经第一喷嘴以高速射入吸入室时，就吸入外部流体并发生激烈混合。射流混合与常用的机械搅拌混合相比，可降低能耗且无转动部件，特别适用于大容器内低黏度液体的混合。此外，在搅拌罐中可利用撞击射流促进颗粒悬浮，还可以利用热风经小孔或喷嘴直接吹向湿表面，以强化干燥过程。

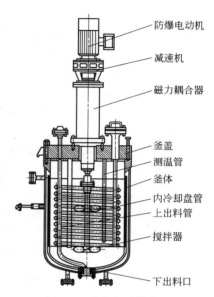

图 2-8　磁力驱动搅拌器

3. 管道混合器

用一个三通管使两种流体汇合，然后流经一段直管，借湍流脉动达到相互混合。管内加装孔板或圆缺形折流挡板，通过流向的改变，可加强流体的湍流程度，提高混合效果。此法主要用于低黏度液体或气体的混合。典型的静态混合器（见图 2-10）是在圆管中设置若干个扭转 180° 的螺旋片作为元件，左旋和右旋的两种螺旋片相间安装。也可以在圆形管道内将两种开孔数量和开孔位置不同的孔板依次交替放置。静态混合器常用于萃取和乳液制备。

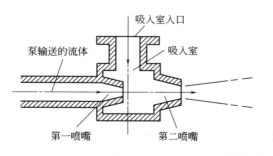 

图 2-9　射流混合器

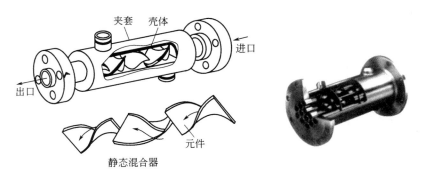

图 2-10　静态混合器

> 问题思考：为什么相近的两种孔板开孔数量和开孔位置不同？

4. 强制循环混合器

这种混合器如图 2-11 所示，是由容器和循环泵等组成。循环泵强制待混物料反复循环流动，产生湍流以达到混合。为了强化混合，有的混合器在循环泵出口处装有混合元件，例如喷淋头或混合管等。

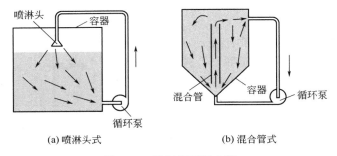

(a) 喷淋头式　　　　　　　　　　　(b) 混合管式

图 2-11　强制循环混合器

5. 叶轮混合器

其工作原理是靠各种类型输送泵在一定转速下液体通过叶轮的搅拌混合作用将第二种液体同时吸入泵内达到混合目的。

6. 气流混合器

一般气流混合器就是通常所说的空气搅拌器，以空气通入液体介质中作搅拌，借鼓泡作用达到混合目的。适用于腐蚀性强的液体，但不适用于挥发性强的液体搅拌。其搅拌强弱的程度，以每分钟每立方米容积中通入的空气量来测定，空气量 $0.4m^3$ 为微弱搅拌，$0.8m^3$ 为中强搅拌，$1.0m^3$ 为剧烈搅拌。

> 问题思考：酸、碱液的配置，混合操作为什么易采用空气搅拌？什么样的料液混合不易采用空气搅拌？

7. 多室混合器

多室混合器也是一种静态的管道混合器，常用于萃取操作。多室混合器含有筒形壳体，该壳体两端设有进料管和出料管，所述的壳体内设有一定数量的隔板将壳体内部隔断成多个混合室，隔板一半为实体，另一半为均匀布有通孔的筛板，相邻的混合室之间通过筛板连通；隔板中部穿有中心管，该中心管长度与筒形壳体长度匹配，靠近出料管一端封死，靠近进料管一端通过弯管穿出筒形壳体，该中心管在各个混合室内的部分均设有气孔；每个混合室上部设有排气管。每个混合室两端的两个隔板的实体板和筛板互相交错对应布置。物料从进料口进入混合器的喷头，以较高的速度喷出，达到第一次混合。同时高速冲出的液流打在第一块混合萃取板上又返回，形成一次剧烈的涡流，又一次强化了混合，在每块混合萃取板上开了许多 3～5mm 的小孔，小孔总数和开孔的大小，控制在保证液流在其中的流速达 1～1.5m/s 之间，形成湍流，再一次进行了混合。到萃取扩散室后，流速减慢，二相进行初步分离，经下一块混合萃取板再到下一间萃取扩散室，又一次得到混合和分离，如此反复多次，达到混合萃取的目的。这种混合方式可使相界面不断更新，给传质以较大的推动力，促进溶质由一相向另一相迅速传递。

五、混合技术实施

下面以机械搅拌混合器为例，说明混合操作过程。

1. 开机前的准备工作

（1）向减速机和轴承内按要求加注润滑油。

（2）检查设备有无异常情况，螺栓紧固是否牢固。

（3）点动启动按钮，观察电动机的转向是否正确。

（4）接通电源空机运转 2h，正常后向罐内注入液体至设计高度，继续运行 2～4h，观察有无异常振动、减速机升温（不超过 60°）等情况，正常后即可投入使用。

（5）检查减速箱油质、油位是否正常。

2. 操作程序及注意事项

（1）向搅拌罐内注入一定量液体，按下"启动"按钮，搅拌机开始工作，继续向罐内注入液体或其他物料，至液位达到设计高度。

（2）搅拌一定时间后，物料混合均匀后，按下"停止"按钮搅拌机停止运转。

（3）运行中要注意检查搅拌机运行是否稳定，有无异常振动及噪声。注意观察搅拌罐液位。

3. 使用与维护

（1）使用过程中应经常检查设备有无异常噪声、螺栓是否松动，并及时处理。

（2）减速机最初投入使用时，应按其使用说明书加注润滑油，加至油标中心位置。运转中减速机体内储油量必须保持规定油面高度，不宜过多或过少，按润滑台账要求定期加油。

（3）各轴承在出厂时已加注润滑脂，以后每 3 个月须加注钙基润滑脂进行补充。

（4）视使用情况及时对设备进行保养和更换易损件，并做好防腐工作。

第二节　发酵液预处理技术

一、预处理单元的主要任务

在发酵阶段结束后，发酵液形成了一个悬浮液体系，其中除目的产物外还含有大量的杂质（可溶性蛋白、多肽、盐类及其他代谢产物和不溶性的细胞、细胞碎片等），而且悬浮杂质颗粒比较小，液相黏度大，这些因素都会影响提取分离的效率。

预处理单元的主要任务是向发酵液中加入某些物质或改变温度，促进悬浮液中固形物分离的速度，提高固液分离的效率，主要体现在以下四点。

① 改变发酵液的物理性质（降低黏度等），以利于固液分离；

② 尽可能使产物转入便于后处理的一相中（多数是液相）；

③ 分离细胞、菌体和其他悬浮颗粒（细胞碎片、核酸和蛋白质的沉淀物）；

④ 除去部分可溶性杂质。

二、发酵液预处理岗位职责

从事发酵液预处理工作的人员，除履行液体混合岗位职责要求外，还需履行如下职责。

（1）定期对预处理设备进行高温消毒。

（2）与过滤工序及时沟通，将预处理后的发酵液打入（或压入）过滤设备。

（3）使用酸、碱等物料，操作中要戴手套。

三、预处理的基本原理

1. 降低液体黏度

由流体力学基本知识可知，滤液通过滤饼的速率与液体的黏度成反比，可见降低液体黏度可有效提高过滤速率。降低液体黏度常用的方法有加水稀释法和加热法。

加水稀释法可有效降低液体黏度，但会增加悬浮液的体积，使后处理任务加大，并且只有当稀释后过滤速率提高的百分比大于加水比时，从经济上才能认为有效。如果目标物质的后序分离工艺或时间很长，稀释有助于降低其浓度，减少其在分离过程中的分解或水解。

升高温度可有效降低液体黏度，从而提高过滤速率，常用于黏度随温度变化较大的流体。另外，应用加热法的同时，可控制适当温度和受热时间，使蛋白质凝聚形成较大颗粒，进一步改善发酵液的过滤特性。如链霉素发酵液，调酸至 pH3.0 后，加热至 70℃，维持 0.5h，液相黏度下降至 1/6，过滤速率可增大 10～100 倍。使用加热法时必须注意：①加热的温度必须控制在不影响目的产物活性的范围内或不会使其发生水解；②对于发酵液，温度过高或时间过长，可能造成细胞溶解，胞内物质外溢，而增加发酵液的复杂性，影响其后的产物分离与纯化。

升高温度的方法有：①让发酵液通过螺旋板、列管等换热器，用热介质进行加热；②如果目标物质受温度变化影响较小，发酵液又需适当稀释时，可在发酵液内直接通入蒸汽或热水进行加热。

2. 调整 pH

pH 直接影响发酵液中某些物质的电离度和电荷性质，适当调节 pH 可改善其过滤特性。对于氨基酸、蛋白质等两性物质作为杂质存在于液体中时，常采用调 pH 至等电点使两性物质沉淀。另外，在膜分离中，发酵液中的大分子物质易与膜发生吸附，常通过调整 pH，改变易吸附分子的电荷性质，以减少吸附造成的堵塞和污染。此外，细胞、细胞碎片及某些胶体物质等在某个 pH 下也可能趋于絮凝而成为较大颗粒，有利于固液分离。但 pH 的确定应以不影响目标产物稳定性为前提条件。

pH 的调节一般是在发酵液中加入一定浓度的酸（碱）溶液，如果需要也可加入一定量的酸（碱）缓冲溶液。

3. 凝聚和絮凝

凝聚和絮凝的主要作用为增大混合液中悬浮粒子的体积，提高固液分离速率，同时可除去一些杂质。这两种方法主要用于细胞、菌体、细胞碎片及蛋白质等胶体粒子的去除。

（1）**凝聚作用** 凝聚作用是指在某些电解质作用下，使胶体粒子聚集的过程。这些电解质称为凝聚剂。胶体粒子能保持分散状态的原因是其带有相同电荷和扩散双电层的结构。当分子热运动使粒子间距离缩小到使它们的扩散层部分重叠时，即产生电排斥作用，使两个粒子分开，从而阻止了粒子的聚集。双电层电位越大，电排斥作用就越强，胶粒的分散程度也越大，发酵液越难过滤。胶粒能稳定存在的另一个原因是其表面的水化作用，使粒子周围形成水化层，阻碍了胶粒间的直接聚集。凝聚剂的加入可使胶粒之间双电层电位下降或者使胶体表面水化层破坏或变薄，导致胶体颗粒间的排斥作用降低，吸引作用加强，破坏胶体系统的分散状态，导致颗粒凝聚。影响凝聚作用的主要因素是无机盐的种类、化合价及无机盐用量等。

知识拓展
双电层的形式

　　发酵液中蛋白质通常带有负电荷，由于静电引力的作用使溶液中带相反电荷的粒子（即正离子）被吸附在其周围，在界面上形成了双电层。但是这些正离子还受到使它们均匀分布开去的热运动的影响，具有离开胶粒表面的趋势，在这两种相反作用的影响下，双电层就分裂成两部分，在相距胶核表面约一个离子半径的 Stern 平面以内，正离子被紧密束缚在胶核表面，称为吸附层或紧密层；在 stern 平面以外，剩余的正离子则在溶液中扩散开去，距离越远，浓度越小，最后达到主体溶液的平均浓度，称为扩散层。这样就形成了扩散双电层的结构模型，如图 2-12 所示。

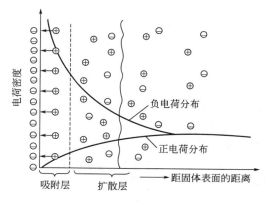

图 2-12　双电层示意图

　　常用的凝聚剂有 $AlCl_3 \cdot 6H_2O$、$Al_2(SO_4)_3 \cdot 18H_2O$、$K_2SO_4 \cdot Al_2(SO_4)_3 \cdot 24H_2O$、$FeSO_4 \cdot 7H_2O$、$FeCl_3 \cdot 6H_2O$、$ZnSO_4$ 和 $MgCO_3$ 等。电解质凝聚能力可用凝聚值来表示，使胶粒发生凝聚作用的最小电解质浓度（mol/L）称为凝聚值。根据 Schuze-Hardy 法则，阳离子的价数越高，该值就越小，即凝聚能力越强。阳离子对带负电荷的发酵液胶体粒子凝聚能力的次序为：$Al^{3+}>Fe^{3+}>H^+>Ca^{2+}>Mg^{2+}>K^+>Na^+>Li^+$。凝聚剂的加入量越大，凝聚效果越好，但凝聚剂的加入也给料液中引入了其他无机杂质，对后序的分离纯化不利。

　　（2）絮凝作用　絮凝作用是利用带有许多活性官能团的高分子线状化合物吸附多个微粒的能力，通过架桥作用将许多微粒聚集在一起，形成粗大的松散絮团的过程。所利用的高分子化合物称为絮凝剂。絮凝剂一般具有长链状结构，实现絮凝作用关键在于其链节上的多个活性官能团，包括带电荷的阴离子（如—COOH）或阳离子（如—NH₂）基团以及不带电荷的非离子型基团。它们通过静电引力、范德华力或氢键作用，强烈地吸附在胶粒表面。根据絮凝剂所带电性的不同，分阴离子型、阳离子型和非离子型三类。对于带有负电性的微粒，加入阳离子型絮凝剂，具有降低离子排斥电位和产生吸附架桥作用的双重机制；而非离子型和阳离子型絮凝剂，主要通过分子间引力和氢键等作用产生吸附架桥。影响絮凝作用的主要因素如下。

　　① 高分子絮凝剂的性质和结构　线性结构的有机高分子絮凝剂，其絮凝作用大，而成环状或支链结构的有机高分子絮凝剂的效果较差。絮凝剂的分子量越大、线性分子链越长，絮凝效果越好；但分子量增大，絮凝剂在水中的溶解度降低，因此要选择适宜分子量的絮凝剂，以利于配制适当浓度的絮凝剂溶液。

　　② 絮凝操作温度　当温度升高时，絮凝速度加快，形成的絮凝颗粒细小。因此絮凝操作温度要合适，一般为 20～30℃。

　　③ pH　溶液 pH 的变化会影响离子型絮凝剂官能团的电离度，因此阳离子型絮凝剂适合在酸性或中性的 pH 环境中使用，阴离子型絮凝剂适合在中性或碱性的环境中使用。

④ 搅拌速度和时间　适当的搅拌速度和时间对絮凝是有利的。搅拌有助于絮凝剂迅速分散，形成絮团，但絮团形成后，搅拌会打碎絮团。因此，控制好搅拌速度与时间对提高絮凝效果非常重要，一般情况下，搅拌速度为 40～80r/min，不要超过 100r/min；搅拌时间以 2～4min 为宜，不超过 5min。

⑤ 絮凝剂的加入量　絮凝剂的最适添加量往往要通过实验方法确定，虽然较多的絮凝剂有助于增加桥架的数量，但过多的添加反而会引起吸附饱和，絮凝剂争夺胶粒而使絮凝团的粒径变小，絮凝效果下降。另外，加得多，也会使发酵液黏度增加，不利于过滤。

⑥ 絮凝剂浓度　因絮凝剂的分子量一般较大，配制浓度有严格的要求，当浓度过大时，黏度很大，使用极不方便，若过低，生产处理量加大，因此应选择合适的浓度，并尽可能的偏小，因为在稀溶液中有利于絮凝作用。

凝聚和絮凝这两种作用是人们在研究作用机理时，为了方便描述而分别提出并进行讨论，但在实际应用中，絮凝剂与无机电解质凝聚剂经常搭配在一起使用，加入无机电解质使悬浮粒子间的排斥能力降低而凝聚成微粒，然后加入絮凝剂，两者相辅相成，二者结合的方法称为混凝。混凝可有效提高凝聚和絮凝效果。

工业上使用的絮凝剂按组成不同又可分为无机絮凝剂、有机高分子絮凝剂和生物絮凝剂。

① 有机高分子絮凝剂　人工合成的絮凝剂如二甲基二烯丙基氯化铵与丙烯酰胺的共聚物或均聚物、聚二烯基咪唑啉、聚丙烯酰酸类衍生物、聚苯乙烯类衍生物、聚丙烯酰胺类衍生物、聚乙烯吡啶类衍生物等。其中聚丙烯酰胺具有一定毒性，不能用于药品、食品生产；而聚丙烯酸类衍生物阴离子型絮凝剂，无毒，可用于食品和医药工业。天然有机高分子絮凝剂如聚糖类胶黏物、海藻酸钠、明胶、骨胶、壳多糖等。

② 无机絮凝剂　如明矾、氯化铁等小分子絮凝剂；聚合铝盐、聚合铁盐等高分子絮凝剂。

③ 生物絮凝剂　生物絮凝剂是一类由微生物产生的具有絮凝能力的生物大分子，主要有蛋白质、黏多糖、纤维素和核酸等。具有高效、无毒、无二次污染等特点，克服了无机絮凝剂和人工合成有机高分子絮凝剂本身固有的缺陷，其发展潜力越来越受到重视。

4. 加入助滤剂

助滤剂是有一定刚性的颗粒状或纤维状固体，其化学性质稳定，不与混合体系发生任何化学反应，不溶解于溶液相中，在过滤操作的压力范围内是不可压缩的固体。加入助滤剂可以改变滤饼的结构，降低滤饼的可压缩性，从而降低过滤阻力。常用的助滤剂有硅藻土、纤维素、石棉粉、珍珠岩、白土、炭粒、淀粉等。最常用的是硅藻土。

助滤剂的使用方法有两种：一种是将助滤剂在支持介质（滤布）的表面上预涂助滤剂薄层 1～2mm，以保护支持介质的毛细孔道在较长时间内不被悬浮液中的固体粒子所堵塞，从而提高或稳定过滤速率。另一种方法是将助滤剂分散在待过滤的悬浮液中，使形成的滤饼具有多孔性，降低滤饼的可压缩性，以提高过滤速率和延长过滤操作周期。前者会使滤速降低，但滤液透明度明显增加；后一种方法主要是助滤剂的加入量，一般助滤剂的用量若等于悬浮液中固体含量时，过滤速率最快，另外在使用时需要一个带搅拌器的混合槽，充分搅拌混合均匀，防止分层沉淀。生产上也可两种方法同时兼用。选择和使用助滤剂时要考虑以下几个方面。

(1) 根据目的产物的性质选择助滤剂品种　当目的产物存在于液相时，要注意目的产物是否会被助滤剂吸附，是否可通过改变 pH 来减少吸附；当目的产物存在于固相时，一般使用淀粉、纤维素等不影响产品质量的助滤剂。

(2) 根据过滤介质和过滤情况选择助滤剂品种　当使用粗目滤网时易泄漏，采用石棉粉、纤维素、淀粉等作助滤剂可有效地防止泄漏。当使用细目滤布时，宜采用细硅藻土，若采用粗粒硅藻土，则料液中的细微颗粒仍将透过助滤层而到达滤布表面，从而使过滤阻力增大。当使用烧结或黏结材料制成的过滤介质时，宜使用纤维素助滤剂，这样可使滤饼易于剥离，并可防止堵塞毛细孔。滤饼较厚时，为了防止龟裂，可加入 $1\%\sim5\%$ 纤维素或活性炭。助滤剂中某些成分会溶于酸性或碱性溶液中，故对产品质量有较高要求时，助滤剂在使用前需用酸或碱进行洗涤，再用清水漂洗至无离子。

（3）粒度选择　助滤剂的粒度及粒度分布对过滤速率和滤液澄清度影响很大。当粒度一定时，过滤速率与澄清度成反比，过滤速率大，澄清度差；过滤速率小，则澄清度好。助滤剂的粒度必须与悬浮液中固体粒子的尺寸相适应，如颗粒较小的悬浮液应采用较细的助滤剂。商品硅藻土助滤剂有多种规格，粒度分布不同，因此使用前应针对不同料液的特性和过滤要求，通过实验，确定其最佳型号。

（4）用量的确定　助滤剂的用量必须适宜。用量过少，起不到有效的助滤作用；用量过大，不仅浪费，而且会因助滤剂成为主要的滤饼阻力而使过滤速率下降。当采用预涂助滤剂的方法时，间歇操作助滤剂的最小厚度为 2mm；连续操作则要根据所需过滤速率来确定。当助滤剂直接加入发酵液时，一般采用的助滤剂用量等于悬浮液中固形物含量，其过滤速率最快，如用硅藻土作助滤剂时，通常细粒用量为 $500g/m^3$；中等粒度用量为 $700g/m^3$；粗粒用量为 $700\sim1000g/m^3$。

5. 加入反应剂

有时加入某些不影响目的产物的反应剂，可消除发酵液中某些杂质对过滤的影响，从而提高过滤速率。

加入反应剂和某些可溶性盐类发生反应生成不溶性沉淀，如 $CaSO_4$、$AlPO_4$ 等。生成的沉淀能防止菌丝体黏结，使菌丝具有块状结构，沉淀本身可作为助滤剂，并且能使胶状物和悬浮物凝固，从而改善过滤性能。如在新生霉素发酵液中加入氯化钙和磷酸钠，生成磷酸钙沉淀可充当助滤剂，另一方面可使某些蛋白质凝固。又如环丝氨酸发酵液用氧化钙和磷酸处理，生成磷酸钙沉淀，能使悬浮物凝固，多余的磷酸根离子还能除去钙、镁离子，并且在发酵液中不会引入其他阳离子，以免影响环丝氨酸的离子交换吸附。

6. 降低温度

从发酵罐放出的发酵液通常在 $25\sim35℃$ 范围内，降低其温度有利于减少目标产物在后序提取或分离过程中发生分解或水解。如果发酵液中目标产物易于水解或存在那些具有促进目标产物分解的酶时，发酵液放罐后要预先进行降温处理，才能进行其他操作。降温操作通常让发酵液通过螺旋板换热器或列管式换热器与冷介质进行热交换，以达到工艺指标。

7. 发酵液的相对纯化

（1）无机离子的去除　发酵液中主要的无机离子有 Ca^{2+}、Mg^{2+}、Fe^{2+} 等。无机离子去除通常采用离子交换法、沉淀法。离子交换法是借助于离子交换树脂使液相中的有害离子转移到树脂上而与溶液分开（见第五章）的一种方法。沉淀法是在溶液中加入化学反应剂，使无机离子生成沉淀而与溶液分开。如 Ca^{2+} 的去除主要采用草酸，但由于草酸的溶解度小，不适合用量较大的场合。当发酵液中 Ca^{2+} 浓度较高时，可采用可溶性盐，如草酸钠等。反应生成草酸钙还能促使蛋白质凝固，改善发酵液过滤性能。Mg^{2+} 的去除一般采用加入三聚磷酸钠，它和 Mg^{2+} 形成可溶性络合物后，即可消除对离子交换的影响。

$$Mg^{2+} + Na_5P_3O_{10} =\!=\!= MgNa_3P_3O_{10} + 2Na^+$$

用磷酸盐处理，也能大大降低 Ca^{2+}、Mg^{2+} 的浓度，此法可用于环丝氨酸的生产。对于发酵液中的铁离子，可加入黄血盐，使其形成普鲁士蓝沉淀而除去。反应如下：

$$3K_4Fe(CN)_6 + 4Fe^{3+} =\!=\!= Fe_4[Fe(CN)_6]_3\downarrow + 12K^+$$

对于某些重金属离子如 Cu^{2+}、Ni^{2+}、Zn^{2+} 等可加入络合剂，生成沉淀物质除去。

（2）杂蛋白的去除　利用各种沉淀方法，可以去除液相中各种蛋白质。常用的有等电点沉淀法、变性沉淀法、盐析法、有机溶剂沉淀法、反应沉淀法等。这些沉淀方法既可以作为除杂质的方法，也可以作为提取目标产物的技术手段。

此外，也可采用吸附法除去杂蛋白。一般是在含杂蛋白的发酵液中加入某些吸附剂或沉淀吸附剂。如在四环类抗生素生产中，采用黄血盐和硫酸锌的协同作用生成亚铁氰化锌钾 $K_2Zn_3[Fe(CN)_6]_2$ 的胶状沉淀来吸附蛋白质；在枯草芽孢杆菌发酵液中，加入氯化钙和磷酸氢二钠，两者生成庞大的凝胶，把蛋白质、菌体和其他不溶性粒子吸附并包裹在其中而除去，从而可加快过滤速率。

（3）多糖的去除

酶解法可将混合液中的不溶性多糖物质酶解，使其转化为溶解度较大的单糖，从而改变流体的流动特性，提高过滤速率。例如万古霉素用淀粉作培养基，发酵完成后，发酵液中多余的淀粉使混合液黏度较大，当加入 0.025% 的淀粉酶后，搅拌 30min，再加 2.5% 助滤剂（硅藻土），可使过滤速率提高 5 倍。

（4）有色物质的去除

发酵液中有色物质可能是由于微生物生长代谢过程分泌的，也可能是培养基（如糖蜜、玉米浆等）带来的，色素物质化学性质的多样性增加了脱色的难度。色素物质的去除，一般以使用离子交换树脂、离子交换纤维、活性炭等材料的吸附法来脱色最为普遍。例如活性炭可用于柠檬酸发酵液的脱色，盐型强碱性阴离子交换树脂可用于解蛋白酶和果胶酶溶液的脱色，磷酸型阴离子交换树脂被用于谷氨酸发酵液的脱色等。一般发酵液的脱色往往是在过滤除去菌体后进行。

四、预处理工艺及操作

发酵液预处理一般是在调节罐内进行。来自发酵罐的发酵液通过空气压送或泵输送至调节罐，加入一定体积后，在搅拌的情况下视工艺需要，通过计量（流量计或称量器）加入一定量水、酸（碱）、凝聚剂、絮凝剂、助滤剂或化学反应剂等（为了方便，将上述物质统称为调节剂），符合工艺要求后通过空气压送或泵输送至过滤机进行过滤，除去料液中的沉淀物。调节罐一般是带有搅拌的空罐，对其可进行如下操作。

（1）检查　检查调节罐上压缩空气阀、进料阀、出料阀均应关闭，排气阀应打开，压力表指针在零位，调节罐及搅拌电机接地接零完好，搅拌开关、电机接口、电源线绝缘良好。如果发酵液或所加调节剂中含有易燃、易爆物质，应检查调节罐上所有静电连接齐全、完好。

（2）加料调节　打开调节罐上发酵液进料阀，加料至一定体积后关进料阀，启动机械搅拌，加入一定量调节剂（通过加料管线或罐口）。搅拌一定时间后，停机械搅拌。

（3）压料　通知过滤岗位准备接料，准备好后，打开调节罐出料阀，关闭排气阀，打开调节罐压缩空气阀，开始压料（或启动输送泵开始打料，此时调节罐的排气阀应打开）。料压完后，关闭压缩空气阀和罐出料阀，打开罐排气阀，待压力表指针降至零位，站在调节罐侧面打开罐盖，进行清洗。如果用泵打料，应在罐压力表为零时，关闭泵出口阀，停泵，关调节罐出料阀，站在调节罐侧面打开罐盖，进行清洗。

第三节　沉淀技术

沉淀是物理环境的变化引起溶质的溶解度降低、生成固体凝聚物的现象。沉淀和结晶在本质上同属一种过程，都是新相析出的过程，主要是物理变化，当然也存在有化学反应的沉淀或结晶。沉淀和结晶的区别在于形态的不同，同类分子或离子以有规则排列形式析出称结晶，沉淀是不定型的固体颗粒，构成复杂，除含有目标分子外，还夹杂共存的杂质和溶剂，因此，沉淀的纯度远远低于结晶。

一、沉淀单元的主要任务

沉淀主要用于某种物质的浓缩，或用于除去留在液相中的非必要成分。生产上沉淀单元的主要任务是向待处理的料液中加入沉淀剂，通过控制加入沉淀剂的数量与速度，控制沉降操作温度等，使某种或某些物质沉淀，实现如下目的：①去除发酵液中的杂蛋白；②对蛋白质产物进行浓缩、纯化和回收；③除去对提取工艺和成品质量影响较大的无机离子杂质。

二、沉淀岗位职责要求

从事沉淀操作的工艺人员除要履行液体混合岗位职责要求外，还需履行如下职责。

（1）严格按沉淀岗位工艺操作规程进行操作，控制好相应的工艺参数、沉淀槽室液位在规定范围内，控制清液层，保证清液层在指标范围内。

（2）及时与上下工段联系并处理相应工艺问题，确保沉淀岗位达到工艺要求。

（3）设备要勤洗勤消，避免杂菌污染。

三、沉淀的基本原理

1. 蛋白质的溶解性

蛋白质是由许多氨基酸缩水形成的一条或几条多肽链所组成的两性高分子聚合物，溶解性是由其组成、构象以及分子周围的环境所决定。在水溶液中，多肽链中的疏水性氨基酸残基向内部折叠的趋势，使亲水性氨基酸残基分布在蛋白质立体机构的外表面。因此，蛋白质表面大部分是亲水的，而其内部大部分是疏水的（见图 2-13），亲水和疏水区域的分布和程度将

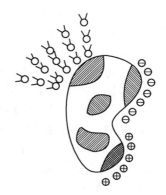

α 水分子	⊘ 憎水区域
⊕ 阳离子	⊗ 荷负电区域
⊖ 阴离子	⊗ 荷正电区域

图 2-13 蛋白质分子表面的
憎水区域和荷电区域

决定蛋白质在水相环境中的溶解程度。在生理 pH 条件下，如果这些可离子化的基团和水分子在蛋白质表面同时存在，则离子化基团至少能部分带电并被溶剂化。分子量的大小对蛋白质的溶解度也会有影响，通常情况下分子量小的蛋白质比起在结构上类似的大分子量蛋白质更易溶解。

另外，蛋白质的溶解度同样也取决于所处环境的物理化学性质。影响蛋白质溶解度的外部因素主要有温度、pH、介电常数和离子强度。但是在同一特定的外部条件下，不同的蛋白质具有不同的溶解度，这是因为溶解度归根结底取决于溶质本身的分子结构。如分子所带电荷的性质和数量、亲水与疏水基团的比例及两种基团在蛋白质分子表面的排列等。

影响蛋白质溶解度的主要因素是蛋白质性质和溶液性质两类。蛋白质性质的因素有：分子大小、氨基酸组成、氨基酸序列、可离子化的残基数、极性/非极性残基比率、极性/非极性残基分布、氨基酸残基的化学性质、蛋白质结构、蛋白质电性、化学键性质；溶液性质的因素有：溶剂可利用度（如水）、pH、离子强度、温度。由于改变蛋白质性质较难，故对其溶解度的调控，常常是通过改变溶液的性质来实现的。

当然，蛋白质也可用改变其结构的办法来使其不可溶，改变的方法是使埋藏在分子内部的疏水基团暴露出来，但这种分子结构的改变是不可逆转的，会引起蛋白质的变性。利用蛋白质的相对热稳定性，进行选择性变性，以用于蛋白质的分离，但这并不是真正的沉淀过程。

2. 蛋白质胶体溶液的稳定性

蛋白质溶液是一种分散系统。蛋白质分子是分散相，水是分散介质。就其分散程度来说，蛋白质溶液属于胶体系统，但是它的分散相质点是分子，它是蛋白质分子与溶剂（水）所构成的均相系统，分散程度以分散相质点的半径来衡量。根据分散程度可以把分散系统分为 3 类：分散相质点小于 1nm 的为真溶液，大于 100nm 的为悬浊液，介于 1～100nm 的为胶体溶液。

从蛋白质分子量的测定和形状的观测知道，其分子的大小已达到胶体质点1～100nm范围之内，具有胶体性质，如布朗运动、丁达尔现象、电泳现象、黏度大以及不能透过半透膜的性质等。

球状蛋白质的表面多亲水基团，具有强烈地吸引水分子作用，使蛋白质分子表面常为多层水分子所包围，称水化膜。另外，蛋白质分子表面具有许多可解离的基团，在一定的pH条件下，能与其周围电性相反的离子形成所谓双电层。由于水化层和双电层这两种稳定的因素，使蛋白质溶液成为亲水的胶体溶液，蛋白质颗粒彼此不能接近，增加了蛋白质溶液的稳定性，阻碍蛋白质胶粒从溶液中沉淀出来。

3. 沉淀动力学

溶解度是一个平衡特性，但是溶解度值降低是一个动力学过程。当体系变得不稳定以后，分子互相碰撞并产生聚集作用。通常认为相互碰撞由下面几种运动引起：①热运动（布朗运动）；②对流运动，由机械搅拌产生；③差速沉降，由颗粒自由沉降速率不同造成的。其中①和②两种机理在蛋白质沉淀中起主导作用，第③种机理在沉降过程中起主导作用（如在废水处理中）。由布朗运动所造成的碰撞导致异向聚集，而由对流运动所造成的碰撞导致同向聚集。

为了简化沉淀过程的动力学，可把沉淀过程分成下述6个步骤：①初始混合，蛋白质溶液与沉淀剂在强烈搅拌下混合；②晶核生成，新相形成，产生极小的初始固体微粒；③扩散限制生长，晶核在布朗扩散作用下生长，生成亚微米大小的核，这一步速度很快；④流动引起的生长，这些核通过对流传递（搅拌）引起的碰撞进一步生长，产生絮体或较大的聚集体，这一步是在较低的速度下进行的；⑤絮体的破碎，破碎取决于它们的大小、密度和机械阻力；⑥聚集体的陈化，在陈化过程中，絮体取得大小和阻力平衡。

沉淀剂的性质和浓度，加入蛋白质溶液的方式，反应器的几何形状和水力学特性都会影响沉淀过程的动力学和聚集体的数量与大小。沉淀剂的加入可快可慢，可以溶液形式也可以固体形式加入（如硫酸铵）。在搅拌式反应器、管式反应器或活塞式流动反应器中，它们的混合情况各不相同，因此沉淀剂和蛋白质溶液之间的接触状况在这些反应器中很不相同，得到的絮体或聚集体的性质也不相同。

搅拌强度在成核阶段是一个非常重要的因素，可以通过混合速率来控制初始微粒的数量和大小。可以假定：初始微粒是在非常小的液体穴内形成的（湍动的涡流），在此穴中沉淀剂扩散很快。如果脱稳作用快于涡流存在的时间，则沉淀物中所含的蛋白质多少和微粒的大小可以用涡流的大小和蛋白质的含量（蛋白质浓度）来计算。

四、沉淀的基本方法

蛋白质的沉淀有可逆和不可逆沉淀两种。蛋白质发生沉淀后，若用透析等方法除去使蛋白质沉淀的因素后，可使蛋白质恢复原来的溶解状态，这就是蛋白质的可逆沉淀。重金属盐类、有机溶剂、生物碱试剂等也可使蛋白质发生沉淀，但不能用透析等方法除去沉淀剂而使蛋白质重新溶解于原来的溶剂中，这种沉淀作用称为不可逆的沉淀。生化分离纯化中最常用的几种蛋白质的沉淀方法是：盐析法（中性盐沉淀）、有机溶剂沉淀、选择性沉淀（热变性沉淀和酸碱变性沉淀）、等电点沉淀、有机聚合物沉淀、聚电解质沉淀法、金属离子沉淀法。

1. 盐析法（中性盐沉淀）

盐析法中常用的中性盐有 $(NH_4)_2SO_4$、Na_2SO_4、NaH_2PO_4 等。

中性盐对蛋白质的溶解度有显著影响，一般在低盐浓度下随着盐浓度升高，蛋白质的溶解度增加，称为"盐溶"；当盐浓度继续升高时，蛋白质的溶解度不同程度下降并先后析出，这种现象称"盐析"。盐析沉淀的蛋白质，经透析除盐，可恢复蛋白质的活性。除蛋白质和酶以外，多肽、多糖和核酸等都可以用盐析法进行沉淀分离，20％～40％饱和度的硫酸铵可以使许多病毒沉淀，43％饱和度的硫酸铵可以使 DNA 和 rRNA 沉淀，而 tRNA 保留在上清液中。盐析法突出的优点是：①成本低，不需要特别昂贵的设备；②操作简单、安全；③对许多生物活性物质具有稳定作用。常用于各种蛋白质和酶的分离纯化。

（1）中性盐沉淀蛋白质的基本原理　蛋白质和酶均易溶于水，因为该分子的—COOH、—NH₂和—OH 都是亲水基团，这些基团与极性水分子相互作用形成水化层，包围于蛋白质分子周围形成 1～100nm 颗粒的亲水胶体，削弱了蛋白质分子之间的作用力。蛋白质分子表面极性基团越多，水化层越厚，蛋白质分子与溶剂分子之间的亲和力越大，因而溶解度也越大。亲水胶体在水中的稳定因素有两个：即电荷和水膜。因为中性盐的亲水性大于蛋白质和酶分子的亲水性，在加入无机盐量较少时，无机盐离子在蛋白质表面上吸附，使颗粒带相同电荷而互相排斥，同时无机盐离子增加了蛋白质的亲水性，改善了与水膜的结合，增加了蛋白质分子与溶剂分子相互的作用力，使蛋白质的溶解度增加。相反，当加入大量中性盐后，无机盐夺走了水分子，破坏了水膜，暴露出疏水区域，同时又中和了电荷，破坏了亲水胶体，蛋白质分子即形成沉淀。图 2-14 为盐析示意图。

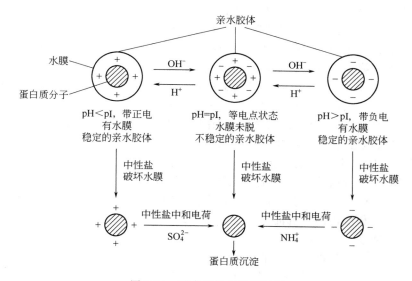

图 2-14　蛋白质盐析原理示意

在盐析过程中，蛋白质的溶解度与溶液中盐的离子强度之间的关系可用 Cohn 表达式表示：

$$\lg(S/S_0)=-K_s I \tag{2-1}$$

式中　S_0——蛋白质在纯水中（$I=0$）的溶解度；

S——蛋白质在离子强度为 I 的溶液中的溶解度；

K_s——盐析常数；

I——离子强度。

其中离子强度 $I=\dfrac{1}{2}\sum MZ^2$，M 表示溶液中各种离子的质量摩尔浓度，Z 为各种离子的价数。当温度一定时，对于某一溶质来说，其 S_0 也是一常数，即 $\lg S_0=\beta$（截距常数），所以有：$\lg S=\beta-K_s I$。β 值的大小取决于溶质的性质，与温度和 pH 有关。

K_s 取决于盐的性质，并且与离子的价数、平均半径有关。一般来说，溶质的 K_s 值越大，盐析的效果越好；同一溶液中，两种溶质的 K_s 值相差越大，则盐析的选择性也就越好。

在一定的 pH 和温度条件下，改变盐的离子强度 I 值，使不同的溶质在不同的离子强度下有最大的析出，此种方法称为 K_s 分段盐析法。保持溶液的离子强度不变，改变溶液的 pH 和温度，使不同的溶质在不同的 pH 和温度条件下有最大的析出，此种方法称为 β 分段盐析法。

（2）中性盐的选择　常用的中性盐中最重要的是 $(NH_4)_2SO_4$，因为它与其他常用盐类相比有十分突出的优点。

① 溶解度大，尤其是在低温时仍有相当高的溶解度，这是其他盐类所不具备的。由于酶和各种蛋白质通常是在低温下稳定，因而盐析操作也要求在低温下（0～4℃）进行。

② 分离效果好。有的提取液加入适量硫酸铵盐析，一步就可以除去 75％ 的杂蛋白，纯度提高了四倍。

③ 不易引起变性，有稳定酶与蛋白质结构的作用。有的酶或蛋白质用 2～3mol/L 的 $(NH_4)_2SO_4$ 保存可达数年之久。

④ 价格便宜，废液可以肥田不污染环境。

（3）盐析曲线的制作　如果要分离一种新的蛋白质和酶，没有文献数据可以借鉴，则应先确定沉淀该物质的硫酸铵饱和度。具体操作方法如下。

取已定量测定蛋白质或酶的活性与浓度的待分离样品溶液，冷至 0～5℃，调至该蛋白质稳定的 pH，分 6～10 次分别加入不同量的硫酸铵，第一次加硫酸铵至蛋白质溶液刚开始出现沉淀时，记下所加硫酸铵的量，这是盐析曲线的起点。继续加硫酸铵至溶液微微浑浊时，静止一段时间，离心得到第一个沉淀级分，然后取上清再加至混浊，离心得到第二个级分，如此连续可得到 6～10 个级分，按照每次加入硫酸铵的量，在附录中查出相应的硫酸铵饱和度。将每一级分沉淀物分别溶解在一定体积的适宜的 pH 缓冲液中，测定其蛋白质含量和酶活力。以每个级分的蛋白质含量和酶活力对硫酸铵饱和度作图，即可得到盐析曲线。

（4）盐析的影响因素　有关影响盐析的因素如下所述。

① 蛋白质的浓度　中性盐沉淀蛋白质时，溶液中蛋白质的实际浓度对分离的效果有较大的影响。通常高浓度的蛋白质用稍低的硫酸铵饱和度即可将其沉淀下来，但若蛋白质浓度过高，则易产生各种蛋白质的共沉淀作用，除杂蛋白的效果会明显下降。对低浓度的蛋白质，要使用更大的硫酸铵饱和度，但共沉淀作用小，分离纯化效果较好，但回收率会降低。通常认为比较适中的蛋白质浓度是 2.5％～3.0％，相当于 25～30mg/mL。

② pH 对盐析的影响　蛋白质所带净电荷越多，它的溶解度就越大。改变 pH 可改变蛋白质的带电性质，因而就改变了蛋白质的溶解度。远离等电点处溶解度大，在等电点处溶解度小，因此用中性盐沉淀蛋白质时，pH 常选在该蛋白质的等电点附近。

③ 温度的影响　温度是影响溶解度的重要因素，对于多数无机盐和小分子有机物，温度升高溶解度加大，但对于蛋白质、酶和多肽等生物大分子，在高离子强度溶液中，温度升高，它们的溶解度反而减小。在低离子强度溶液或纯水中蛋白质的溶解度大多数还是随温度升高而增加的。在一般情况下，对蛋白质盐析的温度要求不严格，可在室温下进行。但对于某些对温度敏感的酶，要求在 0～4℃下操作，以避免活力丧失。

2. 有机溶剂沉淀法

（1）基本原理　有机溶剂对于许多蛋白质（酶）、核酸、多糖和小分子生化物质都能发生沉淀作用，是较早使用的沉淀方法之一。其沉淀作用的原理主要是降低水溶液的介电常数，溶剂的极性与其介电常数密切相关，极性越大，介电常数越大，如 20℃ 时水的介电常数为 80，而乙醇和丙酮的介电常数分别是 24 和 21.4，因而向溶液中加入有机溶剂能降低溶液的介电常数，减小溶剂的极性，从而削弱了溶剂分子与蛋白质分子间的相互作用力，增加了蛋白质分子间的相互作用，导致蛋白质溶解度降低而沉淀。溶液介电常数的减少就意味着溶质分子异性电荷库仑引力的增加，使带电溶质分子更易互相吸引而凝集，从而发生沉淀。另一方面，由于使用的有机溶剂与水互溶，它们在溶解于水的同时从蛋白质分子周围的水化层中夺走了水分子，破坏了蛋白质分子的水膜，因而发生沉淀作用。

有机溶剂沉淀法的优点是：①分辨能力比盐析法高，即一种蛋白质或其他溶质只在一个比较窄的有机溶剂浓度范围内沉淀；②沉淀不用脱盐，过滤比较容易（如有必要，可用透析袋脱有机溶剂）。因而在生化制备中有广泛的应用。其缺点是对某些具有生物活性的大分子容易引起变性失活，操作需在低温下进行。

（2）有机溶剂的选择和浓度的计算　有机溶剂的选择首先是要能与水互溶。沉淀蛋白质和酶常用的是乙醇、甲醇和丙酮。沉淀核酸、糖、氨基酸和核苷酸最常用的沉淀剂是乙醇。

进行沉淀操作时，欲使溶液达到一定的有机溶剂浓度，需要加入的有机溶剂的浓度和体积可按下式计算：

$$V = V_0(S_2 - S_1)/(100 - S_2) \tag{2-2}$$

式中　V——需加入100％浓度有机溶剂的体积，mL；

　　　V_0——原溶液体积，mL；

　　　S_1——原溶液中有机溶剂的浓度，g/100mL；

　　　S_2——所要求达到的有机溶剂的浓度，g/100mL。

100是指加入的有机溶剂浓度为100％，如所加入的有机溶剂的浓度为95％，上式的$(100-S_2)$项应改为$(95-S_2)$。

上式的计算由于未考虑混溶后体积的变化和溶剂的挥发情况，实际上存在一定的误差。有时为了获得沉淀而不着重于进行分离，可用溶液体积的倍数：如加入一倍、二倍、三倍原溶液体积的有机溶剂，来进行有机溶剂沉淀。

（3）有机溶剂沉淀的影响因素　有关影响有机溶剂沉淀的因素如下所述。

① 温度　多数蛋白质在有机溶剂与水的混合液中，溶解度随温度降低而下降。值得注意的是大多数生物大分子如蛋白质、酶和核酸在有机溶剂中对温度特别敏感，温度稍高就会引起变性，且有机溶剂与水混合时产生放热反应，因此有机溶剂必须预先冷至较低温度，操作要在冰盐浴中进行，加入有机溶剂时必须缓慢且不断搅拌以免局部过浓。一般规律是温度越低，得到的蛋白质活性越高。

② 样品浓度　样品浓度对有机溶剂沉淀生物大分子的影响与盐析的情况相似：低浓度样品要使用比例更大的有机溶剂进行沉淀，且样品的损失较大，即回收率低，具有生物活性的样品易产生稀释变性。但对于低浓度的样品，杂蛋白与样品共沉淀的作用小，有利于提高分离效果。反之，对于高浓度的样品，可以节省有机溶剂，减少变性的危险，但杂蛋白的共沉淀作用大，分离效果下降。通常，使用5～20mg/mL的蛋白质初浓度为宜，可以得到较好的沉淀分离效果。

③ pH　有机溶剂沉淀适宜的pH，要选择在样品稳定的pH范围内，而且尽可能选择样品溶解度最低的pH，通常是选在等电点附近，从而提高此沉淀法的分辨能力。

④ 离子强度　离子强度是影响有机溶剂沉淀生物大分子的重要因素。以蛋白质为例，盐浓度太大或太小都有不利影响，通常溶液中盐浓度以不超过5％为宜，使用乙醇的量也以不超过原蛋白质水溶液的2倍体积为宜，少量的中性盐对蛋白质变性有良好的保护作用，但盐浓度过高会增加蛋白质在水中的溶解度，降低了有机溶剂沉淀蛋白质的效果，通常是在低盐或低浓度缓冲液中沉淀蛋白质。

有机溶剂沉淀法经常用于蛋白质、酶、多糖和核酸等生物大分子的沉淀分离，使用时先要选择合适的有机溶剂，然后注意调整样品的浓度、温度、pH和离子强度，使之达到最佳的分离效果。沉淀所得的固体样品，如果不是立即溶解进行下一步的分离，则应尽可能抽干沉淀，减少其中有机溶剂的含量，如若必要可以装透析袋透析脱有机溶剂，以免影响样品的生物活性。

3. 选择性变性沉淀法

这一方法是利用蛋白质、酶与核酸等生物大分子与非目的生物大分子在物理化学性质等方面的差异，选择一定的条件使杂蛋白等非目的物变性沉淀而得到分离提纯，称为选择性变性沉淀法。常用的有热变性、选择性酸碱变性和有机溶剂变性等。多用于除去某些不耐热的和在一定 pH 下易变性的杂蛋白。

① 热变性　利用生物大分子对热的稳定性不同，加热升高温度使某些非目的生物大分子变性沉淀而保留目的物在溶液中。此方法最为简便，不需消耗任何试剂，但分离效率较低，通常用于生物大分子的初期分离纯化。

② 表面活性剂　不同蛋白质和酶等对于表面活性剂和有机溶剂的敏感性不同，在分离纯化过程中使用它们可以使那些敏感性强的杂蛋白变性沉淀，而目的物仍留在溶液中。使用此法时通常都在冰浴或冷室中进行，以保护目的物的生物活性。

③ 选择性酸碱变性　利用蛋白质和酶等在不同 pH 条件下的稳定性不同而使杂蛋白变性沉淀，通常是在分离纯化流程中附带进行的一个分离纯化步骤。

4. 等电点沉淀法

用于氨基酸、蛋白质及其他两性物质的沉淀，此法多与其他方法结合使用。

等电点沉淀法是利用具有不同等电点的两性电解质，在达到电中性时溶解度最低，易发生沉淀，从而实现分离的方法。由于不同的电解质具有不同的等电点，因此控制不同的等电点，就能将其分离。两性电解质在不同 pH 的溶液中具有不同的解离状态，电荷情况也不同，能使两性电解质处于荷电性为零的 pH，即为两性电解质的等电点，通常以 pI 表示。

氨基酸、蛋白质、酶和核酸都是两性电解质，可以利用此法进行初步的沉淀分离。但是，由于许多蛋白质的等电点十分接近，而且带有水膜的蛋白质等生物大分子仍有一定的溶解度，不能完全沉淀析出，因此，单独使用此法分辨率较低，效果不理想，因而此法常与盐析法、有机溶剂沉淀法或其他沉淀剂一起配合使用，以提高沉淀能力和分离效果。此法主要用在分离纯化流程中去除杂蛋白，而不用于沉淀目的物。

5. 有机聚合物沉淀法

该法主要使用聚乙二醇（polyethylene glycol，PEG）作为沉淀剂。有机聚合物最早应用于提纯免疫球蛋白和沉淀一些细菌和病毒。近年来广泛用于核酸和酶的纯化。其中应用最多的是聚乙二醇 $HOCH_2(CH_2OCH_2)_nCH_2OH(n>4)$，它的亲水性强，溶于水和许多有机溶剂，无毒，对热稳定，对大多数蛋白质有保护作用，分子量广泛，在生物大分子制备中，用得较多的是相对分子质量为 6000～20000 的 PEG。

PEG 的沉淀效果主要与其本身的浓度和分子量有关，同时还受离子强度、溶液 pH 和温度等因素的影响。在一定的 pH 下，盐浓度越高，所需 PEG 的浓度越低，溶液的 pH 越接近目的物的等电点，沉淀所需 PEG 的浓度越低。在一定范围内，高分子量和浓度高的 PEG 沉淀的效率高。

6. 聚电解质沉淀法

加入聚电解质的作用和絮凝剂类似，同时还兼有一些盐析和降低水化等作用。缺点是，往往使蛋白质结构改变。

有一些离子型多糖化合物应用于沉淀食品蛋白质。用得较多的是酸性多糖，如羧甲基纤维素、海藻酸盐、果胶酸盐和卡拉胶等。它们的作用主要是静电引力。如羧甲基纤维素能在 pH 降低于等电点时使蛋白质沉淀。和其他絮凝剂一样，加入量不能太多，否则会引起胶溶作用而重新溶解。一些阴离子聚合物，如聚丙烯酸和聚甲基丙烯酸，以及一些阳离子聚合物，如聚乙烯亚胺和以聚苯乙烯为骨架的季铵盐曾用来沉淀乳清蛋白质。聚丙烯酸能于 pH2.8 时沉淀 90% 以上的蛋白质，聚苯乙烯季铵盐能于 pH10.4 时沉淀 95% 的蛋白质。

聚亚乙基亚胺 $H_2N(C_2H_4NH)C_2H_4NH_2$ 能与蛋白质的酸性区域形成复合物，在中性时，带正电，在污水处理中作絮凝剂，也广泛用于酶的纯化中。

7. 金属离子沉淀法

一些高价金属离子对沉淀蛋白质很有效。它们可以分为三类。第一类为 Mn^{2+}、Fe^{2+}、Co^{2+}、Ni^{2+}、Cu^{2+}、Zn^{2+} 和 Cd^{2+} 能和羧酸、含氮化合物如胺以及杂环化合物相结合。第二类为 Ca^{2+}、Ba^{2+}、Mg^{2+} 和 Pb^{2+} 能和羧酸结合，但不和含氮化合物相结合。第三类为 Ag^+、Hg^{2+} 和 Pb^{2+} 能和巯基相结合。金属离子沉淀法的优点是它们在稀溶液中对蛋白质有较强的沉淀能力。处理后残余的金属离子可用离子交换树脂或螯合剂除去。

在这些离子中，应用较广的是 Zn^{2+}、Ca^{2+}、Mg^{2+}、Ba^{2+} 和 Mn^{2+}，而 Fe^{2+}、Pb^{2+}、Hg^{2+} 等较少应用，因为它们会使产品损失和引起污染。Zn^{2+} 用于沉淀杆菌肽（作用于第 4 个组氨酸残基上）和胰岛素；$Ca^{2+}(CaCO_3)$ 用于分离乳酸，血清蛋白和柠檬酸；硫酸钡在柠檬酸生产中用以去除杂蛋白，而 $MgSO_4$ 用以去除 DNA 和其他核酸；核酸也可用链霉素硫酸盐除去，用量为 $0.5\sim1.0mg/mg$ 蛋白质，用于从发酵液中去除 DNA 和 RNA 也很有效。

知识拓展

亲和沉淀是利用亲和反应原理将配基与可溶性载体偶联形成载体-配基复合物（亲和沉淀剂），该复合物可选择与蛋白质结合，当采用物理场（如 pH、离子强度和温度等）改变时发生可逆性沉淀，从而利用目标分子与其亲和配体的特异性结合作用及沉淀分离的原理进行目标分子的分离纯化，是蛋白质等生物大分子的新型亲和分离技术之一。

五、沉淀工艺及操作

沉淀方法有多种，沉淀工艺随沉淀方法的不同而不同，沉淀技术在实施过程中，应考虑 3 个因素：①沉淀的方法和技术应具有一定的选择性，以使所要分离的目标成分得以很好的分离，选择性愈好，目标成分的纯度就越高；②对于酶类和蛋白质的沉淀分离，除了要考虑沉淀方法的选择性外，还必须注意到所选用的沉淀方法对这类目标成分的活性和化学结构是否有破坏作用；③对用于食品和医药中的目标成分，要考虑残留在目标成分中的沉淀剂对人体是否有害，否则所采用的沉淀法以及所获得的目标成分都会变得无应用价值。下面介绍以硫酸铵为盐析剂的盐析工艺及操作。

1. 硫酸铵使用前的预处理

采用一般工业制备的硫酸铵即可进行盐析。如果待盐析的蛋白质和酶的活性中心含巯基，如菠萝蛋白酶和木瓜蛋白酶等属于巯基蛋白酶类的制品，则需预处理，去除硫酸铵中的重金属离子，以消除其对酶活性的影响。方法是将硫酸铵配成浓溶液，然后通入 H_2S 气体至饱和。放置过夜后用滤纸滤除重金属沉淀物，滤液在瓷蒸发皿中浓缩结晶，再在 100℃ 下干燥即可使用。

2. 硫酸铵饱和度的调整

（1）当盐析要求饱和度高而又不宜增大溶液的体积时，可直接加入硫酸铵的固体盐，不同的饱和度应加入的硫酸铵用量可查附录一或附录二。

（2）当盐析要求的饱和度不高，又必须防止局部浓度过高时，通常是采用加入饱和硫酸铵溶液法。盐析时要求的饱和度以及所需加入饱和硫酸铵溶液体积的计算如下：

$$V=V_0(S_2-S_1)/(1-S_2) \tag{2-3}$$

式中　V——需加入饱和硫酸铵溶液的体积；

　　　V_0——待盐析溶液的体积；

　　　S_1——原来溶液的硫酸铵饱和度（第一次盐析时通常为零）；

　　　S_2——需达到的硫酸铵饱和度。

3. 盐析操作

计算好硫酸铵用量后，可对含蛋白的溶液进行盐析操作。一般是在搅拌的条件下，缓慢将所需的硫酸铵溶液或固体盐加入至待沉淀的溶液中。盐析反应是微放热反应，如果被沉淀的蛋白质或酶对温度非常敏感，尚需在盐析过程中进行冷却或提前对待处理料液或硫酸铵溶液进行降温处理。当硫酸铵全部加完后，需静置一定时间，使蛋白或酶充分沉淀，当溶液中不再有新的沉淀生成时可进行沉淀分离。在低浓度硫酸铵中盐析可采用离心分离，高浓度硫酸铵常用过滤方法，因为高浓度硫酸铵密度太大，要使蛋白质完全沉降下来需要较高的离心速度和较长的离心时间。

4. 后处理操作

蛋白质经过盐析沉淀分离后，产品中夹带有盐分，需脱盐处理。比如食品工业用酶的法规，食品酶制剂中不允许混有多量的食盐以外的无机盐类。因此盐析得到的产品需通过脱盐方能获得较纯的产品。常用的脱盐处理方法有：透析法、电渗析法和葡聚糖凝胶过滤法。

透析的方法通常都比较简单。实验室少量样品可放入做成的透析袋内，并留出一半左右的体积，然后扎紧口袋，悬挂于盛有纯净溶剂（如水）的大容器内，即可透析。成品的透析器有：透析袋、旋转透析器、平面透析器、连续循环透析器、微量透析器、减压透析器、反流透析器。透析过程中通过搅拌和不断更换新鲜溶剂，可大大提高透析效果。如果透析的样品为酶制剂类，则应置于低温环境下进行，以防酶的失活。

5. 沉淀操作实例

以从牛奶中提取酪蛋白为例，简述沉淀操作过程。

① 配制 0.2mol/L pH 4.7 乙酸-乙酸钠缓冲液

A 液：0.2mol/L 乙酸钠溶液，称 $NaAc \cdot H_2O$ 5.44g 溶至 200mL。

B 液：0.2mol/L 乙酸溶液，称优级纯乙酸 2.4g 溶至 200mL。

取 A 液约 17.7mL，B 液约 12.3mL 混合，用酸度计调得 pH 4.7 乙酸-乙酸钠缓冲液 30mL。

② 将鲜牛奶 30mL 及乙酸-乙酸钠缓冲液 30mL 分别水浴加热至 40℃左右。并用 8 层纱布过滤牛奶。

③ 量取加热后的牛奶 20mL。在搅拌下慢慢加入加热后的乙酸-乙酸钠缓冲液 20mL。用酸度计调 pH 至 4.7。

④ 将上述混合液冷至室温，离心（3500r/min）15min，弃去上清液，得酪蛋白粗制品。

⑤ 用水洗沉淀 3 次，离心（3500r/min）10min，弃去上清液。

⑥ 在沉淀中加入 20mL 乙醇，搅拌片刻。将全部的悬浊液转移至布氏漏斗中抽滤。用乙醇-乙醚混合液洗沉淀 2 次。最后用乙醚洗沉淀 2 次，抽干。

⑦ 将沉淀摊开在表面皿上，风干得酪蛋白纯品。

⑧ 准确称量，计算含量和收率。

上述沉淀操作过程应注意以下几点：

① 乙酸-乙酸钠缓冲液的配制应规范，pH 应用酸度计测试，以准确达到酪蛋白的等电点；

② 加入乙酸-乙酸钠缓冲液时，遵循少量多次、缓慢加入原则，不可一次加入；

③ 离心前温度一定要降至室温。

思 考 题

1. 混合单元的主要任务是什么？
2. 简述液体混合的基本原理。

3. 混合操作的主要设备有哪些？各有何特点？

4. 用于液体搅拌的搅拌器类型有哪些？各有何特点？

5. 以机械搅拌混合操作为例，简述其操作过程。

6. 发酵液预处理的目的是什么？预处理方法有哪些？

7. 什么是凝聚作用和絮凝作用？常用的凝聚剂和絮凝剂有哪些？分析影响絮凝的有关因素。

8. 简述发酵液预处理工艺及基本操作。

9. 盐溶和盐析的原理是什么？影响盐析沉淀的因素有哪些？

10. 什么是蛋白质的变性和蛋白质的沉淀，其原理是什么？蛋白质的沉淀方法有哪些？

11. 有机溶剂沉淀法的基本原理是什么？分析影响沉淀效果的有关因素。

12. 简述从牛奶中沉淀酪蛋白的基本工艺过程。

第三章　细胞破碎技术

【学习目标】

① 了解细胞的结构和化学组成，了解包涵体的形成过程。

② 熟悉各种细胞破碎方法及常用细胞破碎设备结构，能够应用有关方法进行细胞破碎。

③ 掌握包涵体蛋白分离的基本过程，能够分析影响包涵体蛋白复性的有关因素，能够根据包涵体蛋白的特性制定或调整分离方案。

微生物代谢产物大多数分泌到胞外，但有些目标产物存在于细胞内部。像重组 DNA 技术中表达的产品（如胰岛素、干扰素等），都是胞内产物，必须先将细胞破碎，使产物得以释放，才能进一步提取。细胞破碎技术是指利用外力破坏细胞膜和细胞壁，使细胞内容物包括目的产物成分释放出来的技术，是分离纯化细胞内合成的非分泌型生化物质（产品）的基础。

第一节　细胞壁的结构与组成

在细胞破碎中，细胞的大小、形状以及细胞壁的厚度、组成和聚合物的交联程度是影响破碎难易程度的重要因素。

一、细菌

几乎所有细菌的细胞壁都是由肽聚糖组成，它是难溶性的聚糖链借助短肽交联而成的网状结构，包围在细胞周围，使细胞具有一定的形状和强度。短肽一般由四或五个氨基酸组成，如 L-丙氨酰-D-谷氨酰-L-赖氨酰-D-丙氨酸。而且短肽中常有 D-氨基酸与二氨基庚二酸存在。破碎细菌的主要阻力是来自于肽聚糖的网状结构，其网状结构的致密程度和强度取决于聚糖链上所存在的肽键的数量和其交联的程度，如果交联程度大，则网状结构就致密。

二、霉菌和酵母

酵母细胞壁的最里层是由葡聚糖的细纤维组成，它构成了细胞壁的刚性骨架，使细胞具有一定的形状，覆盖在细纤维上面的是一层糖蛋白，最外层是甘露聚糖，由 1,6-磷酸二酯键共价连接，形成网状结构。在该层的内部，有甘露聚糖-酶的复合物，它可以共价键连接到网状结构上，也可以不连接。与细菌细胞壁一样，破碎酵母细胞壁的阻力主要决定于细胞壁结构交联的紧密程度和它的厚度。

霉菌的细胞壁主要存在三种聚合物，葡聚糖（主要以 β-1,3 糖苷键连接，某些以 β-1,6 糖苷键连接）、几丁质（以微纤维状态存在）以及糖蛋白。最外层是 α-葡聚糖和 β-葡聚糖的混合物，第 2 层是糖蛋白的网状结构，葡聚糖与糖蛋白结合起来，第 3 层主要是蛋白质，最内层主要是几丁质，几丁质的微纤维嵌入蛋白质结构中。与酵母和细菌的细胞壁一样，霉菌细胞壁的强度和聚合物的网状结构有关，不仅如此，它还含有几丁质或纤维素的纤维状结构，所以强度有所提高。

三、藻类

蓝藻为原核生物，其细胞壁和细菌的细胞壁的化学组成类似，主要为黏肽，储藏的光合产物主要为蓝藻淀粉和蓝藻颗粒体等。细胞壁分内外两层，内层是纤维素，少数人认为是果胶质和半纤维素。外层是胶质衣鞘以果胶质为主，或有少量纤维素。内壁可继续向外分泌胶质增加到胶鞘中。有些种类的胶鞘很坚密且有层理，有些种类胶鞘很易水化，相邻细胞的胶鞘可互相溶和。胶鞘中可有棕、红、灰等非光合作用色素。

真核藻类主要有隐藻、黄藻、甲藻、金藻、褐藻、硅藻、红藻、裸藻、绿藻和轮藻十门。

其中黄藻细胞大多数都具有细胞壁。单细胞和群体的个体细胞壁是两个"凵"形半片套合组成的，丝状体的细胞壁是两个"H"形的半片套合而成。化学成分主要是果胶质。只有无隔藻属和黄丝藻属的细胞壁是由纤维素组成。

硅藻的细胞壁是由 2 个套合的半片组成，称为上壳和下壳，都是由果胶质和硅质组成的，没有纤维素。

绿藻细胞壁由纤维素构成；褐藻细胞壁内层由纤维素构成，外层由藻胶构成；红藻细胞壁内层由纤维素构成，外层由果胶构成。

四、植物细胞

已生长结束的植物细胞壁可分为初生壁和次生壁两部分。初生壁是细胞生长期形成的。次生壁是细胞停止生长后，在初生壁内部形成的结构。目前，较流行的初生细胞壁结构是由Lampert 等人提出的"经纬"模型，依据这一模型，纤维素的微纤丝以平行于细胞壁平面的方向一层一层敷着在上面，同一层次上的微纤丝平行排列，而不同层次上则排列方向不同，互成一定角度，形成独立的网络，构成了细胞壁的"经"，模型中的"纬"是结构蛋白（富含羟脯氨酸的蛋白），它由细胞质分泌，垂直于细胞壁平面排列，并由异二酪氨酸交联成结构蛋白网，径向的微纤丝网和纬向的结构蛋白网之间又相互交联，构成更复杂的网络系统。半纤维素和果胶等胶体则填充在网络之中，从而使整个细胞壁既具有刚性又具有弹性。在次生壁中，纤维素和半纤维素含量比初生壁增加很多，纤维素的微纤丝排列得更紧密和有规则，而且存在木质素（酚类组分的聚合物）的沉积，因此次生壁的形成提高了细胞壁的坚硬性，使植物细胞具有很高的机械强度。

综上所述，细菌破碎的主要阻力来自于肽聚糖的网状结构，网状结构越致密，破碎的难度越大；酵母细胞壁破碎的阻力也主要决定于壁结构交联的紧密程度和它的厚度；植物细胞中次生壁的交联程度和厚度也成了细胞破碎的主要阻力。

第二节　细胞破碎技术实施

破碎细胞的目的是使细胞受到不同程度的破坏或破碎，进而释放里面的目的产物。目前已发展了多种细胞破碎方法，以便适应不同用途和不同类型的细胞壁破碎。主要采用的方法为机械法和非机械法两大类。机械法包括球磨法、高压匀浆法、超声破碎法，非机械法包括酶溶法、化学渗透法等。

一、细胞破碎方法

1. 球磨法

球磨机是破碎微生物细胞的常用设备，一般有立式（见图 3-1）或卧式（见图 3-2）两种。主要由破碎腔及夹套组成，夹套内通冷却剂可以移出细胞破碎时产生的热量。破碎腔内装有直径约 1mm 左右的无铅小玻璃球、小钢球、石英砂、氧化铝（$d < 1mm$）等研磨剂。细胞破碎液出口处设置了珠液分离器滞留珠子，使珠液分离破碎能够连续进行。球磨机由电动机带动搅拌碟片高速搅拌微生物细胞悬浮物和小磨球而产生撞击和剪切力，将细胞破碎。

采用球磨机进行细胞破碎，首先对设备进行检查，合乎生产要求后可先向夹套内通入冷却介质，再将需破碎的物料和一定数量的小玻璃球或小钢球加入破碎腔，启动电动机进行搅拌，

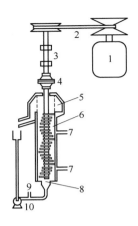

图 3-1　Netzsch Molinex KE5 搅拌磨
1—电动机；2—三角皮带；3—轴承；
4—联轴节；5—筒状筛网；6—搅拌
碟片；7—降温夹套冷却水进出口；
8—底部筛板；9—温度测量口；
10—循环泵

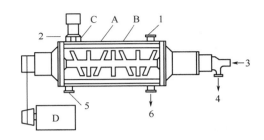

图 3-2　Netzsh LM20 砂磨机
1，2—物料进出口；3，4—搅拌器
冷却剂进出口；5，6—外筒冷却剂进出口；
A—带有冷却夹套的研磨筒；B—带有冷却转轴及
圆盘的搅拌器；C—环状振动分离器；D—变速电动机

最初搅拌速度不要太快，观察温度，随时调节冷却介质量，使操作温度稳定在适当的范围，逐步提高搅拌速度至相应的数值。如果球磨机可实现连续操作，需控制好加料量与出料量。如果为间歇操作，一段时间后，从出料口放出细胞破碎液，停止搅拌，视情况对破碎腔是否进行清洗，然后进入下一批次操作。

破碎作用遵循一级动力学定律：

$$\frac{dR}{dt} = k(R_m - R) \tag{3-1}$$

式中　R——t 时间内释放的蛋白质数量，mg/g；

$\quad\quad R_m$——100%破碎细胞释放的蛋白质数量，mg/g；

$\quad\quad k$——破碎的比速率，s^{-1}；

$\quad\quad t$——球磨机工作的时间，s。

将上式由开始工作到 t 时刻积分，可得：

$$\int_0^R \frac{dR}{R_m - R} = kt$$

$$\ln[R_m/(R_m - R)] = \ln \frac{1}{1-x} = kt \tag{3-2}$$

式中　x——R/R_m，t 时刻释放蛋白质的分数，x 数值越大，表示破碎程度越高。

一般用破碎率 Y 表示破碎程度。破碎率定义为被破碎细胞的数量占原始细胞的百分数。

$$Y = \frac{N_0 - N}{N_0} \times 100\% \tag{3-3}$$

式中　N_0——原始细胞数量；

$\quad\quad N$——经 t 时刻操作后保留下来的未受损害完整细胞的数量。

N_0 和 N 可由直接计数法和间接法求得。

直接计数法是直接对稀释后的样品用血球计数器或平板菌落计数法进行计数。

间接计数法是在细胞破碎后，将悬浮液离心分离，除去细胞碎片，未破碎的细胞及其他悬浮物，然后对清液进行蛋白质含量或酶的活性进行分析。通过细胞释放出来的化合物的量 R

与所有细胞理论最大释放量 R_m 的比值 R/R_m，求出破碎率。

破碎率是选择细胞破碎设备的重要依据之一。

在用球磨法破碎细胞的过程中，影响因素有以下几个方面。

（1）搅拌器外缘速率　搅拌器速率增加，剪切力增大，细胞破碎量增大，但是高的能量消耗，高的热量产生和磨球的磨损以及因剪切力引起产物失活，因此对于给定处理量和对蛋白质的释放要求下，存在着最佳效率点。实际生产中，搅拌器外缘速率控制在 5～15m/s 之间。

（2）细胞的浓度　在细胞破碎过程中，产生的热量随浓度的增大而提高，增加了冷却的费用。因此最佳的细胞浓度由实验来确定。用 Netzsh LM20 砂磨机研磨和破碎酵母或细菌时，细胞浓度控制在 40% 左右。

（3）球粒大小和装填量　磨球越小，细胞破碎速率越快。但磨球太小而漂浮，难以停留在磨腔中。因此实验室规模的研磨机中，球径为 0.2mm 较好；而工业化规模操作中，球径＞0.4mm。且不同的细胞，应选择不同的球径。球粒的体积占研磨机腔体自由体积的百分比同样影响破碎效果，一般控制在 80%～90% 之间，并随球粒直径大小而变化。

（4）温度　操作温度控制在 5～40℃ 范围内对破碎物影响不大。但在研磨过程中会产生热量积累，为控制磨室温度，在搅拌器和磨室外筒分别设计有冷却夹套，通过冷却剂来调节磨室的温度。

（5）流量　高流量有利于降低能耗、降低细胞的破碎程度和释放蛋白质的产量。

（6）微生物特性　一般来说酵母比细菌细胞处理效果好。因为细菌细胞仅为酵母细胞的 1/10，而且细菌细胞的机械强度比酵母要高。一台 20L 球磨机在最适条件下，每小时可加工 200kg 面包酵母，而在同样条件下，处理细菌细胞仅为 10～20kg。

2. 高压匀浆法

高压匀浆法是一种较剧烈的破碎细胞的方法，细胞悬浮液在高压作用下从阀座与阀之间的间隙高速喷出后撞击到碰撞环上，细胞在受到高速撞击后，急速释放到低压环境，在撞击力与剪切力的综合作用下破碎。

高压匀浆器是常用的细胞破碎设备，如图 3-3 所示。它由高压泵和均质头两部分组成。高压泵一般采用柱塞式往复泵，由活塞柱、进料阀和排料阀等部件组成，其结构与一般柱塞泵相同；均质头由手柄、调节弹簧、均质阀三部分组成，其中均质阀的组成部件有阀杆、阀座、撞击环，均质阀安装在细胞悬浮液的排出管路上，阀杆与阀座之间形成狭窄的缝隙，从而构成细胞悬浮液的流动通道。通常，为了获得更高的破碎效率，高压均质机一般都设计了串联的两级均质阀，可使细胞悬浮液受两次破碎。

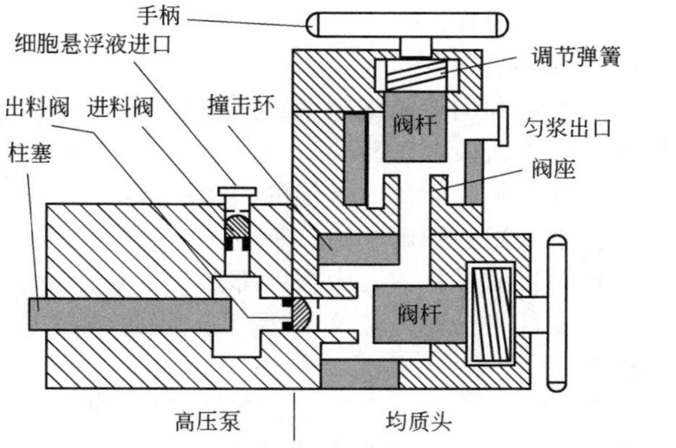

当细胞悬浮液被高压泵吸入后获得很

图 3-3　高压匀浆器结构简图

高的静压力，在高压泵的作用下，细胞悬浮液以 100～400m/s 的速度经排料阀直接冲击到阀杆上，然后沿阀座与阀杆之间的环形缝隙再次撞击到撞击环上，随后从细胞匀浆排料口排出。

细胞悬浮液在两次撞击和经过环形缝隙时，将从柱塞泵获得的静压能转换成动能，因而流动速率快。在高速通过时，细胞悬浮液承受了强大的撞击力、剪切作用力和空穴爆破力，细胞被拉伸延长而变形，随后被破碎。

高压均浆器在使用中应注意以下几点：

① 启动时均质机压力不稳，应在启动后将其调整到预定值。在压力稳定之前流出的料液回流，以保证均质的质量。

② 均质机正常工作时要注意观察压力表，保证压力处于正常工作范围内。

③ 高压均质机不得空转，启动前应先接通冷却水。

④ 要经常在机体连接轴处加一些润滑油，以免机体前端的填料缺油。

⑤ 柱塞密封圈处于高温和压力周期性变化的条件下，很容易损坏，应保证柱塞冷却水的连续供应，以降低柱塞密封圈的温度，延长其使用寿命。同时，应随时检查密封圈，发现损坏及时修复、更换。

高压匀浆法在实验室和工业生产中都已得到广泛应用，适用于酵母和大多数细胞的破碎，对于易造成堵塞的团状或丝状真菌以及一些易损伤匀浆阀、质地坚硬的亚细胞器一般不适用。

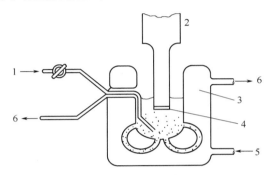

图 3-4　超声波振荡器的结构简图
1—细胞悬浮液；2—超声探头；3—冷却水夹套；
4—超声嘴；5—入口；6—出口

3. 超声破碎法

超声破碎法是指在超声波的作用下，液体发生空化作用，形成空穴，增大和闭合产生极大的冲击波和剪切力，使细胞破碎。

超声波破碎法利用超声波振荡器发射的 $15\sim25kHz$ 的超声波探头处理细胞悬浮液。超声波振荡器有不同的类型，常用的为电声型，它是由发生器和换能器组成，发生器能产生高频电流，换能器的作用是把电磁振荡转换成机械振动。超声波振荡器可以分为槽式和探头直接插入介质两种形式。实验装置如图 3-4 所示。超声波细胞破碎效率与细胞种类、浓度和超声波的声频、声能有关。

超声波破碎在实验室规模应用较普遍，处理少量样品时操作简便，液量损失少，但是超声波产生的热量能使某些敏感性活性物质变性失活；而且大容量操作时，散热均有困难，因此不适合大规模操作。

4. 酶溶法

酶溶是利用溶解细胞壁的酶处理菌体细胞，使细胞壁受到部分或完全破坏后，再利用渗透压冲击等方法破坏细胞膜，进一步增大胞内产物的通透性。真核细胞的细胞壁不同于原核细胞，需采用不同的酶。常用的溶酶有溶菌酶、β-1,3-葡聚糖酶、蛋白酶等。

自溶作用是酶解的另一种方法，利用生物体自身产生的酶来溶胞，而不需外加其他的酶。在微生物代谢过程中，大多数都能产生一种能水解细胞壁上聚合物的酶，以便生长过程继续下去。改变其生长环境，可以诱发产生过剩的这种酶或激发产生其他的自溶酶，以达到自溶目的。

酶溶法具有高度专一性、条件温和、浆液易分离的优点，但是易造成产物抑制作用，而且溶酶价格高，限制了大规模利用。若回收溶酶，则又增加了分离纯化溶酶的操作。另外酶溶法通用性差，不同菌种需选择不同的酶。

5. 化学渗透法

化学渗透法就是采用化学试剂处理细胞，溶解细胞或抽提细胞组分，分解破坏细胞壁上特殊的键，以达到破壁的目的。酸碱类物质、某些有机溶剂（甲苯、丁醇、丙酮、氯仿等）、抗生素、表面活性剂、金属螯合剂、变性剂等化学药品都可以改变细胞壁或膜的通透性从而使内容物有选择地渗透出来，此技术也可以与研磨法联合使用。

酸碱用来调节溶液的 pH，改变细胞所处的环境，从而改变两性产物——蛋白质的电荷性质，使蛋白质和蛋白质之间或蛋白质与其他物质之间的作用力降低而溶解到液相中去，便于后面的提取。

有机溶剂被细胞壁吸收后，会使细胞壁膨胀或溶解，导致破裂，把胞内产物释放到水相中去。选用溶剂的基本原则是与细胞壁中脂质类似的溶解度参数的溶剂作为细胞破碎的溶剂。

表面活性剂是指不仅能溶于水或其他有机溶剂，同时又能在相界面上定向并改变界面的性质的某些有机化合物。表面活性剂分子中间同时具有憎水基团和亲水基团，当表面活性剂溶质或溶剂中的浓度达到一定时，它的分子会产生聚集生成胶束，憎水端向内，亲水端向外。憎水基团聚集在胶束内部将溶解的脂蛋白包在中心，而亲水基团则向外层，使膜的通透性改变或使细胞壁溶解，从而使胞内物质释放到水相中。此法特别适用于膜结合蛋白酶的溶解。表面活性剂按分子结构中带电性的特征可分为：①阴离子型表面活性剂（如直链烷基苯磺酸盐），亲水基团带有负电荷；②非离子型表面活性剂，如碳原子数在 12 以上的高碳脂肪醇，在分子中没有带电荷的基团，其水溶性来自于分子中所具有的聚氧乙烯醚基和端点羟基；③阳离子表面活性剂，亲水基团带有正电荷；④两性表面活性剂，在水中同时具有可溶于水中的正电性和负电性基团。一般来说，使用离子型表面活性剂比非离子型提取效果要好一些。

化学渗透法耗时长、效率低；化学试剂毒性较强，同时对产物也有毒害作用，进一步分离时需要用透析等方法除去这些试剂；通用性差，某种试剂只能作用于某些特定类型的微生物细胞。

6. 其他方法

（1）渗透压冲击法　将细胞放在高渗透压介质中，由于渗透压作用，细胞内水分向外渗出，细胞发生收缩，当达到平衡后，将介质快速稀释或将细胞转入水或缓冲液中，由于渗透压发生突然变化，胞外的水分迅速渗入胞内，使细胞快速膨胀而破裂，从而释放出目的产物。

仅适用于细胞壁较脆弱的细胞或预先处理过的细胞［酶处理；在培养过程中加入某些抑制剂（如抗生素等，使细胞壁有缺陷，强度减弱）］。

（2）冻结-融化法　将细胞放在低温（约−15℃）下突然冷冻而在室温下缓慢融化，反复多次而达到破壁作用。由于冷冻，一方面使细胞膜的疏水键结构破裂，另一方面胞内水结晶，使细胞内外溶液浓度变化，引起细胞膨胀而破裂。

适用于细胞壁较脆弱的菌体，破碎率较低，需反复多次，此外，在冻融过程中可能引起某些蛋白质变性。

（3）干燥法　经干燥后的菌体，其细胞结合水分丧失，从而改变细胞的渗透性。当采用丙酮、丁醇或缓冲液等对干燥细胞进行处理时，胞内物质就容易被抽提出来。分为气流干燥、真空干燥、喷雾干燥、冷冻干燥。该法容易引起蛋白质或其他组分变性。

（4）X-Press 法　将浓缩的菌体悬浮液冷却至−25℃形成冰晶体，利用 500MPa 以上的高压冲击，使冷冻细胞从高压阀小孔挤出，由于冰晶体的磨损，使包埋在冰中的微生物变形而破碎。

该法主要用于实验室，具有使用范围广、破碎率高、细胞碎片粉碎程度低及活性保留率高等优点。不适用于对冷冻敏感的物质。

（5）冷热交替法　将待破碎细胞在 90℃维持数分钟，立即放入冰水浴使之冷却，如此反复多次，绝大部分细胞可以被破碎。从细菌或病毒中提取蛋白质和核酸时可用此法。

无论是运用机械法还是非机械法都要既能破坏微生物菌体的细胞壁，又要得到不发生变性的蛋白产物。因此，选择合理的破碎方法非常重要，通常选择破碎方法遵循以下一般原则。

① 提取的产物在细胞质内，选用机械破碎法；

② 在细胞膜附近则可用温和的非机械法；

③ 提取的产物与细胞壁或膜相结合时，可采用机械法和化学法相结合的方法，以促进产物溶解度的提高或缓和操作条件；

④ 为提高破碎率，可采用机械法和非机械法相结合的方法。如面包酵母的破碎，可先用细胞壁溶解酶预处理，然后用高压匀浆机在95MPa压力下匀浆四次，总破碎率可接近100%，而单独用高压匀浆机破碎率只有32%。

二、细胞破碎中工艺问题及处理

机械法进行细胞破碎常见的工艺问题主要是细胞破碎率低或细胞破碎液温度过高。

1. 细胞破碎率低

细胞破碎率低主要因素有：①细胞液浓度过低；②细胞液破碎循环次数少；③操作压力低；④流出液量过大；⑤搅拌速度低；⑥磨球量小等。针对上述因素，提高破碎率可采取如下措施：对于第一种情况可对细胞液进行过滤或离心浓缩，特别是对细菌，由于粒度小，更应提高细胞液浓度。第二种情况可加大循环次数。第三、四种情况主要针对高压匀浆机，可适当提高操作压力，减小细胞破碎液流出量。第四、第五种情况主要针对球磨机，可适当提高转速，加大磨球数量。

2. 细胞破碎液温度过高

细胞破碎液温度高会引起释放的胞内物质变性失活或分解，因此应避免细胞在破碎过程中温度升得过高。细胞破碎液温度过高主要因素有：①料液温度高；②细胞浓度高；③操作压力高；④搅拌转速大；⑤冷却介质流量小或温度高等。针对上述因素，降低细胞破碎液温度可采取如下措施：第一种情况可对料液预先处理降低温度：如与干冰混合或采用冷却介质进行间接换热降温。第二种情况需对待处理的细胞浆液进行适当稀释。第三种情况在保证破碎率的前提下可适当降低操作压力。第四种情况在保证破碎率的前提下可适当降低转速。第五种情况需加大冷却介质流量或降低冷却介质温度。

第三节　包　涵　体

利用DNA重组技术，把重组体DNA引入宿主细胞，使其在细胞内表达，便可得到一定的蛋白质。目前已成功地利用大肠杆菌发酵生产胰岛素，人的生长激素，人胸腺激素α-1，α、β、γ干扰素，牛生长激素，乙型肝炎病毒抗原和口蹄疫病毒抗原等。外源基因在大肠杆菌中的高表达常导致包涵体的形成。所谓包涵体是指蛋白质分子本身及与其周围的杂蛋白、核酸等形成不溶性的，无活性的聚集体，其中大部分是克隆表达的目标产物蛋白。这些目标产物蛋白在一级结构上是正确的，但在立体结构上却是错误的，因此没有生物活性。在利用大肠杆菌生产蛋白的过程中，重组蛋白大多数情况是以包涵体形式存在。要从包涵体中分离出具有生物活性的产物，通常的处理步骤为：收集菌体细胞→细胞破碎→离心分离→包涵体的洗涤→目标蛋白的变性溶解→目标蛋白的复性。

一、包涵体的形成、分离及洗涤

形成包涵体的因素主要有以下几个方面。

（1）重组蛋白的表达率过高，超过了细菌的正常代谢，由于细菌的蛋白水解能力达到饱和，导致重组蛋白在细胞内沉淀下来。

（2）由于合成速度太快，以致没有足够时间进行肽链折叠，二硫键不能正确配对，导致重组蛋白溶解度变小。

（3）与重组蛋白的氨基酸组成有关，一般说含硫氨基酸越高越易形成包涵体。

（4）重组蛋白是宿主菌的异源蛋白，大量生成后，缺乏后修饰所需酶类和辅助因子，如折叠酶及分子伴侣等，导致中间体大量积累导致沉淀。

（5）与重组蛋白的本身的溶解性有关。

（6）在细菌分泌的某个阶段，蛋白质间的离子键、疏水键或共价键等化学作用导致了包涵体形成。

由于重组蛋白形成包涵体，包涵体又位于细胞质中，因此可选择破碎细胞的方法，得到包涵体。例如人 γ-干扰素的提取中，先把发酵液冷却至10℃以下，离心（4000r/min）分离，除去上层清液，得到菌体，将细胞悬浮于 10 倍体积 PBS 缓冲溶液中，于冰浴下进行超声破碎，反复 5 次，每次 5s，离心（4000r/min）分离后，用 0.1%TritonX-100 的溶液充分搅拌均匀，进行洗涤。洗涤三次后，离心（10000r/min）20min，可得到包涵体。细胞破碎后离心分离的包涵体沉淀物中，除目标蛋白质外，还有其他蛋白质、核酸等的存在，经过洗涤，可以除去吸附在包涵体表面的不溶性杂蛋白、膜碎片等，达到纯化包涵体的目的。洗涤多采用较温和的表面活性剂（如 TritonX-100）或低浓度的弱变性剂（如尿素）等。洗涤剂的浓度非常重要，通常不要太高，以免包涵体也发生溶解。

二、包涵体的变性溶解

包涵体中不溶性的活性蛋白产物必须溶解到液相中，才能采用各种手段使其得到进一步纯化。一般的水溶液很难将其溶解，只有采用蛋白质变性的方法才能使其形成可溶性的形式。常用的变性增溶剂有十二烷基磺酸钠（SDS）、尿素、有机溶剂（乙腈、丙酮）、pH>9.0 的碱溶液或盐酸胍等。

十二烷基磺酸钠（SDS）是曾经广泛使用的变性剂。它可在低浓度下溶解包涵体，主要是破坏蛋白质肽链间的疏水相互作用。但是结合在蛋白质上的 SDS 分子难以除去。一般 SDS 的使用浓度为 1%～2% （w/V）。

尿素和盐酸胍可打断包涵体内的化学键和氢键。用 8～10mol/L 的尿素溶解包涵体，其溶解速度较慢，溶解度为 70%～90%。在复性后除去尿素不会造成蛋白质的严重损失，同时还可选用多种色谱方法对提取到的包涵体进行纯化。但用尿素溶解对蛋白质很难恢复活性。盐酸胍对包涵体的溶解效率很高，达 95% 以上，溶解速度快。缺点在于成本较高，且除去盐酸胍时，蛋白质会有较大的损失，而且盐酸胍对后期离子交换提纯有干扰作用。

对于含有半胱氨酸的蛋白质，其包涵体形式通常含有链间形成错配的无活性的二硫键，因此还要加入还原剂使二硫键处于可逆断裂状态。常用的还原剂有二巯基乙醇（2-ME）、二硫苏糖醇（DTT）、二硫赤藓糖醇、半胱氨酸等。对于目标蛋白无二硫键的包涵体加入还原剂也有增溶作用，可能是含有二硫键的杂蛋白影响了包涵体的溶解。

三、蛋白质的复性

由于包涵体中的重组蛋白缺乏生物活性，加上剧烈的处理条件，使蛋白质的高级结构破坏，因此蛋白质的复性特别重要。所谓复性是指变性的包涵体蛋白质在适当条件下使伸展的肽键形成特定三维结构，同时除去还原剂使二硫键正常形成，使无活性的分子成为具有特定生物学功能的蛋白质。

1. 复性方法

（1）稀释复性 在蛋白变性溶解液中直接加入水或缓冲液（或缓慢地连续或不连续地将变性蛋白加入到复性缓冲液中），然后静置一定时间，通过稀释蛋白变性溶解液中变性剂的浓度来消除变性剂对蛋白的影响，进而使蛋白重新折叠恢复具有活性的空间立体结构的方法。目前稀释法主要有一次稀释、分段稀释和连续稀释 3 种方式。

（2）透析复性 将变性溶解的包涵体蛋白溶液置于透析袋内，通过逐渐降低外透液浓度来控制变性剂去除速度，使蛋白恢复其生物活性的方法。

（3）超滤复性　将变性溶解的包涵体溶液通过超滤膜除去变性剂而使蛋白复性的方法。

（4）色谱柱复性　将变性溶解的包涵体蛋白上样并吸附在经缓冲液平衡的色谱柱上，然后用清洗缓冲液洗掉未被吸附的变性剂和杂蛋白质等，最后用复性缓冲液将吸附的蛋白洗脱并实现复性的一种方法。这种复性法主要有离子交换色谱（IEC）、凝胶过滤色谱（GFC）、疏水层析（HIC）、亲和色谱法（AFC）等。

（5）膨胀床吸附复性　将变性的包涵体蛋白溶液以一定的流速通过吸附床，通过控制流速实现床层的膨胀但不流化，细胞碎片和不被吸附的物质从床层的空隙间通过后流出床层，而变性蛋白吸附在床层内的吸附剂上，然后用一定的缓冲液洗涤床层除去杂质后，再用洗脱液将变性蛋白洗脱下来并得以复性的一种方法。

（6）温度跳跃式复性　让蛋白质先在低温下折叠复性以减少蛋白质聚集的形成，当形成聚集体的中间体已经减少时，迅速提高温度以促进蛋白质折叠复性。

（7）双水相法　在双水相系统中加入盐酸胍，再把变性还原的蛋白质溶液加入其中，变性蛋白在向某一水相中分配过程中由于逐渐脱离原变性剂的影响而得以进行复性，这种方法要求复性的变性蛋白质的浓度必须低。

（8）反胶团法　将变性溶解的包涵体蛋白溶液引入到含有反胶团的溶液中（或在蛋白质的变性溶液中加入形成反胶团的有机溶液），蛋白将会插入到反胶团中，并与形成反胶团的表面活性剂的极性头作用，逐渐进行复性。这种方法通过相转移使变性溶解的蛋白进入到反胶团中，利用反胶团的包裹作用，将变性的蛋白质一个一个地包裹起来，有效地避免了蛋白质间的相互聚集，同时利用交换缓冲液而逐渐降低反胶团中的变性剂浓度，并加入氧化还原剂使变性蛋白的二硫键再氧化重排而获得天然构象，复性后除去表面活性剂，就可以获得高生物活性的蛋白质。

2. 影响复性的因素

蛋白质复性是一个非常复杂的过程，除与复性过程中有关的操作条件或环境因素有关外，在很大程度上还与蛋白质本身的性质有关。复性过程的关键是控制好条件，不使蛋白分子形成无活性的聚集体，而使蛋白分子内的次级键与二硫键能正确形成，进而折叠成特有的空间结构。下面简要介绍影响蛋白质复性的主要因素。

（1）变性蛋白的情况　变性蛋白分子内不应存在二硫键，如果在蛋白变性溶解过程中没有控制好还原剂的加入量使二硫键彻底还原，将会使蛋白复性效率下降。

（2）蛋白质的复性浓度　正确折叠的蛋白质的得率低通常是由于多肽链之间的聚集作用所造成的，蛋白质的浓度是使蛋白质聚集的主要因素。高浓度时，分子间距离较短，相互间容易作用而结合，形成沉淀，故复性时蛋白质浓度宜低。低浓度时，获得的蛋白质复性效率比高浓度要好得多，但浓度过低又给后处理带来不便，一般选择质量浓度为 $0.01\sim0.1\mathrm{mg/mL}$，以促进分子内相互作用力，而避免分子间相互作用力引起聚集。

（3）pH　复性缓冲液的 pH 必须在 7.0 以上，这样可以防止自由硫醇的质子化作用影响正确配对的二硫键的形成，过高或过低会降低复性效率，最适宜的复性 pH 一般是 $8.0\sim9.0$。选择 pH，应避免在蛋白质等电点处进行复性。在等电点时蛋白质的溶解度最小，静电排斥力几乎为零，相互间疏水作用区域就容易发生作用而形成聚集体。

（4）氧化还原电势　较好地控制氧化还原电势对于形成正确的二硫键非常必要。氧化还原电势过小，不容易形成二硫键；氧化还原电势过高，蛋白间易形成二硫键，使二硫键发生错配。常用的控制方法有空气氧化法、氧化还原电对法（cysteamine/cystamine，GSH/GSSG，DTT/GSSG，DTE/GSSG 等）。

（5）添加剂　在蛋白质复性过程中常用的添加剂有如下几类。

① 聚乙二醇（PEG 6000～20000）　这类物质含有疏水和亲水 2 种基团，疏水的基团同蛋

白折叠中间体作用，亲水的基团朝向溶液中，防止折叠体之间相互作用，阻止聚集的产生。另外，聚乙二醇还可增加溶液黏度，使折叠体的运动受阻，折叠体与折叠体之间就不易结合，从而促进蛋白质的复性过程。一般其质量分数在 0.1% 左右，具体用量可根据实验条件确定。

② 二硫键异构酶（PDI）和脯氨酸异构酶（PPI） PDI 可以使错配的二硫键打开并重新组合，从而有利于恢复到正常的结构，此外在复性过程中蛋白质的脯氨酸 2 种构象间的转变需要较高能量，常常是复性过程中的限速步骤。而 PPI 的作用是促进 2 种构象间的转变，从而促进复性的进行。

③ 盐酸胍、脲、烷基脲以及碳酸酰胺类等 这类物质在非变性浓度下是很有效的促进剂，它们自身并不能加速蛋白质的折叠，但可能通过破坏错误折叠中间体的稳定性，或增加折叠中间体和未折叠分子的可溶性来提高复性产率。

④ 氨基酸 主要作用是创造一个适合于活性蛋白质存在的溶液环境，使形成活性蛋白质在溶液中更容易保存，避免相互聚集。精氨酸（L-Arg）成功应用于很多蛋白的复性，如在组织纤溶酶原激活剂（t-PA）的复性中，可以抑制二聚体的形成。另外，L-Arg 也可特异性结合于错配的二硫键和错误的折叠结构，使折叠错误的分子不稳定，从而推动分子形成正确结构。甘氨酸、天冬氨酸等也有助溶作用，可用于蛋白质复性。

⑤ 甘油等 增加溶液的黏度，减少分子碰撞机会，可避免蛋白分子间相互碰撞形成无活性的聚集体，一般使用质量分数在 5%～30%。

⑥ 辅助因子 添加蛋白质活性状态必需的辅助因子如辅酶辅基等或蛋白配体等，很多时候对蛋白质正确的折叠是有利的。如蛋白质的辅因子 Zn^{2+} 或 Cu^{2+} 可以稳定蛋白质的折叠中间体，从而防止了蛋白质的聚集。

⑦ 小分子的去污剂和环糊精（β-CD） 在变性的蛋白溶液中先后加入小分子去污剂和环糊精可促进蛋白质复性。去污剂捕获非天然状态的蛋白质形成蛋白质去污剂复合物，从而阻止了蛋白质的凝聚，当加入环糊精使去污剂从蛋白质上剥离后，蛋白质就逐渐复性。

⑧ 分子伴侣 分子伴侣可与多肽链短暂暴露的疏水区结合，防止不正确的聚集作用和错误的装配，促进蛋白质的折叠复性。常用的分子伴侣有 GroES/GroEL，Dnak/Dnal，SecB，PapD，TrxA/TrxC。

⑨ 磺基甜菜碱 NDSBs NDSBs 可促进蛋白质复性。它是由一个亲水的硫代甜菜碱及一个短的疏水集团组成，故不属于去垢剂，不会形成微束，易于透析去除，常用的有 NDSB-195、NDSB-201、NDSB-256。

⑩ 十二烷基磺酸钠（SDS）等 在某些变性的蛋白复性液中加入适量的 SDS，SDS 与蛋白质的疏水区相互作用，从而有效地溶解蛋白质聚集体，利于变性蛋白复性。但有时 SDS 也会不利于复性。

（6）杂质的含量 杂蛋白在变性剂溶液中也是以变性状态存在的，杂蛋白与重组蛋白一起复性时可形成杂交分子而聚集，故复性时要求目标蛋白具有一定的纯度。

（7）变性剂移除（或稀释）速度 变性剂移除（或稀释）速度过快，会使变性蛋白单体之间迅速聚集，形成无活性的聚集体；相反，适当降低变性剂移除（或稀释）速度，则有助于蛋白进行特定空间结构的折叠，形成活性蛋白。

（8）复性时间 有些蛋白空间结构复杂，分子间次级键数量多且复杂，不易形成正确配对，因此需要足够长的时间进行空间结构的构成，如果不提供足够长的复性时间及控制复性速度将很难得到有活性的蛋白。

（9）温度 温度升高可提高蛋白质复性速率，但也会造成蛋白分子间次级键和二硫键的错误配对，引起空间结构变化。另外，温度升高也会引起蛋白分子间的聚集，生成无活性的蛋白聚集体，通常复性温度要求在常温或较低的温度范围。

（10）前体肽　在复性过程中加入前体肽，有助于蛋白分子的正确折叠，生成有活性的蛋白分子，前体肽在蛋白折叠过程中起到了一个分子内伴侣的作用。具有前体肽助折叠机制的有各种蛋白酶，如丝氨酸蛋白酶、半胱氨酸蛋白酶、金属蛋白酶和天冬氨酸蛋白酶。

包涵体蛋白复性是一个非常复杂的问题，应结合变性蛋白本身特性选择适当的复性方法，在复性过程中控制好适当的外部条件，使复性过程能够正确形成二硫键及分子内次级键，避免在复性过程中折叠速度过快形成无活性结构的蛋白分子或分子间聚集形成蛋白聚集体。

思　考　题

1. 不同的菌体细胞壁有何不同？
2. 细胞破碎的方法有哪些？各有何特点？
3. 如何选择破碎细胞壁的方法？
4. 简述高压匀浆器的基本结构及其破碎细胞的操作过程。
5. 细胞破碎率低的主要原因是什么？破碎过程中温度过高是什么原因造成的？
6. 包涵体是如何形成的？
7. 常用的包涵体的溶解剂有哪些？各有何优缺点？
8. 蛋白质的复性指的是什么？复性的方法有哪些？影响复性的因素有哪些？

第四章　萃取和浸取技术

【学习目标】

① 了解萃取和浸取单元的主要任务。

② 理解溶剂的互溶剂性规律及分配定律；熟悉萃取设备主要结构，会用有机溶剂进行溶质萃取，能对影响萃取效率的有关因素进行正确分析，正确处理萃取过程中相关问题。

③ 理解浸取理论，熟悉浸取设备结构，会用溶剂进行固体物料中溶质的提取，能对影响浸取效率的有关因素进行正确分析，正确处理浸取过程中相关问题。

④ 理解双水相萃取系统构成原理，掌握双水相萃取操作要点。

⑤ 了解超临界流体的性质，掌握超临界流体萃取操作要点。

⑥ 了解反胶团概念及基本性质，理解反胶团的溶解作用，掌握反胶团萃取操作要点。

利用溶质在两相之间分配系数的不同，通过向混合物中加入一种溶剂来提取混合物料中一种或几种溶质组分，从而使溶质实现分离的操作称为萃取操作技术。在萃取操作中至少有一相是流体，一般称该流体为萃取剂。以液体为萃取剂时，如果含有目标产物的原料也为液体，则称此操作为液液萃取；如果含有目标产物的原料为固体，可称作固液萃取，通常称作浸取；以超临界流体为萃取剂时，含有目标产物的原料可以是液体也可以是固体，则称此操作为超临界萃取。另外在液液萃取中，根据萃取剂的种类和形式的不同又可分为有机溶剂萃取、双水相萃取、反胶团萃取等。

在制药工业中，萃取是一项重要的提取溶质和分离混合物的单元操作技术。这是因为萃取法具有如下优点：①传质速度快、生产周期短，便于连续操作、容易实现自动控制；②分离效率高、生产能力大；③采用多级萃取可使产品达到较高纯度，便于下一步处理；④容易产生乳化，需要添加破乳剂，必要时需要高速离心机；⑤需要一整套回收萃取剂装置；⑥需要各项防火、防爆等措施。

第一节　溶剂萃取单元的主要任务

一、萃取的目的

在萃取操作中，一般要达到以下目的。

（1）分离　在制药过程中，无论是发酵方法、化学合成方法，还是中药提取过程，都有副产物的存在。因此，把产品从混合物中分离出来，是首先要解决的问题。

（2）相转移　萃取是相与相之间的接触，药物要从液体混合物（某一液相）进入到萃取剂（另一不互溶液相）中，必定要发生物质在相与相之间的转移。

（3）浓缩　因被萃取的物质在萃取剂中的溶解度相对原溶剂而言有较大的提高，因此，被萃取物由混合物向萃取剂转移的同时，浓度有较大程度的提高，为下步的分离精制打下基础。

二、萃取单元的主要任务

萃取单元是实施萃取技术的工艺操作单元，包括萃取设备、配套的辅助设备（如分离设备、混合设备、储存设备、输送设备等）以及连接设备的管路及其上的各种管件（如法兰等）、阀门、仪表（温度表、流量计、压力表等）。在制药生产中，处理物料量大的萃取单元，一般要采用自动化、连续化作业，以提高生产的稳定性与生产能力。这时，萃取设备可以采用高速的萃取离心机。处理物料量小时，可采取间歇生产，萃取设备一般以萃取罐、萃取塔为主。萃取单元的主要任务如下。

（1）对混合物进行分析，选择适宜的萃取剂。

（2）按生产能力，综合考虑安全、生产成本、工艺的可控性，来选择操作方式——逆流萃取或并流萃取，单级萃取或多级萃取。

（3）将萃取剂与待处理的料液混合，实现待处理料液中相应溶质在两个液相间的转移，从而实现相应溶质与其他组分的分离。另外，控制好相应的工艺条件，尽可能提高溶质的萃取率和减少对药物的破坏。

（4）将萃取后的两个液相进行分离，从成本考虑以及结合循环经济，尽可能做到萃取剂的循环使用；

（5）注重安全生产，因萃取剂中易燃物较多，在生产过程中，一般要注意防火防爆方面的措施。

三、萃取岗位职责要求

萃取操作多使用有机溶媒，岗位操作人员必须注意防火、防泄漏、防静电、防爆炸，除了要履行"绪论——第四节　药物生产岗位基本职责要求"相关职责外，还需履行如下职责。

（1）严格执行岗位操作规程和各种规章制度，以高度的工作责任感精心操作，控制好各项工艺指标，处理相关工艺问题，提高萃取分率，降低萃取相与萃余相的相互夹带。

（2）岗位使用易燃、易爆等有机溶媒进行操作时，需穿防静电工作服装上岗，进岗后严禁开启手机、照相器材等电子产品，严禁携带打火机、火柴、香烟等，工作环境要严防碰撞、摩擦产生静电火花。禁止穿带铁钉鞋进入防火防爆区，严禁用铁器敲打设备。

（3）液位计定期清洗，以防止出现假液位；压力表时刻保持完好，每隔一段时间校验一次，并标注上限值。

（4）全部回收所有外漏溶媒，避免由于溶媒扩散引发事故。

（5）保障岗位有效通风，减少空气中溶媒浓度。

（6）拆装离心萃取机佩戴防护手套和防护眼镜，避免砸伤。

（7）严禁留长发，佩戴手饰上岗。

（8）定期检查离心萃取设备转速，禁止超速运转，设备掉闸后未经电工检查不准使用。

（9）蒸汽、酸、碱管线、设备、阀门维修作业必须关闭上游阀门，排净余液、气。

（10）操作压力容器时应平稳操作。

（11）设备要勤洗勤消，避免杂菌污染。

第二节　溶剂萃取原理

一、基本概念

萃取操作的实质是溶质在两个不互溶的液相之间通过传质实现再分配的过程，通过萃取操作溶质优先溶于溶解度高的液相中。在萃取操作中，一相以细小液滴或股流形式分散在另一相中，称为分散相，另一相在设备内占有较大体积，不间断，连成一体，称为连续相。

萃取操作的基本过程，如图4-1所示。在萃取过程中，被萃取的溶液称为原料液（F）。原料液（液体混合物）由A、B两组分组成，若待分离的组分为A，则称A为溶质，B组分为原溶剂（或称稀释剂），加入的溶剂称为萃取剂S。首先将原料液和溶剂加入混合器中，然后进行搅拌。萃取剂与原料液互不相溶，混合器内存在两个液相。通过搅拌可使其中一个液相以小液滴的形式分散于另一相中，造成很大的相接触面积，有利于溶质 A 由原溶剂 B 向萃取剂 S 扩散。A 在两相之间重新分配后，停止搅拌，将两液相放入澄清器内，依靠两相的密度差进行沉降分层。上层为轻相，通常以萃取剂 S 为主，并溶入较多溶质 A，同时含有少量 B，称为萃取相，以 E 表示；下层为重相，以原溶剂 B 为主及未扩散溶质 A，同时含有少量的 S，称为萃余相，以 R 表示。在实际操作中，也有轻相为萃余相，重相为萃取相的情况。

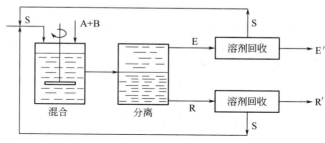

图 4-1 萃取过程示意图

萃取相和萃余相都是 A、B、S 的均相混合物，为了得到分离后的 A 组分，应除去溶剂 S，称为溶剂回收。回收后的溶剂 S，可供循环使用。通常用蒸馏的方法回收 S，如果溶质 A 很难挥发，也可用蒸发的方法回收 S。萃取相脱去溶剂 S 后，称为萃取液，以 E' 表示；萃余相脱去 S 后，称为萃余液，以 R' 表示。

由此可见，一个完整的萃取过程应包括：①混合，原料液（A＋B）与萃取剂（S）的充分混合，以完成溶质（A）由原溶剂（B）转溶到萃取剂 S 的传质过程；②分离，萃取相与萃余相分离过程；③萃取剂 S 的回收，从萃取相和萃余相中回收萃取剂 S，供循环使用的过程。

二、萃取基本原理

1. 物质的溶解和相似相溶原理

一种物质（溶质）均匀地分散在另一种物质（溶剂）中的过程，称为溶解。萃取过程是溶质溶解在萃取溶剂中的过程。目前还不能定量地解释溶解的规律，用得较多的是相似相溶原理：相似物易溶解在相似物中。相似体现在两个方面：一是结构相似，如分子的组成，官能团，形态结构和极性相似；二是溶质 A 与溶剂 S 的相互作用力相似，即能量相似。两种物质如相互作用力相似，则能互相溶解。而分子间作用力与分子的极性紧密相关，故两种物质极性相似，则能互相溶解。

2. 溶剂的互溶性规律

在萃取操作中，萃取剂与原溶剂的互溶度对萃取操作有重大影响，因此必须对溶剂的互溶性规律有所了解。

物质分子之间的作用与物质种类有关，分子间力包括氢键力和分子间作用力。氢键键能比化学键键能小得多，但氢键键能加上范得华力对分子物理性质的影响很大。化合物分子中凡是和电负性大的原子相连的氢原子都有可能再和同一分子或另一分子内的另一个电负性较大的原子相连接，这样形成的键，叫做氢键。也就是说一个氢原子可以和两个电负性大的原子相结合。如 A—H⋯B，这里 ⋯ 表示氢键。形成氢键必须有两个条件：可接受电子的电子受体，A—H⋯B 中的 H 可接受电子；可提供孤对电子的电子供体，A—H⋯B 中的 B 有孤对电子。F、O、N 形成的氢键强，S、Cl 形成的氢键较弱。

按照生成氢键的能力，可将溶剂分成四种类型。

（1）N 型溶剂 不能形成氢键，如烷烃、四氯化碳、苯等，称惰性溶剂。

（2）A 型溶剂 只有电子受体的溶剂。如氯仿、二氯甲烷等，能与电子供体形成氢键。

（3）B 型溶剂　只有电子供体的溶剂，如酮、醛、醚、酯等。

（4）AB 型溶剂　同时具备电子受体 A—H 和供 B 的溶剂，可缔合成多聚分子。因氢键的结合形式不同，又可分为三类。

① AB（1）型　交链氢键缔合溶剂，如水、多元醇、氨基取代醇、羟基羧酸、多元羧酸、多酚等。

② AB（2）型　直链氢键缔合剂，如醇、胺、羧酸等，见图 4-2。

③ AB（3）型　生成分子内氢键，见图 4-2，这类分子因已生成分子内氢键，同类分子间不再生成氢键，故 AB（3）型溶剂的性质与 N 型或 B 型分子相似。

各类溶剂互溶性的规律，可由氢键形成的情况来推断。由于氢键形成的过程，是释放能量的过程，如果两种溶剂混合后能形成氢键或形成的氢键强度更大，则有利互溶，否则不利于互溶。AB（1）型与 N 型几乎不互溶，如水与四氯化碳，因为溶解要破坏水分子之间的氢键；A型、B 型易互溶，如氯仿和丙酮混合后可形成氢键。

图 4-3 粗略地表示了各类溶剂的互溶性规律，为选择萃取剂 S 提供了依据。

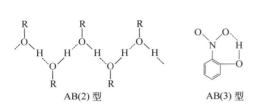

图 4-2　AB（2）型、AB（3）型举例

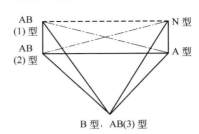

图 4-3　溶剂互溶性规律
—— 表示完全混溶；—·— 表示部分
混溶；---- 表示不相混溶

3. 溶剂的极性

溶剂萃取的关键是萃取剂 S 的选择，萃取剂 S 既要与原溶剂互不相溶，又要与目标产物有很好的互溶度。根据相似相溶原理，分子的极性相似，是选择溶剂的重要依据之一。极性液体与极性液体易于相互混合，非极性液体与非极性液体易于相互混合。盐类和极性固体易溶于极性液体中，而非极性化合物易溶于低极性或没有极性的液体中。

衡量一个化合物摩尔极化程度的物理常数是介电常数 ε。两物质的介电常数相似，两物质的极性相似。物质的介电常数 ε 可通过该物质在电容器二极板间的静电容量 C 来确定。

$$\varepsilon = \frac{C}{C_0} \tag{4-1}$$

式中，C_0 是同一电容器在没有任何介质时的静电容量值。

在实际操作中，是在同一电容器中测出试样的电容量和一个已知介电常数的标准溶液的电容量，加以比较，获得试样的介电常数。

$$\frac{\varepsilon_1（待测试样的介电常数）}{\varepsilon_2（标准溶液的介电常数）} = \frac{C_1（测出的待测溶液的电容量）}{C_2（测出的标准溶液的电容量）}$$

介电常数可通过查物理化学手册得到。

通过测定萃取目标物质的介电常数，寻找极性相近的溶剂作为萃取剂，是溶剂选择的重要方法之一。

4. 分配定律和分离因数

在恒温恒压条件下，溶质 A 在互不相溶的两相中达到分配平衡时，如果其在两相中以相同的分子形态存在，则其在两相中的平衡浓度之比为常数，称为分配常数。这就是溶质的分配平衡定律，简称为分配定律。其数学表达式：

$$K = \frac{c_2}{c_1} \tag{4-2}$$

式中　K——分配常数；

　　　c_2——A 在萃取相 E 中的浓度，mol/L；

　　　c_1——A 在萃余相 R 中的浓度，mol/L。

分配定律的适用条件为：①必须是稀溶液；②溶质对溶剂的互溶度没有影响；③溶质在两相中必须是同一种分子形式，即不发生缔合或解离。

分配常数是以相同分子形态存在于两相中的溶质浓度之比。但在多数情况下，特别是实际生产中，所处理物料中有些溶质浓度比较高，有些存在于复杂的体系内，溶质也可能因解离、缔合、水解、络合等多种原因，在两相中并非以同一种分子形态存在，有些弱酸或弱碱性溶质在水相中存在电离现象。因此，在大多数情况下，两相平衡浓度之间关系并不完全服从分配定律，分配常数 K 也不一定是常数，而是随萃取体系中各组分浓度、混合液的 pH、温度、分子存在状态等因素的变化而变。因此，萃取过程中常用溶质在萃取相 E 和萃余相 R 中的总浓度之比表示溶质的分配平衡，该比值称为分配系数，用 k 表示。

对溶质 A 在两相中的分配系数。

$$k_A = \frac{\text{A 在 E 相中的总浓度}}{\text{A 在 R 相中的总浓度}} = \frac{\text{A 在 E 相中的摩尔分数}}{\text{A 在 R 相中的摩尔分数}} = \frac{y_A}{x_A}$$

对原溶剂 B 在两相中的分配系数

$$k_B = \frac{\text{B 在 E 相中的总浓度}}{\text{B 在 R 相中的总浓度}} = \frac{\text{B 在 E 相中的摩尔分数}}{\text{B 在 R 相中的摩尔分数}} = \frac{y_B}{x_B}$$

显然分配常数 K 是分配系数的特殊情况。不同体系有不同的分配系数值。对同一体系，分配系数一般不是常数，其值随系统的温度和溶质的组成变化而变化。当溶质的组成变化不大时，浓度较低时，在恒温恒压条件下，k 为常数，其值由实验决定。

一般情况下，习惯上取 E 相中的溶质 A 的组成为分子，因此 k_A 值越大，表示萃取效果越好。

在萃取操作中，不仅要求萃取剂 S 对溶质 A 的效果好，而且要求萃取剂 S 尽可能与原溶剂 B 不互溶，这种性质称为溶剂的选择性，通常用分离因数 β 来表示。分离因数 β 也称为分离因子，或选择性系数。

$$\beta = \frac{k_A}{k_B} = \frac{y_A / x_A}{y_B / x_B} = \frac{y_A / y_B}{x_A / x_B} \tag{4-3}$$

式中　β——分离因数，萃取剂 S 对溶质 A 和原溶剂 B 的选择性系数；

　　　y_A——溶质 A 在萃取相 E 中的摩尔分数；

　　　y_B——原溶剂 B 在萃取相 E 中的摩尔分数；

　　　x_A——溶质 A 在萃余相 R 中的摩尔分数；

　　　x_B——原溶剂 B 在萃余相 R 中的摩尔分数。

分离因数 β 值越大，说明萃取分离的效果越好。若 $\beta = 1$，表示 A、B 两组分在 E 相和 R 相中分配系数相等，不能用萃取的方法对 A、B 进行分离。分离系数 β 的大小，反映了萃取剂对原溶液中各组分溶解能力差别的大小。

5. 萃取系统的组成

萃取是由水溶液和有机溶剂组成的两个液相的传质过程。在这两个液相中含有下列一些物质，但并不一定是在每一个萃取过程中都有。

各种物质作用如下。

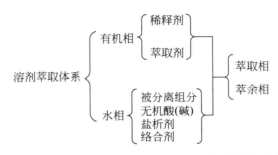

（1）萃取剂　它是能和被萃取物质形成溶于有机相的萃合物的有机化合物。

（2）稀释剂　改变萃取剂的物理性能，使两相易于分层的有机溶剂。或者对溶质具有很高溶解能力的有机溶剂。有时有机相中只含有稀释剂，而不含萃取剂。

（3）无机酸　调节水溶液的酸度或参与萃取反应使组分能够得到较好的分离。

（4）盐析剂　溶于水相使萃合物转入有机相。

（5）络合剂　与被分离的离子形成络合物，溶于水中，从而提高分离效果。

经过萃取后得到的萃取相，可以用反萃取、蒸馏等方法将溶质分出和回收溶剂。

6. 萃取过程中的传质

萃取过程多为物理传质过程，即溶质从一个液相向另一个液相中的传递过程，但也有的过程伴有化学反应，即溶质与萃取剂发生化学反应生成萃合物后，再扩散到另一个液相中。就萃取过程的传质而言，目前还没有成熟的理论进行解释。笔者认为萃取过程类似于用一定浓度的溶液吸收气体中一个或多个组分的过程，对于不发生萃取反应的传质过程可近似用双膜理论去解释。首先溶质分子从一个液相主体通过本相液膜向相界面扩散，在相界面处两个液相中溶质达到平衡，然后溶质从相界面通过另一个液相的液膜向另一个液相的主体扩散。第一步扩散速率与溶质在液相中的含量、溶液黏度、溶液的湍动程度、溶液温度等有关。提高液相中溶质含量、降低液体黏度、提高本相液体湍动程度、降低液膜厚度、提高温度有助于提高本相的扩散速率。第二步扩散速率与溶质在液相中的溶解度、溶液黏度、溶液的湍动程度、溶液温度等有关。采取溶解度更大的溶剂、降低液体黏度、提高本相液体湍动程度、降低液膜厚度、提高温度有助于提高本相的扩散速率。依据双膜理论，要想提高整个扩散过程的速率，关键是提高二步扩散中速率最小的一步。

在溶质扩散速率一定的情况下，单位时间内溶质的扩散量，即传质速率取决于两相之间的接触面积，两个液相之间的接触面积越大，单位时间内溶质的传递量越大。从理论上讲，当两相之间溶质浓度的比值达到相应的分配系数时，就达到了传质平衡，溶质在两相中的含量将保持不变，溶质的扩散量也达到最大值。当然，要达到萃取平衡需要很长的时间，生产上很难实现，只有采取措施，加速传质，使整个传质过程尽可能快地接近平衡。

从上述分析可以看出，凡是有助于提高传质速度的措施都有利于快速达到萃取平衡。如提高温度、提高两个液相的相对运动速度（提高流速或加强搅拌）、提高分散相的分散程度增大相接触面积等（减小分散相的粒度）、增大萃取剂量、采用溶解度值更大的溶剂等。

7. 萃取分率

萃取的目的是使一个液相中的某种溶质尽可能多地溶解在另一个与其不互溶的液相中，从而实现这种溶质与原溶液中其他组分分离的目的。进入萃取相中的溶质量与没有进行萃取操作前原溶液中溶质量的比值称为萃取分率或溶质的萃取收率。这个数值越大，萃取效果越好。因此，凡是有助于提高溶质进入萃取相的措施，均有助于提高萃取分率。如：提高萃取速度、延长萃取时间、加大萃取剂量、采取溶解度值更大的萃取剂等。当然萃取过程中，在提高萃取分率的同时，应尽可能减少其他杂质的萃取量，尽可能减少萃取剂用量以利于溶剂的回收，尽可能缩短萃取时间以提高生产能力。

8. 影响因素

影响萃取因素很多，如温度、时间、原液中被萃取组分浓度、萃取剂及稀释剂的性质、两相体积比、盐析剂种类及浓度、原液 pH、不连续相的分散程度。另外，萃取操作方式及选用的萃取设备也影响萃取效率。因此，在采取萃取操作过程中应综合考虑各方面的因素，以满足生产的需求。

（1）萃取剂　根据萃取原理，分配定律和分离因数等知识，萃取剂对溶剂萃取的影响主要体现在以下几个方面。

① 萃取剂 S 的选择性。萃取剂 S 对溶质 A 的分配系数要大，对原溶剂 B 的分配系数要小，分离因数 β 值大，萃取剂 S 的选择性就好。只有选择性好，才能利用不同溶质在两相中的分配平衡的差异实现萃取分离。

② 萃取剂 S 与原溶剂 B 的互溶度要小。互溶度越小，溶质 A 在萃取相 E 中的浓度就越高。

③ 萃取剂 S 与原溶剂 B 之间要有密度差。有利于萃取后的萃取相 E 与萃余相 R 分层。同时界面溶剂的张力要适中。溶剂的界面张力过小，分散后的液滴不易凝聚，产生乳化现象不利于分层，使两相分离困难；溶剂的界面张力过大，两相分散困难，单位体积内的相界面面积小，对传质不利，但细小的液滴易凝聚对分离有利。一般情况下，倾向于选择界面张力较大的溶剂。

溶剂的黏度过大，不利于传质；溶剂的黏度小，不仅有利于传质，而且有利于两相的混合与分离，还可节省操作和输送过程的能量。因此常根据需要加入稀释剂，降低溶剂的黏度。以上是萃取剂 S 对萃取分离的影响。

（2）温度　温度升高，溶解度增加；但温度过高，两相互溶度增大，可能导致萃取分离不能进行；温度降低，溶解度减小。但温度过低，溶剂黏度增大，不利于传质。因此要选择适宜的操作温度，有利于目标产物的回收和纯化。由于生物产物在较高温度下的不稳定，萃取操作一般在室温或较低温度下进行。

（3）原溶液 pH　pH 对分配系数有显著影响。如青霉素在 pH＝2 时，醋酸丁酯萃取液中青霉素烯酸可达青霉素含量的 12.5%，当 pH＞6.0 时，青霉素几乎全部分配在水相中。可见选择适当的 pH，可提高青霉素的收率。红霉素是碱性电解质，在乙酸戊酯和 pH＝9.8 的水相之间分配系数为 44.7，而 pH＝5.5 时，分配系数降至 14.4。

通过调节原溶剂 B 的 pH 可控制溶质的分配行为，提高萃取剂 S 的选择性，同样可以通过调节 pH 来实现反萃取操作。反萃取是在萃取分离过程中，当完成萃取后，为进一步完成纯化目标产物或便于完成下一步分离操作的实施，往往需要将目标产物转移到水相。这种调节水相条件，将目标产物从有机相转入水相的萃取操作称为反萃取。例如，在 pH 为 10～10.2 的水溶液中萃取红霉素，而反萃取则在 pH＝5.0 的水溶液中进行。

（4）盐析剂　无机盐类如硫酸铵、氯化钠等在水相中的存在，一般可降低溶质 A 在水中的溶解度，使溶质 A 向有机相中转移。如萃取青霉素时加入 NaCl，萃取维生素 B_{12} 时添加 $(NH_4)_2SO_4$ 等。但盐析剂的添加要适量，用量过多时可能促使杂质也转入有机相。

（5）萃取时间　延长萃取时间有助于提高被萃取组分向有机相扩散，从而提高被萃取组分的萃取分率，但过分延长萃取时间对萃取分率的提高效果并不明显，特别是当萃取趋于萃取平衡时，萃取速率很小，延长时间没有实际意义，反而会降低设备的生产能力，同时加大了杂质在萃取相中的含量。

（6）两相的体积比　增大萃取剂与原溶剂的体积比，有助于提高被萃取组分向有机相的扩散，提高萃取分率，但两相的体积比过大，也会使被萃取组分在萃取相中浓度降低，不利于后序处理，也加大有机溶剂回收的成本，同时也会使杂质成分在有机相中含量加大。

（7）不连续相的分散程度　不连续相的分散程度越大，越有利于提高两相的接触面积，有助于传质，提高萃取速度，提高被萃取组分的萃取分率，但过分分散对于两相分层不利，会使两相分层所需时间延长，也不利于萃取操作。不连续相的分散程度与两相的湍动程度有关，一般提高流速、加强搅拌，减小喷头喷嘴的孔径等有助于提高不连续相的分散程度。

（8）原液中被萃取组分的浓度　提高原液中被萃取组分的浓度，有助于提高萃取速度，有利于快速达到萃取平衡。但被萃取组分浓度提高也可能使杂质浓度提高，影响萃取质量。

9. 溶剂回收

萃取剂回收是萃取操作过程中实现萃取剂循环利用，减少萃取操作生产成本的主要辅助过程。回收萃取剂所用的方法主要是蒸馏。根据物系的性质，可以采用简单蒸馏、恒沸蒸馏、萃取蒸馏、水蒸气蒸馏、精馏等方法分离出萃取剂。对于热敏性药物，可以通过降低萃取相温度使溶质结晶析出，达到与萃取剂分离的目的，或者通过反萃取的措施使被萃取组分与萃取剂分开。对于后两种方法，分开后的溶剂可以循环利用，但一段时间后由于萃取剂中所含杂质含量升高，对萃取操作有很大影响，仍需要通过蒸馏措施进行萃取剂的提纯和浓缩。

10. 萃取剂的选择

在选择萃取剂时除了考虑分配系数 k 值较大之外，还是综合考虑分离系数 β。此时，要从溶质与其他杂质的极性、空间结构的不同，来进行综合考虑。在溶质与杂质极性相差不大时，要尽量选择与溶质官能团相近，而与杂质官能团相差较大的萃取剂来进行实验筛选。如果溶质与杂质极性相差不大，且官能团也相近时，这时要尽量选择与溶质空间结构相近的萃取剂。总之，萃取剂选择时要求与溶质尽量相近，而与其他杂质相差较大。在萃取剂选取时，不但要考虑分配系数与分离系数，还要考虑以下几点内容。

① 要有一定的密度差　密度差越大越容易分离，一般说至少要 >0.1。

② 溶解度　要求不溶于水或略溶于水，否则萃取剂损耗量大，收率亦受影响。

③ 安全　挥发性小、燃点与闪点高、无特殊味、刺激性小，有较高的化学稳定性，不易燃，不易爆，毒性低，对设备的腐蚀性小。

④ 不与目标产物发生化学反应。

⑤ 价格低廉，来源方便；容易回收和利用。在萃取操作中，萃取剂的回收操作往往是费用最多的环节，回收萃取剂的难易，直接影响萃取操作的经济效益。回收萃取剂的主要方法是蒸馏和蒸发。用蒸馏的方法回收萃取剂，萃取剂与溶质的相对挥发度要大，不形成恒沸物，且最好是含量低的组分是易挥发的，以便节约能源。用蒸发的方法回收萃取剂，萃取剂的沸点越小越易蒸发，以节省操作费用。

三、溶剂萃取方式及有关计算

在工业生产操作中，萃取操作流程可分为间歇和连续，单级和多级萃取流程。在多级萃取流程中，又可分为多级错流和多级逆流萃取流程。

不论是何种萃取方式，萃取效率（级效率）是实际萃取级与理论级的比值。经过萃取后，萃取相 E 与萃余相 R 为互成平衡的两个液相，则称为理论级。而工业生产中的萃取设备，若要达到理论级的状态是不太可能的。因为萃取过程是传质过程，随着过程的进行，传质推动力越来越小，意味着要达到平衡需要无限长时间，而工业萃取过程，两相接触的时间是有限的；其次两相完全分离也是不可能的。引入理论级的概念是为了便于研究萃取级的传质情况，并可作为实际萃取级传质优劣的标准。实际萃取级则是通过实验得到的。

在萃取操作过程的计算中，每一级均按理论级计算。

1. 单级萃取

单级萃取是液-液萃取中最简单的操作形式，一般用于间歇操作，也可用于连续操作。单级萃取见图 4-4。

下面以间歇操作为例，说明单级萃取操作的计算。

假定萃取剂全部进入萃取相，料液中溶剂全部进入萃余相，对图 4-4 所示萃取过程进行物料衡算，溶质 A 在萃取前的总质量应等于萃取后的总质量。

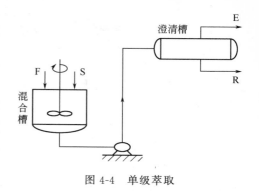

图 4-4 单级萃取

$$Hx_F + Ly_F = Hx + Ly \qquad (4-4)$$

式中　H——料液中溶剂的质量或物质的量；

　　　L——萃取剂 S 的质量或物质的量；

　　　x_F——初始料液 B 中溶质 A 的浓度；

　　　y_F——萃取剂 S 中溶质 A 的浓度；

　　　x——萃取平衡后萃余相 R 中溶质 A 的浓度；

　　　y——萃取平衡后萃取相 E 中溶质 A 的浓度。在单级萃取中，初始萃取剂 S 中溶质 A 的浓度一般为零（$y_F = 0$）。上式变为：

$$Hx_F = Hx + Ly \qquad (4-5)$$

对于稀释溶液，当两相萃取平衡时：

$$y = kx \qquad (4-6)$$

把 $x = \dfrac{y}{k}$ 代入式(4-5)，可得：$y = \dfrac{kx_F}{1+\varepsilon}$

同理可得：$x = \dfrac{x_F}{1+\varepsilon}$

式中　ε——萃取因子，$\varepsilon = \dfrac{kL}{H}$ 为萃取平衡后萃取相 E 与萃余相 R 中溶质量之比。

单级萃取中，萃取相 E 中溶质 A 的量为 Lx，溶质 A 的总量为 Hx_F，其收率或萃取分率 η 为二者的比值。

$$\eta = \frac{Lx}{Hx_F} = \frac{\varepsilon}{1+\varepsilon} \qquad (4-7)$$

未被萃取的分率为：$\varphi = 1 - \eta = \dfrac{1}{1+\varepsilon}$

当分配平衡关系为非线性方程时，用图解法求算萃取平衡浓度就比较方便。在图解法中，溶质平衡关系式 $y = kx$ 称为平衡线方程，质量衡算关系式 $Hx_F = Hx + Ly$ 称为操作线方程。直线坐标系上描点作图，得到两条曲线分别称为平衡线和操作线，两条线的交点坐标即为萃取平衡时溶质在两相中的浓度。如图 4-5 所示。

2. 多级错流萃取

单级萃取效率不高，萃余相中溶质 A 的组成仍然很高。为使萃余相中溶质 A 的组成达到要求值时，可采取多级错流萃取。其流程如图 4-6 所示。

多级错流萃取是由几个萃取器串联组成，原料液自第一级进入，各级均加入新鲜萃取剂 S_1，S_2，…，S_n。由第一级放出的萃余相 R_1 引入第二级，作为第二级的原料液，由新鲜萃取剂 S_2 萃取，依次类推，直到第 n 级引出的萃余相 R_n 中含溶质 A 的含量达到规定的值。各级所得的萃取相 E_1，E_2，…，E_n 汇集在一起进入回收设备，回收萃取剂 S 供循环使用。经过 n

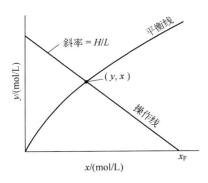

图 4-5 单级萃取的图解计算

级错流萃取，最终溶质 A 在萃余相的浓度为 x_n，在萃取相的浓度为 y_n。

$$y_n = \sum_{i=1}^{n} L_i y_i \bigg/ \sum_{i=1}^{n} L_i$$

设溶质 A 在两相中的分配均达到平衡状态，则：

$$y_i = k x_i \quad (i=1,2,\cdots,n)$$

设通入各级萃取中溶剂的用量相等，则第一级的物料衡算式为：

$$H x_F + L y_0 = H x_1 + L y_1$$

其中 y_0 为萃取剂 S 中溶质 A 的浓度。当 $y_0 = 0$ 时，

$$H x_F = H x_1 + L y_1$$

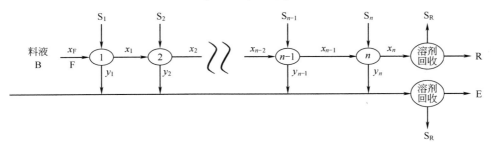

图 4-6 多级错流萃取流程示意图

因为 $y_1 = k x_1$，所以 $H x_F = H x_1 + L k x_1$ 则

$$x_1 = \frac{x_F}{1+\varepsilon}$$

对于第二级同样得到：$x_2 = \dfrac{x_1}{1+\varepsilon} = \dfrac{x_F}{(1+\varepsilon)(1+\varepsilon)} = \dfrac{x_F}{(1+\varepsilon)^2}$

对于第 n 级同理可得：$x_n = \dfrac{x_F}{(1+\varepsilon)(1+\varepsilon)\cdots(1+\varepsilon)} = \dfrac{x_F}{(1+\varepsilon)^n}$

解方程可得理论级数 n 为：

$$n = \frac{\lg \dfrac{x_F}{x_n}}{\lg(1+\varepsilon)} \tag{4-8}$$

而萃取分率为：$\eta = \dfrac{(1+\varepsilon)^n - 1}{(1+\varepsilon)^n}$

萃余分率为：$\varphi_n = \dfrac{1}{(1+\varepsilon)^n}$

当萃取平衡不符合线性关系时，用图解法比解析法更方便。设平衡线方程为：

$$y_i = k x_i$$

若通入每一级中的萃取溶剂的用量相等，第 i 级的物料衡算式为：

$$H x_{i-1} + L y_0 = H x_i + L y_i$$

由此可得第 i 级的操作线方程：

$$y_i = -\frac{H}{L}(x_i - x_{i-1}) + y_0$$

若各级加入的均为新鲜萃取剂 S，则 $y_0 = 0$。

第一级操作线方程为 $y_1 = -\dfrac{H}{L}(x_1 - x_F)$

第二级操作线方程为 $y_2 = -\dfrac{H}{L}(x_2 - x_1)$

第 n 级操作线方程为 $y_n = -\dfrac{H}{L}(x_n - x_{n-1})$

各操作曲线的斜率均为 $-\dfrac{H}{L}$，分别通过 x 轴上的点 $(x_F, 0)$，$(x_1, 0)$，… $(x_{n-1}, 0)$。具体解法见图 4-7。

① 首先在直角坐标图上，根据平衡线方程的数据，作出平衡线。

② 确定第一操作线的初始点 $(x_F, 0)$。以 $-\dfrac{H}{L}$ 为斜率，自 F_1 点 $(x_F, 0)$ 作直线与平衡线交于 E_1，E_1 点的坐标为 (x_1, y_1)，得出的第一级中萃余相与萃取相溶质浓度。

③ 第二级的进料浓度为 x_1，由 E_1 点作垂线交 x 轴于 F_2 点 $(x_1, 0)$，F_2 是第二级操作线的初始点。从 F_2 点开始以斜率 $-\dfrac{H}{L}$ 作直

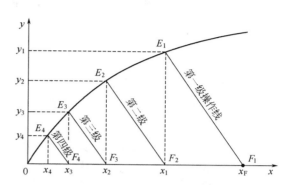

图 4-7 互不相溶体系多级错流萃取的图解示意图

线与平衡线相交于 E_2 点，E_2 点坐标 (x_2, y_2)，即为第二级萃余相和萃取相的平衡溶质浓度。

④ 依照②、③步骤，依次作操作线，直到某操作线与平衡线交点的横坐标值（萃余相浓度）小于生产指标为止。此时重复所做的操作线即为所需的级数。

若入口处萃取剂 S 已带有少量溶质 A，则 $y_0 \neq 0$，在相图上有一截距存在，垂线不与 x 轴相交，而是与平行 x 轴，截距为 y_0 的直线相交，其余步骤与上述相同。若萃取剂 S 的入口处流量 L 不等时，则各操作线斜率不同。

多级错流萃取流程特点是萃取的推动力大，萃取效果好，但所用萃取剂量较大，回收萃取剂时能耗大，不经济，工业上此种流程较少。

3. 多级逆流萃取

将若干个单级萃取器分别串联起来，料液和萃取剂分别从两端加入，使料液和萃取液逆向流动，充分接触，即构成多级逆流萃取操作。图 4-8 为多级逆流萃取示意图。萃取剂 S 从第一级加入，逐次通过第二、三…n 各级，萃取相 E 从 n 级流出，浓度为 y_n；料液 B 从第 n 级加入，逐次通过 $n-1$、…二、一各级，萃余相 R 由第一级排出，浓度为 x_1。

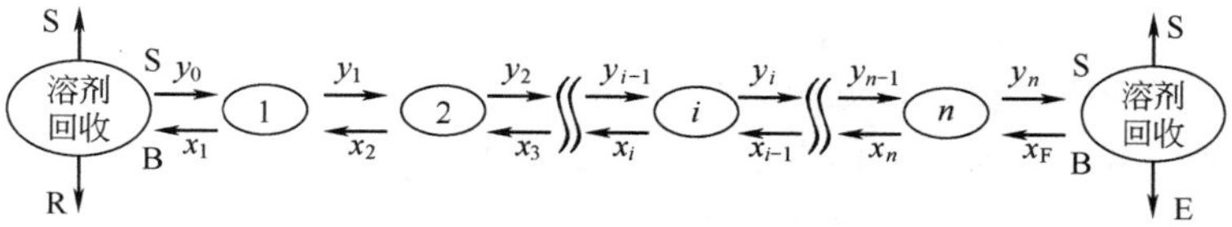

图 4-8 多级逆流萃取示意图

设各级中溶质的分配均达到平衡，第 i 级的物料衡算式为：

$$Sy_i + Bx_i = Sy_{i-1} + Bx_{i+1}$$

平衡线方程为：

$$y_i = kx_i$$

对于第一级 $(i=1)$，$y_0 = 0$，解得：

$$x_2 = (1+\varepsilon)x_1$$

对于第二级：$x_3 = (1+\varepsilon)x_2 - \varepsilon x_1 = (1+\varepsilon+\varepsilon^2)x_1$

同理，对于第 n 级：

$$x_{n+1} = (1+\varepsilon+\varepsilon^2+\cdots+\varepsilon^n)x_1$$

$$x_{n+1} = \left(\frac{\varepsilon^{n+1}-1}{\varepsilon-1}\right)x_1 \qquad (4\text{-}9)$$

$$x_F = \left(\frac{\varepsilon^{n+1}-1}{\varepsilon-1}\right)x_1 \qquad (4\text{-}10)$$

该式为最终萃余相和料液溶质之间的关系。若已知进料液浓度（x_F）、萃取因子（ε）和级数（n），即可计算萃余相中溶质浓度（x_1）。同样可以计算出多级逆流萃取过程的萃余分率 φ_n 为：

$$\varphi_n = \frac{Bx_1}{Bx_F} = \frac{\varepsilon-1}{\varepsilon^{n+1}-1}$$

萃取分率 η 为：

$$\eta = (1-\varphi_n) = \frac{\varepsilon^{n+1}-\varepsilon}{\varepsilon^{n+1}-1}$$

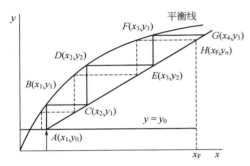

图 4-9　互不相溶体系多级逆流
萃取的图解示意图

当萃取平衡关系为非线性方程时，解析方法不适用，可用图解法，见图 4-9。

平衡线方程：$y_i = kx_i$

对整个流程作物料衡算，得出操作线方程：

$$y_n = \frac{B}{S}(x_F - x_1) + y_0 \qquad (4\text{-}11)$$

① 先在直角坐标上绘出平衡线。

② 确定操作线的起始点 $A(x_1, y_0)$、$H(x_F, y_n)$，作出操作线。或根据 $A(x_1, y_0)$ 和斜率绘出操作线。

③ 在两曲线之间作梯形线，至 x 小于给定值为止。梯级数即为理论级数。实际所需级数总大于理论级数（如虚线所示）。

若平衡线为一过原点直线可用解析法求解。

工业生产的萃取操作中，溶剂 S 与原溶剂 B 完全不互溶情况很少，为方便计算，通常将 S 与 B 互溶度很小的体系，近似按完全不互溶处理。

在多级逆流萃取中，萃余相在最后一级与纯溶剂相接触，使其所含溶质 A 减少到最低程度，同时在各级中分别与平衡浓度更高的物料接触，有利于传质的进行。该流程消耗溶剂少，萃取效果好，所以在工业生产中广泛使用。

4. 微分萃取

微分萃取设备多为塔式设备，见图 4-10。

原料液与溶剂中密度较大者（称为重相）从塔顶加入，密度较小者自塔底加入。两相中其中有一相经分布器分散成液滴（称为分散相），另一相保持连续（称为连续相），分散的液滴在沉降或上浮过程中与连续相逆流接触，进行溶质 A 由 B 相转移到 S 相传质过程，最后轻相由塔顶排出，重相由塔底排出。塔内溶质在其流动方向的浓度变化是连续的，需用微分方程来描述塔内溶质的质量守恒定律，因此称为微分萃取。图 4-11 是部分塔式设备示意图。

微分接触逆流萃取通常是在塔内进行的，萃取相与萃余相中的溶质沿塔高连续变化，微分萃取的计算实质上就是塔的高度计算。根据分配平衡，物料平衡和微分体积 $A\Delta Z$ 范围内重相中的物料衡算，可得出塔高的计算公式为：

$$L = [HTU]\{NTU\} \qquad (4\text{-}12)$$

式中　L——微分萃取器的高度（或塔高）；

　　　HTU——传质单元高度，代表萃取设备的效率，数值越小，达到一定程度的萃取所需塔的高度越小；

　　　NTU——传质单元数，反映了分离的难易。

5. 分馏萃取

分馏萃取是对多级逆流萃取的溶质进入体系的位置进行了改进，料液从中间位置引入。图4-12是分馏萃取流程示意图。如图所示，进料部位将萃取流程分为萃取段和洗涤段。重相从右端第 n 级进入，此重相与进料的组成相同但不含溶质，在与萃取相逆流接触的过程中，除去目标产

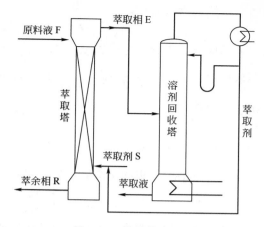

图 4-10　塔式萃取流程

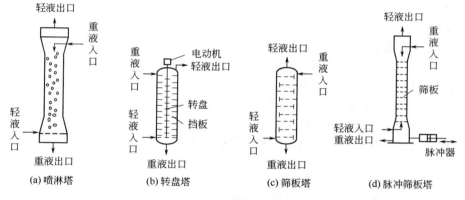

图 4-11　部分塔式萃取设备示意图

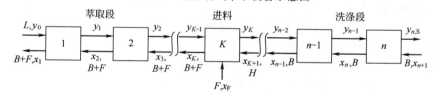

图 4-12　分馏萃取流程示意图

物中不希望有的第二种溶质，相当于"洗涤"。第二种物质随重相离开接触器，结果使目标产物纯度增加而浓度减小，重相在此称为洗涤剂；萃取剂 S 从左端第一级进入，将"洗涤剂"带走的目标产物萃取出来，减少目标产物损失，此段称为萃取段，进入进料混合器，对目标产物萃取，萃取后再进入洗涤段对目标产物进行纯化。与多级逆流接触萃取相比，萃取段萃取溶质，洗涤段提纯溶质。分馏萃取显著提高了目标产物的纯度。

在分馏萃取计算中，平衡关系式为：

$$y = kx$$

对进料级左端萃取级作物料衡算得：

$$x_{i+1}(B+F) + y_{i-1}S = x_i(B+F) + y_iS \qquad (i=1,2,\cdots,k-1)$$

对进料级右端洗涤段做物料衡算得：

$$x_{i+1}B + y_{i-1}S = x_iB + y_iS \qquad (i=1,2,\cdots,n)$$

对整个系统的物料衡算得：

$$x_F F + y_0 S + x_{n+1} B = x_1 (B+F) + y_n S$$

入口处萃取剂 S 不含目标产物 $y_0 = 0$；入口处洗涤剂不含目标产物 $x_{n+1} = 0$。

在萃取段中：$x_i = \dfrac{(\varepsilon')^i - 1}{\varepsilon' - 1} x_1 \qquad (i = 1, 2, \cdots, k)$

其中 $\varepsilon' = \dfrac{kS}{B+F}$

在洗涤段中：$y_i = \dfrac{(1/\varepsilon)^{n-i+1} - 1}{(1/\varepsilon - 1)} y_n \qquad (i = k, k+1, \cdots, n)$

将三式结合可消去其中的 x_k 和 y_k 后，得：

$$y_n = k \left[\frac{(\varepsilon')^k - 1}{(1/\varepsilon)^{n-k+1}} \right] \left[\frac{(1/\varepsilon) - 1}{\varepsilon' - 1} \right] x_1 \tag{4-13}$$

与总物料平衡式结合起来，就可对离开体系的轻重相浓度求解。

6. 离子对/反应萃取

前面讨论的液液萃取，萃取剂与溶质之间不发生化学反应，依据相似相溶原理在两相间达到分配平衡而实现，这类萃取称为物理萃取。而化学萃取则是利用脂溶性萃取剂与溶质之间的化学反应生成脂溶性复合物实现溶质向有机相的分配。

离子对/反应萃取属于化学萃取范畴。在萃取过程中，萃取剂与溶质通过络合反应，酸碱反应或离子交换反应生成可溶性的络合物，实现从水相向有机相转移。

离子对/反应萃取中主要有两类萃取剂。

(1) 胺类萃取剂　用溶解在稀释剂中的长链脂肪胺从水溶液中萃取带质子的有机化合物，如从发酵液中大规模回收柠檬酸。典型的胺类萃取剂如三辛胺（TOA）和二辛胺（DOA）。

(2) 有机磷类萃取剂　典型的有机磷类萃取剂有磷酸三丁酯（TBP）、氧化三辛基膦（TOPO）和二-2-乙基己基磷酸（DEHPA）。最初有机磷类萃取剂主要用于贵金属和重金属离子的萃取；后来用于萃取有机物，其分配比与醋酸丁酯等碳氧类萃取剂相比要高出很多。

上述两类萃取剂都需溶解在稀释剂中。常用的稀释剂有煤油、己烷、四氯化碳等有机溶剂，以改善萃取相的物理性质。稀释剂除应具有萃取剂的选择性、毒性、水溶性、稳定性、黏度、密度等要求外，有两点是很重要的。

第一，在萃取时分配系数要大于 1.0，而在把目标产物转移到水相的反萃取过程中，分配系数应小于 0.1，只有这样，才能提高反萃相中目标产物的浓度。

第二，当被萃取的溶质达到临界值时，离子对/反应萃取体系会形成第三相。所有的离子对都有一定的极性，因此在非极性的稀释剂中稳定性差，超过了离子对的溶解度就会从有机物中分离出第三相。

离子对/反应萃取体系具有选择性高、溶剂损耗小、产物稳定等优点，但由于萃取剂的毒性会引起产品残留毒性影响健康，所以国内外尚无应用实例。

第三节　溶剂萃取技术实施

一、萃取单元工艺构成

工业上萃取操作包括三个步骤：①混合，料液和萃取剂充分混合形成乳浊液；②分离，将乳浊液分成萃取相和萃余相；③溶媒回收。因此，萃取单元工艺构成应满足上述三个步骤操作的需要。一般萃取单元工艺包括储存设备、输送设备、萃取设备、分离设备、回收设备、设备间相互连接所需的管件、阀门、管道以及用于生产控制等所需的电器仪表等。储存设备通常为立式或卧式储罐，用以储存待处理料液或萃取剂等；输送设备一般采用单级或多级离心泵；萃取设备通常在搅拌罐或萃取塔中进行，也可以将料液和萃取剂以很高的速度在管道内混合，湍流程度很高，称为管道萃取，也有利用在喷射泵内涡流混合进行萃取的称为喷射萃取；分离设备通常利用澄清器或离心机（碟片式或管式）。近来也有将混合和分离同时在一个设备内完成的，例如波德皮尔尼克萃取机、阿法-拉伐萃取机等各种萃取设备。溶媒回收一般采用精馏或蒸馏设备。

二、萃取设备

在生产上要获得较满意的萃取效果，除了工艺上要注意的一些因素外，在萃取过程中要考虑混合效率和分离效果。混合效率影响传递，但混合效率过高，产生乳化，影响分离。液-液萃取过程从单元操作来分，包括两个步骤，即萃取与分离。

以上两步单元操作有的是分开进行的，即混合装置混合后经分离机分离。有的是在一台设备中同时进行，即所谓离心萃取机。萃取操作的设备包括混合设备和分离设备两类及兼有混合和分离两种功能的设备。

1. 萃取设备选择

萃取设备的类型较多，特点各异，物系性质对操作的影响错综复杂。对于具体的萃取过程，选择萃取设备的原则是：在满足工艺条件和要求的前提下，使设备费和操作费之和趋于最低。萃取设备的选用，在很大程度上取决于技术人员的实践和经验。对于分离目标要求较高的特定对象，则应当进行萃取实验研究，取得相应的萃取动力学、热力学数据，避免选型失误。通常选择萃取设备时应考虑以下因素。

（1）需要的理论级数　当需要的理论级数不超过 2～3 级时，各种萃取设备均可满足要求；当需要的理论级数较多（如超过 4～5 级时），可选用筛板塔；当需要的理论级数再多（如10～20级）时，可选用有外加能量的设备，如混合澄清器、脉冲塔、往复筛板塔、转盘塔等。

（2）生产能力　处理量较小时，可选用填料塔、脉冲塔；处理量较大时，可选用混合澄清器、筛板塔、转盘塔或离心萃取器。

（3）物系的物性　对密度差较大、界面张力较小的物系，可选用无外加能量的设备；对密度差较小、界面张力较大的物系，宜选用有外加能量的设备；对密度差甚小、界面张力小、易乳化的物系，应选用离心萃取器。有较强腐蚀性的物系，宜选用结构简单的填料塔或脉冲填料塔。物系中有固体悬浮物或在操作过程中产生沉淀物时，需定期清洗，此时一般选用混合澄清器或转盘塔。往复筛板塔和脉冲筛板塔本身具有一定的自清洗能力。

（4）物系的稳定性和液体在设备内的停留时间　对生产中要考虑物料的稳定性。要求在设备内停留时间短的物系，如抗生素的生产，宜选用离心萃取器；反之，若萃取物系中伴有缓慢的化学反应，要求有足够长的反应时间，则宜选用混合澄清器。

（5）其他　在选用萃取设备时，还应考虑其他一些因素。如能源供应情况，在电力紧张地区应尽可能选用依靠重力流动的设备；当厂房面积受到限制时，宜选用塔式设备，而当厂房高度受到限制时，则宜选用混合澄清器。

2. 混合设备

传统的混合设备是搅拌罐，利用搅拌将料液和萃取剂相混合。其缺点为间歇操作，停留时间较长，传质效率较低。但由于其装置简单，操作方便，仍广泛应用于工业中，较新的混合设备有下列三种：管式混合器、喷嘴式混合器、气流搅拌混合罐。

3. 分离设备

（1）混合-澄清槽　在混合器内装有搅拌器，可使液体湍动。使一相形成小液滴，分散于另一相中，以增大接触面积，有利于充分传质。在单级澄清槽中，液滴沉降并聚集，最后两相分离成界面清楚的两层，如图 4-13(a)。

还可以由若干单级设备串联成多级混合-澄清槽。轻液相与重液相在槽内逆向流动，如图 4-13(b)。各级当然也可以水平方向串联，节省空间高度，级数可增可减，但占地面积大。每一级需要装置搅拌器，级间液体输送需要动力设备。

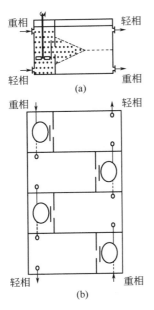

图 4-13 混合-澄清槽

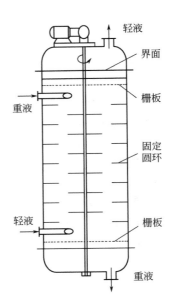

图 4-14 转盘萃取塔

（2）塔式萃取设备 常见的塔式萃取设备有转盘萃取塔、筛板萃取塔、振动筛板塔、填料萃取塔等。筛板萃取塔和填料萃取塔的结构、原理与用于蒸馏、吸收的筛板塔、填料塔相似，这里不再详细介绍，下面仅对转盘萃取塔做简单介绍。

如图 4-14 所示。在转盘塔内，塔壁内按一定距离装置许多固定环，将塔内空间分成许多区间，又在可旋转的中心轴上按同样间距在每一区间上装圆形盘，圆盘随轴转动，从而增大了相互间接触表面及其湍动程度。固定环起到抑制塔内轴向混合的作用，圆形转盘呈水平安装，旋转不产生轴向力，两相在垂直方向上的流动仍靠密度差来推动。转盘塔的特点：①结构不复杂；②能量消耗少；③生产能量大；④适用范围广。

（3）碟片式离心机 此类离心机适用于分离乳浊液或含少量固体的乳浊液。其结构大体可分为三部分：第一部分是机械传动部分；第二部分是由转鼓碟片架、碟片分液盖和碟片组成的分离部分；第三部分是输送部分，在机内起输送已分离好的两种液体的作用，由向心泵等组成。

OEP-10006 离心机的工作原理：欲分离的料液自碟片架顶加入，进入转鼓后，因离心力之故，料液便经过碟片架底部之通道流向外围，固体渣子被甩向鼓壁。转鼓内有一叠碗盖形金属片，俗称为碟片（如图 4-15），每片上各有二排孔，它们至中心的距离不等，这样将碟片叠起来时便形成二个通道。碟片之间间隙至少为欲分离的最大固体颗粒直径的两倍。因离心作用，液体分流于各相邻二碟片之间的空隙中，而且在每一层空隙中，轻液流向中心，重液流向鼓壁，于是轻重液分开，最后分别借向心泵输出。底部碟片和其他碟片不同，只有一排孔。但底片有两种，区别在于孔的位置不同，分别和其他碟片上二排孔的位置相对应。应按轻重液的比例不同而选用不同的底片，见图 4-16。

为了方便清洗和检修转鼓，在设备主体外面装有升降器，以此吊装转鼓。

（4）离心萃取机　当参与萃取的两液体密度差很小，或界面张力甚小而易乳化，或黏度很大时，两相的接触状况不佳，特别是很难靠重力使萃取相与萃余相分离，这时可以利用比重力大得多的离心力来完成萃取所需的混合和澄清两过程。

① ABE-216 离心萃取机的结构及工作原理　ABE-216 离心萃取机（图4-17）的主要组成部分为高速旋转的转鼓，转鼓中有 11 个同心圆筒，从中心往外排列顺序为第 1、2、3…11 同心圆

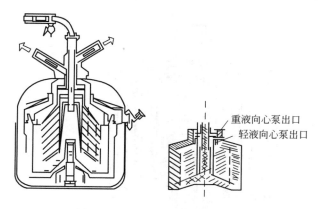

重液向心泵出口
轻液向心泵出口

图 4-15　OEP 离心机转鼓剖视图

筒，每个筒均在一端开孔，单数筒的孔在下端，双数筒在上端。第 1、2、3 筒的外圆柱上各焊有 8 条钢筋，第 4～11 筒的外圆柱上均焊有螺旋形的钢带，将筒与筒之间的环形空间分隔成螺旋形通道。第 4～10 筒的螺旋形钢带上开有不同大小的缺口，使螺旋形长通道中形成很多短路。在转鼓的两端各有轻重液的进出口。重液进入转鼓后，经第 4 筒上端开孔进入第 5 筒，沿螺旋形通道往外顺次流经各筒，最后由第 11 筒经溢流环到向心泵室，被向心泵排出转鼓。轻液由装于主轴端部的离心泵吸入，从中心管进入转鼓，流至第 10 筒，从其下端进入螺旋形通道，向内顺次流过各筒，最后从第 1 筒经出口排出转鼓。转鼓两端有轻重液的进出口装置和机械传动部分，整个设备结构比较紧凑，但比较复杂，见图 4-18。

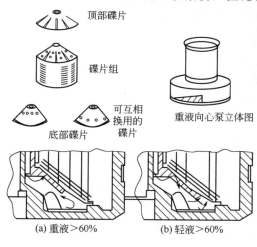

顶部碟片

碟片组

可互相换用的碟片

底部碟片

重液向心泵立体图

(a) 重液>60%　　(b) 轻液>60%

图 4-16　离心机碟片

② 在药品生产中应用较多的是 Podbielniak 离心萃取机（简称 POD 机），如图 4-19 所示。其主要构件为卧式螺旋形转子，转子系由开有很多孔的长带卷成，转子转速可高达 2000～5000r/min。操作时，轻液从螺旋转子的外沿引入，重液从螺旋转子的中心引入；当转子高速旋转产生离心力作用时，重相从中心向外沿流动，轻相从外沿向中心流动，两相在逆流流动过程中，通过带上的小孔被分散，可同时完成混合与分离过程，最后重液和轻液分别从不同的通道引出。离心萃取机具有萃取效率高，溶剂消耗量小，设备结构紧凑，占地面积小的特点，特别适用于处理两相密度差小（可至 $10kg/m^3$），或界面张力甚小而易乳化或黏度很大，仅依靠重力的作用难以使两相间很好地混合或澄清的料液；另外，由于两液体接触萃取时间短，可有效减少不稳定药物成分的分解破坏。

③ 倾析式离心机（decanter centrifuge）　三相倾析式离心机可同时分离重液、轻液和固体，主要应用于生物技术中。倾析器（decanter）是 20 世纪 80 年代首先由前西德的 Westfalia 公司研制的新型设备，英国 Beecham（比切姆）公司、日本东洋酿造公司已将其用于青霉素生产。

a. 结构与特点　逆流萃取倾析器是具有圆锥形转鼓的高速度离心萃取分离机。它由圆柱-

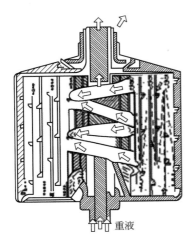

图 4-17　ABE-216 离心萃取机
转鼓剖视图

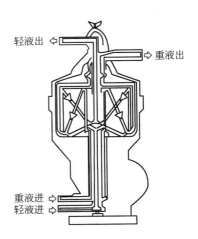

图 4-18　ABE-216 离心萃取机轻重
液走向示意图

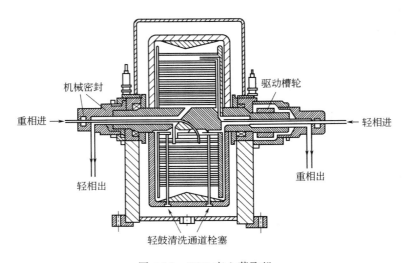

图 4-19　POD 离心萃取机

圆锥形转鼓及螺旋输送器、差速驱动装置、进料系统、润滑系统及底座组成。作为萃取机与通常卧式螺旋离心机的不同点是，该机在螺旋转子柱的两端分别设计配制有调节环和分离盘，以调节轻重相界面，并在轻相出口处配有向心泵，在泵的压力作用下，将轻液排出。进料系统上设有中心套管式复合进料口，使轻重二相均由中心进入。且在中心管和外套管出口端分别配置了轻相分布器和重相布料孔，其位置是可调的，通过二者位置可把转鼓柱端分为重相澄清区、逆流萃取区和轻相澄清区。

　　倾析器运转过程中监测手段较齐全，自动控制程度较高：倾析器转鼓前后轴承温度系用数字温度显示；料液 pH 的控制靠玻璃电极，发酵液流量的控制靠电磁流量变送器；破乳剂、新鲜乙酸丁酯、低单位乙酸丁酯等料液流量的变化靠控制器控制气动薄膜阀等，从而达到要求的流量。

　　b. 倾析器的工作原理　转鼓与螺旋输送器在摆线针形行星轴轮的带动下（图 4-20、图 4-21），以一定的差转速同时高速旋转，形成一个大于重力场数千倍的离心力场。料液从重相进料管进入转鼓的逆流萃取区后受到离心场的作用，在此与中心管进入的轻相相接触，迅速完成相之间的物质转移和液-液-固分离，固体渣子沉积于转鼓内壁，借助于螺旋转子缓慢推向转鼓锥端，并连续地排出转鼓。而萃取液则由转鼓柱端经调节环进入向心泵室，借助向心泵的压力排出。

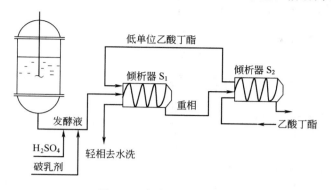

图 4-20　倾析器工艺流程

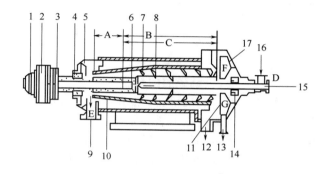

图 4-21　Westfalia 公司生产的三相倾析式离心机

1—三角皮带；2—差速变动装置；3—转鼓皮带轮；4—轴承；5—外壳；6—分离盘；
7—螺旋输送器；8—轻相分布器；9—排渣口；10—转鼓；11—调节环；12—重液出口；
13—轻液出口；14—转鼓主轴承；15—轻相送料管；16—重相送料管；17—向心泵；
A—干燥段；B—澄清段；C—分离段；D—入口；E—排渣口；F—调节器盘；G—调节管

问题思考：离心萃取机是加压容器，操作时应注意哪些问题？如何保障自身安全？

三、萃取操作

萃取操作过程一般包括作业前检查、备料、操作、清场、填写生产记录等。以青霉素生产为例，萃取设备为 Podbielniak 离心萃取机，工艺采取二级逆流萃取。如图 4-22 所示。

来自过滤岗位的滤液首先进入滤液储罐，经滤液泵及加压泵输出，经流量计计量后与破乳剂及稀硫酸混合，调整 pH 进入离心萃取机，在萃取机中与来自低单位乙酸丁酯（BA）萃取液罐的萃取液混合接触，实现青霉素由水相向乙酸丁酯相的转移（一次萃取）。从离心萃取机分出的轻相进入一次乙酸丁酯（BA）萃取液储罐，再经泵将萃取液输出，与饮用水混合，经离心分离机分离，实现萃取相的洗涤。从离心分离机分出的轻相进入萃取液储罐，然后去冷脱工段；分出的重相去重液储罐。从离心萃取机分出的重相进入重液储罐，经泵输送及流量计计量，然后与经计量的新鲜乙酸丁酯、破乳剂及稀硫酸混合后进入离心分离机（实现二次萃取），分出的轻相进入低单位乙酸丁酯萃取液储罐（在此可加入新鲜的乙酸丁酯），然后经泵输送进入离心萃取机；分出的重相去废酸回收岗位。具体操作过程如图 4-22。

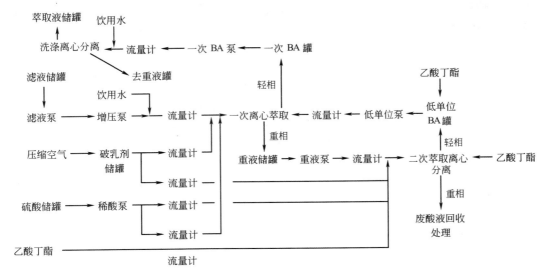

图 4-22　乙酸丁酯萃取青霉素工艺

知识拓展
稀硫酸的配制

穿戴好防护用品，包括防护眼镜、胶皮手套。检查配置罐出料阀、浓酸进料阀应关闭，排气阀应打开。检查人孔、法兰的紧固螺栓应上紧、完好。检查液位计是否有泄漏，若有及时修复。确认符合生产要求后，打开一次水阀门，向罐内加入适量水，关闭水阀门，开少许压缩空气阀门（约1/4圈）进行搅拌，然后缓慢开启浓酸进料阀，由浓酸罐向里压入一定量的浓酸（注意液位不得超过液位计上端且要慢慢加入）。关闭浓酸阀门，稍开大压缩空气搅拌阀，使其充分混合后关闭压缩空气搅拌阀。原因：浓硫酸溶与水时，会放出大量的热，如果不能及时传走，易造成爆沸，因此，需先加水，后加浓硫酸，且开启搅拌。

1. 上岗前的检查

主要是检查萃取机的安全性、制冷系统的温度、各储罐的进出阀门是否在规定的位置。

（1）按照《POD 机标准操作规程》安装 ASCO 管、计量容积、试漏、上盖。检查与 POD 机相连的滤液、乙酸丁酯、稀硫酸、破乳剂的流量计进出料阀门及旁加饮用水阀均应关闭，滤液增压泵出料阀应关闭，POD 机上重相、轻相进出料阀、回流阀、各取样阀门均应关闭。滤液排污阀应关闭。

（2）检查滤液温度及滤液换热器、稀酸换热器冷却水的温度。

（3）检查其他，离心机处于正常状态，并联系上下工序做好开车的准备工作。

2. 备料并复核

按照本班生产量的要求进行备料。备料包括破乳剂的配制，萃取剂的领用，pH 调节剂的配制等。

（1）破乳剂的配制

① 检查　配制罐上压缩空气阀、进水阀、出料阀均应关闭，排气阀应打开，压力表指针在零位且距下一校验期 10 天以上，配制罐罐盖和所有紧固螺栓完好且已松开，配制罐及搅拌电机、搅拌开关接地接零完好，搅拌开关、电机接口、电源线绝缘良好。

② 配制　打开罐盖并挂牢，拿下胶皮垫；开配制罐进水阀 3~5 圈加饮用水至配制罐容积 2/3 处关进水阀，启动机械搅拌，加破乳剂。搅拌 10min 后，再打开配制罐加水阀加饮用水至规定容积，关闭配制罐进水阀门，再搅拌 10min，停机械搅拌。

（2）萃取剂的领用　检查储罐内的萃取剂用量是否够用，如果不到一个生产班次的用量，及时进行领用。领用时，要求取样检测。检查萃取剂的各项指标，一般要检测纯度、水分、色度。水分的高低，直接影响萃取效果；而色度的大小，对产品的色级有较大的影响。

3. 操作

（1）开车　滤液备好后，启动 POD 机，POD 机转速正常后，开始进料。

依次打开滤液流量计出、进料阀和旁加饮用水阀，调节滤液流量计控制流量至规定值，打开乙酸丁酯流量计进出料阀，调节乙酸丁酯流量计控制流量在适当值。POD 机轻相背压 0.2MPa 以上时打开轻相出料阀。依次打开稀酸罐底阀、稀酸泵进料阀、稀酸换热器冷却水及稀酸进出料阀，启动稀酸泵，打开稀酸泵出料阀，打开稀硫酸流量计进出料阀，调节流量使重相 pH 符合工艺要求。

通知二级萃取工段进料，启动滤液泵，关闭旁加饮用水阀，调节流量至规定值，调节稀硫酸及破乳剂流量计流量使重相 pH 符合工艺要求，并调节轻重相出料阀，使重相不夹带、轻相不乳化且轻相压力在 0.3MPa 左右。

（2）停车　同一批次最后一罐滤液提完时，由滤液储罐加水阀向滤液储罐加饮用水，依次关闭乙酸丁酯预混流量计进出料阀。从滤液流量计观察料液由棕色变白色，依次关闭稀硫酸、破乳剂系统，停车。

4. 清场

停车后，检查各设备的油位，温度正常。罐底阀门关闭，检查阀门有无内漏现象。对 POD 机进行停车清洗。检查各生产用具正常。

> 问题思考：青霉素提取为什么采用二级逆流萃取？

第四节　萃取中常见问题及其处理

一、乳化现象

因原料液中既有溶质也有杂质，在生化制药中，一般有蛋白质、核酸等大分子物质。这类物质既有亲水基团，又有亲油基团。这种物质溶解后，分子呈定向排列，亲水基在水相中，亲油基在油相中，使水油两相的界面张力降低，所以能够把本来不相溶的油和水连在一起，形成稳定的乳化状态而形成第三相存在，这种现象叫乳化。这时形成的第三相，也称乳浊液。

乳浊液有两种类型，一种是油滴分散在水中，称为水包油型（O/W）乳浊液；另一种是水滴分散在油中，称为油包水型（W/O）乳浊液。表面活性剂的亲水基强度大于亲油基时，则形成 O/W 型乳浊液，反之则形成 W/O 型乳浊液。蛋白质是憎水性的，故形成 W/O 型乳浊液。

稳定的乳浊液形成的主要因素有：①界面上形成保护膜；②液滴带电荷；③介质的黏度。

乳状液虽有一定的稳定性，但乳状液具有高的分散度，表面积大，表面自由能高，是一个热力学不稳定体系，它有聚结分层，降低体系能量的趋势。

当乳化现象发生时，使两相难以分层而出现两种夹带。若萃取相中夹带原料液相，会给以后的精制造成困难，严重时会引起产品质量的下降，甚至不合格；若原料液相中夹带萃取剂相时，则意味着产物的损失与收率的下降。因此，乳化是萃取操作过程中必须要考虑的一个主要问题。

二、破乳及常见的破乳剂

破乳就是利用其不稳定性，削弱破坏其稳定性，使乳状液破坏。破乳的原理主要是破坏它的膜和双电层，按其方法分为如下几种。

（1）电解质中和法　加入电解质 NaCl、NaOH、HCl 及高价离子，如铝离子等，可中和离子型乳化剂电性使其沉淀。

（2）吸附法　如 $CaCO_3$ 易为水分润湿，但不能被溶媒润湿，故将乳浊液通过 $CaCO_3$ 层时，因其中水分被吸收而将乳化消除。

（3）顶替法　加入表面活性更大，但不能形成坚固保护膜的物质，将乳化剂从界面上顶出，而消除乳化。

（4）转型法　在 O/W（W/O）型乳浊液中，加入亲油（亲水）乳化剂，使乳浊液向相反种类转变过程中消除乳化。抗生素工业中一般采用此法。此种方法与顶替法很难区别，常同时发生作用，而加入的表面活性剂就称为破乳剂。破乳剂是一种表面活性剂，具有相当高的表面活性，加入后可以替代界面上原来的乳化剂，但由于破乳剂的碳氢链很短或具有分支结构，不能在界面上紧密排列形成牢固的界面膜，从而使乳状液稳定性大大降低，达到破乳的目的。常见的破乳剂有十二烷基磺酸钠、溴代十五烷基吡啶、十二烷基三甲基溴化铵等。

（5）物理法　加热是常使用的方法。

（6）离心法　主要是利用密度差异促使分层。离心和抽滤中不可忽视一个个液滴压在一起的重力效应，它足以克服双电层的斥力促进凝聚。

案例分析

案例：青霉素一次离心萃取液出现乳化现象

分析：离心萃取机轻相背压过低或转速过小，使轻重相分离不彻底，部分重相进入轻相，操作中应适当加大背压，查检引进转速过小因素进行消除。破乳剂加量过小，不能很好地替代界面上原来的乳化剂实现乳浊液转型，操作中应适当加大破乳剂加量。滤液流量过大或低，单位丁酯流量过小，使得轻重相比例不合理，部分重相液进入轻相造成乳化，此时应降低滤液流量或加大低单位丁酯流量，并调节相应的稀酸流量。二次离心萃取阶段调节不当，造成低单位丁酯乳化严重，影响一阶段，应通知二阶段进行调节。离心萃取机过脏，引起乳化的物质增多，应进行清洗。滤液质量不合理，引起乳化的蛋白类物质含量增大，应通知过滤岗位严格操作，控制滤液质量。

第五节　浸　　取

浸取是在一定条件下用一定浸出溶剂从固体原料中浸出有效成分的过程。根据所用溶剂性质和固体原料的特性，可以采用不同的浸出方法。因药物的成分不同，存在的部位也不相相同，所以，浸取的方法也不应千篇一律。

按溶剂流动与否可将浸取分为静态浸出和动态浸出。静态浸出是间歇地加入溶剂和一定时间的浸渍；动态浸出是溶剂不断地流入和流出系统或溶剂与固体原料同时不断地进入和离开系统。

浸取的相平衡关系，是溶液相的溶质浓度与包含于固体相中溶液的溶质浓度之间的关系，浸取过程达到相平衡的条件是两者浓度相等，而只有在前一浓度小于后一浓度时，浸取过程才能发生。对于浸取溶剂的选择基本上还是考虑：选择性高、溶质的溶解度大、有利于分离、价廉易得、化学性能稳定、毒性小、黏度低等内容。

一、浸取单元的主要任务

在制药企业中，浸取单元的主要任务，一般如下。

（1）对药物有效成分的分析，确定适宜的浸取剂；

（2）按生产能力，综合考虑安全、生产成本、工艺的可控性，来选择操作设备与自动化水平；

（3）在生产过程中，尽量减少对药物的破坏，确定合理的工艺条件，按照一定的操作规程，将固体物料中的溶质转入浸取剂中，并将固体残渣与浸取液分离；

（4）从成本考虑以及结合循环经济，尽可能做到萃浸剂的循环使用及能量的循环利用。

（5）注重安全生产，因浸取剂中易燃物较多，在生产过程中，一般要注意防火防爆方面的措施。

二、浸取岗位职责要求

浸取岗位操作人员在按萃取岗位职责要求〔除（1）、（5）、（7）条外〕履职外，还需履行如下职责。

（1）领取浸取操作所需物料、工器具，并进行核对。

（2）按浸取岗位标准操作规程严格进行操作，处理相应工艺问题，控制相关工艺参数在指标范围内，提高有效成分的浸出率及浸取液的浓度，降低原料及蒸汽等消耗。

（3）车间出渣处地面、下水道等的残渣需清理，做好清洁卫生。

（4）车间使用有机溶剂进行提取时，注意防火、防静电、防超压。

三、浸取理论

溶剂从固体颗粒中浸取可溶性物质，其过程一般包括：①溶剂浸润固体颗粒表面；②溶剂扩散、渗透到固体内部微孔或细胞壁内；③溶质解吸后，溶解进入溶剂，同时溶剂中的溶质被固体吸附；④溶质通过多孔介质中的溶剂扩散至固体表面；⑤溶质从固体表面扩散进入溶剂主体。浸取的传质过程是以扩散原理为基础。因此，可以借用质量传递理论中的费克定律加以描述。

1. 分子扩散的费克定律

分子扩散是在一相内部有浓度差异的条件下，由于分子的无规则运动而造成的物质传递现象。在密闭的房间里打开一瓶香水，很快就可以闻到香味，这就是分子扩散的结果。取一勺蜂蜜放在一杯水中，过一会儿整杯水都有甜味，但杯底的更甜，这是分子扩散的表现；如果用勺子搅，很快甜得更快更匀，这便是涡流扩散的效果。凭借分子热运动，在静止或滞流流体里的扩散是分子扩散；凭借流体质点的湍动或旋涡而传递物质的，在湍流流体中的扩散主要是涡流扩散。

费克定律表示了分子扩散与涡流扩散共同的结果：

$$J_A = -(D+D_e)\frac{dc_A}{dZ} \qquad (4-14)$$

式中　J_A——扩散通量，组分 A 在 Z 方向单位时间、单位面积上的扩散量，$kmol/(m^2 \cdot s)$；

　　　D——分子扩散系数，m^2/s；

　　　D_e——涡流扩散系数，m^2/s；

　　　$\dfrac{dc_A}{dZ}$——沿 Z 方向的浓度梯度，$kmol/m^4$（c_A 为 A 组分摩尔浓度）。

式中负号表示 A 的扩散方向与浓度梯度方向相反，即扩散方向是沿着组分 A 浓度降低的方向进行。

在浸取中，由于两相均在容器中，涡流扩散系数 D_e 可忽略不计，自固体颗粒单位时间的有效成分量为扩散通量。

$$J = -D\frac{dC}{dZ}$$

如图 4-23 是固液浸取示意图。质量传递先在有孔固体中进行至界面，物质的扩散距离为 L，有效成分自 c_1 变化 c_2，然后从固液界面在液体中扩散，距离为 Z，有效成分自 c_2 变化到 c_3。

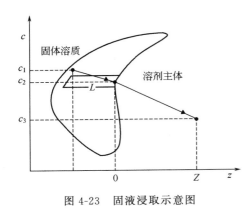

图 4-23　固液浸取示意图

将有效成分分别计算，物质传递在有孔物质中进行时：

$$J = -D\frac{\mathrm{d}c}{\mathrm{d}L}$$

分离变量：
$$J\mathrm{d}L = -D\mathrm{d}c$$

两边积分：
$$J\int_0^L \mathrm{d}L = -D\int_{c_1}^{c_2}\mathrm{d}c$$

得：$J = \dfrac{D}{L}(c_2 - c_1)$；$L$ 为物质在多孔性物质内扩散距离。

由界面至液相内部扩散时：

$$J = -D\frac{\mathrm{d}c}{\mathrm{d}Z}$$

$$J\int_0^Z \mathrm{d}Z = -D\int_{c_2}^{c_3}\mathrm{d}c$$

$$J = \frac{D}{Z}(c_3 - c_2) = k(c_3 - c_2)$$

式中，k 为传质分数，$k = \dfrac{D}{Z}$。

解上式，并将 c_2 代入至 $J = \dfrac{D}{L}(c_2 - c_1)$ 式中，得：

$$c_1 - c_3 = J\left(\frac{1}{k} + \frac{L}{D}\right)$$

于是得到：
$$J = \frac{1}{\left(\dfrac{1}{k} + \dfrac{L}{D}\right)}(c_1 - c_3) = K\Delta c \qquad (4\text{-}15)$$

式中　K——浸出时传质总系数 $K = \dfrac{1}{\left(\dfrac{1}{k} + \dfrac{L}{D}\right)}$，m/s；

Δc——溶质固体与液相主体中目标产物的浓度差，$\Delta c = c_1 - c_3$，$\mathrm{kmol/m^3}$。

式（4-15）称为固体浸出过程的速率方程。在实际浸取过程中，固体与液体主体中有目标产物的浓度差并非为定值，Δc 可如下表示：

$$\Delta c = \frac{\Delta c_{始} - \Delta c_{终}}{\ln(\Delta c_{始}/\Delta c_{终})} \qquad (4\text{-}16)$$

式中　$\Delta c_{始}$，$\Delta c_{终}$——浸出开始和浸出结束时，固液两相浓度，$\mathrm{kmol/m^3}$。

2. 物质在不同介质中的扩散

物质的浸取机理可分为两类，一类是有细胞的固体物料，溶质包含在细胞内部，根据分子扩散理论，认为有如下机理：①萃取剂 S 通过固体颗粒内部的毛细管道向固体内部扩散；②萃取剂穿过细胞壁进入细胞的内部；③萃取剂在细胞内部将溶质溶解并形成溶液，由于细胞壁内外的浓度差，萃取剂分子继续向细胞内扩散，直至细胞内的溶液将细胞胀破；④固体内溶液向固液界面扩散；⑤溶质由固液界面扩散至液相主体。如将人参浸泡于乙醇中，人参的有效成分人参皂苷逐渐溶解于乙醇的过程，符合上述机理。

对于无细胞物质的浸取历程要简单些，①萃取剂穿过液固界面向固体内部扩散；②溶质自固相转移至液相，形成溶液；③毛细通道内溶液中的溶质扩散至固液两界面；④溶质由固液界面向液相主体扩散。

　　根据浸取机理可知，不同物质的扩散速率是不同的，主要反应在扩散系数和传质系数上。即使是同一物质扩散系数会随介质的性质、温度、压力及浓度的不同而变。下面以无细胞物质浸取为例，讨论物质在不同介质中的扩散。

　　先讨论溶质在固体中的扩散。溶质在固体中的扩散有两类：一类是遵从费克定律，基本上与固体无关的扩散。当扩散的流体或溶质在固体中形成均匀的溶液，溶质在大量的溶剂中进行扩散，便发生这种类型的扩散。这种扩散方式与流体内的扩散极为相似，故仍可用费克定律。

$$N_A = D_{AB} \frac{dc_A}{dZ} \tag{4-17}$$

式中　D_{AB}——物质 A 通过固体 B 的扩散系数，m^2/s。

　　另一类是溶质在多孔介质中的扩散。溶质通过固体孔道中的溶剂进行扩散，其路径是一个曲折的孔道，孔道影响了扩散的类型。对于稀溶液，此类溶质稳度扩散可表示为：

$$N_A = \frac{\varepsilon D_{AB}}{\overline{v}} \times \frac{dc_A}{dZ} \tag{4-18}$$

式中　D_{AB}——双组分混合物的一般分子扩散系数，m^2/s；

　　　　ε——多孔介质的自由截面积或孔隙率，m^2/m^2；

　　　　$\overline{v}$——曲折因子，由实验确定。

　　令 $D_{ABP} = \dfrac{\varepsilon D_{AB}}{\overline{v}}$，上式为 $N_A = D_{ABP} \times \dfrac{dc_A}{dZ}$

　　式中，D_{ABP} 为有效扩散系数，相当于采用单位固体总表面积计的扩散通量与垂直于表面的单位浓度梯度计的扩散系数，m^2/s。

　　接下来讨论溶质在液相中的扩散系数。对于稀溶液，当大分子溶质 A 扩散到小分子溶剂 B 中时，可将溶质分子看成球形颗粒。这些球形颗粒在连续介质为层流时作缓慢运动。理论上可用下式表示扩散系数。

$$D_{AB} = \frac{BT}{6\pi\mu_B r_A} \tag{4-19}$$

式中　D_{AB}——扩散系数，m^2/s；

　　　　r_A——球形溶质 A 的分子半径，m；

　　　　μ_B——溶剂 B 的黏度，$Pa \cdot s$；

　　　　B——玻耳兹曼常数，$B = 1.38 \times 10^{-23} J/K$；

　　　　T——热力学温度，K。

　　当分子半径 r_A 用分子体积表示时，将 $r_A = \left(\dfrac{3V_A}{4\pi n}\right)^{\frac{1}{3}}$ 代入上式得：

$$D_{AB} = \frac{9.96 \times 10^{-15} T}{\mu_B V_A^{\frac{1}{3}}} \tag{4-20}$$

式中　V_A——正常沸点下溶质的摩尔体积，$m^3/kmol$；

　　　　n——阿伏加德罗常数，$n = 6.02 \times 10^{23}$。

　　该式适用于相对分子质量大于 1000，且水溶液中 V_A 大于 $0.5 m^3/kmol$ 非水合的大分子溶质。对于溶质较小的稀溶液，D_{AB} 可用下式表示：

$$D_{AB} = 7.4 \times 10^{-12} (\alpha M_B)^{\frac{1}{2}} \frac{T}{\mu_B V_A^{0.6}} \tag{4-21}$$

式中　M_B——溶剂的摩尔质量，$kg/kmol$；

　　　　α——溶剂的缔合参数。其值对某些溶剂为：水为 2.6；甲醇为 1.9；乙醇为 1.5；苯、乙醚、庚烷以及其他不缔合溶剂均为 1.0。

结合物质在不同介质中的扩散状况，结合溶质在浸取过程中的机理，总传质系数应由下列扩散系数组成。

内扩散系数 $D_内$，表示溶质内部有效成分的传递速率；

自由扩散系数 $D_自$，在溶质细胞内有效成分的传递速率；

对流扩散系数 $D_对$，在流动的萃取剂中有效成分的传递速率。

总传质系数 H 为：

$$H = \frac{1}{\dfrac{h}{D_内} + \dfrac{s}{D_自} + \dfrac{L}{D_对}} \tag{4-22}$$

式中，L 为颗粒尺寸；s 为边界层厚度，其值与溶解过程流速有关；h 为溶质内扩散距离。

在上式中，$D_自$ 就是 D_{AB}，其值与 $D_内$ 相比大了很多，若在带有搅拌的过程 $D_对$ 值也很大，在此情况下，浸取过程的决定因素就是内扩散系数。

3. 相平衡

严格地讲，溶质在液相中的溶解过程和溶质在液相中的扩散过程事实上是固相和液相这两相间特定组分的平衡过程，即溶质在液相中的溶解扩散和液相中特定组分被固相吸附这两个过程的平衡。在萃取过程一开始，溶解扩散速率大于吸附速率，而当溶剂逐渐变成饱和溶液时，则溶解扩散和吸附这两个速率相等。这时溶剂中的固相溶解浓度不可能再增加。

浸取过程中的相平衡可用分配系数 K_D 表示：

$$K_D = \frac{y}{x} \tag{4-23}$$

式中　y——达到平衡时溶质在液相中的浓度；

　　　x——平衡时溶质在固相中的浓度。

在浸取过程中，若 y 和 x 用体积浓度（kg/m^3）表示，K_D 值一般为常数，但如果用质量浓度（kg/kg）表示，则 K_D 会发生变化。因为在浸取过程中，随溶质的浸出，固体内外的溶液密度将发生变化。

4. 影响浸取因素

（1）固体物质的颗粒度　根据扩散理论，固体颗粒度越小，固液两相接触界面越大，扩散速率越大，传质速率越高，浸出效果好；另一方面固体颗粒度太小，使液体的流动阻力增大而不利于浸取。

（2）溶剂的用量及浸取次数　根据少量多次原则，在定量溶剂条件下，多次提取可以提高浸取的效率。一般第一次提取要超过溶质的溶解度所需要的量。不同的固体物质所用的溶剂用量和浸取次数都需要实验决定。

（3）温度　提高浸取操作温度增大了溶质的溶解度，降低了溶液的黏度，有利于传质的进行。但温度过高，一些无效成分萃出，增加了分离提纯的难度；如溶质是易挥发、易分解的，会造成目标产物损失。

（4）浸取的时间　一般来说浸取时间越长，扩散越充分，有利于浸取。但当扩散达到平衡后，时间不起作用。但是长时间浸取杂质大量溶出，有些苷类易被在一起的酶所分解。若以水作溶剂时，长期浸泡易霉变，影响浸取液的质量。

（5）搅拌　搅拌强度越大，越有利于扩散的进行。因此在萃取设备中应增加搅拌、强制循环等措施；提高液体湍动程度，提高浸取效率。

（6）溶剂的 pH　根据需要调整浸取剂的 pH，有利于某些有效成分的提取，如用酸性物质提取生物碱，用碱性物质提取皂苷等。

（7）浸取压力　当固体物料组织密实，较难被浸取溶剂浸润时，可采用提高浸取压力的方法，促进浸润过程的进行，可提高固体物料组织内充满溶剂的速度，缩短浸取时间。同时，在较高压力下的渗透，还可能将固体物料组织内的某些细胞壁破坏，利于溶质的浸出。一旦固体物料被完全浸透而充满溶剂后，加大压力对浸出速率的影响将迅速减弱。

（8）浸取剂的种类 选择不同的浸取剂会有不同的浸取效果。水是最常用的一种极性浸取溶剂。它价廉易得，对很多物质都具有较大的溶解度，如生物碱类、苷类、蛋白质类等药物在水中都具有较好的溶解度，对于酶类药物和含少量挥发油的药物也能被水浸出。

乙醇是仅次于水的常用半极性浸取溶剂。由于乙醇的溶解性能介于极性与非极性之间，其不仅能溶解溶于水的某些成分，而且也能溶解溶于非极性有机溶剂的某些成分，只是溶解度有些差异。乙醇能与水形成任意组成的混合液，可通过组成的改变，有选择地浸取某些成分。如乙醇含量在90%以上时，可有效地浸取有机酸、挥发油、叶绿素等物质；乙醇含量在50%～70%时，主要浸取生物碱、苷类等药物；当乙醇含量在50%以下时，适于浸取苦味质、蒽醌类化合物等。乙醇作为浸取溶剂，无毒无害，价格低廉，乙醇还具有一定的防腐作用，它比热容小，沸点低，汽化热不大，使分离回收费用低，可降低生产成本。但乙醇具有挥发性和易燃性，生产中应注意安全防护。

丙酮是一种良好的脱脂溶剂。由于丙酮能与水形成任意组成的混合液，所以丙酮也是一种脱水剂，常用于新鲜动物药材的脱水和脱脂。丙酮的防腐性能较好，但有一定的毒性，而且丙酮易于挥发和燃烧，使用时要特别注意。

乙醚是非极性的有机溶剂，可与乙醇及其他有机溶剂任意混溶。其溶解选择性较强，可溶解游离生物碱、挥发油、某些苷类等物质。因乙醚有强烈的生理作用，又极易燃烧，且价格昂贵，一般仅用于生物有效成分的提取、精制。

四、浸取设备

1. 多功能提取罐

如图4-24所示，多功能提取罐由罐体、出渣口、提升气缸、加料口以及夹层等组成。药材由进料口加入，再通过罐底的喷淋水管加入一定量的水，关闭加料口后即可进行煎煮，煎煮时可向夹层通入蒸汽，也可通过罐底的进汽口直接通入蒸汽，煎煮完毕从底部出液口放出浸取液，由底部出渣口排出药渣。为了防止罐内药渣堆积，造成出渣困难，较大直径的提取罐底部多采用斜锥形或者安装专门破坏拱形药渣的装置。

为了适应较轻药材的提取，可在罐内设置搅拌器和挡板。还可以安装泡沫捕集器、冷凝器、油水分离器等装置，可用于芳香油的回流提取。在过滤器的后面装上泵，还可以实现强制循环。

多功能提取罐可用于中草药煎煮、减压浓缩和真空蒸馏等，因为用途广，故称为"多功能"。

其特点：①提取时间短（一般30～40min），生产效率高；②热能消耗少；③自动排渣，故排渣快、操作方便、安全、劳动强度小。

2. 可倾式多用提取罐

如图4-25所示，可倾式多用提取罐可利用液压并借助齿条-齿轮机构使罐体倾斜125°，罐盖可用液压升降，故可减轻装料和出渣的劳动强度。罐盖密封后还可进行加压浸取。配以汽水分离器、冷凝器、油水分离器等辅助设备后可作多用途提取。

3. 加压浸取器

在加压浸取器中对一些药材进行加压提取，有利于溶剂渗入药材细胞组织，或者能提高有效成分的浸出速率。常用加压方式有：泵加压、蒸汽加压和惰性气体加压。

图4-26为利用蒸汽加热的双锥式加压煎煮锅，向煎煮锅内直接通入蒸汽还可以提高煎煮的操作压力。双锥形的煎煮锅在提取过程中可以旋转，强化了固体药材与溶剂之间的相对运动，故可提高浸取速率。惰性气体加压系指往浸出罐压入惰性气体如CO_2等。泵加压提取器，如图4-27所示，用循环泵连续将浸出液从提取器底部打至顶部，用阀门控制提取器内保持一

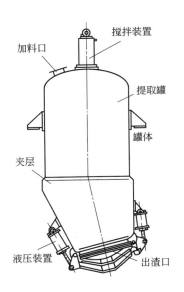

图 4-24　多功能提取罐

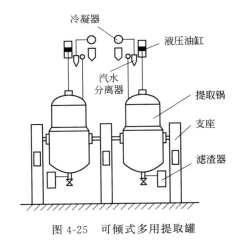

图 4-25　可倾式多用提取罐

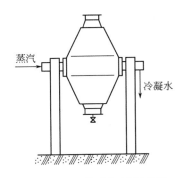

图 4-26　双锥式加压煎煮锅

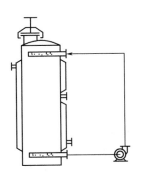

图 4-27　泵加压提取器

定压力（如 0.3～0.6MPa）。泵加压提取器可以冷浸也可以温浸，温浸时可在夹层中通蒸汽进行间接加热，使器内保持一定温度。

加压提取的特点：①较常压提取缩短时间；②设备密闭，避免蒸汽外溢及跑料；③改善操作条件；④减少用水量。

4. 超声波逆流浸出器

如图 4-28 所示，超声波逆流浸取器为环形管，管内运动着的链条上有许多固定碟片，药粉经加料器加到碟片之间，浸出溶剂加入后流动方向与药粉的运动方向相反，可以实现连续浸出。浸出器下部浸出管装有超声波发生器，在超声波的作用下可使浸出速率大大提高。

5. 平转式连续浸出器

图 4-29 为一种平转式逆流浸出器。在一个圆柱形容器内有个被隔成若干个扇形格的可水平转动的圆盘，每个扇形格的底为有孔的活底。植物药材在容器上部一个固定位置加入，当圆盘回转将近一周时，扇形格的活底板打开，物料卸到器底的出渣器上排出。在卸料处的邻近扇形格上部喷洒新的浸出溶剂，在其下部收集浸出液，并以与物料回转方向相反的方向用泵将浸出液压送至相邻的扇形格内的物料上，如此反复逆流浸出，最后收集到浓度很高的浸出液。平转式浸出器的结构简单，占地也较少，适用于大量植物药材的提取。

6. 螺旋推进式逆流浸出器（管式逆流浸出器）

如图 4-30 为一种螺旋推进逆流浸出器，它由三根管子组成，每根管子可根据需要设置蒸汽夹层。药材自加料斗加入，由各螺旋推进器推向出料口。溶剂从出料口附近加入，其流动方向与药材运动方向相反，浸出液在加料斗附近排出。它可以实现连续浸出。

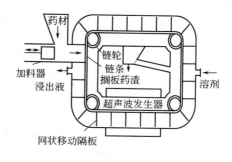

图 4-28　超声波逆流浸出器

7. 多级逆流渗漉

为适应大批量的生产，要得到较浓的漉液，还可以将 5 个或更多的多功能提取罐串接起来组成多级逆流渗漉装置，如图 4-31 所示。

多级逆流渗漉装置的操作过程：原料顺序装满 1～5 号罐，用泵将溶剂从溶剂罐送到 1 号罐，1 号罐渗出液经加热器后流入下一个罐，依次向后直到最后从 5 号罐流出。当 1 号罐内的渗漉完成后，用压缩空气将罐内液体压出，1 号罐即可卸渣装新料。此时，来自溶剂罐的新溶剂装入 2 号罐，最后从 5 号罐出液。待 2 号罐渗漉完毕并开始卸渣装新料，即由 3 号罐注入新溶剂，改由 1 号罐出渗漉液，依此类推。

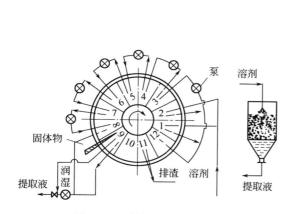

图 4-29　平转式逆流浸出器

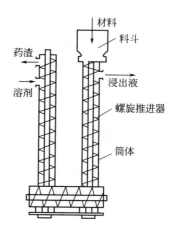

图 4-30　螺旋推进逆流浸出器

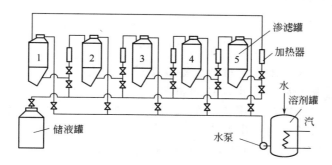

图 4-31　多级逆流渗漉装置

8. 醇沉罐

中药提取液经浓缩后进行醇沉，可以将淀粉、蛋白质、树胶、多糖、黏液质、色素等醇不溶物沉淀析出。醇沉罐如图 4-32 所示，通常采用底部锥形的夹层罐，夹层内通水冷却，配机械搅拌装置或空气搅拌装置。上清液出液管罐内部分弯成一定角度，旋转出液管可以调整其内口高度，以便出净上清液。

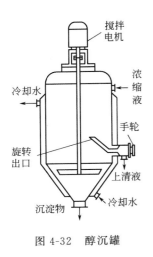

图 4-32 醇沉罐

五、浸取工艺及操作

1. 单级间歇浸取

小批量的固体或含部分水分的半固体在浸取时由于使用的溶剂量小，处理时间不长，故没有必要采用多级连续操作，一般均采取单级间歇浸取以减少设备投资和操作费用。

（1）夹套间歇浸取工艺　图 4-33 所示为带蒸汽加热夹套的单级间歇浸取工艺。为了保证产品质量，浸取器材料常用不锈钢等材料制造。物料和浸取剂均由器顶一次加入，器身下部带夹套部分为浸取室，在浸取室中溶剂和物料充分接触，夹套中通入蒸汽或热水使浸取在最适温度下进行。有很多物质对温度较为敏感，为了防止局部温度过高和降低溶剂的沸腾温度，浸取器可接真空系统，使其维持在某一真空度下实现浸取操作。

（2）多功能提取罐浸取工艺　图 4-34 为多功能提取罐浸取

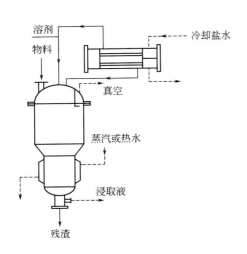

图 4-33　夹套加热间歇浸取工艺

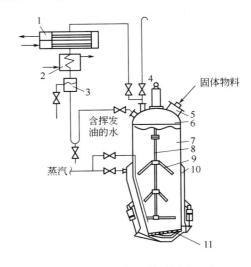

图 4-34　多功能提取罐及浸取工艺

1—冷凝器；2—冷却器；3—油水分离器；4—上气动装置；5—固体进料口；6—盖；7—罐；8—上下移动轴；9—料叉；10—夹层；11—带筛板的活塞

工艺。如属水提加热方式，水和药材装入提取罐后，开始向罐内通入蒸汽进行直接加热；当温度达到提取工艺温度后，停止向罐内进蒸汽，而改为向夹层通入蒸汽，进行间接加热，使罐内温度稳定在规定的范围内。如属醇提，则全部用夹层蒸汽的方式进行间接加热。在提取过程中，为了提高浸出效率，可用泵对药材进行强制循环（但对含淀粉多和黏性较大的药材不适用）。强制循环即药液从罐体下部放液口放出，经管道过滤器过滤，再用泵打回罐体内。

在提取过程中，罐内产生较多蒸汽，这些蒸汽从排出口经泡沫捕集器到热交换器进行冷凝，再经冷离器进行冷却，然后进入气液分离器进行气液分离，使残余气体逸出，液体回流到提取罐内。如此循环，直至提取终止。

提取完毕后，浸出液从罐体下部放液口放出，经管道过滤器过滤，然后用泵将药液输送到浓缩工段进行浓缩。

当药材含挥发油时，打开通向油水分离器的阀门，加热方式和水提操作基本相似。所不同的是，提取过程中药液蒸汽经冷凝器进行再冷却后，不能直接进入气液分离器内，此时冷却器与气液分离器的阀门通道必须关闭，而要进入油水分离器进行油水分离，使所需要的油从油水分离器的油出口放出；水从回流水管经气液分离器进行气液分离，残余气体放入大气，液体回流到罐体内。

2. 多级逆流浸取

图 4-35 是溶剂连续回收使用的多级逆流半连续固液浸取工艺。图中的 4 台浸取罐总有 3 台运转，1 台轮空进行卸渣和装料。浸取剂依次串联通过 3 台萃取罐，新鲜溶剂首先接触的是即将卸渣的浸取罐，依次最后通过的是新装料的浸取罐，从而与固体物料呈逆向流动，保持整个系统最大的传质推动力。图 4-35（a）是 4 号轮空，1、2、3 号操作；图 4-35（b）是 1 号轮空，2、3、4 号操作。各罐操作次序的组织完全靠阀门的启闭来完成。

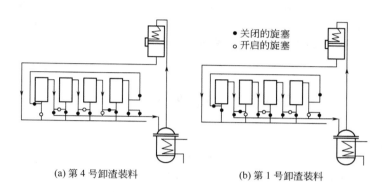

（a）第 4 号卸渣装料　　　　　　　　　（b）第 1 号卸渣装料

图 4-35　溶剂连续回收的多级逆流半连续固液浸取装置

六、浸取工艺问题及其处理

1. 增溶作用

由于细胞中各种成分间有一定的亲和力，溶质溶解前必须先克服这种亲和力，方能使这些待浸取的目标产物转入溶剂中，这种作用称为解吸作用。在溶剂中添加适量的酸、碱、甘油或表面活性剂以帮助解吸，增加目标产物的溶解。有些溶剂（如乙醇）本身就具有很好的解吸作用。

（1）酸　酸是为了维持一定的 pH，促进生物碱生成可溶性生物碱盐类，适当的酸度还可对生物碱产生稳定作用。若浸取溶质为有机酸时，适量的酸可使有机酸游离，再用有机溶剂浸取时效果更好。常用的酸有盐酸、硫酸、冰醋酸、酒石酸等。

（2）碱　常用的碱为氨水、氢氧化钙、碳酸钙、碳酸钠等。在从甘草浸取甘草酸时，加入氨水，能使甘草酸完全浸出。碳酸钙为一不溶性的碱化剂，而且能除去鞣质、有机酸、树脂、色素等杂质。在浸取生物碱或皂苷时常加以利用。氨水和碳酸钙是安全的碱化剂，在浸取过程中用得较多，但没有酸用得普遍。

（3）表面活性剂　阳离子型表面活性剂有助于生物碱的浸取；而阴离子表面活性剂对生物碱有沉淀作用；非离子型表面活性剂毒性较小。因此，利用表面活性剂增强浸取效果时，应根据被浸固体中目标产物的种类及浸取法进行选择。

2. 固体物料的预处理

（1）破碎　动物性固体的目标产物以大分子形式存在于细胞中，一般要求粉碎得细一些，细胞结构破坏愈完全，目标产物就愈能浸取完全。

植物性固体的目标产物的浸出率与粉碎方法有关。锤击式破碎，表面粗糙，与溶剂的接触面大，浸取效率高，可以选用粗粉；用切片机切成片状材料，表面积小，浸出效率差，块粒宜选用中等。根据扩散理论，固体粉碎得愈细，与萃取剂的接触面积愈大，扩散面也愈大，浸出效果愈好。但固体物料过细时，在提高浸出效果的同时，吸附作用同时增加，因而使扩散速率受到影响。又由于固体物料中细胞大量破裂，致使细胞内大量不溶物、黏液质等混入或浸出，使溶液黏度增大，杂质增加，扩散作用缓慢，萃取过滤困难。因此，对固体物料的粉碎要根据溶剂和物料的性质，选择颗粒的大小。

（2）脱脂 动物性固体物料一般都会有大量的脂肪，妨碍有效成分的分离和提纯。因此，要采用适宜的方法进行脱脂。常用的方法有冷凝法。由于脂肪和类脂质在低温时易凝固析出的特点。将浸出液加热，使脂肪微粒乳化后或直接送入冰箱冷藏一定时间，从液面除去脂肪。也可用有机溶剂脱脂。脂肪或类脂质易溶于有机溶剂，而蛋白质类则几乎不溶解，可用丙酮、石油醚等有机溶剂连续循环脱脂处理。

对于植物性固体物料，不仅要考虑脱脂，还要考虑干燥脱水。一般非极性溶剂难以从含有多量水分的固体物料中浸出目标产物；极性溶剂则不易从含有油脂的固体物料中浸出目标产物。因此，在进行浸取操作前，可根据溶剂和固体物料的性质，进行必要的脱脂和脱水处理。

第六节　新型萃取技术

一、双水相萃取

双水相萃取是在两个水相之间进行的溶质传递过程，是一种新型的溶质分离技术。其特点是分离条件温和，一般在常温、常压下进行，能够保持生物物质的活性和构象，整个操作可连续化，在除去细胞的同时，还可以纯化蛋白质 2～5 倍。另外，双水相系统不存在有机溶剂残留问题，所用高聚物或盐是不挥发性物质，对人体无害，溶质在两个水相之间传质和平衡过程速度很快，可以实现快速分离，且溶质回收率高，分离步骤少，能耗小，设备费用低。目前，双水相萃取技术主要用于蛋白质特别是胞内蛋白质的分离。双水相系统形成的两相均是水溶液，它特别适用于生物大分子和细胞粒子。

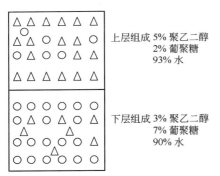

图 4-36　典型双水相系统示意图

上层组成 5% 聚乙二醇
2% 葡聚糖
93% 水

下层组成 3% 聚乙二醇
7% 葡聚糖
90% 水

1. 双水相萃取原理

双水相系统是指某些亲水性聚合物之间或亲水性聚合物与无机盐之间，在水中超过一定的浓度溶解后形成不相溶的两相，并且两相中水分均占很大比例。典型的例子是聚乙二醇（PEG）和葡聚糖（Dex）双水相系统、聚乙二醇（PEG）-无机盐双水相系统。对于后一种，其上相富含 PEG，下相富含无机盐。

在聚乙二醇和葡聚糖溶解过程中，当各种溶质均在低浓度时，可得到单相均质液体，超过一定浓度后，溶液会变浑浊，静置可形成两个液层。上层富集了聚乙二醇（PEG），下层富集了葡聚糖（Dex），两个不相混合的液相达到平衡。典型双水相系统示意图见图 4-36。这两个亲水成分的非互溶性，是它们各自有不同的分子结构而产生的相互排斥来决定的。葡聚糖是一种几乎不能形成偶极现象的球形分子，而聚乙二醇是一种共享电子对的高密度聚合物。一种聚合物的周围将聚集同种分子而排斥异种分子，当达到平衡时，即形成分别富含不同聚合物的两相。这种聚合物分子的溶液发生分相的现象，称为聚合物的不相溶性。高聚物-高聚物双水相萃取系统的形成就是依据这一特性。可形成高聚物-高聚物双水相的物质很多，表 4-1 列出了常见的双水相系统。其中最常用的是聚乙二醇（PEG）-葡聚糖（Dex）系统。

表 4-1　常用的双水相体系

聚合物 1	聚合物 2 或盐	聚合物 1	聚合物 2 或盐
聚丙二醇	甲基丙二醇聚合物 聚乙二醇 聚乙烯醇 聚乙烯吡咯烷酮 羟丙基葡聚糖 葡聚糖	聚乙二醇	聚乙烯醇 聚乙烯吡咯 烷酮 葡聚糖 聚蔗糖
乙基羟乙基纤维系	葡聚糖	羟丙基葡聚糖	葡聚糖
聚丙二醇 聚乙二醇 聚乙烯吡咯烷酮 甲氧基聚乙二醇	硫酸钾	聚乙二醇	硫酸镁 硫酸铵 硫酸钠 甲酸钠
聚乙烯醇或 聚乙烯吡咯烷酮	甲基纤维素 葡聚糖 羟丙基葡聚糖	甲基纤维素	葡聚糖 羟丙基葡聚糖

除上述典型双水相系统外，也存在一些其他类型的双水相系统。如非离子表面活性剂水胶束两相体系，例如 TritonX-114 表面活性剂形成的水胶团双水相体系；阴阳离子表面活性剂双水相体系，例如：SDS 和 CTAB 形成的双水相体系；醇-盐双水相体系，例如：丙醇-无机盐-水形成的双水相体系等。

双水相系统萃取属于液-液萃取范畴，其基本原理仍然是依据物质在两相间的选择性分配，与水-有机物萃取不同的是萃取系统的性质不同。当溶质进入双水相系统后，在上下两相进行选择性分配，从生物转化介质（发酵液、细胞碎片匀浆液）中将目标蛋白质分离在一相中，回收的微粒（细胞、细胞碎片）和其他杂质性的溶液（蛋白质，多肽，核酸）在另一相中。其分配规律服从能斯特分配定律：

$$K = \frac{c_T}{c_B} \tag{4-24}$$

式中　c_T——上相溶质的浓度，mol/L；

c_B——下相溶质的浓度，mol/L。

在相体系固定时，预分离物质在相当大的浓度范围内，分配系数 K 为常数，与溶质的浓度无关，完全取决于被分离物质的本身性质和特定的双水相系统。与常规的分配关系相比，双水相系统表现出更大或更小的分配系数。如各种细胞、噬菌体等的分配系数或大于 100，或小于 0.01；蛋白质或酶的分配系数在 0.1～10 之间；无机盐的分配系数一般接近于 1.0。这种不同物质分配系数的差异，构成了双水相萃取分离的基础。

在双水相系统中，两相的水分都在 85%～95%，且成相的高聚物与无机盐都是生物相溶的，生物活性物质或细胞在这种环境下，不仅不会丧失活性，而且还会提高它们的稳定性，因此双水相系统在生物技术领域得到越来越多的应用。

2. 相图

水溶性两相的形成条件和定量关系常用相图来表示。图 4-37 所示是由 PEG 6000/磷酸盐体系组成的双水相体系，以聚合物 PEG 的质量分数（%）为纵坐标，以磷酸钾 KPi 的质量分数（%）为横坐标所作相图。只有在这两种聚合物达到一定浓度时才会形成两相。图中曲线 TKB 把均匀区域和两相区域分隔开来，称作双节线。处于双节线下面的区域时是均匀的，当它们的组成位于上面的区域时，体系才会分成两相。例如，点 M 代表整个系统的组成，轻相（或上相）组成用 T 点表示，重相（或下相）组成用 B 点表示。T、M、B 三点在一条直线上，

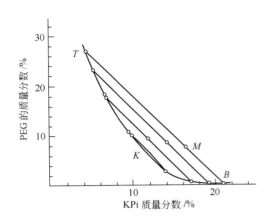

图 4-37　双水相系统相图 PEG 6000/KPi

其连接的直线称系线，T 和 B 代表成平衡的两相，具有相同的组分，但体积比不同。若令 V_T、V_B 分别代表上相和下相体积，则有：

$$\frac{V_T}{V_B} = \frac{MT(M\text{点与}T\text{点之间的距离})}{BM(B\text{点与}M\text{点之间的距离})} \quad (4\text{-}25)$$

即服从于已知的杠杆规则。当系线长度趋于零时，两相差别消失，任何溶质在两相中的分配系数均为 1，如 K 点（临界点）。

3. 影响双水相萃取的因素

影响双水相萃取的因素很多，主要因素有组成双水相系统的高聚物平均分子量和浓度，成相盐的种类和浓度，pH，体系的温度等。

（1）高聚物种类、平均分子量和浓度　不同聚合物，水相系统显示不同的疏水性，水溶液中聚合物的疏水性依下列次序递增：葡萄糖硫酸盐＜甲基葡萄糖＜葡萄糖＜羟丙基葡聚糖＜甲基纤维素＜聚乙烯醇＜聚乙二醇＜丙三醇，这种疏水性的差别对目的产物与相的相互作用是不同的。

高聚物的平均分子量和浓度是影响双水相萃取分配系数的最重要因素，在成相高聚物浓度保持不变的前提下，降低该高聚物的分子量，则可溶性大分子如蛋白质或核酸，或颗粒如细胞或细胞器易分配于富含该高聚物的相中。对聚乙二醇-葡聚糖系统而言，上相富含聚乙二醇，若降低聚乙二醇的分子量，则分配系数增大；下相富含葡聚糖，若降低葡聚糖的分子量，则分配系数减小，这是一条普遍规律。

当成相系统的总浓度增大时，系统远离临界点。蛋白质分子的分配系数在临界点处的值为 1，偏离临界点时的值大于 1 或小于 1。因此成相系统的总浓度越高，偏离临界点越远，蛋白质越容易分配于其中的某一相。细胞等颗粒在临界点附近，大多分配于一相中，而不吸附于界面。随着成相系统的总浓度增大，界面张力增大，细胞或固体颗粒容易吸附在界面上，给萃取操作带来困难，但对于可溶性蛋白质，这种界面吸附现象很少发生。

（2）盐的种类和浓度　盐的种类和浓度对双水相萃取的影响主要反映在两个方面，一方面由于盐的正负离子在两相间的分配系数不同，由于电中性的约束，因而两相间存在一穿过相界面的电位差，从而影响带电生物大分子在两相中的分配。例如在 8% 聚乙烯二醇-8% 葡聚糖，0.5mmol/L 磷酸钠，pH6.9 的体系中，溶菌酶带正电荷分配在上相，卵蛋白带负电荷分配在下相。当加入浓度低于 50mmol/L 的 NaCl 时，上相电位低于下相电位，使溶菌酶的分配系数增大，卵蛋白的分配系数减小。故只要设法改变界面电势，就能控制蛋白质等电荷大分子转入某一相。

另一方面，当盐的浓度很大时，由于强烈的盐析作用，蛋白质易分配于上相，分配系数几乎随盐浓度成指数增加，此时分配系数与蛋白质浓度有关。不同的蛋白质随盐的浓度增加分配系数增大程度各不相同，利用此性质可有效地萃取分离不同的蛋白质。

（3）系线长度对分配平衡的影响　相图中系线长度由组成的总浓度决定。在临界点附近，系线长度趋向于零，上相和下相的组成相同，因此，分配系数应该是 1，随着聚合物和成相盐浓度增大，系线长度增加，上相和下相相对组成的差别就增大，产物如酶在两相中的表面张力差别也增大，这将会极大地影响分配系数，使酶富集于上相。

（4）pH　pH 会影响蛋白质分子中可离解基团的离解度，调节 pH 可改变蛋白质分子的表面电荷数，电荷数的改变，必然改变蛋白质在两相中的分配。另外 pH 影响磷酸盐的解离，改变 $H_2PO_4^-$ 和 HPO_4^{2-} 之间的比例，从而影响聚乙二醇-磷酸钾系统的相间电位和蛋白质的分配系数。对某些蛋白质，pH 的微小变化，会使蛋白质的分配系数改变 2～3 个数量级。

（5）温度　温度影响双组分系统的相图，因而影响蛋白质的分配系数。特别是在临界点附近，系统温度较小的变化，可以强烈影响临界点附近相的组成。当双水相系统离临界点足够远时，温度的影响很小。由于双水相系统中，成相聚合物对生物活性物质有稳定作用，常温下蛋白质不会失活或变性，活性效率依然很高。因此大规模双水相萃取一般在室温下操作，节约了冷却费用，同时室温下溶液黏度较低，有利于相分离。

4. 双水相萃取操作

（1）双水相体系组成选择　在选择双水相体系组成时，首先要考虑被分离物质在其中的分配系数，只有在较高分配系数的条件下，才能将目的物有效地分离出来。另外，要考虑经济性及对目标物质活性的影响。

（2）双水相体系的制备　确定体系组成后，将形成双水相的聚合物或盐溶解在水中，搅拌制备双水相。通过控制聚合物或盐的浓度来调整分配系数大小。在保证聚合物或盐浓度不变的情况下，通过调整水量、盐和聚合物量来实现双水相体积变化，以达到一定的萃取率。

（3）萃取　将原料液与双水相体系在搅拌下进行充分混合，一段时间后，静置分层，将目的相分离出来。

5. 双水相系统的应用实例

双水相萃取分离技术可用于多种生物物质的分离和纯化，多应用于蛋白质、酶、核酸、人生长激素、干扰素等的分离纯化，中草药有效成分的提取，双水相萃取分析等。它将传统的离心、沉淀等液-固分离转化为液-液分离，工业化的高效液-液分离设备为此奠定了基础。

（1）酶的提取和纯化　双水相的应用始于酶的提取。由于聚乙二醇-精葡聚糖体系太贵，而粗葡聚糖黏度又太大，目前研究和应用较多的是聚乙二醇-盐系统。如用 PEG 1000-磷酸盐组成的双水相系统，萃取葡萄糖-6-磷酸脱氢酶，料液中湿细胞含量可高达 30%，酶的提取率可达 91%。在萃取酶的双水相系统中，酶主要分配在上相，菌体在下相或界面上。如果条件选择合适，不仅可以从发酵液中提取酶，实现它与菌体的分离，而且还可以把各种酶加以分离纯化。

（2）β-干扰素的提取　由于双水相系统萃取操作条件温和，成相的聚合物对生物活性分子有保护作用，所以特别适用于 β-干扰素这些不稳定的，在超滤时易失活的蛋白质的提取和纯化。β-干扰素是合成纤维细胞或小鼠体内细胞的分泌物，培养基中总蛋白为 1g/L，而它的浓度仅为 0.1mg/L，用一般的聚乙二醇-葡聚糖体系，不能将 β-干扰素与主要蛋白分开，必须使用带电基团或亲和基团的聚乙二醇衍生物如 PEG-磷酸酯与盐的系统，才能使 β-干扰素分配在上相，杂蛋白完全分配在下相而得到分离，并且 β-干扰素浓度越高，分配系数越大，纯化系数甚至可高达 350。这一技术已用于 1×10^9 单位 β-干扰素的回收，收率达 97%，干扰素的活性 $\geqslant 1 \times 10^6$ 单位/mg 蛋白质。这一方法与色谱技术相结合，组成双水相萃取-色谱联合流程已成功用于生产。

（3）青霉素的提取　工艺见图 4-38。首先在发酵液中加入 8%（质量分数）的聚乙二醇（PEG 2000）和 20% 的硫酸铵进行萃取分相，青霉素富集于轻相，再用乙酸乙酯从轻相中萃取青霉素。双水相体系从发酵液中直接提取青霉素，工艺简单，收率高，避免了发酵液的过滤预处理和酸化操作；不会引起青霉素活性的降低；所需的有机溶剂量大大减少，特别是少了废液和废渣的排放量。

（4）中草药有效成分的提取　有文献报道，以聚乙二醇-磷酸氢二钾双水相系统萃取甘草

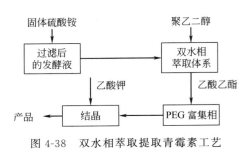

图 4-38　双水相萃取提取青霉素工艺

有效成分，在最佳条件下，分配系数达 12.80，收率达 98.3%。

用 PEG 6000-K_2HPO_4-H_2O 的双水相系统对黄芩苷和黄芩素进行萃取实验。由于黄芩苷和黄芩素都有一定憎水性，主要分配在富含聚乙二醇（PEG）的上相，两种物质分配系数最高可达 30 和 35，分配系数随温度升高而降低，且黄芩苷降幅比黄芩素大。

（5）生物活性物质的分析检测　双水相系统萃取技术已成功地应用于免疫分析，生物分子间相互作用的测定和细胞数的测定。以免疫分析为例，一般免疫分析是依靠抗体和抗原之间达到一定平衡来分析的，而双水相分析检测是根据分配系数的不同为基础进行分析。如强心药物羟基毛地黄毒苷的免疫测定，可用 ^{125}I 标记的黄毒苷与含有黄毒苷的血清样品混合，加入一定量的抗体，保温后加入双水相系统［7.5%（质量分数）PEG 4000，22.5%（质量分数）$MgSO_4$］分相后，抗体分配在下相，黄毒苷在上相，测定上相的放射性则可测定免疫效果。

（6）相转移生物转化反应　在双水相体系中，加入生物催化剂（细胞或酶）使其分配在某一项中，选择适当的反应条件，加入需参与反应的物质。物质与催化剂在同一相中，反应生成的产物进入另一相，可以实现生物反应-产物分离耦合。由于产物分配进入另一相，可以降低产物对反应的影响，有利促进反应向生成物方向进行。

6. 双水相萃取技术的进展

（1）廉价双水相体系的开发　常用的两种双水相体系即高聚物-高聚物和高聚物-盐体系，这两种体系各有其优缺点，见表 4-2 所示。

表 4-2　两种双水相体系的比较

体　系	优　点	缺　点
高聚物(PEG)-高聚物(Dextran)	盐浓度低,活性损失小	价格贵,黏度大,分相困难
高聚物(PEG)-盐	成本低,黏度小	盐浓度高,活性损失大,界面吸附多

从表 4-2 可见，高聚物-高聚物体系对活性物质变性作用小，界面吸附少，但价格高。因而寻找廉价的高聚物-高聚物双水相体系是双水相萃取技术应用的一个重要发展方向。目前比较成功的是用变性淀粉（hydroxypropyl derivative of starch，PPT）代替昂贵的 Dextran。PPT-PEG 体系已被用于从发酵液中分离过氧化氢酶、β-半乳糖苷酶等。PPT-PEG 体系比 PEG-盐体系稳定，和 PEG-Dextran 体系相图非常相似，并具有以下优点。

① 蛋白质溶解度大。蛋白质在 PPT 中浓度到 15% 以前没有沉淀，但在 PEG 浓度大于 5% 时，溶解度显著地减小，在盐溶液中的溶解度更小。

② 黏度小。PPT 的动力黏度只是粗 Dextran 的 1/2，因而可以大大改善传质效果。

③ 价格便宜。PPT 价格为每千克几十美元，而粗 Dextran 则要每千克几百美元，所以，PPT-PEG 双水相体系具有更广泛的应用前景。

（2）双水相萃取技术同其他分离技术结合

① 双水相萃取同膜分离技术结合　将膜分离同双水相萃取技术结合起来，可解决双水相体系容易乳化和生物大分子在两相界面的吸附等问题并能加快萃取速率。双水相萃取同膜分离结合的例子见表 4-3。

表 4-3 双水相萃取同膜分离结合例子

萃取物	内侧流体	外侧流体	分配系数	内侧流速 /(cm/s)	外侧流速 /(cm/s)	传质系数 /(cm/s)
细胞色素 C	磷酸盐	PEG	0.18	16.3	6.6	5.5×10^{-6}
肌红蛋白	磷酸盐	PEG	0.009	4.0	5.0	7.5×10^{-7}
过氧化氢酶	磷酸盐	PEG	0.12	16.3	5.0	2.8×10^{-5}
尿激酶	磷酸盐	PEG	0.65	16.3	5.0	2.0×10^{-4}

从表中可见，酶和蛋白质的分配系数较大，传质系数虽与传统溶剂萃取过程相差不大，在 $10^{-6} \sim 10^{-4}$ cm/s 范围内，但由于中空纤维膜传质面积大，因而大大地加快了萃取传质速率。

② 双水相萃取同亲和色谱相结合——亲和双水相 亲和双水相，即在 PEG 或 Dextran 上接上一定的亲和配基，这样不但使体系具有双水相处理量大的特点，而且具有亲和色谱专一性高的优点。近几年来亲和双水相发展极为迅速，仅在 PEG 上可接的配基就有十多种，分离纯化的物质达几十种，产物的分配系数成百上千倍地提高，如用磷酸酯 PEG-磷酸盐双水相体系萃取 β-干扰素，分配系数由原来的 1 左右提高到 630。

亲和双水相根据配基性质不同可分为三类：基团亲和配基型、染料亲和配基型与生物亲和配基型。

③ 双水相萃取与电泳技术相结合 电泳是指带电荷的胶体粒子在直流电场中移动的现象。电泳是一种新型的分离技术即在电场的作用下，分离和鉴定混合物中的带电粒子（离子、胶体粒子、高分子多电解质等）的技术。双水相电泳是双水相萃取技术与电泳的结合，是一种新型的分离技术。由于双水相具有生物相容性，所以双水相电泳技术为生物分子的成功分离提供了很好的方法。

二、超临界流体萃取

流体在超临界状态下，其密度接近液体，具有与液体溶剂相当的萃取能力；其黏度接近于气体，传递阻力小，传质速率大于其处于液态下的溶剂萃取速率。基于超临界流体的这种优良特性，自 20 世纪 70 年代以来，迅速发展为一门综合了精馏与液-液萃取两个单元操作的优点的独特的分离工艺。

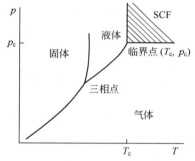

图 4-39 临界点附近的 p-T 相图

1. 超临界流体

每一种物质都有其特征的临界参数，在压力-温度相图上（图 4-39），称其为临界点。临界点对应的压力称为临界压力，用 p_c 表示，对应的温度称为临界温度，用 T_c 表示。不同的物质有不同的临界点。临界点是气体和液体转化的极限，饱和液体和饱和气体的差别消失。当温度和压力超过临界点值时，物质处于既不是液体也不是气体的超临界状态，称其为超临界流体（SCF）。常用的超临界流体有 CO_2、SO_2、NH_3、H_2O、CH_3OH、C_2H_5OH、C_2H_6、C_3H_8、C_4H_{10}、C_5H_{12}、C_2H_4、$CClF_3$ 等，其临界参数数据见表 4-4。

表 4-4 某些萃取剂超临界物性

名称	临界温度 /℃	临界压力 /MPa	临界密度 /(g/cm³)	名称	临界温度 /℃	临界压力 /MPa	临界密度 /(g/cm³)
乙烷	32.3	4.88	0.203	二氧化碳	31.3	7.38	0.460
丙烷	96.9	4.26	0.220	苯	288.9	49.5	0.302
丁烷	152.0	3.8	0.228	甲苯	318.5	41.6	2.292
戊烷	296.7	3.38	0.232	二氧化硫	157.6	7.88	0.525
乙烯	9.9	5.12	0.227	氨	132.4	11.28	0.236

作为萃取剂的超临界流体必须具备以下条件：

① 萃取剂需具有化学稳定性，对设备没有腐蚀性；

② 临界温度不能太低或太高，最好在室温附近或操作温度附近；

③ 操作温度应低于被萃取溶质的分解温度或变质温度；

④ 临界压力不能太高，可节约压缩动力费；

⑤ 选择性要好，容易得到高纯度制品；

⑥ 溶解度要高，可以减少溶剂的循环量，萃取剂要容易获取，价格要便宜。

超临界萃取中应用最多的是 CO_2。CO_2 的临界温度 31.3℃，接近于室温，临界压力为 7.38MPa，处于中等压力，目前工业水平易于达到，并且无毒，无味，性质稳定，不燃，不腐蚀，易于精制，易于回收。

2. 超临界萃取原理

溶质在一种溶剂中的溶解度取决于两种分子间的作用力，这种溶剂溶质之间的作用力随着分子靠近而强烈的增加，分子间作用力越大，溶剂的溶解度越大。超临界流体的密度越接近液体的密度，因此对溶质的溶解能力与液体基本相同。压力越大，超临界流体的密度越大，对溶质的溶解度也就越大，随着压力的降低，超临界流体的密度减小，溶解度急剧减小。所以改变压力就可以把样品中的不同组分按在流体中溶解度的大小，先后萃取出来。在低压下弱极性的物质先萃取；随着压力的增加，极性较大和大分子量的物质后萃取出来，所以超临界流体在萃取的同时还可以起到分离的作用。表 4-5 列出了在超临界乙烯中溶质溶解度理论值与实测值。

表 4-5　超临界乙烯中溶质溶解度的比较（19.5℃）

溶质名称	压力/MPa	蒸气压/Pa	溶解度(质量分数/%)	
			计算值	实测值
癸酸	8.274	0.040	$3.3×10^{-10}$	2.8
十六烷	7.516	0.227	$2.1×10^{-7}$	29.3
己醇	7.930	91.992	$7.9×10^{-4}$	9.0

由此可见，在保持温度恒定条件下，通过调节压力来控制超临界流体的萃取能力或保持密度不变改变温度来提高其萃取能力。

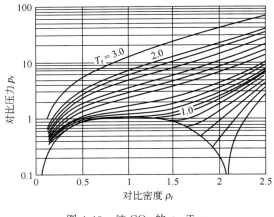

图 4-40　纯 CO_2 的 p_r-T_r-ρ_r 图

从 CO_2 的 p_r-T_r-ρ_r 图（图 4-40）上可以看出，流体在临界区域附近，压力和温度的微小变化，会引起流体密度的大幅度变化，而非挥发性溶质在超临界流体中的溶解度大致和流体的密度成正比，保持温度恒定，增大压力，流体密度增大，对溶质的萃取能力增强；保持压力恒定，提高温度，流体密度相对减小，对溶质的萃取能力降低，使萃取剂与溶质分离。超临界流体萃取正是利用了这种特性，通过改变温度或压力来改变超临界流体密度，从而改变流体对物质的溶解能力，最终实现物质的分离。另外，有时为促进某些物质溶解，可在超临界流体中加入夹带剂或增溶剂。如水、某些低分子量醇或酮等。

超临界流体的密度与液体基本相同，而其黏度比液体小 $10\sim100$ 倍，其自扩散系数远大于液体的自扩散系数，可以迅速渗透到物体的内部溶解目标物质，快速达到萃取平衡。因此在固体内提取有效成分时，用超临界流体作为萃取剂远优于液体。

3. 影响超临界流体萃取的因素

（1）超临界流体的性质　不同的超临界流体对溶质具有不同的溶解能力，在超临界流体萃取操作中，溶剂的选择很重要。一般要求超临界状态下的流体具有：①较高的溶解能力，且有一定的亲水、亲油平衡；②能容易与溶质分离，无残留，不影响溶质品质；③化学性质稳定，无毒无腐蚀性；④纯度高；⑤来源丰富，价格便宜。选择不同的超临界流体，具有不同的萃取效果。

（2）操作条件的影响　压力大小是影响流体溶解能力的关键因素之一。例如当压力小于7MPa 时，萘在 CO_2 中的溶解度极小，当压力升至 25MPa 时，其溶解度可达 $70g/L$。由超临界流体特性可知，在临界点附近，压力增加，溶解度会有显著的增大。因此，压力一般控制在临界点附近。

温度对超临界流体萃取过程的影响比较复杂。一方面是温度升高，流体密度降低，溶解能力下降；另一方面是温度升高，溶质的溶解度增大。因此，选择合适的超临界流体萃取温度非常重要。

（3）夹带剂的影响　大量试验研究表明，在超临界流体中加入少量的第二溶剂，可以大大提高其溶解能力，这种第二组分溶剂称为夹带剂，也称为提携剂、共溶剂或修饰剂。一般情况下，溶解度随夹带剂加入量的增加而增加；另外，夹带剂的加入使压力对溶解度的影响幅度增大，有利于萃取分离的进行。

夹带剂一般选用挥发度介于超临界流体和被萃取溶质之间的溶剂，多为液体溶剂，加入量一般为 $1\%\sim5\%$。如甲醇、乙醇、丙酮、乙酸乙酯等溶解性能较好的溶剂，均是较好的夹带剂。

4. 超临界流体萃取过程

超临界流体萃取过程基本上是由萃取阶段与分离阶段所组成的。如图 4-41 所示。

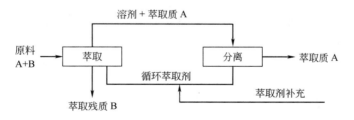

图 4-41　超临界流体萃取基本过程

分离方法基本上可分为下列三种。

（1）依靠压力变化萃取分离法（等温法、绝热法）　在一定温度下，使超临界流体和溶质减压，经膨胀、分离，溶质经分离槽下部取出，气体经压缩机返回萃取槽循环使用。

（2）依靠温度变化的萃取分离法（等压法）　经加热、升温使气体和溶质分离，从分离槽下部取出萃取物，气体经冷却、压缩后返回萃取槽循环使用。

（3）用吸附剂进行萃取分离法（吸附法）　在分离槽中，经萃取出的溶质被吸附剂吸附，气体经压缩后返回萃取槽循环使用。图 4-42 给出了超临界流体萃取分离过程的三种典型流程。其中（a）、（b）两种流程主要用于萃取相中的溶质为需要的精致产品的场合，（c）种流程则适用于萃取质为需要除去的有害成分、而萃取槽中留下的萃余物为所需要的提纯组分这种场合。

还有一种分离方法是添加惰性气体的等压分离法。在超临界流体中加入 N_2、Ar 等惰性气

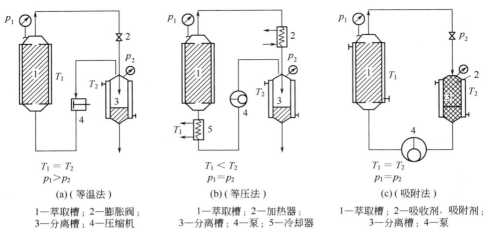

$T_1 = T_2$
$p_1 > p_2$

(a)（等温法）

1—萃取槽；2—膨胀阀；
3—分离槽；4—压缩机

$T_1 < T_2$
$p_1 = p_2$

(b)（等压法）

1—萃取槽；2—加热器；
3—分离槽；4—泵；5—冷却器

$T_1 = T_2$
$p_1 = p_2$

(c)（吸附法）

1—萃取槽；2—吸收剂，吸附剂；
3—分离槽；4—泵

图 4-42　超临界萃取典型工艺流程

体，可以改变物质的溶解度，如图 4-43 所示，在超临界 CO_2 中加入 N_2，使咖啡因在 CO_2 中的溶解度显著下降。根据这一原理建立起来的超临界流体萃取过程叫做添加惰性气体的分离法流程。此流程的操作都在等温等压下进行，故能耗低。但关键是必须有使超临界流体与惰性气体分离的简便方法。

5. 固体物料的超临界流体萃取系统

在超临界流体萃取研究中面临的大部分萃取对象是固体物料，而且多数用容器型萃取器进行间歇式提取。

（1）高压索氏提取设备　图 4-44 所示的是一种简单的用液态 CO_2 萃取固体物料的装备。该装备将一只玻璃索氏提取器装入一只高压腔内，适量的 CO_2 以干冰的形式被放入高压容器

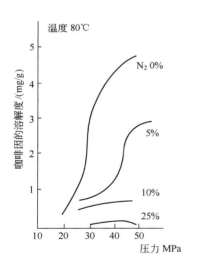

图 4-43　在超临界气体中加入惰性气体

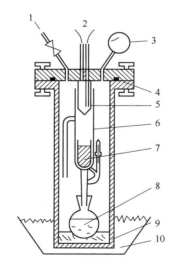

图 4-44　高压索氏提取器

1—截止阀；2—冷却；3—压力表；4—"O"形环；
5—冷凝器；6—玻璃索氏提取器；7—样品；
8—沸腾的液态 CO_2；9—传热盘；
10—加热水浴

的下部。随后封盖，并被放入加热水浴。干冰蒸发，压力增加，并达到 CO_2 液化的值，该值

由容器顶部冷凝器的温度来确定。例如，温度为 15℃时，则可以获得 5.1MPa 的压力。被冷凝器液化的萃取溶剂会滴入索氏提取器，并在套管内萃取样品。萃取过程中，萃取物在圆底瓶中保持沸腾的液态 CO_2 中，逐渐被浓缩。萃取结束后，气体通过一只阀减压释放，打开高压容器，从圆底瓶中取出萃取物。

　　该设备仅限于少量样品的液态 CO_2 萃取，被用于样品分析。设备的改进几乎是不可能的，因为萃取条件仅仅依靠冷凝器的温度变化，作非常有限的改变。除了 CO_2 之外，其他气体的使用，也仅仅限于在 10MPa 下 0～20℃温度范围内能液化的气体。在此情况下，设备也需要用液化的气体填装。

　　（2）普通的间歇式萃取系统　普通的间歇式萃取系统是固体物料最常用的萃取系统。这种系统结构最简单，一般由一只萃取釜、一只或两只分离釜构成，有时还有一只精馏柱。图 4-45 示出了最基本的几种形式。

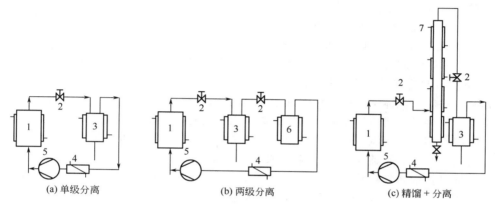

(a) 单级分离　　　　　(b) 两级分离　　　　　(c) 精馏＋分离

图 4-45　几种典型的间歇式萃取系统

1—萃取釜；2—减压阀；3，6—分离釜；4—换热器；5—压缩机；7—精馏柱

　　（3）半连续式萃取系统　半连续式萃取系统是由多个萃取釜串联的萃取流程。目前，在萃取条件下向高压釜输入和送出固体原料，完成连续萃取是非常困难的。相反，若将萃取体积方便地分解到几个高压釜中，从而批处理就变得类似于一个地道的逆流萃取，如图 4-46 所示。4 个萃取釜依次相连。当萃取釜 1 萃取完后，通过阀的开关，它将脱离循环，其压力被释放，重新装料，再次进入循环，这样则又成为系列中最后一只萃取釜被气体穿过（虚线）。在该程序中，各阀必须同时操作。这可以依靠气动简单地完成操作控制。图 4-47 所示是另一种半连续萃取流程。该流程的特点是依靠从压缩机出来的压缩气体过剩的热量，来加热从萃取釜出来携带有萃取物的 CO_2，使 CO_2 释放出萃取物，进入下一个循环。

　　（4）连续式萃取系统　在设计高压萃取系统的固体连续进料装置时，应考虑如下两个方面的因素：a. 设备的性能价值比；b. 固体受压后性质的变化。目前，已应用的固体连续进料装置基本上用固体通过不同压力室的半连续加料以及螺旋挤出方式，这种气锁式或挤出式加料系统按固体在其中的性质可分为三类。

　　① 原料形状不发生变化的固体连续加料系统　如咖啡豆脱除咖啡因时，要求保持咖啡豆颗粒的完整性。可采用处于不同压力条件下的移动式或固定式压力室进行批式装料。当气锁室是固定式且有固定体积时，可用锥形阀、球阀等来实现系统的密封。该装置的缺点是半连续操作、气锁系统有气体损失、会引起压力波动，优点是制造简单、处理量大。

　　② 原料形状发生变化的固体连续加料系统　如油籽脱油和啤酒花提取浸膏等。因为，固体物料在压力作用下会发生变形，其自身起到了密封的作用。当物料受压通过一筛板形成小颗

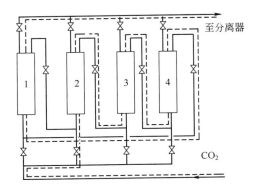

图 4-46　多釜逆流萃取流程

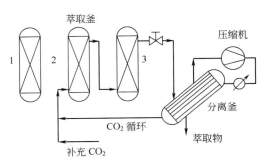

图 4-47　固体物料的半连续萃取工艺流程

粒密封时效果更佳。与轴向压缩进料不同的另一种连续进料设备是螺旋挤出机（图 4-48）。在油籽萃取中，该装置不仅起到预脱油的作用，而且密封和输送效果都比较好。

③ 悬浮液加料系统　可考虑使用机械位移泵，如柱塞泵或隔膜泵等适于悬浮液输送的设备。由于摩擦和密封问题的存在，用流体置换代替机械置换是可选的方法之一。

6. 液体物料的超临界流体萃取系统

液体物料超临界流体萃取系统从构成上讲与固体物料超临界萃取系统大致相同。但对于连续进料而言，在溶剂和溶质的流向、操作参数、内部结构等方面有不同之处。

（1）按溶剂和溶质的流向分类　按照溶剂和溶质的流向不同，液体物料的超临界流体萃取流程可分为逆流萃取、顺流萃取和混流萃取。一般情况下，溶剂都是从柱式萃取釜的底部进料。逆流萃取是指液体物料从萃取釜的顶部进入，顺流萃取是指从底部进入，混流萃取是指从中部进入。图 4-49 是早期 Schultz 等提出的一种逆流萃取系统。近几年，也出现了不少逆流萃取的研究。

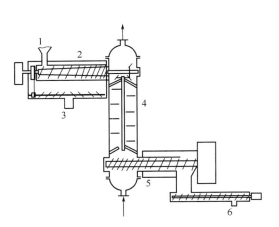

图 4-48　固体连续加料装置

1—油籽进口；2—螺旋加料器；3—挤出油出口；

4—夹套式萃取器；5—螺旋卸料器；

6—油饼出口

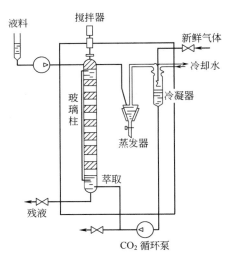

图 4-49　多级液-液萃取流程

（2）按操作参数的不同分类　由于温度对溶质在超临界流体中的溶解度有较大的影响，在这种情况下，可在柱式萃取釜的轴向设置温度梯度。所以按照操作参数的不同可分为等温柱和非等温柱操作。不过，许多情况在萃取釜的后面装设精馏柱，精馏柱也设有轴向温度梯度，这是为了实现精确分离。不过精馏柱相对后面的分离器而言就是一只柱式萃取釜。

（3）按柱式萃取釜内部结构的不同分类　为了使液料与溶质充分接触，一般需在柱式萃取釜中装入填料，这时称为填料柱。有时不装填料，而使用塔板（盘），则构成塔板（盘）柱。在目前已有的液体物料的超临界流体萃取流程中，大部分使用的是填料柱。在填料柱中填料的种类是影响分离效果的重要因素。

图 4-50 是吉卡特·帕特等发明的一种用于液体原料超临界流体逆流萃取的柱式萃取器。萃取器内装有一组多孔塔盘，从塔顶部供给较重的待萃取的液体混合物，在逆向流动状态下进

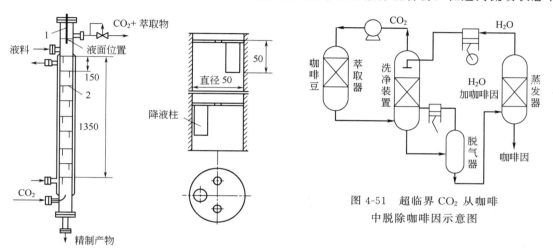

图 4-50　装有多孔塔盘的液相
原料萃取系统及塔盘结构
1—电容传感器；2—塔盘

图 4-51　超临界 CO_2 从咖啡
中脱除咖啡因示意图

行萃取。多孔盘依靠薄壁管状的间隔元件使其位置保持不变，这种间隔元件的外径比构成萃取塔的管内径稍小。所有的塔盘都是相同的，并且是交替旋转 180°安装。塔顶的电容传感器用于液面位置的控制。萃取时，液料沿着降液管连续向下流动，分散相通过塔盘孔自下而上流动。在这种条件下，分散相分割液料成为气泡并在相邻塔盘下的区域内再次形成连续相。为了保持超临界流体的鼓泡效应，孔下液柱的高度应该保持一定值。超临界流体经历多次液料接触，大大强化了传质过程。

7. 超临界流体的应用实例

（1）用超临界 CO_2 从咖啡中脱除咖啡因　超临界 CO_2 可以有选择性地直接从原料中萃取咖啡因而不失其芳香味。具体过程为将绿咖啡豆预先用水浸泡增湿，用 $70\sim90℃$，$16\sim22MPa$ 的超临界 CO_2（这时 $\rho_{CO_2}\approx0.4\sim0.65g/cm^3$）进行萃取，咖啡因从豆中向流体相扩散然后随 CO_2 一起进入水洗塔，用 $70\sim90℃$ 水洗涤，约 10h 后，所有的咖啡因都被水吸收；该水经脱气后进入蒸馏器回收咖啡因。CO_2 可循环使用。通过萃取，咖啡豆中的咖啡因可以从原来的 $0.7\%\sim3\%$ 下降到 0.02% 以下，具体工艺流程见图 4-51。

（2）用超临界 CO_2 萃取啤酒花　超临界 CO_2 萃取啤酒花的主要理论依据是它在液体 CO_2 中的溶解度随着温度强烈地变化。具体的工艺流程图见图 4-52。首先将非极性的液体 CO_2 泵入装有含酒花软树脂的柱 1 或柱 2 中，CO_2 压力控制在 $5.8MPa$ 并预冷到 $7℃$，使 α-酸萃取率达到最大；接着，萃取液体进入蒸发器中（分离器），CO_2 在 $40℃$ 左右蒸发，非挥发性物质在蒸发器底部沉积，CO_2 气流用活性炭吸附的办法去污并增压后重新用于萃取，每次循环损耗

小于1%。

（3）超临界萃取尼古丁　与啤酒花萃取不同，在烟草处理过程中，所需的是经处理后的萃余物——烟草，而尼古丁萃取物是次要的东西。

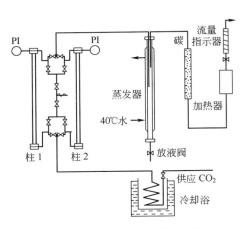

图4-52　超临界 CO_2 萃取啤酒花
的工艺流程

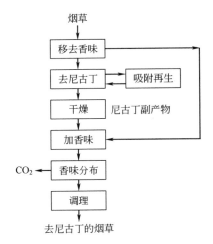

图4-53　超临界 CO_2
多级萃取尼古丁示意图

尼古丁超临界流体萃取分单级和多级过程。单级工艺流程中水含量约定俗成5%，温度控制在68～133℃，压力为30MPa。萃取后的烟草经干燥后进一步加工处理，萃取物——尼古丁可通过减压升温或吸附等方法进行分离。单级萃取的缺点是不利于保留烟草香味。多级萃取工艺流程见图4-53。第一级中，CO_2 有选择地将香味从新鲜烟草中移去，加入到已脱除尼古丁和香味的烟草中去。第二级中将烟草增湿，在等温等压的循环操作中脱除尼古丁。第三级中，通过反复溶解和沉淀，将香味均匀分布在烟草中。经这样萃取后的烟草，尼古丁含量可降低95%左右。

由于超临界流体萃取毒性小、温度低、溶解性能好，非常适合生化产品的分离和提取，近年来在生化工程上的应用研究愈来愈多，如超大型临界 CO_2 萃取氨基酸，从单细胞蛋白的游离物中提取脂类，从微生物发酵的干物质中萃取 γ-亚麻酸，用超临界 CO_2 萃取发酵法生产的乙醇，以及各种抗生素的超临界流体干燥，脱除丙酮、甲醇等有机溶剂，避免产品的药性降低等。可以预料，在不久的将来超临界流体萃取技术一定会取得越来越多的可喜成果。

三、反胶团萃取

反胶团萃取是利用表面活性剂在有机相中形成分散的亲水微环境，使蛋白质类生物活性物质溶解于其中的一种生物分离技术。其本质仍是液-液有机溶剂萃取。许多生物分子如蛋白质是亲水憎油的，一般仅微溶于有机溶剂，而且如果使蛋白质直接与有机溶剂相接触，往往会导致蛋白质的变性失活，因此萃取过程中所用的有机溶剂必须既能溶解蛋白质又能与水分层，同时不破坏蛋白质的生物活性。反胶团萃取技术正是适应上述需要而出现的。

1. 反胶团

将表面活性剂溶于水中，当其浓度达到一定值后，表面活性剂就会在水溶液中形成聚集体，称为胶团。表面活性剂在水溶液中形成胶团的最低浓度称为临界胶团浓度（CMC）。由于表面活性剂是由亲水憎油的极性基团和亲油憎水的非极性基团组成的两性分子，在水溶液中，当表面活性剂的浓度超过临界胶团浓度时，其亲水憎油的极性基团向外与水相接触，亲油憎水的非极性基团向内，形成非极性核心，此核心可溶解非极性物质，这种聚集体，就是胶团。而在有机溶剂中加入表面活性剂，当其浓度超过临界胶团浓度时，形成聚集体，称为反胶团。在反胶团中，表面活性剂亲油憎水基向外，亲水憎油基向内，形成一个极性核，此极性核具有溶解极性物质的能力。因此，有机物中的反胶团可溶解水。反胶团中溶解的水通常称为微水相或"水池"。当含有此种反胶团的有机溶剂与蛋白质的水溶液接触后，蛋白质及其他亲水物质能通过螯合作用进入"水池"。由于水层和极性基团的存在，为生物分子提供了适宜的亲水微环境，保持了蛋白质的天然构型，不会造成失活。蛋白质在反胶团中的溶解示意图见图 4-54。

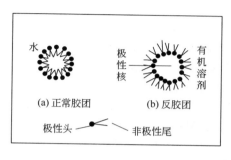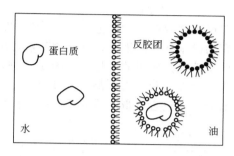

图 4-54　蛋白质在反胶团中的溶解示意图

胶团或反胶团的形成均是表面活性剂分子自聚集的结果，是热力学稳定体系。当表面活性剂在有机相中形成反胶团时，水在有机溶剂中的溶解度随表面活性剂的浓度增大而呈线性增大，因此可通过测定有机相中平衡水浓度的变化，确定形成反胶团的最低表面活性剂浓度（CMC）。低于此值则不能形成胶团。这个数值可随温度、压力、溶剂和表面活性剂的化学结构而改变，一般为 0.1～1.0mmol/L。

反胶团通常为球形，也有人认为是椭球形或棒形。对于球形反胶团，其内水池的半径可表示为：

$$R=\frac{3W_0 M}{\alpha_{au} N\rho} \tag{4-26}$$

式中　R——反胶团内水池半径；

W_0——有机相中水与表面活性剂的摩尔比，称为含水率；

M，ρ——相对分子质量和密度；

α_{au}——界面处一个表面活性剂分子的面积；

N——阿伏加德罗常数。

反胶团的半径一般为 10～100nm。其大小与溶剂和表面活性剂的种类与浓度、温度、离子强度等因素有关。

在反胶团萃取蛋白质的研究中，常用的是阴离子表面活性剂丁二酸二异辛酯磺酸钠（AOT），其结构式如图 4-55 所示。由于 AOT 具有双键，极性基团较小，形成反胶团时不需加入助表面活性剂，形成的反胶团较大，有利于大分子的进入。除 AOT 外，还有 DOLPA（二油基磷酸）。常用的阳离子表面活性剂有：十六烷基三甲基溴化铵（CTAB）、十二烷基二甲基溴化铵（DDAB）、氯化三辛基甲烷（TOMAC）、十二烷基丙酸铵（DAP）等。

反胶团不是刚性球体，而是热力学稳定体系。在有机相中反胶团以非常高的速度生长和破灭，不停地交换其构成分子，因此反胶团萃取平衡同样是动态平衡。

图 4-55　AOT 的结构式

反胶团系统中的水通常可分为两部分，即结合水和自由水。结合水是指位于反胶团内部形成水池的那部分水，自由水为存在于水相中的那部分水。当反胶团的含水率 W_0 较低时，结合水与自由水的理化性质相差很大。例如以 AOT 为表面活性剂，当 W_0 小于 $6\sim8$ 时，反胶团微水相的水分子受表面活性剂亲水基团的强烈束缚，表观黏度上升 50 倍，疏水性也极高。随着 W_0 的增大，这些现象逐渐减弱，当 $W_0 > 16$ 时，结合水与自由水接近，反胶团内可形成双电层。但即使当 W_0 很大时，结合水的理化性质也不可能与自由水完全相同，特别是接近表面活性剂亲水头的区域内。

2. 反胶团萃取原理

由于反胶团内存在"水池"，故可溶解肽、蛋白质和氨基酸等生物分子，为生物分子提供易于生存的微水环境。因此，反胶团萃取可用于蛋白质类生物大分子的分离纯化。

反胶团萃取蛋白质的过程，如图 4-56 所示，主要发生在有机相和水相界面间的表面活性剂层。表面活性剂和蛋白质都是带电分子，表面活性剂层在邻近的蛋白质作用下变形；接着在两相界面形成了包含有蛋白质的反胶团；然后反胶团扩散进入有机相，从而实现了蛋白质的萃取。如果将得到的萃取液再与水相接触，通过改变水相的 pH、离子种类或强度等条件，又可使蛋白质由有机相重新返回水相，实现反萃取过程。

蛋白质在反胶团内的溶解情况，可用"水壳"模型解释：大分子的蛋白质位于"水池"中心，周围存在的水层将其与胶团内壁（表面活性剂）隔开，从而使蛋白质分子不与有机溶剂直接接触。该模型较好地解释了蛋白质在反胶团内的状况。

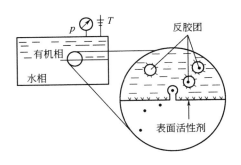

图 4-56　反胶团萃取蛋白质示意

蛋白质溶解于 AOT 等离子型表面活性剂形成的反胶团的主要推动力是静电相互作用。阴离子表面活性剂如 AOT 形成的反胶团内表面带负电荷，阳离子表面活性剂如 TOMAC 形成的反胶团表面带正电荷。当水相 pH 偏离蛋白质等电点（用 pI 表示），pH < pI，蛋白质带正电荷；pH > pI，蛋白质带负电荷。溶质所带电荷与表面活性剂相反时，由于静电引力的作用，溶质易溶于反胶团，溶解率或分配系数较大。如果溶质所带电荷与表面活性剂相同，则不能溶解到反胶团中。根据不同蛋白质在 AOT 中的溶解度实验，在等电点附近，当 pH < pI，即在蛋白质带正电荷的范围内，蛋白质在反胶团中的溶解率接近 100%，说明静电相互作用对反胶团萃取起决定性作用。

此外，反胶团与蛋白质等生物分子间的空间相互作用对蛋白质的溶解率也有重要影响。亲水性物质如蛋白质、核酸和氨基酸等，都可以通过溶入反胶团"水池"来达到它们溶于非水溶剂中的目的。反胶团"水池"直径的大小，直接影响蛋白质的萃取率。从球形反胶团半径计算公式可知，随着 W_0 的降低，反胶团半径减小。分子量大的蛋白质分子进入反胶团时就受到排斥，致使蛋白质的萃取率减小。利用这一特性，通过改变有机相与水相的摩尔比，调节反胶团"水池"的大小形状，就可以对不同分子量的蛋白质利用反胶团萃取实现选择性分离。

综上所述，由于蛋白质与表面活性剂均带有电荷，根据异性电荷相互吸引的原理，反胶团可以对蛋白质进行选择性萃取，改变条件可以改变蛋白质的荷电情况，从而改变选择性和萃取效率。另外，调节水相与有机相的比例可调节反胶团的大小，也可以实现对不同大小的蛋白质进行选择性萃取，特别是对分子量大小相差较悬殊的蛋白质的分离更加适用。

3. 反胶团体系分类

（1）单一表面活性剂反胶团体系　使用单一的表面活性剂（阴离子或阳离子表面活性剂）

构成的反胶团体系。如 AOT 构成的反胶团体系，反胶团体积相对较大，适用于等电点较高的较小分子量蛋白质的分离。

（2）混合表面活性剂反胶团体系　使用两种或两种以上表面活性剂构成的反胶团体系。一般来说，混合表面活性剂反胶团体系对蛋白质有更高的分离效率。例如将 AOT 与 D2EHPA（二-2-乙基己基磷酸）构成的混合体系，可萃取分子量较大的牛血红蛋白，萃取率达 80%。

（3）亲和反胶团体系　加有亲和特性助剂的反胶团体系。由于亲和配基与目标蛋白质有特异的结合能力，往往极少量的亲和配基的加入就会使萃取蛋白质的选择性大大提高。如以一种三嗪蓝染料 CB（Cibacron 3GA）为亲和配基，极少量加入 CTAB 体系后，可以萃取原来不被萃取的牛血清蛋白。

4. 影响反胶团萃取蛋白质的主要因素

反胶团萃取蛋白质，与反胶团内表面电荷与蛋白质的表面电荷间的静电作用，以及反胶团的大小有关。任何可以增强静电作用或导致形成较大的反胶团的因素，都有助于蛋白质的萃取。表 4-6 列出了影响反胶团萃取蛋白质的主要因素。

通过对影响因素进行系统的研究，确定最佳工作条件，就可得到合适的蛋白质萃取率，从而达到分离纯化的目的。

表 4-6　影响反胶团萃取蛋白质的主要因素

与反胶团有关的因素	与水相关的因素	与目标蛋白质有关因素	与环境有关因素
表面活性剂的种类	pH	蛋白质的等电点	系统的温度
表面活性剂的浓度	离子的种类	蛋白质的大小及疏水性	系统的压力
有机溶剂种类	离子的强度	蛋白质的浓度	
助表面活性剂及其浓度		蛋白质表面电荷分布	

下面对影响反胶团萃取的主要因素进行讨论。

（1）水相 pH 对萃取的影响　蛋白质溶入反胶团的推动力是静电引力，只有当蛋白质所带电荷与表面活性剂所带电荷相反时，才会有静电吸引使蛋白质进入反胶团，而决定蛋白表面电荷的状态是水相的 pH。$pH < pI$ 时，蛋白质带正电荷；$pH = pI$ 时，蛋白质不带电荷；$pH > pI$ 时，蛋白质带负电荷。因此，水相的 pH 是影响反胶团萃取的最主要因素。在 AOT 等于 50mmol/L 的溶液中，pH 对细胞色素 C、溶菌酶、核糖核酸酶 a 三种蛋白质反胶团影响见图 4-57。

由图可见，在等电点附近，蛋白质溶解率急剧变化，当 $pH < pI$，即在带正电荷的范围内，蛋白质溶解率接近 100%。当 pH 很低时，细胞色素 C 和溶菌酶的溶解率急剧下降。可能是水相中溶解的微量 AOT 与蛋白质发生静电和疏水作用形成缔合体，引起蛋白质变性，不能正常溶解在反胶团中。

（2）离子的种类和强度的影响　反胶团相接触的水溶液离子强度以几种不同方式影响着蛋白质的分配。①随着离子强度（即盐浓度）增大后，反胶团内表面的双电层变薄，减弱了蛋白质与反胶团内表面之间静电吸引，从而减少蛋白质的溶解度；②离子强度增大，也减弱了表面活性剂极性基团之间的斥力，使反胶团变小，使大分子进入胶团的阻力增大；③离子强度增大后，增大了离子向反胶团内"水池"的迁移并取代其中蛋白质的倾向，蛋白质从反胶团内再被盐析出来。离子强度（KCl 浓度）对萃取核糖核酸酶 a、细胞色素 C 和溶菌酶的影响见图4-58。由图可知，在较低的 KCl 浓度下，蛋白质几乎全部被萃取；当 KCl 浓度高于一定值时，萃取率就开始下降，直至几乎为零。当然，不同蛋白质开始下降时的 KCl 浓度是不同的。

（3）表面活性剂的种类和浓度的影响　阴离子表面活性剂、阳离子表面活性剂和非离子表面活性剂都可用于形成反胶团，关键是应从反胶团萃取蛋白质的机理出发，选用有利于增强蛋

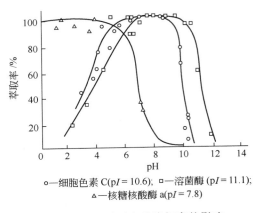

○—细胞色素 C(pI = 10.6)；□—溶菌酶 (pI = 11.1)；
△—核糖核酸酶 a(pI = 7.8)

图 4-57　pH 对蛋白质溶解率的影响

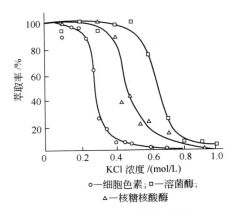

○—细胞色素；□—溶菌酶；
△—核糖核酸酶

图 4-58　离子强度对蛋白质萃取率影响

白质表面电荷与反胶团内表面电荷间的静电作用和增加反胶团大小的表面活性剂。这些表面活性剂所形成的反胶团内表面带有负电荷或正电荷。因此当水相 pH 偏离蛋白质的等电点时，由于溶剂带正电荷或负电荷，与表面活性剂发生强烈的静电相互作用，影响溶质在反胶团相的溶解率，即在两相间的分配系数。理论上，当溶质所带电荷与表面活性剂相反时，由于静电引力的作用，溶质易溶于反胶团，溶解率或分配系数较大，反之则不能溶解到反胶团相中。除此以外，还应考虑形成反胶团变大（由于蛋白质的进入）所需的能量的大小以及反胶团表面的电荷密度等因素，这些都会对萃取产生影响。

增大表面活性剂的浓度可增加反胶团的数量，从而增大对蛋白质的溶解能力。但表面活性剂浓度过高时，有可能在溶液中形成比较复杂的聚集体，同时会增加对反萃取过程的难度。某些蛋白质还存在一个表面活性剂的临界浓度，高于或低于此浓度都会引起萃取率的降低。

（4）溶剂体系的影响　溶剂的性质，尤其是极性，对反胶团的形成、大小都有很大的影响。常用的溶剂有烷烃类（正己烷、环己烷、正辛烷、异辛烷、正十二烷等）、四氯化碳、氯仿等。有时也添加助溶剂。如醇类（正丁醇等）来调节溶剂体系的极性，改变反胶团的大小，增加蛋白质的溶解度。

（5）温度的影响　温度的变化对反胶团系统中的物理化学性质有激烈的影响，提高温度能够提高蛋白质在有机相的溶解度。例如增加温度可使 α-胰凝乳蛋白酶和胰增血糖素进入 NH_4^+-氯仿相，并在转移率上分别增加 50% 和 100%。

5. 反胶团技术操作方法

形成含有蛋白质反胶团的方法有三种。

（1）相转移法　将含有蛋白质的水溶液与含有表面活性剂的有机溶剂接触，在缓慢搅拌下，部分蛋白质移入有机相中，直到萃取达到平衡状态。

（2）溶解法　对于水不溶性蛋白质，将含水的反相微胶团有机溶剂与蛋白质固体粉末一起搅拌，形成含蛋白质的反胶团。

（3）注入法　向含有表面活性剂的有机相中注入含蛋白质的水溶液。

6. 反胶团萃取蛋白质工艺过程

用反胶团萃取法从水溶液中分离蛋白质包括两个过程：首先是目标蛋白质从水相选择性地进入有机相的反胶团中；第二过程是用适当水溶液再将有机相的反胶团中蛋白质反萃取到水相。萃取操作可用传统的液-液萃取设备：混合-澄清槽、萃取塔与离心萃取器。如利用混合-澄清槽进行萃取；首先，含蛋白质的水溶液与含有反胶团的有机溶液进行搅拌混合，一段时间后送入澄清槽静置分层，分出含有反胶团的有机相，弃去水相；其次；将含反胶团的有机相再与水溶液进行搅拌混合，一段时间后再送入澄清槽进行静置分层，得含蛋白质的水相，含有反胶团有机相循环利用。

图 4-59 是多步间歇混合/澄清萃取过程，采用反胶团萃取分离核糖核酸酶 a、细胞色素 C 和溶菌酶等三种蛋白质。在 pH9 时，核糖核酸酶的溶解度很小，保留在水相而与其他两种蛋白质分离；相分离得到的反胶团相（含细胞色素 C 和溶菌酶）与 0.5mol/L 的 KCl 水溶液接触后，细胞色素 C 被反萃到水相，而溶菌酶保留在反胶团相。此后，含有溶菌酶的反胶团相与 2.0mol/L KCl，pH 为 11.5 的水相接触，将溶菌酶反萃回收到水相中。

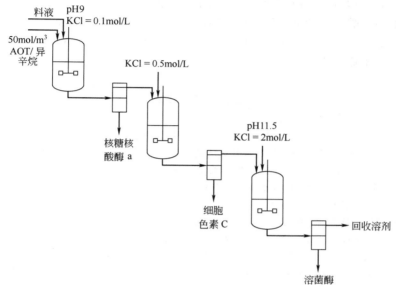

图 4-59　反胶团萃取过程

知识拓展

浊点萃取

浊点萃取是一种利用表面活性剂溶液的增溶和浊点现象实现溶质分离和富集的相分离技术。增溶作用是指表面活性剂在水溶液中浓度达到临界胶束浓度（CMC）而形成胶束后，能使不溶或微溶于水的有机物溶解度显著增大，形成澄清透明的溶液的现象。浊点现象是指通过改变试验参数：如溶液的温度等，引起表面活性剂在溶液中溶解度减小，出现混浊、析出、分层的现象。出现浊点的溶液经静置或离心分成二液相，一相为量少且含有较多被萃取物的表面活性剂相，另一相为量大且表面活性剂浓度处于 CMC 的水相。与传统的液液萃取相比，浊点萃取法不使用挥发性有机溶剂，不污染环境，具有环保、简便、高效、经济、安全等优点。

微波萃取

微波萃取是使用微波及合适的溶剂，在微波反应器中从固体物质中提取有效成分的过程。其提取机理是利用微波快速加热的特性，并结合传统溶剂提取法而形成的一种针对固体样品成分提取的新萃取技术。微波萃取具有以下特点：①瞬间产生高温，浸提时间短；②加热均匀，物料的表里温升均匀，无温度梯度；③微波能量利用率高。微波加热时，主要是物料吸收微波能，金属物料只能反射而不能吸收微波，因此，微波加热设备的热损失极少，绝大部分微波能量被物料吸收转为升温的热量，形成能量利用率高的加热特征；④伴随产生生物效应。由于生物体内的水分是极性分子，在微波的交变电磁场作用下引起强烈的极性振荡，导致细胞分子间氢键松弛，细胞膜结构破裂，加速了溶剂分子对基体的渗透和待提取成分的溶剂化同时，在微波场中吸收微波能力的差异，可使得基体物料的某些区域或萃取体系中的某些组分被选择性加热，在极短时间内使细胞膜破裂，从而使被萃取物质从基体或体系中分离，进入到介电常数较小、微波吸收能力相对较差的萃取剂中，这大大缩短了萃取时间，提高了萃取效率；⑤安全环保。微波萃取过程中，无有害气体排放，不产生余热和粉尘污染。

凝胶萃取

凝胶萃取是利用凝胶在溶液中能够发生溶胀、收缩，以及凝胶网格对大分子的排斥性来实现物质分离操作的萃取技术。凝胶溶胀时只吸收小分子物质而不吸收如蛋白质等大分子物质，这样可实现生物大分子与小分子物质的分离，而当外界条件变化时，溶胶发生可逆性收缩，释放出网格中的小分子物质，进而实现凝胶的再生。根据发生相变化所针对的外界条件不同，可将凝胶分为温敏型、酸敏型和电敏型三类。凝胶萃取具有快速、简便和无污染的特点，有很好的应用前景。一般用于生物大分子溶液的浓缩，有可能成为取代超滤或蒸发浓缩高分子溶液的新分离技术，获得工业应用。

思 考 题

1. 萃取单元的主要任务是什么？在液液萃取中，选择萃取剂的理论依据和基本原则是什么？

2. 何谓分配定律？分配系数与分离因数有什么区别和联系？

3. 用一单级接触式萃取器，以三氯乙烷为萃取剂，从丙酮-水溶液中萃取出丙酮。若原料液的质量为120kg，其中含有丙酮54kg，萃取后所得萃余相中丙酮含量为10%（质量分数），试求：

(1) 所需萃取剂（三氯乙烷）的质量；

(2) 所得萃取相的量及含丙酮的质量分数；

(3) 若将萃取相的萃取剂全部回收后，所得萃取液的组成及质量。

丙酮-水-三氯乙烷系统的连接线数据见下表（表中各组成均为质量分数）

水 相			三氯乙烷相		
三氯乙烷	水	丙酮	三氯乙烷	水	丙酮
0.44	99.56	0	99.89	0.11	0
0.52	93.52	5.96	90.93	0.32	8.75
0.60	89.40	10.00	84.40	0.60	15.00
0.68	85.35	13.97	78.32	0.90	20.78
0.79	80.16	19.05	71.01	1.33	27.66
1.04	71.33	27.63	58.21	2.40	39.39
1.60	62.67	35.73	47.53	4.26	48.21
3.75	50.20	46.05	33.70	8.90	57.40

4. 影响溶剂萃取的因素有哪些？

5. 不同的萃取方式，各有什么特点？相同级数的错流萃取和逆流萃取，哪一种萃取效率高？达到相同的萃取效率，哪一种萃取方式用的萃取剂 S 少？

6. 分馏萃取与多级逆流萃取在流程上有什么不同？其最显著的特点是什么？

7. 已知在 pH=3.5 时，放线菌素 D 在乙酸乙酯相与水相中的分配系数为 57；原料液的处理量为 4.5m³/h，所用萃取剂的量为 0.39m³/h，试分别计算：

(1) 采用单级萃取时，放线菌素 D 的理论收率；

(2) 采用三级逆流萃取时，放线菌素 D 的理论收率；

(3) 采用三级错流萃取时，各级加入萃取剂的量分别为 0.2m³/h、0.1dm³/h、0.09m³/h 时，放线菌素 D 的理论收率。

8. 原料液含溶质 A 的质量分数为 25%，其余为稀释剂 B。稀释剂 B 与萃取剂 S 完全不互溶。若用四级错流萃取，每一级加入的纯溶剂量均相等。已知原料液的加入流率为 4kg/s。各级的溶剂比（质量比）均为

0.43（S/F）。试求从第四级排出的萃余相流率及组成。本题平衡数据见下表：

R 相 $x/(kgA/kgB)$	E 相 $y/(kgA/kgS)$	R 相 $x/(kgA/kgB)$	E 相 $y/(kgA/kgS)$
0	0	0.25	0.205
0.05	0.05	0.30	0.232
0.10	0.095	0.35	0.256
0.15	0.135	0.40	0.75
0.20	0.170	0.50	0.280

9. 萃取操作的主要设备有哪些？各有何特点？

10. 乳化现象是如何发生的？在生产中怎样防止乳化现象的发生？如何破乳？

11. 简述用醋酸丁酯萃取青霉素的生产工艺及操作过程，分析为什么要这样操作？

12. 简述浸取过程机理，浸取方法有哪些，如何操作？

13. 影响浸取的因素有哪些？如何选择浸取溶剂？

14. 为什么要对浸取物料进行预处理？怎样进行？

15. 浸取的设备有哪些？各有何特点？

16. 简述用多功能提取罐浸取物质的工艺过程。

17. 双水相指的是什么？其基本原理是什么？

18. 影响双水相萃取的因素有哪些？如何进行双水相萃取？

19. 什么是超临界流体萃取？超临界流体有何特点？举例说明超临界萃取的流程。

20. 什么是反胶团？反胶团萃取的特点是什么？

21. 影响反胶团萃取的因素有哪些？

第五章　吸附及离子交换技术

【学习目标】

① 了解吸附剂的性能特点，了解离子交换树脂的分类、结构特点及离子交换技术的发展。

② 了解吸附及离子交换单元的主要任务。

③ 熟悉常用吸附技术及离子交换树脂命名、理化性质、功能特性、选择方法、基本计算及工业上应用离子交换技术进行水处理、肝素提取等生产工艺。

④ 掌握吸附与离子交换基本原理、工艺过程、操作方式及主要设备的结构及操作要点。

⑤ 会分析影响吸附与离子交换效果的相关因素，能够正确从事吸附与离子交换工艺操作，能处理吸附与离子交换过程中的相关问题。

第一节　吸　附　技　术

吸附是利用吸附剂对液体或气体中某一（些）组分具有选择吸附能力，使其富集在吸附剂表面的过程。其实质是组分从液相或气相移动到吸附剂表面的过程。被吸附的物质称为吸附质。典型的吸附分离过程包含 4 个步骤：首先，将待分离的料液（或气体）通入吸附剂中或将吸附剂加入至待分离的料液中；其次，吸附质被吸附到吸附剂的表面；第三，料液（或气体）流出或对料液进行固液分离；第四，将吸附剂上的吸附质进行解吸回收，使吸附剂再生循环使用，或将吸附了吸附质的吸附剂进行其他方式的处理。

吸附操作简便、安全、设备简单，操作过程中 pH 变化很小，少用或不用有机溶剂，操作条件温和，适用于热敏性物质分离，但处理能力较低，吸附剂的吸附性能不太稳定，不能连续操作，劳动强度大。一般常用于除臭、脱色、吸湿、防潮、去热源以及从稀溶液中分离精制某些产品：如酶、蛋白质、核苷酸、抗生素、氨基酸等。

一、吸附单元的主要任务

吸附单元是实施吸附技术的工艺操作单元，包括吸附设备、配套的辅助设备（如储罐、泵、真空泵或压缩机等）以及连接设备的管路及其上的各种管件（如疏水器、三通等）、阀门、仪表（温度表、流量计、压力表）等。

吸附单元操作的主要任务有 3 个方面。其一，是通过采取适当的方法使气体或液体中的一个或多个组分尽可能多地从气相或液相转入到固体吸附剂上，从而实现与气体或液体中其他组分的分离。其目的主要是除去气体或液体中某种或多种杂质，或者从气体或液体中提取或分离某种或几种有效组分。其二，通过采取使当的方法，使吸附到吸附剂上的组分能够解吸。其目的是回收吸附质，同时使吸附剂重新获得吸附能力。其三，当吸附剂长期使用后，由于各种因素的污染，吸附剂吸附能力下降，需采取有效措施对吸附剂进行处理，使吸附剂恢复一定的吸附能力，重新用于生产，即再生。如果通过再生的方法很难使吸附剂恢复到预期的生产能力，需重新更换吸附剂。

二、吸附岗位职责要求

从事吸附操作的人员除了要履行"绪论中第四节　药物生产岗位基本职责要求"相关职责

外，还需履行如下职责。

（1）按照工艺要求取出失效的吸附剂，更换新的吸附剂，将替换下的吸附剂按要求进行处理。

（2）吸附操作前有过滤器时，要定时对过滤器进行检查，检查滤液是否符合要求。

（3）配制酸、碱溶液时要穿戴好防护用品。

（4）按照工艺要求进行相应方式的杀菌工作。

三、吸附的基本原理

1. 吸附的类型

根据吸附剂与吸附质之间存在的吸附力性质的不同，可将吸附分成物理吸附、化学吸附和交换吸附 3 种类型。

（1）**物理吸附**　吸附剂和吸附质之间的作用力是分子间引力（范德华力）。由于范德华力普遍存在于吸附剂与吸附质之间，所以整个自由界面都起吸附作用，故物理吸附无选择性。因吸附剂与吸附质的种类不同、分子间引力大小各异，因此吸附量随物系不同而相差很多。物理吸附所放出的热与气体的液化热相近，数值很小，物理吸附在低温下也可进行，不需要很高的活化能。在物理吸附中，吸附质在固体表面上可以是单分子层也可以是多分子层。此外，物理吸附类似于凝聚现象。因此，吸附速度和解吸速度都较快，易达到吸附平衡，但有时吸附速度很慢，这是由于在吸附颗粒的孔隙中的扩散速度控制所致。

（2）**化学吸附**　利用吸附剂与吸附质之间的电子转移、交换或共有，形成吸附化学键，属于库仑力范围。它与通常的化学反应不同，吸附剂表面的反应原子保留了它或它们原来的格子不变。化学吸附需要很高的活化能，需要在较高的温度下进行。化学吸附放出的热量很大，与化学反应相近。由于化学吸附生成化学键，因而只有单分子层吸附，且不易吸附和解吸，平衡慢。化学吸附的选择性较强，即一种吸附剂只对某种或特定几种物质有吸附作用。

（3）**交换吸附**　吸附表面如为极性分子或离子所组成，则它会吸引溶液中带相反电荷的离子而形成双电层，这种吸附称为极性吸附。同时在吸附剂与溶液间发生离子交换，即吸附剂吸附离子后，同时要向溶液中放出相应物质的量的离子。离子的电荷是交换吸附的决定性因素，离子所带电荷越多，它在吸附表面的相反电荷点上的吸附能力就越强。

就吸附而言，各种类型的吸附之间不可能有明确的界限，有时几种吸附同时发生而很难区别。溶液中的吸附现象较为复杂。下面重点讨论物理吸附。

知识拓展

几种吸附类型

生物大分子（如蛋白质）与吸附剂之间由于作用力不同，其吸附方式还可分为以下类型。

（1）**亲和吸附**　是利用溶质（生物大分子）和树脂上的配基间特定的化学相互作用，而非范德华力引起的传统吸附或静电相互作用的离子交换吸附。亲和吸附具有较强的选择性。

（2）**疏水作用吸附**　利用疏水吸附剂上的脂肪族长链和生物分子表面上疏水区相互作用而吸附生物大分子。一般疏水作用的强弱随盐浓度的增加而增加。

（3）**盐析吸附**　这类吸附是由疏水吸附剂和盐析沉淀剂组合而成。具体操作是将硫酸铵沉淀的蛋白质悬浮液，添加到一个用硫酸铵预平衡的吸附柱中，所用的柱子由纤维素或葡聚糖和琼脂糖组成。

（4）**免疫吸附**　利用抗原和抗体的特异性结合的性质，设计专门针对蛋白质的固定化抗体的吸附剂，来实现蛋白质特异性的吸附。

（5）**固定金属亲和吸附**　将金属离子经螯合固定在吸附基质上，利用金属离子与蛋白质上的氨基酸中的电子供体能够形成配位络合物而实现蛋白质的选择性吸附。

2. 物理吸附力的本质

物理吸附作用的最根本因素是吸附质和吸附剂之间的作用力，也就是范德华力。它是一组分子引力的总称，具体包括 3 种：定向力、诱导力和色散力。范德华力和化学力（库仑力）的主要区别在于它的单纯性，即只表现为相互吸引。

（1）定向力　由于极性分子的永久偶极距产生的分子间静电引力称定向力。它是极性分子之间产生的作用力。一般分子的极性越大，定向力越大；温度越高，定向力减小。另外，分子的对称性、取代基位置、分子支链的多少等因素也会影响定向力的大小。

（2）诱导力　极性分子与非极性分子之间的吸引力属于诱导力。极性分子产生的电场作用会诱导非极性分子极化，产生诱导偶极距，因此两者之间互相吸引，产生吸附作用。诱导力与温度无关。

（3）色散力　非极性分子之间的引力属于色散力。当分子由于外围电子运动及原子核在零点附近振动，正负电荷中心出现瞬时相对位移时，会产生快速变化的瞬时偶极矩，这种瞬时偶极矩能使外围非极性分子极化；反过来，被极化的分子又影响瞬时偶极矩的变化，这样产生的引力称色散力。色散力与温度无关，且普遍存在，因为任何系统都有电子存在。色散力与外层电子数有关，随着电子数的增多而增加。

另外，在吸附过程中吸附剂与吸附质之间也可通过氢键发生相互作用。

3. 吸附速度与吸附平衡

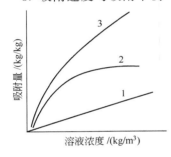

图 5-1　典型的吸附等温线
1—线性吸附等温线；2—朗格缪尔吸附等温线；3—弗罗因德利希吸附等温线

吸附过程是一个物质传递过程。吸附质首先要从气相或液相主体扩散到吸附剂的外表面（外扩散），吸附在外表面上（表面吸附），或者从吸附剂的外表面向颗粒内部的微孔内扩散（内扩散），在向微孔内扩散过程中吸附在内表面上（表面吸附）。因此，吸附质从气相或液相主体吸附到吸附剂上的速度取决于扩散与表面吸附速度。外扩散速度主要取决于流体的湍动程度、流体黏度及吸附质的浓度，湍动程度与吸附质浓度越大，流体黏度越小，外扩散速度越大；内扩散速度主要取决于微孔的大小、微孔的长度及微孔的曲折程度，微孔越大，曲折程度越小，微孔越短，内扩散速度越大；表面吸附速度主要取决于吸附面积的大小、吸附力的大小及反应速度的大小，吸附面积越大，吸附力越大，反应速度越大，表面吸附速度越大。

当固体吸附剂从气相或液中吸附溶质达到平衡时，其吸附量（单位质量的吸附剂所吸附的吸附质量）与气相或液相中吸附质的浓度和操作温度有关，当温度一定时，吸附量与气相或液相中吸附质浓度之间的函数关系称为吸附等温线。若吸附剂与吸附质之间的作用力不同，吸附表面状态不同，则吸附等温线也随之改变。典型的吸附等温线如图 5-1 所示，横坐标表示气相或液相中溶质的浓度，常用单位为单位体积的气体或液体中溶质的质量；纵坐标表示吸附剂表面的溶质的浓度，常用单位是单位质量吸附剂所吸附的溶质的质量。

图 5-1 中曲线 1 为线性等温线，表达的吸附方程为：

$$q = Kc \tag{5-1}$$

式中　q——单位质量吸附剂所吸附的吸附质量，kg（溶质）/kg（吸附剂）；

　　　K——吸附平衡常数，m^3（溶液）/kg（吸附剂）；

　　　c——平衡时气体或液体中吸附质浓度，kg（溶质）/m^3（气体或液体）。

图 5-1 中曲线 2 为 Langmuir（朗格缪尔）吸附等温线，生物制品酶等分离提取时适合此吸附方程，即：

$$q=\frac{q_0 c}{K+c} \tag{5-2}$$

式中，q_0 和 K 是经验常数，可由实验来确定，在这种情况中，最容易的方法是将 q^{-1} 对 c^{-1} 作图，截距是 q_0^{-1}，斜率是 K/q_0，q_0 和 K 的单位分别与 q 和 c 的单位一致。

图 5-1 中曲线 3 为 Freundlich（弗罗因德利希）吸附等温线，抗生素、类固醇、激素等产品的吸附分离均符合此吸附方程，即：

$$q=Kc^n \tag{5-3}$$

式中，K 为吸附平衡常数，n 为指数，均为实验测定常数。可通过吸附实验，测定不同浓度 c 和吸附量 q 的关系，在双对数坐标中，直线 $\lg q=n\lg c+\lg K$ 的斜率为 n，截距为 $\lg K$。当求出的 $n<1$ 时，则表示吸附效率高，相反，若 $n>1$，则吸附效果不理想。

如果吸附过程中所投入的溶液量为 $S(\text{m}^3)$，溶液中吸附质起始浓度为 $c_0(\text{kg/m}^3)$，所加入的吸附剂量为 $L(\text{kg})$，则达到吸附平衡时存在如下平衡关系：

$$S(c_0-c)=Lq \tag{5-4}$$

4. 影响吸附的因素

固体在溶液中的吸附比较复杂，影响因素也较多，主要有吸附剂、吸附质、溶剂的性质以及吸附过程的具体操作条件等。

（1）吸附剂的性质　吸附剂本身的性质将影响吸附量及吸附速度。吸附剂的表面积越大，孔隙度越大，则吸附容量越大；吸附剂的孔径越大、颗粒度越小，则吸附速度越大。另外，吸附剂的极性也影响物质的吸附。一般吸附相对分子质量大的物质应选择孔径大的吸附剂；要吸附相对分子质量小的物质，则需要选择比表面积大及孔径较小的吸附剂；而极性化合物需选择极性吸附剂；非极性化合物应选择非极性吸附剂。

（2）吸附质的性质　吸附质的性质也是影响吸附的因素之一。

① 一般能使表面张力降低的物质，易为表面所吸附。

② 溶质从较易溶解的溶剂中被吸附时，吸附量较少。

③ 极性吸附剂易吸附极性物质，非极性吸附剂易吸附非极性物质，因而极性吸附剂适宜从非极性溶剂中吸附极性物质，而非极性吸附剂适宜从极性溶剂中吸附非极性物质。如活性炭是非极性的，在水溶液中是一些有机化合物的良好吸附剂；硅胶是极性的，其在有机溶剂中吸附极性物质较为适宜。

④ 对于同系列物质，吸附量的变化是有规律的，排序愈后的物质，极性愈差，愈易为非极性吸附剂所吸附。如活性炭在水溶液中对同系列有机化合物的吸附量，随吸附物相对分子质量增大而增大；吸附脂肪酸时吸附量随碳链增长而加大；对多肽的吸附能力大于氨基酸的吸附能力；对多糖的吸附能力大于单糖等。当用硅胶在非极性溶剂中吸附脂肪酸时，吸附量则随着碳链的增长而降低。实际生产中脱色和除热源一般用活性炭，去过敏物质常用白陶土。

（3）温度　吸附一般是放热的，所以只要达到了吸附平衡，升高温度会使吸附量降低。但在低温时，有些吸附过程往往在短时间内达不到平衡，而升高温度会使吸附速度增加，并出现吸附量增加的情况。

对蛋白质或酶类的分子进行吸附时，被吸附的高分子是处于伸展状态的，因此，这类吸附是一个吸热过程。在这种情况下，温度升高会增加吸附量。

生化物质吸附温度的选择还要考虑它的热稳定性。如果是热不稳定的，一般在 0℃ 左右进行吸附；如果比较稳定，则可在室温操作。

（4）溶液的 pH　溶液的 pH 往往会影响吸附剂或吸附质解离情况，进而影响吸附量，对蛋白质或酶类等两性物质，一般在等电点附近吸附量最大。各种溶质吸附的最佳 pH 需通过实验确定。如有机酸类溶于碱，胺类物质溶于酸，所以有机酸在酸性下，胺类在碱性下较易为非极性吸附剂所吸附。

（5）盐的浓度 盐类对吸附作用的影响比较复杂，有些情况下盐能阻止吸附，在低浓度盐溶液中吸附的蛋白质或酶，常用高浓度盐溶液进行洗脱。但在另一些情况下盐能促进吸附，甚至有些情况下吸附剂一定要在盐的作用下才能对某些吸附物质进行吸附。例如硅胶对某种蛋白质吸附时，硫酸铁的存在可使吸附量增加许多培。

（6）吸附物质浓度与吸附剂量 由吸附等温线方程可知，在稀溶液中吸附量和浓度一次方成正比；而在中等浓度的溶液中吸附量与浓度的 $1/n$ 次方成正比。在吸附达到平衡时，吸附质的浓度称为平衡浓度。普遍规律是：吸附质的平衡浓度越大，吸附量也越大。用活性炭脱色和去除热原时，为了避免对有效成分的吸附，往往将料液适当稀释后进行。在用吸附法对蛋白质或酶进行分离时，常要求其浓度在 1% 以下，以增强吸附剂对吸附质的选择性。

从分离提纯角度考虑，还应考虑吸附剂的用量。若吸附剂用量过少，产品纯度达不到要求，但吸附剂用量过多，会导致成本增高、吸附选择性差及有效成分损失等。因此，吸附剂的用量应综合考虑。

（7）溶剂 单一溶剂与混合溶剂对吸附作用有不同影响。一般吸附质溶解在单一溶剂中易被吸附，溶解在混合溶剂（不论是极性与非极性物质构成的混合溶剂，还是极性与极性物质构成的混合溶剂）不易吸附。因此，单一溶剂常用于吸附，混合溶剂常用于解吸。

5. 吸附质的解吸

吸附剂吸附了吸附质后，其吸附能力下降，当吸附达到饱和后，吸附剂就失去了吸附能力。为了使吸附剂恢复吸附能力，同时也为了更好地回收吸附质，需进行解吸操作。吸附质的解吸依据操作原理不同，分为如下几种方式。

（1）变温解吸分离 吸附剂在常温或低温下吸附物质后，可通过提高温度使被吸附的物质从吸附剂上解吸下来，吸附剂本身被再生，然后降温（用低温气体吹扫吸附剂层）进行新一轮的吸附操作。如果用蒸汽加热再生，还常常需要增加吸附剂的干燥操作。由于吸附床加热和冷却过程比较慢，所以变温吸附的循环时间较长。生产上很少采用，特别是不适于热敏性吸附质的分离。

（2）变压解吸分离 在较高的压力下完成吸附操作，在较低压力下进行解吸。变压吸附分离一般包括吸附、均压、降压、抽真空、冲洗、置换等步骤。变压吸附分离常用于气体的解吸分离。

（3）洗脱分离 对于热敏性吸附质，常采用混合溶剂对吸附剂进行洗涤，使吸附质从吸附剂上解吸下来，称为洗脱。酸性吸附质一般选择碱性溶剂进行洗脱，碱性吸附质一般用酸性溶剂进行洗脱；极性吸附质选择极性溶剂进行洗脱，非极性的吸附质选择非极性的溶剂进行洗脱。一般改变溶剂的浓度、pH 及组成等有助于解吸。

6. 常用吸附剂

工业上常用的吸附剂有以下几种。

（1）活性炭 活性炭吸附力强，分离效果好，价廉易得，工业上较为常用。

① 粉末活性炭 颗粒极细，呈粉末状，其总表面积、吸附力和吸附量大，是活性炭中吸附力最强的一类，但其颗粒太细，影响过滤速度，需要加压或减压操作。

② 颗粒活性炭 颗粒比粉末活性炭大，其总表面积相应减小，吸附力和吸附量不及粉末状活性炭；其过滤速度易于控制，不需要加压或减压操作，克服了粉末状活性炭的缺点。

③ 绵纶活性炭 是以绵纶为胶黏剂，将粉末状活性炭制成颗粒，其总表面积较颗粒活性炭大，较粉末状活性炭小，其吸附力较两者弱。因为绵纶不仅单纯起一种粘合作用，也是一种活性炭的脱活性剂。因此，可用于分离前两种活性炭吸附太强而不易洗脱的化合物。如用绵纶活性炭分离酸性氨基酸及碱性氨基酸，流速易控制，操作简便，效果良好。

　　生产上一般选择吸附力强的活性炭吸附不易被吸附的物质，如果物质很容易被吸附，则要选择吸附力弱的活性炭；在首次分离料液时，一般先选择颗粒状活性炭，如果待分离的物质不能被吸附，则改用粉末活性炭；如果待分离的物质吸附后不能洗脱或很难洗脱，造成洗脱溶剂体积过大，洗脱高峰不集中时，则改用绵纶活性炭。在应用中，尽量避免应用粉末活性炭，因其颗粒极细，吸附力太强，许多物质吸附后很难洗脱。

　　应用活性炭对物质进行吸附一般遵守下列规律。

　　a. 活性炭是非极性吸附剂，因此在水溶液中吸附力最强，在有机溶剂中吸附力较弱。

　　b. 对极性基团（—COOH，—NH₂，—OH 等）多的化合物的吸附力大于极性基团少的化合物，如活性炭对酸性氨基酸和碱性氨基酸的吸附力大于中性氨基酸。

　　c. 对芳香族化合物的吸附力大于脂肪族化合物。

　　d. 对相对分子质量大的化合物的吸附力大于相对分子质量小的化合物，如对多糖的吸附力大于单糖。

　　e. 活性炭吸附溶质的量在未达到平衡前一般随温度提高而增加，但要考虑被吸附物的热稳定性。

　　f. 发酵液的 pH 与活性炭的吸附率有关，一般碱性抗生素在中性情况下吸附，酸性条件下解析；酸性抗生素在中性条件下吸附，碱性条件下解析。

　　（2）活性炭纤维　活性炭纤维与颗粒状活性炭相比，有如下特点：①孔细，而且细孔径分布范围比较窄；②外表面积大；③吸附与解吸速度快；④工作吸附容量较大；⑤重量轻对流体通过的阻力小；⑥成型性能好，可加工成各种形态，如毛毡状、纸片状、布料状和蜂巢状等。

　　（3）球形炭化树脂　它是以球形大孔吸附树脂为原料，经炭化、高温裂解及活化而制得。研究表明，炭化树脂对气体物质有良好的吸附作用和选择性。

　　（4）吸附树脂　某些树脂具有吸附功能，其吸附性能是由表面积、孔径、骨架结构、功能性基团的性质及其极性所决定。如具有亲和性吸附功能的树脂、免疫性吸附功能的树脂、疏水性吸附功能树脂、离子交换功能树脂等。

　　（5）硅胶　硅胶是 SiO_2 微粒的堆积物，化学式是 $SiO_2 \cdot nH_2O$。其表面大约有 5%（质量）的羟基，是硅胶的吸附活性中心。极性化合物如水、醇、醚、酮、酚、胺、吡啶等能与羟基生成氢键，吸附能力很强，芳烃、不饱和烃、饱和烃等非极性物质吸附能力弱。

　　（6）活性氧化铝　活性氧化铝的化学式是 $Al_2O_3 \cdot nH_2O$，其表面的活性中心是羟基和路易斯酸中心，极性强，吸附特性与硅胶相似，多用于液体中干燥脱水。由于它的吸附容量大，用于干燥和脱湿具有使用周期长、无需频繁切换再生的优点。

　　（7）沸石　沸石分子筛是结晶硅酸金属盐的多水化合物，化学通式为 $M_{m/2}[mAl_2O_3 \cdot nSiO_2] \cdot lH_2O$，其表面上的路易斯中心极性很强，另外其微孔内引力场很强，其吸附能力很强，即使被吸附组分的浓度很低，吸附量仍很大。常用于脱除液体中微量的水。

　　（8）大孔网状聚合物吸附剂　大孔网状聚合物吸附剂是一种非离子型共聚物，它能够借助范德华力从溶液中吸附各种有机物质。它的脱色去臭效力与活性炭相当，对有机物质具有良好的选择性，物理化学性质稳定，机械强度好，经久耐用，吸附树脂吸附速度快，易解析，易再生，不污染环境，但价格昂贵，吸附效果易受流速和溶质浓度等因素影响。

　　大孔网聚合物没有离子交换功能，只有大孔骨架，其性质和活性炭、硅胶等吸附剂相似。按骨架极性的强弱可分为非极性吸附剂、中等极性吸附剂和极性吸附剂。非极性吸附剂以苯乙烯为单体，二乙烯苯为交联剂聚合而成，故称芳香族吸附剂；中等极性吸附剂是以甲基丙烯酸酯作为单体和交联剂聚合而成，也称脂肪族吸附剂；而含有硫氧、酰胺、氮氧等基团的为极性吸附剂。

　　大孔网状聚合物吸附剂的吸附能力，不但与树脂的化学结构和物理性能有关，而且与溶质及溶液的性质有关。根据"类似物易吸附类似物"的原则，一般非极性吸附剂适宜从极性溶剂中吸附非极性物质。相反，高极性的吸附剂适宜从非极性溶剂中吸附极性物质。而中等极性的吸附剂则对上述两种情况都具有吸附能力。和离子交换不同，无机盐类对这类吸附剂不仅没有影响，反而会使吸附量增加。另外，吸附剂的孔径对物质的吸附也有很大影响，一般吸附有机大分子时，孔径必须足够大，但孔径大，吸附表面积就小，因此应综合考虑。吸附剂吸附溶质后一般采用下列几种方式进行解析。

① 以低级醇、酮或其水溶液解析。所选择的溶剂应符合两种要求：一种要求是溶剂应能使大孔网状聚合物吸附剂溶胀，这样可减弱溶质与吸附剂之间的吸附力；另一种要求是所选择的溶剂应容易溶解吸附物。

② 对酸性溶质可用碱来解析，对碱性物质可用酸来解析。

③ 如果吸附是在高浓度盐类溶液中进行时，则常常用水洗涤就能解析下来。

四、吸附技术应用

1. 吸附技术在水处理方面的应用

应用吸附技术可以对水进行净化处理。通常选用的吸附剂为粉末活性炭，它可以去除水中的色、嗅、味和有机物等。当待处理的水通过活性炭层或将活性炭加入待处理的水中时，水中的酚类物质、某些重金属离子、油污、某些色素类物质等会吸附在活性炭上，而实现水的净化处理。吸附了杂质的活性炭可燃烧处理，或通过其他方式进行再生处理。

2. 吸附技术在气体处理方面的应用

应用吸附技术可以对气体进行干燥处理。当要求气体中水含量极低时，需对气体进行干燥处理，通常选用活性炭、硅胶、无水氯化钙、活性氧化铝、分子筛等作为吸附剂，让含水量不高的气体通过吸附剂层，以除去其中的水分。吸附了水分的吸附剂可用热氮气进行再生。

应用吸附技术还可以提取气体中的一种或多种成分。当要求对气体进行分离时，可选用分子筛等作为吸附剂，通过高压或低温措施，让气体通过装有吸附剂的固定床，以实现气体中一种或几种组分吸附在吸附剂上，然后通过减压或高温措施实现吸附物质的解吸。从而实现气体中各组分的分离。

应用吸附技术还可以对气体中夹带的少量溶剂进行回收。常用的吸附剂为活性炭，吸附了有机溶剂的吸附剂常用水蒸气进行再生，再生排出气冷凝后使溶剂和水分离，吸附剂再用室温的空气冷却，然后转入下一次吸附操作过程。

3. 吸附技术在溶液处理方面的应用

应用吸附技术可以对溶液进行脱色处理。通常选用的吸附剂为活性炭。一般溶液在进行结晶操作前，需用吸附剂脱除溶液中的有色物质，以保证结晶的质量，所选用的吸附剂可以是粉末活性炭或大孔树脂。选用活性炭脱除有色物质时，通常是在搅拌的情况下，将活性炭加入至溶液中，然后进行过滤分离；选用大孔吸附树脂时，可将溶液通过树脂床层。

应用吸附技术可以除去热原性物质。药品生产过程中通常需要除去原料中的热原性物质，生产上一般采用粉末活性炭作吸附剂，对含有热原物质的料液进行处理，使热原性物质吸附在吸附剂上，然后通过过滤使料液与吸附了热原性物质的吸附剂分开。

应用吸附技术可以对有机溶剂进行脱水处理。适用的吸附剂有活性氧化铝、分子筛、离子交换树脂等。待处理的有机溶剂通过固定床吸附剂层后，溶剂中的水被吸附，一段时间后，树脂层被穿透，转入再生工序。再生一般用氮气等惰性气体加热再生，再生后再转入吸附脱水操作。

应用吸附技术可以从溶液中提取有效物质：如抗生素、氨基酸等小分子物质；酶、蛋白质、核酸等生物大分子物质。选用的吸附剂有离子交换树脂、大孔吸附树脂、活性炭、亲和性吸附功能的树脂。通常根据吸附质的性质，选择不同功能的吸附剂装填在吸附柱内，让待分离的料液通过吸附柱，之后对吸附剂进行洗脱处理，回收吸附质，再对吸附剂进行再生处理，再生后的吸附剂可转入下一批次的吸附操作。

五、吸附设备

一般根据待分离物系中各组分的性质和过程的分离要求，在选用适当的吸附剂和解吸方法的基础上，采用相应的吸附工艺过程和设备。常用的吸附设备主要有吸附搅拌罐、固定床吸附塔（器）、移动床和流化床吸附塔。

1. 吸附搅拌罐

吸附搅拌罐其结构与一般的搅拌反应或混合罐相似，这里不再叙述。这类吸附设备主要用于液体精制，其操作过程详见分批式吸附操作，所用的吸附剂一般为活性炭，使用一次后就废弃。

2. 固定床吸附塔（器）

固定床吸附塔与吸附器的结构基本相同，只是吸附塔的高径比要大得多。这类吸附设备是将吸附剂固定在设备某一部位上，在其静止不动的情况下进行吸附操作，多为圆柱形设备，吸附剂（可以是固体颗粒或纤维）装填在吸附设备内的支撑格板或孔板上面，被吸附的物料从吸附设备的一端（通常是顶端）进入，流经吸附剂层，从另一端（下端）流出，吸附剂层保持不变。顶端通常有一物料分布器，以实现被处理物料在整个床层截面均匀分布，避免偏流。目前使用的固定床吸附塔（器）有立式、卧式、环式 3 种类型。立式可用于气体或液体物料处理，卧式与环式多用于气体物料处理。

（1）立式固定床吸附器　立式固定床吸附器如图 5-2 所示。分上流和下流式两种。吸附剂装填高度以保证净化效率和一定的阻力降为原则，一般取 0.5～2.0m。床层直径以满足气体流量和保证气流分布均匀为原则。处理腐蚀性气体时应注意采取防腐蚀措施，一般是加装内衬。立式固定床吸附器适合于小气量浓度高的情况。

（2）卧式固定床吸附器　卧式固定床吸附器适合处理气量大、浓度低的气体，其结构如图 5-3 所示。

卧式固定床吸附器为一水平摆放的圆柱形装置，吸附剂装填高度为 0.5～1.0m，待净化废气由吸附层上部或下部入床。卧式固定床吸附器的优点是处理气量大、压降小，缺点是由于床层截面积大，容易造成气流分布不均。因此，在设计时特别注意气流均布的问题。

（3）环式固定床吸附器　环式固定床吸附器又称径向固定床吸附器，其结构比立式和卧式吸附器复杂，如图 5-4 所示。吸附剂填充在两个同心多孔圆筒之间，吸附气体由外壳进入，沿径向通过吸附层，汇集到中心筒后排出。

环式固定床吸附器结构紧凑，吸附截面积大、阻力小，处理能力大，在气态污染物的净化上具有独特的优势。目前使用的环式吸附器多使用纤维活性炭作吸附材料，用以净化有机蒸气。实际应用上多采用数个环式吸附芯组合在一起的结构设计，自动化操作。

3. 移动床和流化床吸附塔

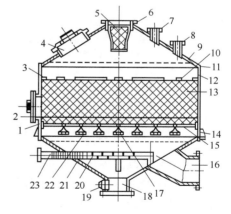

图 5-2　立式固定床吸附器

1—砾石；2—卸料孔；3，6—网；4—装料孔；5—废气及空气入口；7—脱附气排出；8—安全阀接管；9—顶盖；10—重物；11—刚性环；12—外壳；13—吸附剂；14—支撑环；15—栅板；16—净气出口；17—梁；18—视镜；19—冷凝排放及供水；20—扩散器；21—吸附器底；22—梁支架；23—扩散器水蒸气接管

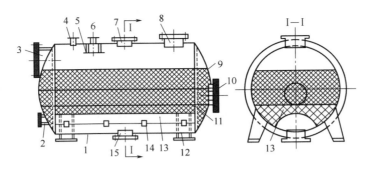

图 5-3　卧式固定床吸附器

1—壳体；2—供水；3—人孔；4—安全阀接管；5—挡板；6—蒸汽进口；
7—净化气体出口；8—装料口；9—吸附剂；10—卸料口；11—砾石层；
12—支脚；13—填料底座；14—支架；15—蒸汽及热空气出入口

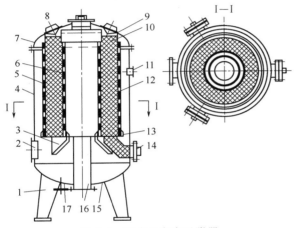

图 5-4　环式固定床吸附器

1—支脚；2—废气及冷热空气入口；3—吸附剂筒底支座；
4—壳体；5，6—多孔外筒和内筒；7—顶盖；8—视孔；
9—装料口；10—补偿料斗；11—安全阀接管；
12—吸附剂；13—吸附剂筒底座；14—卸料
口；15—器底；16—净化器出口及脱附水
蒸气入口；17—脱附时排气口

移动床结构简单，是一空塔式设备，上部有固体吸附剂的分散给料装置，下部有流体进料装置。吸附剂从设备顶部连续加入，随着吸附的进行，吸附剂逐渐下移，最后自底部连续卸出。流体则自下而上通过吸附剂床层，以进行吸附，最后从床层上部引出。

流化床的结构与固定床接近，但在静态时其吸附剂层高度低于固定床，床层上部留有充分空间供吸附颗粒流化。操作过程中被吸附的物料从床层下部进入，从床层顶端流出。在床层底部有物料分布器，以保持流体物料能够在整个床层截面均匀分布，实现床层的全部流化。

六、吸附工艺及操作

固体吸附剂在使用前需要经过一定的预处理，以去除水分或表面吸附的杂质，或者是为了改进固体表面被溶液中溶剂润湿的性能。除去水分多采用热空气（不易被氧化的吸附剂）或氮气（易被氧化的吸附剂）通过吸附剂层，使吸附剂中的水分逸出。除去表面杂质或改进吸附剂表面润湿性等多采用酸、碱或有机溶剂（如甲醇、乙醇等）进行浸泡，然后再用纯化水进行洗涤。经过预处理后的吸附剂可投入生产进行吸附操作，按照操作方式不同，分为下述几种工艺（以处理液体物料为例）。

1. 分批（间歇）式吸附

分批式吸附主要在吸附搅拌罐内进行。它是将浆状吸附剂在搅拌的情况下添加到溶液中，使吸附剂悬浮在液体中，初始抽提物和蛋白质都有可能被吸附到吸附剂上，如果所需的生物分子适宜于吸附，就可以将其从溶液中分离出来，然后从吸附剂上抽提或淋洗下来；如果所需的生物分子不被吸附，则在用吸附剂处理时，能从溶液中除去杂质。

吸附常常在 pH 大约为 5 或 6 的弱酸性溶液和低的电解质浓度下进行，当大量的盐存在时，会干扰吸附。因此，为了经济利益预先透析是有利的。实验室的分离操作是利用烧杯混合、布式漏斗真空抽滤的方法来实现的，具体步骤包括：①搅拌含生物分子和吸附剂的溶液10～15min；②沉降吸附剂，倾出上清液；③将下层浆液注入布氏漏斗中真空过滤；④用缓冲液洗涤吸附剂；⑤抽干湿的吸附剂，倒入烧杯；⑥用洗涤的缓冲液再将吸附剂制成浆液；⑦重新真空抽干。根据需要可重复步骤⑥和⑦多次。生产上分批吸附是将吸附剂和要处理的液体在槽式或罐式设备中搅拌，使吸附剂悬浮在液体中，达到吸附平衡后用沉降、过滤或离心等方法使吸附剂与液体分离，然后对吸附剂进行处理（回收吸附质，对吸附剂进行再生处理或将吸附剂进行无害处理后废弃）。

分批式吸附操作中常用的典型吸附剂有活性炭、磷酸钙凝胶离子交换剂（特别是磷酸纤维素）、亲和吸附剂、染料配位体吸附剂、疏水吸附剂和免疫吸附剂等。分批式吸附主要工程问题是确定吸附剂用量及吸附过程的持续时间。

2. 连续搅拌罐中的吸附

这一过程适于大规模的分离，其操作过程是将恒定浓度的料液以一定流速连续流入搅拌罐，罐内初始时装有纯溶剂及一定量的新鲜吸附剂，则吸附剂上吸附相应的溶质，溶质的浓度随时间而变化，溶液不断地流出反应罐，其浓度也随时间而变化，由于罐内搅拌均匀，因此，罐内浓度等于出口溶液的浓度，整个过程处于稳态条件。当吸附速度等于零时，即不发生吸附，离开罐时溶质的浓度也随时间而变化；如果吸附速度无限地快，出口液中溶质的浓度将迅速达到一个很低的值，然后缓慢增加，当吸附剂都为溶质饱和时，出口中的溶质的浓度又以不发生吸附时相同的规律上升。在大多数情况下，吸附过程介于两者之间，吸附速度为一个有限值。

3. 固定床吸附

所谓固定床吸附是将吸附剂固定在一定的容器中（通常称为吸附柱、吸附塔等），一般吸附床高为柱高的 2/3，含目标产物的料液从容器的一端（通常为顶端）进入，经容器内的液体分布器分布，流经吸附剂层后，从容器的另一端流出。料液流动的驱动力可以是重力，也可以是外加压力。如果吸附柱的直径较大，流体需要经过分布器，使其在整个柱横截面上均匀穿过，避免发生短路或沟流。每个柱子可以设置一（顶层）至三层（上、中、下）分布器，分布器上每根细的分布管都是用一定目数的不锈钢筛网紧紧包裹，以防在操作过程中吸附剂泄露。

操作开始时，绝大部分吸附质被吸附，所以流出相中吸附质含量较低，但随着吸附的进行，顶层吸附剂逐渐饱和，饱和层厚度逐渐加大，且向床层下部移动，流出相中吸附质浓度逐渐升高，至某一时刻浓度突然急剧增大，此时称为吸附过程的"穿透"，需停止吸附操作，对吸附剂进行、洗涤、解吸、再生处理。洗涤目的是用纯化水洗去吸附剂吸附的杂质，洗涤操作与吸附操作相同，洗水从顶端通入，从另一端流出，直至流出的洗液合格。

洗涤合格后，可对吸附剂进行脱附操作。采用不同 pH 的水溶液，或不同组成与浓度的溶剂洗涤床层，使吸附剂上吸附的吸附质解吸下来，进入液相。解吸后的吸附剂如果吸附性能不能满足吸附操作需要，需要进行再生处理。再生一般是用一定浓度的酸（或碱）溶液或有机溶剂进行处理。再生剂逆流或并流流过吸附剂层，使吸附剂获得再生。再生后的吸附剂通过洗涤即可转入下一轮吸附操作，如此循环。为了维持工艺过程的连续性，可设置两个或以上吸附设备，保持至少有一个设备处于吸附阶段，图5-5 为双塔吸附系统操作示意。由于吸附速度的限制，为了避免床层过早出现"穿透"现象，液体进入吸附器的量应控制好，避免流速过大，使吸附质没来得及吸附就被液体带出床层。

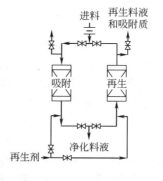

图 5-5 双塔吸附系统

固定床吸附流体在介质层中基本上呈平推流，返混小，柱效率高，但固定床无法处理含颗粒的料液，因为它会堵塞床层，造成压力降增大而最终无法进行操作，所以固定床吸附前需先进行培养液的处理和固液分离。

> 问题思考：如果采用固定吸附方式对料液净化除杂，吸附剂失去吸附能力后采用什么样方式再生更好？为什么？在吸附剂再生过程中应该注意什么？

4. 膨胀床吸附

膨胀床吸附也称扩张床吸附，是将吸附剂固定在一定容器中，含目标产物的液体从容器底端进入，经容器下端速率分布器分布，流经吸附剂层，从容器顶端流出。整个吸附剂层吸附剂颗粒在通入液体后彼此不在相互接触（但不流化），而按自身的物理性质相对地处在床层中的一定层次上实现稳定分级，流体保持以平推流的形式流过床层，由于吸附剂颗粒间有较大空隙，料液中的固体颗粒能顺利通过床层。因此，膨胀床吸附除了可以实现吸附外，还能实现固液分离。

膨胀床设备与固定床一样，包括充填介质的容器、在线检测装置和收集器、转子流量计、恒流泵和上下两个速率分布器。其中转子流量计用来确定浑浊液进料时床层上界面的位置，并调节操作过程中变化的床层膨松程度，保证捕集效率；恒流泵用于不同操作阶段不同方向上的进料；速率分布器对床层内流体的流动影响较大，它应使料液中固体颗粒顺利通过，又能有效地截留较小的介质颗粒，除此以外，上端速率分布器还应易于调节位置，下端速率分布器要保证床层中实现平推流，使床层同一截面上各处流速均匀一致，形成稳定的分层流化床层，避免出现沟流。速率分布器的结构是一个合适的筛网，现有两种：①有机或无机材料的烧结圆盘，下接一半球形的入口；②叠合型筛网。

膨胀床吸附首先要使床层稳定地张开，然后经过进料、洗涤、洗脱、再生与清洗，最终转入下一个循环，如图 5-6 所示。

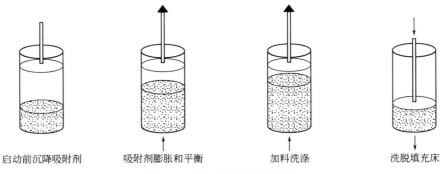

| 启动前沉降吸附剂 | 吸附剂膨胀和平衡 | 加料洗涤 | 洗脱填充床 |

图 5-6　膨胀床吸附操作过程

① 床层的稳定膨胀和介质的平衡　首先确定适宜的膨胀度，使介质颗粒在流动的液体中分级。一般认为 $100 \sim 300 \mathrm{cm/h}$，使床层膨胀到固定床高度 2 倍时，吸附性能较好。

② 进料吸附　利用多通道恒流泵，将平衡液切换成原料液，根据流量计中转子的位置和床层高度的关系调节流速，保持恒定的膨胀度并进行吸附，通过对流出液中目标产物的检测和分析，确定吸附终点。

③ 洗涤　在膨胀床中用具有一定黏度的缓冲液冲洗吸附介质，既冲走滞留在柱内的细胞或细胞碎片，又可洗去弱的吸附的杂质，直至流出液中看不到固体杂质后，改用固定床操作。

④ 洗脱　采用固定床操作，将配制好的洗脱剂用恒流泵从柱上部导入，下部流出，分段收集，并分析检测目标产物的活性峰位置和最大活性峰浓度。

⑤ 再生和清洗　直接从浑浊液中吸附分离、纯化目标产物如蛋白质时，存在有非特异性吸附，虽经洗涤、洗脱等步骤，有些杂质可能还难以除净。为提高介质的吸附容量，必须进行清洗使介质再生，一般在使床层膨胀到堆积高度 5 倍左右时的清洗液的流速下，经过 3h 的清洗，可以达到再生的目的。

膨胀床吸附技术已在抗生素等小分子生物活性物质的吸附与离子交换过程中得到应用。例如链霉素发酵液的不过滤离子交换分离提取，其分离过程是链霉素发酵结束后仅先酸化后中和，而不过滤除去菌丝及固形物，直接从交换柱的下部，以表观流速为 $115\sim146\text{cm/h}$ 送入柱中进行吸附，含菌丝及固形物的残液从柱上部流出，待穿透后切断进料（或串联第二根柱），用清水逆洗，将滞留的菌体和固形物等杂质除净，然后用稀硫酸洗脱并分段收集洗出液送去精制，离子交换柱则用酸和碱再生。

5. 流化床吸附

与膨胀床的床层膨胀状态不同，流化床内吸附粒子呈流化态。利用流化床的吸附过程可间歇或连续操作。图 5-7 为间歇流化床吸附操作示意。吸附操作是料液从床底以较高的流速循环输入已装有吸附剂的床层，使固相吸附剂产生流化，同时料液中的溶质在固相上发生吸附作用，经吸附后的料液由吸附塔顶部排出，返回循环槽，经泵循环返回流化床，以提高吸附效率。当吸附剂饱和后，对吸附剂进行解吸、再生、洗涤，然后转入下一批次操作。

图 5-7　流化床
吸附操作示意

连续操作中吸附粒子从床上方输入，从床底排出，进入脱附单元顶部。在脱附单元，用加热吸附剂或其他方法使吸附质解吸，然后进行再生（如果解吸后即获得再生可省去再生操作），再生后的吸附剂返回到吸附单元顶部继续进行吸附操作。料液由床底进入，经吸附后由吸附塔顶部排出，料液在出口仅少量排出，大部分通过循环泵循环返回流化床，以提高吸附效率。同时补加一定量新的料液，以维持流化床的流化速度。

流化床主要优点是压降小，可处理高黏度或含固体微粒的粗料液。流化床处理含菌体细胞或细胞碎片的粗料液时，操作方式同膨胀床。与膨胀床不同的是，流化床不需特殊的吸附剂，设备结构设计比膨胀床容易，操作简便。与移动床相比，流化床中固相的连续输入和排出方便。流化床的缺点是吸附剂磨损较大，操作弹性很窄，床内固相和液相的返混剧烈，特别是高径比较小的流化床。所以流化床的吸附剂利用率远低于固定床和膨胀床。在生物产物的分离过程中，为提高吸附剂的利用率，流化床吸附过程中料液需循环输入（出口液返回入口）；或使用小规模流化床并采取多床串联操作，或将床层分成几级，在级与级之间用溢流堰和溢流管连接，可在一定程度上减轻返混，提高吸附率。

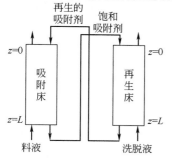

图 5-8　连续循环移动床
吸附操作示意

6. 移动床和模拟移动床吸附

像气体吸收操作的液相那样，吸附操作中固相连续输入和排出吸附塔，与料液形成逆流接触流动，从而实现连续稳态的吸附操作。这种操作方法称移动床操作。图 5-8 为包括吸附剂再生过程在内的连续循环移动床操作示意，稳态操作条件下吸附床内吸附质的轴向浓度分布从上至下逐渐升高；再生床内吸附质的轴向浓度分布从上至下逐渐降低。

因为稳态操作条件下移动床吸附操作中溶质在液固两相中的浓度分布不随时间改变，设备和过程的设计与气体吸收塔或液-液萃取塔基本相同。但在实际操作中，最大的问题是吸附剂的磨损和如何通畅地排出固体粒子。为防止固相出口被堵塞，可采用床层振动或用球形旋转阀等特殊装置排出固相。

上述移动床易发生堵塞，固相的移动操作有一定地难度。因此，固相本身不移动，而移动切换液相（包括料液和洗脱液）的入口和出口位置，如同移动固相一样，产生与移动床相同的效果，这就是模拟移动床。

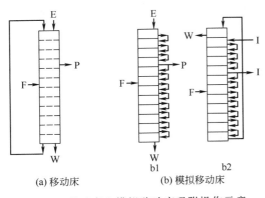

(a)移动床　　　(b)模拟移动床

图 5-9　移动床和模拟移动床吸附操作示意
F—料液；P—吸附质；E—洗脱液；
W—非（弱）吸附质

图 5-9 为移动床和模拟移动床吸附操作示意图，其中图 5-9(a) 为真正的移动床操作，料液从床层中部连续输入，固相自上向下移动。被吸附（或吸附作用较强）的溶质 P（简称吸附质）和不被吸附（或吸附作用较弱）的溶质 W 从不同的排出口连续排出。溶质 P 的排出口以上部分为吸附质洗脱回收和吸附剂再生段。图 5-9(b) 为由 12 个固定床构成的模拟移动床，b1 为某一时刻的操作状态，b2 为 b1 以后的操作状态。如将 12 个床中最上一个看做是处于最下面一个床的后面（即 12 个床循环排列），则从 b1 状态到 b2 状态液相的入口和出口分别向下移动了一个床位，相当于液相的入、出口不变，而固相向上移动了一个床位的距离，形成液固逆流接触操作。由于固相本身不移动而通过切换液相的入、出口产生移动床的分离效果，故称该操作为模拟移动床。

七、吸附工艺问题及其处理

1. 吸附剂的吸附能力下降

吸附剂在使用过程中发现吸附能力下降，可能存在以下几方面原因。

（1）新树脂在使用前处理不好　一般新树脂在使用前要求严格的预处理，特别是大孔吸附树脂最怕污染，污染严重的不能再生。预处理的方法：首先用大量的纯化水冲洗，然后用纯异丙醇过柱，浸泡一定时间，然后用纯化水冲至无异丙醇味，方可使用。

（2）料液预处理不好　如果用吸附剂吸附小分子物质，对料液进行预处理非常必要，特别是要除去那些固态物质及某些大分子物质，以防吸附剂被堵塞。如果用吸附剂进行交换吸附，预先除去某些交换能力更强的干扰离子，有助于提高吸附剂的交换能力。

（3）吸附剂再生效果不好　吸附剂在再生过程中，由于再生剂用量不够，或再生操作不规范（如流速变化太大、压力变化太大等），再生条件（温度、流速等）不合理，再生液流向不合理等，使吸附剂再生不彻底，从而影响下一次的吸附效果。生产上严格规范操作，确定合理工艺条件，逆流再生等有利于提高再生效果。

（4）吸附剂劣化　吸附剂由于反复吸附和再生后，会产生劣化现象，使吸附能力下降。吸附剂劣化常见原因有：由于料液内存在某些污染物质，吸附剂表面（内、外表面）被某些物质所覆盖；由于操作温度高，特别是再生温度，使吸附剂半熔融，引起微孔消失，减少了吸附面积；由于化学反应，使细孔的结构受到破坏等。防止吸附剂劣化的最好措施是对待处理料液认真分析，提前处理，除去有害物质。另外，控制好操作条件也可以有效预防吸附剂劣化。

（5）操作不合理，使吸附剂受到破坏　吸附操作过程中，压力的快速变化能引起吸附剂床层的松动或压碎从而危害吸附剂。所以，在操作过程中要防止使吸附器的压力发生快速变化。对于气体吸附，进料带水是危害吸附剂使用寿命的一大因素，所以进料气要经过严格脱水，避免发生液体夹带。进料组分不在设计规格的范围内也会造成对吸附剂的损害，严重时可能导致吸附剂永久性的损坏。所以，当进料出现高的杂质浓度时，应缩短吸附时间，以防止杂质超载。合理调整吸附时间，及时处理故障，防止发生杂质超载。杂质超载严重时，可导致吸附剂永久性损坏。

2. 固定床操作中，过早出现"穿透"现象

床层过早出现"穿透"现象，需立即停止进料，将床层内料液从排污或其他阀门排出倒入原料液储罐，排除床层故障后，重新进行吸附操作。"穿透"现象可能是由于以下几方面原因。

（1）床层装填不合理，颗粒不均匀等，导致出现偏流现象。需重新对吸附剂床层进行装填。

（2）操作过程不规范（如流速或压力突然变化），使床层均匀程度受到破坏。重新装填吸附剂后，严格按操作规程进行操作。

（3）系统密闭性差，或操作不合理床层内出现气泡或分层现象。进行密闭性检查，消除漏气，消除气泡及分层后，再进行正常工艺操作。

（4）料液浓度过高，操作流速过大等。对待处理料液进行适当稀释，合理确定操作流速。

3. 吸附剂在使用中受潮引起性能下降

吸附剂在使用中受潮如果不是很严重，可以用干燥的气体进行吹除或用抽真空方式抽吸，降低水的分压，使吸附剂恢复部分活性，维持生产使用，但吸附性能难以恢复如初。如果受潮严重，只有按照吸附剂活化处理办法重新活化。

第二节　离子交换单元的主要任务

离子交换单元是实施离子交换技术的工艺操作单元，包括离子交换设备、配套的辅助设备（如储罐、泵等）以及连接设备的管路及其上的各种管件（如管道过滤器等）、阀门、仪表（温度表、流量计、压力表）等。

一、离子交换单元的主要工作任务

离子交换单元的主要任务有五个方面。其一，是使料液中的一种或几种离子尽可能多地转入到固体离子交换树脂上，其目的是实现液体中一种或多种离子杂质与料液中有效组分分离，或者是提取分离液体中一种或多种离子。其二，采用蒸馏水或纯化水等对吸附了一定离子的树脂床层进行正洗或反洗，其目的是除去床层内的杂质便于下一步处理或者使床层松动便于进行交换。其三，采用适当的溶剂对离子交换树脂进行处理，使吸附在离子交换树脂上的离子被溶液中的某种离子所交换进入到液相中，生成某种预期的化合物。其目的是回收吸附到离子交换剂上的离子，形成所需的化合物。其四，采取适当的溶液对树脂进行处理，使离子交换树脂转化为可用于交换溶液中相应离子的型式。其五，当离子交换树脂使用一段时间后，由于受溶液中杂质等污染或功能基团的脱落，其交换能力下降，需对树脂进行处理，使其恢复交换能力。当用常规的方法很难使树脂恢复交换能力时，需更换新的树脂，将新树脂经过预处理后装入交换柱内。

二、离子交换岗位职责要求

离子交换是实现料液精制的一项关键技术，岗位操作人员应履行如下职责。

（1）定期对流量计进行清洗和校正。

（2）配制酸、碱溶液时要穿戴好防护用品。

（3）交换操作一段时间后当交换罐内树脂量减少时补加新树脂，或者当树脂中毒无法再生后取出旧树脂更换新树脂。

（4）岗位使用酸、碱等腐蚀性介质，严防跑、冒、滴、漏。

第三节 离子交换基本原理

离子交换技术是根据某些溶质能解离为阳离子或阴离子的特性，利用离子交换剂与不同离子结合力强弱的差异，将溶质暂时交换到离子交换剂上，然后用合适的洗脱或再生剂将溶质离子交换下来，使溶质从原溶液中得到分离、浓缩或提纯的操作技术。离子交换技术实质上也是一种吸附操作技术，其操作方法与吸附操作相同。

离子交换技术最早应用于制备软水和无盐水，药品生产用水多采用此法。在生化制品领域中，离子交换技术也逐渐应用于蛋白质、核酸等物质的分离、提取和除杂等。离子交换分离技术与其他分离技术相比有如下特点。

① 离子交换操作属于液-固非均相扩散传质过程。所处理的溶液一般为水溶液，多相操作使分离变得容易。

② 离子交换可看作是溶液中的被分离组分与离子交换剂中可交换离子进行离子置换反应的过程。其选择性高，而且离子交换反应是定量进行的，即离子交换树脂吸附和释放的离子物质的量相等。

③ 离子交换剂在使用后，其性能逐渐消失，需用酸、碱、盐再生而恢复使用。

④ 离子交换技术具有很高的浓缩倍数，操作方便，效果突出。

但是，离子交换法也有其缺点，如生产周期长、成品质量有时较差、其生产过程中的 pH 变化较大，故不适于稳定性较差的物质分离，在选择分离方法时应予考虑。

一、离子交换平衡

离子交换过程是离子交换剂中的活性离子（反离子）与溶液中的溶质离子进行交换反应的过程，这种离子的交换是按化学计量比进行的可逆化学反应过程。当正、逆反应速度相等时，溶液中各种离子的浓度不再变化而达平衡状态，即称为离子交换平衡。

若以 L、S 分别代表液相和固相，以阳离子交换反应为例，则离子交换反应可写为：

$$A_{(L)}^{n+} + nR^- B_{(S)}^+ \rightleftharpoons R_n^- A_{(S)}^{n+} + nB_{(L)}^+ \tag{5-5}$$

其反应平衡常数可写为：

$$K_{AB} = \frac{[R_A][B]^n}{[R_B]^n[A]} \tag{5-6}$$

式中   [A]，[B]——液相离子 A^{n+}、B^+ 的活度，稀溶液中可近似用浓度代替，mmol/mL；

    [R_A]，[R_B]——离子交换树脂相的离子 A^{n+}、B^+ 的活度，在稀溶液中可近似用浓度代替，mmol/g 干树脂；

        K_{AB}——反应平衡常数，又称离子交换常数。

二、离子交换选择性

在产品分离过程中，需分离的溶液中常常存在着多种离子，探讨离子交换树脂的选择性吸附具有重要的实际意义。离子交换过程的选择性就是在稀溶液中某种树脂对不同离子交换亲和力的差异。离子与树脂活性基团的亲和力愈大，则愈容易被树脂吸附。

假定溶液中有 A、B 两种离子，都可以被树脂 R 交换吸附，交换吸附在树脂上的 A、B 离子浓度分别用 R_A、R_B 表示，当交换平衡时，我们用式(5-7) 讨论树脂 R 对 A、B 离子的吸附选择性：

$$K_A^B = \frac{[R_B]^a[A]^b}{[R_A]^b[B]^a} \tag{5-7}$$

式中   [R_A]，[R_B]——离子交换平衡时树脂上 A 离子和 B 离子的浓度，mmol/g 干树脂；

    [A]，[B]——溶液中 A 离子和 B 离子的浓度，mmol/mL；

    a，b——表示 A 离子和 B 离子的离子价。

从式中可以看出，当 K_A^B 越大时，离子交换树脂对 B 离子的选择性越大（相对于 A 离子），反之，$K_A^B < 1$ 时，树脂对 A 离子的选择性大，这样 K_A^B 可以定性地表示离子交换剂对 A、B 选择性的大小，称之为选择性系数、分配系数或交换势。换言之，树脂对离子亲和能力的差别表现为选择性系数的大小。

三、离子交换过程和速度

离子交换体系由离子交换树脂、被分离的组分以及洗脱液等几部分组成。离子交换树脂是一种具有多孔网状立体结构的多元酸或多元碱，能与溶液中其他物质进行交换或吸附的聚合物。被分离的离子存在于被处理的料液中，可进行选择性交换分离；洗脱液是一些离子强度较大的酸、碱、盐或有机小分子物质等构成的溶液，用以把交换到离子交换树脂上的目标离子重新交换到液相。

当树脂与溶液接触时，溶液中的阴离子（或阳离子）与树脂中的活性离子，即阴离子（或阳离子）发生交换，暂时停留在树脂上。因为交换过程是可逆的，如果再用酸、碱、盐或有机溶剂进行处理，交换反应则向反方向进行，被交换在树脂上的物质就会逐步洗脱下来，这个过程称为洗脱（或解吸）。离子交换树脂的交换、洗脱反应过程如图 5-10 所示。

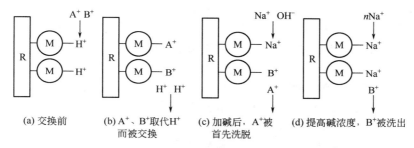

(a) 交换前　(b) A⁺、B⁺取代H⁺ 而被交换　(c) 加碱后，A⁺被 首先洗脱　(d) 提高碱浓度，B⁺被洗出

图 5-10　离子交换、洗脱示意

一般来说，无论在树脂表面还是在树脂内部都可发生交换作用，故理论上树脂总交换容量与其颗粒大小无关。设溶液中有一粒树脂，溶液中的 A⁺ 与树脂上的 B⁺ 发生交换反应。工业生产中的离子交换反应过程都是在动态下进行的，即溶液与树脂发生相对运动；无论溶液如何流动，树脂表面始终存在一层液体薄膜即"水膜"，交换的离子只能借扩散作用通过"水膜"，如图 5-11 所示。其交换过程分五步进行：

① A⁺ 从溶液扩散到树脂表面；

② A⁺ 从树脂表面扩散到树脂内部的交换中心；

③ 在树脂内部的交换中心处，A⁺ 与 B⁺ 发生交换反应；

④ B⁺ 从树脂内部交换中心处扩散到树脂表面；

⑤ B⁺ 再从树脂表面扩散到溶液中。

上述五个步骤中，①和⑤在树脂表面的液膜内进行，互为可逆过程，称为膜扩散或外部扩散过程；②和④发生在树脂颗粒内部，互为可逆过程，称为粒扩散或内部扩散过程；③为离子交换反应过程。因此离子交换过程实际上只有 3 个步骤：外部扩散、内部扩散和离子交换反应。

众所周知，多步骤过程的总速度决定于最慢一步的速度，最慢一步称为控制步骤。离子交换速度究竟取决于内部扩散速度还是外部扩散速度，要视具体情况而定。一般情况下，离子交换反应的速度极快，不是控制步骤。离子

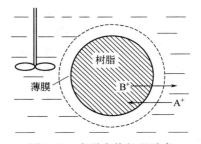

图 5-11　离子交换机理示意

在颗粒内的扩散速度与树脂结构、颗粒大小、离子特性等因素有关；而外扩散速度与溶液的性质、浓度、流动状态等因素有关。

四、影响离子交换的因素

影响离子交换的因素很多，可以从影响选择性、交换速度及交换效率的角度加以考虑，下面分别加以讨论。

1. 影响选择性的因素

（1）离子的水化半径　一般认为，离子的体积愈小，则愈易被吸附。但离子在水溶液中会发生水合作用而形成水化离子。因此，离子在水溶液中的大小用水化半径来表示。通常离子的水化半径愈小，离子与树脂的活性基团的亲和力愈大，愈易被树脂吸附。

如果阳离子的价态相同，则随着原子序数的增加，离子半径增大，离子表面电荷密度相对减小，吸附水分子减少，水化半径减小，其与树脂活性基团亲和力增大，易被吸附。下面按水化半径的次序，将各种离子对树脂亲和力的大小排序，次序排在后面的离子可以取代前面的离子优先被交换。

一价阳离子：$Li^+ < Na^+$、$K^+ \approx NH_4^+ < Rb^+ < Cs^+ < Ag^+ < Ti^+$

二价阳离子：$Mg^{2+} \approx Zn^{2+} < Cu^{2+} \approx Ni^{2+} < Co^{2+} < Ca^{2+} < Sr^{2+} < Pb^{2+} < Ba^{2+}$

一价阴离子：$CH_3COO^- < F^- < HCO_3^- < Cl^- < HSO_3^- < Br^- < NO_3^- < I^- < ClO_4^-$

H^+、OH^-对树脂的亲和力取决于树脂的酸碱性强弱。对于强酸性树脂，H^+和树脂的结合力很弱，$H^+ \approx Li^+$；反之对于弱酸性树脂，H^+具有很强的吸附能力。同理，对于强碱性树脂，$OH^- < F^-$，对于弱碱性树脂，$OH^- > ClO_4^-$。例如，在链霉素提炼中，不能用强酸性树脂，而应用弱酸性树脂；因为强酸性树脂吸附链霉素后，不容易洗脱，而用弱酸性树脂时，由于H^+对树脂的亲和力很大，可以很容易地从树脂上取代链霉素。

（2）离子的化合价和离子的浓度　在常温稀溶液中，离子的化合价越高，电荷效应越强，就越易被树脂吸附。例如$Tb^{4+} > Al^{3+} > Ca^{2+} > Ag^+$；再如，在抗生素生产上，链霉素是三价离子，价态较高，树脂能优先吸附溶液中的链霉素离子。而且溶液浓度较低时，树脂吸附高价离子的倾向增大，如链霉素-氯化钠溶液加水稀释时，链霉素的吸附量呈明显上升。

（3）溶液的pH　溶液的pH决定树脂交换基团及交换离子的解离程度，从而影响交换容量和交换选择性。对于强酸、强碱型树脂，任何pH下都可进行交换反应，溶液的pH主要影响交换离子的解离程度、离子电性和电荷数。对于弱酸、弱碱型树脂，溶液的pH对树脂的解离度和吸附能力影响较大；对于弱酸性树脂，只有在碱性的条件下才能起交换作用；对于弱碱性树脂只能在酸性条件下才能起交换作用。一般溶液pH选择应考虑：①在产物稳定的pH范围内；②使产物能离子化；③使树脂能离子化。

例如，在链霉素提炼中，不能用氢型羧基树脂，而只能用钠型羧基树脂。因为链霉素在碱性条件下很不稳定，只能在中性下进行吸附。而氢型羧基树脂是弱酸性树脂，在中性介质中的交换容量很小，即使开始时用较高的pH，由于在交换过程中会放出H^+，阻碍树脂继续吸附链霉素，所以只能用钠型树脂。

（4）离子强度　溶液中其他离子浓度高，必与目的物离子进行吸附竞争，减少有效吸附容量。另外，离子的存在会增加目标物质分子以及树脂活性基团的水合作用，从而降低吸附选择性和交换速度。所以一般在保证目的物溶解度和溶液缓冲能力的前提下，尽可能采用低离子强度。

（5）交联度、膨胀度　树脂的交联度小，结构蓬松，膨胀度大，交换速度快，但交换的选择性差。反之，交联度高，膨胀度小，不利于有机大分子的吸附进入。因此，必须选择适当交联度、膨胀度的树脂。例如链霉素的制备先采用低交联度的凝胶树脂101×4或大孔树脂D-

152吸附，然后采用高交联度的凝胶树脂1×16脱盐除去Ca^{2+}、Mg^{2+}等。

（6）有机溶剂 当有机溶剂存在时，常常会使树脂对有机离子的选择性吸附降低，而容易吸附无机离子。一方面由于有机溶剂的存在，使离子的溶剂化程度降低，无机离子的亲水性决定它降低更多；另一方面由于有机溶剂会降低离子的电离度，且有机离子降低得更显著，所以无机离子的吸附竞争性增强。

同理，树脂上已被吸附的有机离子容易被有机溶剂洗脱。因此，人们常用有机溶剂从树脂上洗脱难洗脱的有机物质。例如金霉素对H^+和Na^+的交换常数都很大，用盐或酸不能将金霉素从树脂上洗脱，而在95%甲醇溶液中，交换常数的值降低到1/100，用盐酸-甲醇溶液就能较容易洗脱。

（7）其他作用力 有时交换离子与树脂间除离子间相互作用之外，还存在其他作用机理，如形成氢键、范德华力等，进而影响目标离子的交换吸附。如作为阳离子交换剂的磺酸型树脂可以吸附本为阴离子的青霉素，其原因在于青霉素分子中肽键上的氢可以与树脂磺酸基上的氧之间形成氢键。

2. 影响交换速度的因素

（1）颗粒大小 树脂颗粒增大，内扩散速度减小。对于内扩散控制过程，减小树脂颗粒直径，可有效提高离子交换速度。

（2）交联度 离子交换树脂载体聚合物的交联度大，树脂不易膨胀，则树脂的孔径小，离子内扩散阻力大，其内部扩散速度慢。所以当内扩散控制时，降低树脂交联度，可提高离子交换速度。

（3）温度 温度升高，离子内、外扩散速度都将加快。实验数据表明，温度每升高25℃，离子交换速度可增加1倍，但应考虑被交换物质对温度的稳定性。

（4）离子化合价 离子在树脂中扩散时和树脂骨架（和扩散离子的电荷相反）间存在库仑引力。被交换离子的化合价越高，库仑引力的影响越大，离子的内扩散速度越慢。

（5）离子的大小 被交换离子越小，内扩散阻力越小，离子交换速度越快。

（6）搅拌速度或流速 搅拌速度或流速愈大，液膜的厚度愈薄，外部扩散速度愈高，但当搅拌速度、流速增大到一定程度后，影响逐渐减小。

（7）离子浓度 当离子浓度较低（<0.01mol/L）时，离子浓度增大，外扩散速度增高，离子交换速度也成比例增加。但当离子达到一定浓度（=0.01mol/L）后，浓度增加对离子交换速度增加的影响逐渐减小，此时交换速度已转为内扩散控制。

（8）被分离组分料液的性质 溶液黏度越大，交换速度越小。

（9）树脂被污染的情况 如果树脂不可逆吸附一些物质，离子交换容量会下降，交换速度就会下降；或者一些不溶性的物质堵塞在交换柱内或树脂孔隙中，也会引起交换速度下降。如果树脂柱堵塞，柱压会升高，流速会变慢。

3. 影响交换效率的因素

图5-12为旋转90°的离子交换柱中离子分层示意图。从柱顶加入含离子A_1的溶液，溶液中的交换离子A_1由于不断被树脂吸附，其浓度从起始浓度C_0沿曲线1逐渐下降到浓度为0，而树脂上的平衡离子A_2（假定其化合价与离子A_1相同）由于逐渐被释放，则浓度由0沿曲线2逐渐上升到C_0。离子交换过程只能在$A_1\sim A_2$层内进行，这一段树脂层称为交换层，交换层内两种离子同时存在。$0\sim A_1$层中离子A_2浓度为0，离子A_1的浓度为饱和浓度，这一层称为已交换层（饱和层），饱和层不再发生交换反应。$A_2\sim A_3$层A_1离子浓度为零，A_2离子浓度最高，称为非交换区。如条件选择适当，交换层较窄，在交换区与非交换区之间的截面上，两种离子逐渐分层，离子A_2集中在前面，离子A_1集中在后面，中间形成一层明显的分界线，这样在柱的出口离子A_2先流出，随着交换的进行交换层不断下移，直至某一时候，流

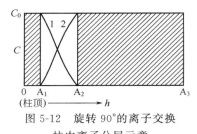

图 5-12　旋转 90°的离子交换
柱中离子分层示意

h—柱的高度；C—摩尔浓度；C_0—原始
摩尔浓度；A_1～A_2—交换层；A_1—溶液
中的交换离子；A_2—树脂上的平衡离子；
A_3—交换柱底端的界面

出液中出现离子 A_1，此时称为漏出点，以后离子 A_1 增至原始浓度，而离子 A_2 的浓度减至零。

在进行离子交换操作时，都希望交换层 A_1～A_2 尽可能地窄一些，以求较高的交换效率。因为交换层越窄，离子在柱层内的分界线越明显，越利于离子的分开；在吸附时，可以提高树脂的饱和度，减少吸附离子的漏失，而在解析时，则可使洗脱液浓度提高。如果交换层较宽，生产上为了提高离子的分离度或避免柱层较早到达漏出点，往往采用多根柱子串联或增大柱高。交换层的宽窄由多种因素决定：交换平衡常数 $K>1$ 要比 $K<1$ 时的交换层狭窄，也就是说 K 值越小，交换层会越宽；离子的化合价、离子的浓度、树脂的交换容量以及树脂老化也会影响交换层的宽窄；此外两种离子的电离度和树脂的颗粒大小也影响交换层的宽度。另外，柱床流速高于交换速度也会加宽交换层，流速越大则交换层越宽。

为了提高分离效率，如果 A_1、A_2 两种离子化合价相同，应选择平衡常数 $K>1$ 的系统；如离子 A_1、A_2 的化合价不等，应选择适宜的被交换离子 A_1 的浓度；而对于弱电解质进行交换可设法改变离子的电离度。如在阳离子交换树脂上洗脱弱电解质时，应提高溶液的 pH；而在阴离子交换中，应降低 pH。另外，也可利用有机溶剂来降低弱电解质的电离度。

第四节　离子交换树脂及离子交换设备

利用离子交换技术进行分离的关键是选择合适的离子交换剂。离子交换剂是一种不溶性的、具有网状立体结构的、可解离正离子或负离子基团的固态物质，可分为无机质和有机质两大类。无机质类又可分为天然的（如海绿石）和人造的（如合成沸石）；有机质类也分为天然的（如磺化煤）和合成的（如合成树脂）。其中合成高分子离子交换树脂具有不溶于酸、碱溶液及有机溶剂，性能稳定，经久耐用，选择性高等特点，工业中应用较多。

一、离子交换树脂的分类

离子交换树脂是一种不溶于水及一般酸、碱和有机溶剂的有机高分子化合物，它的化学稳定性良好，并且具有离子交换能力，其活性基团一般是多元酸或多元碱。离子交换树脂可以分成两部分：一部分是不能移动的高分子惰性骨架；另一部分是可移动的活性离子，它在树脂骨架中可以自由进出，从而发生离子交换现象。离子交换树脂的单元结构由三部分构成：①惰性不溶的、具有三维多孔网状结构的网络骨架（通常用 R 表示）；②与网络骨架以共价键相连的活性基 [如—SO_3^-、—$N^+(CH_3)_3$ 等，一般用 M 表示]，又称功能基，它不能自由移动；③与活性基以离子键联结的可移动的活性离子（即可交换离子，如 H^+、OH^- 等）。活性离子决定着离子交换树脂的主要性能，当活性离子是阳离子时，称为阳离子交换树脂；当活性离子是阴离子时，称为阴离子交换树脂。离子交换树脂的构造模型如图 5-13 所示。

离子交换树脂可依据不同的分类方法进行分类。

(1) 按树脂骨架的主要成分不同可分为苯乙烯型树脂，如 001×7；丙烯酸型树脂，如 112×4；多乙烯多胺-环氧氯丙烷型树脂，如 330；酚-醛型树脂，如 122 等。

(2) 按制备树脂的聚合反应类型不同可划分为共聚型树脂，如 001×7；缩聚型树脂，如 122。

(3) 按树脂骨架的物理结构不同可分为凝胶型树脂，如 201×7，也称微孔树脂；大网格树脂，如 D-152，也称大孔树脂；均孔树脂，如 Zeolitep，也称等孔树脂。

（4）按活性基团的性质不同可分为含酸性基团的阳离子交换树脂和含碱性基团的阴离子交换树脂。阳离子交换树脂可分为强酸性和弱酸性两种，阴离子交换树脂可分为强碱性和弱碱性两种。此外还有含其他功能基团的螯合树脂、氧化还原树脂以及两性树脂等。

(a)阳离子交换树脂　　(b)阴离子交换树脂

图 5-13　离子交换树脂的构造模型

二、离子交换树脂的命名

1997 年我国化工部颁布了新的规范化命名法，离子交换树脂的型号由 3 位阿拉伯数字组成。第一位数字 * 表示树脂的分类；第二位数字 * 表示树脂骨架的高分子化合物类型。常见树脂的分类、骨架类型见表 5-1 所列。第三位数字 * 表示序号；"×"表示连接符；"×"之后的数字 * 表示交联度，交联度是聚合载体骨架时交联剂［一般为二乙烯苯（DVB）］用量的质量百分比，它与树脂的性能有密切的关系，在表达交联度时，去掉％号，仅把数值写在编号之后；对于大孔型离子交换树脂，在三位数字型号前加"大"字汉语拼音首位字母"D"，表示为"D***"，如图 5-14 所示。

表 5-1　离子交换树脂命名法分类、骨架代号

分类	骨架	代号	分类	骨架	代号
强酸性	苯乙烯型	0	螯合性	乙烯吡啶型	4
弱酸性	丙烯酸型	1	两性	脲醛型	5
强碱性	酚-醛型	2	氧化还原性	氯乙烯型	6
弱碱性	环氧型	3			

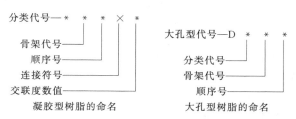

图 5-14　离子交换树脂型号表示示意

例如"001×7"树脂，第一位数字"0"表示树脂的分类属于强酸性，第二位数字"0"表示树脂的骨架是苯乙烯型，第三位数字"1"表示顺序号，"×"后的数字"7"表示交联度为 7％。因此，"001×7"树脂表示凝胶型苯乙烯型强酸性阳离子交换树脂。

三、离子交换树脂的理化性质

1. 外观和粒度

树脂的颜色有白色、黄色、黄褐色及棕色等；有透明的，也有不透明的。为了便于观察交换过程中色带的分布情况，多选用浅色树脂，用后的树脂色泽会逐步加深，但对交换容量影响不明显。大多数树脂为球形颗粒，少数呈膜状、棒状、粉末状或无定形状。球形的优点是液体流动阻力较小，耐磨性能较好，不易破裂。

树脂颗粒在溶胀状态下直径的大小即为其粒度。商品树脂的粒度一般为 16～70 目（1.19～0.2mm），特殊规格为 200～325 目（0.074～0.044mm）。制药生产一般选用粒度为 16～60 目占 90％以上的球形树脂。大颗粒树脂适用于高流速及有悬浮物存在的液相，而小颗粒树脂则多用作色谱柱和含量很少的成分的分离。粒度越小，交换速度越快，但流体阻力也会增加。

2. 膨胀度

当把干树脂浸入水、缓冲溶液或有机溶剂后，由于树脂上的极性基团强烈吸水，高分子骨架则吸附有机溶剂，使树脂的体积发生膨胀，此为树脂的膨胀性。此外，树脂在转型或再生后用水洗涤时也有膨胀现象。用一定溶剂溶胀 24h 之后的树脂体积与干树脂体积之比称为该树脂的膨胀系数，用 $K_{膨胀}$ 表示。一般情况下，凝胶树脂的膨胀度随交联度的增大而减小。另外，树脂上活性基团的亲水性愈弱，活性离子的价态愈高，水合程度愈大，膨胀度愈低。在确定树脂装柱量时应考虑其膨胀性能。

3. 交联度

离子交换树脂中交联剂的含量即为交联度，通常用质量百分比表示，如 1×7 树脂中交联剂（二乙烯苯）占合成树脂总原料的 7%。一般情况下，交联度愈高，树脂的结构愈紧密，溶胀性愈小，选择性越高，大分子物质愈难被交换。应根据被交换物质分子的大小及性质选择合适交联度的树脂。

4. 含水率

每克干树脂吸收水分的质量称为含水率，一般为 0.3g～0.7g。树脂的交联度愈高，含水量愈低。干燥的树脂易破碎，故商品树脂常以湿态密封包装。干树脂初次使用前应用盐水浸润后，再用水逐步稀释以防止暴胀破碎。

5. 真密度和表观密度

单位体积的干树脂（或湿树脂）的质量称为干（湿）真密度；当树脂在柱中堆积时，单位体积的干树脂（或湿树脂）的质量称为干（湿）表观密度，又称堆积密度。树脂的密度与其结构密切相关，活性基团愈多，湿真密度愈大；交联度愈高，湿表观密度愈大。一般情况下，阳离子树脂比阴离子树脂的真密度大；凝胶树脂比相应的大孔树脂表观密度大。

6. 交换容量

单位质量（或体积）干树脂所能交换离子的量，称为树脂的质量（体积）交换容量，表示为 mmol/g 或（mmol/mL）干树脂。交换容量是表征树脂活性基数量或交换能力的重要参数。一般情况下，交联度愈低，活性基团数量愈多，则交换容量愈大。

在实际应用过程中，常遇到 3 个概念：理论交换容量、再生交换容量和工作交换容量。理论交换容量是指单位质量（或体积）树脂中可以交换的化学基团总数，故也称总交换容量。工作交换容量是指实际进行交换反应时树脂的交换容量，因树脂在实际交换时总有一部分不能被完全取代，所以工作交换容量小于理论交换容量。再生交换容量是指树脂经过再生后所能达到的交换容量，因再生不可能完全，故再生交换容量小于理论交换容量。一般情况下，再生交换容量＝0.5～1.0 总交换容量；工作交换容量＝0.3～0.9 再生交换容量。

7. 稳定性

（1）化学稳定性　不同类型的树脂，其化学稳定性有一定的差异。一般阳型树脂比阴型树脂的化学稳定性更好，阴型树脂中弱碱性树脂最差。如聚苯乙烯型强酸性阳型树脂对各种有机溶剂、强酸、强碱等稳定，可长期耐受饱和氨水、0.1mol/L $KMnO_4$、0.1mol/L HNO_3 及温热 NaOH 等溶液而不发生明显破坏；而羟型阴树脂稳定性较差，故以氯型存放为宜。

（2）热稳定性　干燥的树脂受热易降解破坏。强酸、强碱的盐型比游离酸（碱）型稳定，聚苯乙烯型比酚醛树脂型稳定，阳型树脂比阴型树脂稳定。

8. 机械强度

树脂床层过高或溶液流速过大，会使树脂磨损；如果液相浓度变化过快，会产生过大的渗透压，使树脂破碎。机械强度是指树脂抵抗破碎的能力。一般用树脂的耐磨性能来表达树脂的机械强度。测定时，将一定量的树脂经酸、碱处理后，置于球磨机或振荡筛中撞击、磨损一定时间后取出过筛，以完好树脂的质量百分率来表示。在药品分离中，对商品树脂的机械强度一般要求在 95％ 以上。

9. 孔度、孔径、比表面积

孔度是指每单位质量或体积树脂所含有的孔隙体积，以 mL/g 或 mL/mL 表示。树脂的孔径差别很大，与合成方法、原料性质等密切相关，凝胶树脂的孔径决定于交联度，而且只在湿态时才几个纳米的大小。孔径的大小对离子交换树脂选择性的影响很大，对吸附有机大分子尤为重要。比表面积是指单位质量的树脂所具有的表面积，以 m²/g 表示。在合适孔径的基础上，选择比表面积较大的树脂，有利于提高吸附量和交换速率。

四、离子交换树脂的功能特性

1. 强酸性阳离子交换树脂

这类树脂一般以磺酸基—SO_3H 作为活性基团。如聚苯乙烯磺酸型离子交换树脂，它是以苯乙烯为母体、二乙烯苯为交联剂共聚后再经磺化引入磺酸基制成的，化学结构如图 5-15 所示。

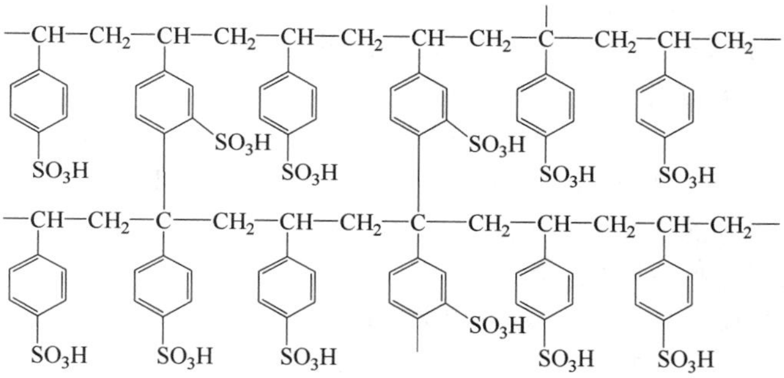

图 5-15 聚苯乙烯磺酸型离子交换树脂化学结构示意

强酸性树脂活性基团的电离程度大，不受溶液 pH 的影响，在 pH 为 1～14 范围内均可进行离子交换反应。其交换反应如下。

中和反应： $R—SO_3H + NaOH \rightleftharpoons R—SO_3Na + H_2O$

中性盐分解反应： $R—SO_3H + NaCl \rightleftharpoons R—SO_3Na + HCl$

复分解反应： $R—SO_3Na + KCl \rightleftharpoons R—SO_3K + NaCl$

以磷酸基 $[—PO(OH)_2]$ 和次磷酸基 $[—PHO(OH)]$ 作为活性基团的树脂具有中等强度的酸性。

树脂在使用一段时间后要进行再生处理，即用化学药品使树脂的官能团恢复原来状态。强酸型树脂是用强酸进行再生处理，由于强酸型树脂与 H^+ 结合力弱，因此再生成氢型比较困难，故耗酸量较大，一般为该树脂交换容量的 3～5 倍。这类树脂主要用于软水和无盐水的制备，在链霉素、卡那霉素、庆大霉素、赖氨酸等的提取精制中应用也较多。

2. 弱酸性阳离子交换树脂

弱酸性阳离子交换树脂是指含有羧基（—COOH）、酚羟基（—C_6H_4OH）等弱酸性基团的离子交换树脂，其中以含羧基的离子交换树脂用途最广。弱酸性基团的电离程度受溶液 pH 的影响很大，在酸性溶液中几乎不发生交换反应，只有在 pH≥7 的溶液中才有较好的交换能力。以 101×4 树脂为例，其交换容量与溶液 pH 的关系见表 5-2 所列。

表 5-2 101×4 树脂的交换容量与溶液 pH 的关系

pH	5	6	7	8	9
交换容量/(mmol/g)	0.8	2.5	8.0	9.0	9.0

由表中数据可看出，pH 升高，交换容量增大。其交换反应如下。

中和反应：$\qquad$ R—COOH + NaOH $\rightleftharpoons$ R—COONa + H_2O

因 R—COONa 在水中不稳定，易水解成 R—COOH，故羧酸钠型树脂不易洗涤到中性，一般洗到出口 pH 为 9～9.5 即可，并且洗水量不宜过多。

复分解反应：$\qquad$ R—COONa + KCl $\rightleftharpoons$ R—COOK + NaCl

110-Na 型树脂应用复分解反应原理进行链霉素的提取，其反应式为：

$$3R—COONa + Str^{3+} \rightleftharpoons (R—COO)_3Str + 3Na^+$$

与强酸树脂不同，弱酸树脂和 H^+ 结合力很强，所以容易再生成氢型且耗酸量少。在制药生产上常用有弱酸型如 101×4 分离提取链霉素、正定霉素、溶菌酶及尿激酶；用 122 进行链霉素的脱色及从庆大霉素废液中提取维生素 B_{12} 等。

3. 强碱性阴离子交换树脂

强碱性阴离子交换树脂是以季氨基为交换基团的离子交换树脂，活性基团有三甲氨基 [—$N^+(CH_3)_3$]（Ⅰ型），二甲基-β-羟基乙胺基 [—$N^+(CH_3)_2(C_2H_4OH)$]（Ⅱ型），因Ⅰ型比Ⅱ型碱性更强，其用途更广泛。强碱性活性基团的电离程度大，它在酸性、中性甚至碱性介质中都可以显示离子交换功能。其交换反应如下。

中和反应：$\qquad$ R—$N(CH_3)_3$OH + HCl $\rightleftharpoons$ R—$N(CH_3)_3$Cl + H_2O

中性盐分解反应：$\quad$ R—$N(CH_3)_3$OH + NaCl $\rightleftharpoons$ R—$N(CH_3)_3$Cl + NaOH

复分解反应：$\qquad$ R—$N(CH_3)_3$Cl + NaBr $\rightleftharpoons$ R—$N(CH_3)_3$Br + NaCl

这类树脂的氯型较羟型更稳定，耐热性更好，故商品大多数是氯型。强碱性树脂与 OH^- 结合力较弱，再生时耗碱量较大。这类树脂常用的有 201×4 用于卡那霉素、庆大霉素、巴龙霉素、新霉素的精制脱色，201×7 用于无盐水的制备等。

4. 弱碱性阴离子交换树脂

弱碱性阴离子交换树脂是以伯氨基—NH_2、仲氨基—NHR 或叔氨基—NR_2 为交换基团的离子交换树脂。由于这些弱碱性基团在水中解离程度很小，仅在中性及酸性（pH<7）的介质中才显示离子交换功能，即交换容量受溶液 pH 的影响较大，pH 愈低，交换能力愈大。其交换反应如下。

中和反应：$\qquad$ R—NH_3OH + HCl $\rightleftharpoons$ R—NH_3Cl + H_2O

复分解反应：$\qquad$ 2R—NH_3Cl + Na_2SO_4 $\rightleftharpoons$ (R—NH_3)$_2SO_4$ + 2NaCl

弱碱性基团与 OH^- 结合力很强，所以易再生为羟型，且耗碱量少。生产上常用 330 树脂吸附分离头孢菌素 C，并用于博来霉素、链霉素等的精制。

5. 两性树脂

包括热再生树脂和蛇笼树脂。指同时含有酸、碱两种基团的树脂，有强碱-弱酸和弱酸-弱碱两种类型，其相反电荷的活性基团可以在同一分子链上，亦可以在两条相接近的大分子链上。如弱酸-弱碱合体的两性树脂室温下的脱盐反应：

$$RCOOH + RNR_2 + NaCl \underset{70\sim80℃}{\overset{20\sim25℃}{\rightleftharpoons}} RCOONa + RNR_2HCl$$

这类树脂能用热水再生，主要是由于当温度自 25℃ 升至高 85℃ 时，水的解离度增加，使 H^+ 和 OH^- 的浓度增大 30 倍，它们可作为再生剂。

蛇笼树脂兼有阴阳交换功能基，这两种功能基共价连接在树脂骨架上。这种树脂功能基相互很接近，可用于脱盐，使用后只需用大量水洗即可恢复交换能力。蛇笼树脂利用其阴阳两种功能基截留、阻滞溶液中强电解质（盐），排斥有机物，使有机物先漏出在流出液中，这种分离方法称为离子阻滞法，应用于糖类、乙二醇、甘油等有机物中的除盐。

6. 螯合树脂

这类树脂含有具有螯合能力的基团，对某些离子具有特殊选择力。如氨基羧酸树脂螯合 Ca^{2+} 的反应，用盐酸可进行再生，反应如下：

五、离子交换树脂的选择

在工业应用中，对离子交换树脂的要求是：①具有较高的交换容量；②具有较好的交换选择性；③交换速度快；④具有在水、酸、碱、盐、有机溶剂中的不可溶性；⑤较高的机械强度，耐磨性能好，可反复使用；⑥耐热性好，化学性质稳定。离子交换树脂的选用，一般应从以下几个方面考虑。

（1）被分离物质的性质和分离要求　包括目标物质和主要杂质的解离特性、分子量、浓度、稳定性、酸碱性的强弱、介质的性质以及分离的要求等方面，其关键是保证树脂对被分离物质与主要杂质的吸附力有足够大的差异。当目标物质有较强的碱性或酸性时，应选用弱酸性或弱碱性的树脂，这样可以提高选择性，利于洗脱。当目标物质是弱酸性或弱碱性的小分子时，可以选用强碱或强酸性树脂，如氨基酸的分离多用强酸树脂，以保证有足够的结合力，利于分步洗脱；如赤霉素为一弱酸，pK 为 3.8，可用强碱性树脂进行提取；对于大多数蛋白质、酶和其他生物大分子的分离多采用弱碱或弱酸性树脂，以减少生物大分子的变性，有利于洗脱，并提高选择性。一般说来，对弱酸性和弱碱性树脂，为使树脂能离子化，应采用钠型或氯型。而对强酸性和强碱性树脂，可以采用任何型式。但若抗生素在酸性、碱性条件下易破坏，则不宜采用氢型和羟型树脂。对于偶极离子，应采用氢型树脂吸附。

（2）树脂可交换离子的型式　由于阳离子型树脂有氢型（游离酸型）和盐型（如钠型）、阴离子型树脂有羟型（游离碱型）和盐型（如氯型）可供使用，为了增加树脂活性、离子的解离度、提高吸附能力，弱酸和弱碱树脂应采用盐型，而强酸和强碱树脂则根据用途可任意使用，对于在酸性、碱性条件下不稳定的物质，不宜选用氢型或羟型树脂。盐型法适用于硬水软化和特定离子的去除、交换及抽提，但不适用于 Cl^- 与 SO_4^{2-} 的交换、脱色及抽提等。游离酸型或游离碱型的应用，除与盐型树脂有相同的作用外，还有脱盐的作用。

（3）合适的交联度　多数药物的分子较大，应选择交联度较低的树脂，以便于吸附。但交联度过小，会影响树脂的选择性，其机械强度也较差，使用过程中易造成破碎流失。所以选择交联度的原则是：在不影响交换容量的条件下，尽量提高交联度。

（4）洗脱难易程度和使用寿命　离子交换过程仅完成了一半分离过程，洗脱是非常重要的另一半分离过程，往往关系到离子交换工艺技术的可行性。从经济角度考虑，交换容量、交换速度、树脂的使用寿命等都是非常重要的选择参数。

总之，应根据目标物质的理化性质及具体分离要求，综合考虑多方面因素来选择树脂。

六、有关计算

1. 密度计算

（1）干树脂真密度

$$\rho_R = \frac{W_R}{V_R} \tag{5-8}$$

式中　ρ_R——干树脂真密度，g/mL；

W_R——干树脂质量，g；

V_R——干树脂本身体积，mL。

（2）湿溶胀树脂真密度

$$\rho_S = \frac{W_S}{V_S} \tag{5-9}$$

式中　ρ_S——溶胀树真密度，g/mL；

W_S——湿树脂质量，g；

V_S——湿树脂本身体积，mL。

（3）湿树脂的表现密度（视密度、堆积密度、松装密度）

$$\rho_a = (1-\varepsilon)\rho_s \tag{5-10}$$

式中　ρ_a——表现密度，g/mL；

ρ_s——湿溶胀树真密度，g/mL；

ε——床层空隙率％（体积基）。

2. 树脂用量计算

$$H = Q\frac{I_a - I_b}{C}nf_s \tag{5-11}$$

式中　H——树脂用量，L；

I_a——进入交换器的杂质离子浓度或被处理溶液某离子浓度，mol/L；

I_b——贯穿点的杂质离子或被处理溶液某离子浓度，mol/L；

Q——处理溶液量，L；

C——树脂工作交换容量，mol/L；

f_s——保险系数或安全系数；

n——离子交换反应配平系数。

3. 再生剂或洗脱剂用量计算

$$V = \frac{nkCH}{I} \tag{5-12}$$

式中　V——再生剂或洗脱剂用量，L；

n——离子交换反应配平系数；

k——再生剂或洗脱剂用量超过理论用量倍数。一般强酸（碱）型 $k=3\sim4$，弱酸（碱）型 $k=1.1$；

C——树脂工作交换容量，mol/L；

H——树脂用量，L；

I——再生剂或洗脱剂浓度，mol/L。

七、离子交换设备

离子交换设备与吸附设备结构相似，根据设备结构形式不同可分为罐式、柱式和塔式；根据溶液进入交换设备的方向不同可分为正吸附离子交换设备（溶液自上而下进入交换设备）和反吸附离子交换设备（溶液自下而上进入交换设备）；根据操作方式不同又可分为搅拌罐、固定床、移动床和流化床等形式。搅拌罐一般用于静态操作，即只用于交换反应，反应后利用沉淀、过滤或旋液分离器将树脂分离，再装入解吸罐中进行洗涤、解析和再生。固定床、移动床和流化床为动态交换设备，其中固定床设备用得最多。下面介绍几种典型的离子交换设备。

1. 正吸附离子交换罐

正吸附离子交换罐为一固定床离子交换设备，主要包括筒体、树脂层、进液装置、排液装置，再生液分布装置等，如图 5-16 所示。

（1）**简体**　是一个具有椭圆形顶和底的圆筒形设备，多用钢板制成，内衬橡胶或涂防腐涂料，圆筒体的高径比值一般为2～3，最大为5。罐顶上有人孔或手孔（大罐可在壁上），用于装卸树脂。还有视镜或灯孔，溶液、解吸液、再生剂、水进口可共用一个进料口与罐顶连接。各种液体出口、返洗水进口、压缩空气（疏松树脂层用）进口也可共用一个出液口与罐底连接。另外，罐顶有压力表、排空管接口及返洗水出口。

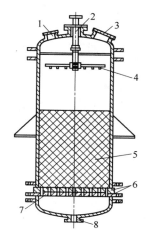

图 5-16　具有多孔支持板的
离子交换罐

1—视镜；2—进料口；3—手孔；
4—液体分布器；5—树脂层；
6—多孔板；7—尼龙布；
8—出液口

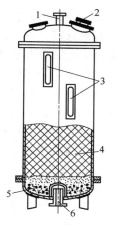

图 5-17　具有块石支持
层的离子交换罐

1—进料口；2—视镜；
3—液位计；4—树脂层；
5—卵石层；6—出液口

（2）**树脂层**　简体内部主要空间被树脂层占用，树脂层高度占圆筒高度的50%～70%，上部留有充分的空间以备反洗时树脂层的膨胀。简体底部装有多孔板、筛网及滤布，以支持树脂层，也可用石英、石块等直接铺于罐底来支持树脂。如图5-17所示，大石块在下，小石块在上，约分5层，各层石块直径范围分别是16～26mm、10～16mm、6～10mm、3～6mm和1～3mm，每层高度约100mm。

（3）**进液装置**　简体上部设有进液装置，进液装置的作用是分配进液（使溶液、解析液及再生剂均匀通过树脂层）和收集反洗排水。常用的型式有漏斗型、喷头型、十字穿孔管型和多孔板水帽型，如图5-18所示。

① **漏斗型**　结构简单，制作方便，适用于小型交换器。漏斗的角度一般为60°或90°，漏斗的顶部距交换器的上封头约200mm，漏斗口直径为进液管的1.5～3倍。安装时要防止倾斜，操作主要防止反洗流失树脂。

② **喷头型**　结构也较简单，有开孔式外包滤网和开细缝隙两种形式。进液管内流速为1.5m/s左右，缝隙或小孔流速取1～1.5m/s。

③ **十字管型**　管上开有小孔或缝隙，布液较前两种均匀，设计选用的流速同前。

④ **多孔板水帽型**　布液均匀性最佳，但结构复杂，有多种帽型，一般适用于小型交换器。

（4）**底部排液装置**　其作用是收集交换液、解析液、再生液和分配反洗水。应保证液流分布

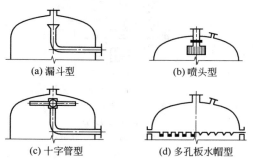

图 5-18　进水装置的常用型式

均匀和不漏树脂。常用的有多孔板排水帽式和石英砂垫层式两种。前者均匀性好，但结构复杂，一般用于中小型交换器。后者要求石英砂中 SiO_2 含量在 99% 以上，使用前用 $10\%\sim20\%$ HCl 浸泡 $12\sim14h$，以免在运行中释放杂质。砂的级配和层高（图 5-17）根据交换器直径有一定要求，达到既能均匀集水，也不会在反洗时浮动的目的。在砂层和排水口间设穹形穿孔支撑板。

（5）再生液分布装置　在较大内径的顺流再生固定床中，树脂层面以上 $150\sim200mm$ 处设有再生液分布装置，常用的有辐射型、圆环型、母管支管型等几种。对小直径固定床，再生液通过上部进水装置分布，不另设再生液分布装置。在逆流再生固定床中，再生液自底部排水装置进入，不需设再生液分布装置，但需在树脂层面设一中排液装置，用来排放再生液。在小反洗时，兼作反洗水进水分配管。中排装置的设计应保证再生液分配均匀，树脂层不扰动，不流失。常用的有母管支管式和支管式两种。前者适用于大中型交换器，后者适用于 $\phi600mm$ 以下的固定床，支管 $1\sim3$ 根。上述两种支管上有细缝或开孔外包滤网。

实验室或小型企业交换罐可用硬聚氯乙烯、有机玻璃或玻璃制成交换柱，下端衬以烧结玻璃砂板、带孔陶瓷、塑料网等以支撑树脂。

2. 反吸附离子交换罐

反吸附离子交换罐为一固定床离子交换设备，如图 5-19 所示。溶液由罐的下部以一定流速导入，使树脂在罐内呈沸腾状态，交换后的废液则从罐顶的出口溢出。为了减少树脂从上部溢出口溢出，可设计成上部成扩口形的反吸附交换罐，以降低流体流速而减少对树脂的夹带，如图 5-20 所示。反吸附可以省去菌丝过滤，且液固两相接触充分，操作时不产生短路、死角。因此生产周期短，解吸后得到的生物产品质量高。但反吸附时树脂的饱和度不及正吸附的高，理论上讲，正吸附时可能达到多级平衡；而反吸附时由于返混只能是一级平衡，此外，罐内树脂层高度比正吸附时低，以防树脂外溢。

3. 混合床离子交换设备

混合床离子交换设备是一正吸附离子交换设备，床层由阴、阳两种离子交换树脂混合而成。多用于脱盐处理，可制备无盐水。交换时溶液中阴、阳离子被交换到固体树脂上，而从溶

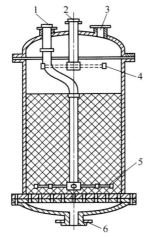

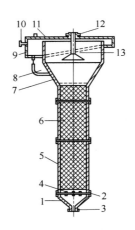

图 5-19　反吸附离子交换罐

1—被交换溶液进口；2—淋洗水，
解吸液及再生剂进口；
3—废液出口；4,5—分布器；
6—淋洗水、解吸液及
再生剂出口，反洗水进口

图 5-20　扩口式离子交换罐

1—底；2—液体分布器；3—底部液体进、
出管；4—填充层；5—壳体；
6—离子交换树脂层；7—扩大沉降段；
8—回流管；9—循环室；10—液体出口管；
11—顶盖；12—液体加入管；13—喷头

液中除去，相应地从树脂上交换出来 H⁺ 和 OH⁻ 进入溶液，结合成水。图 5-21 为混合床离子交换罐制备无盐水的流程，操作时溶液由上而下流动，再生时，先用水反冲，使阴、阳离子交换树脂借密度差分层（一般阳离子树脂较重在下层），然后将碱液由罐的上部引入，酸液则由罐底引入，废酸、碱液在中部引出，再生及洗涤结束后，用压缩空气将两种树脂重新混合均匀，阴阳离子交换树脂以体积比 1：1 混合。

4. 连续离子交换设备

图 5-22 及图 5-23 为连续逆流离子交换设备示意。连续式离子交换设备操作强度大，交换速度快，生产能力高，便于自动化控制，但树脂破损大，设备及操作较复杂，不易控制。

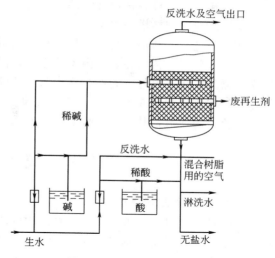

图 5-21　混合床离子交换罐

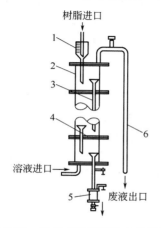

图 5-22　筛板式连续离子交换设备

1—树脂计量及加料口；2—塔身；3—漏斗形树脂加料口；
4—筛板；5—饱和树脂受器；6—虹吸管

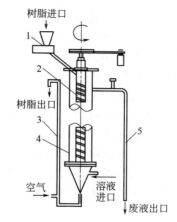

图 5-23　漩涡式连续交换设备

1—树脂加料器；2—具有螺旋带的转子；
3—树脂提升管；4—塔身；5—虹吸管

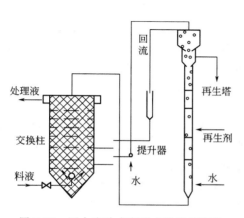

图 5-24　压力流动式离子交换装置流程

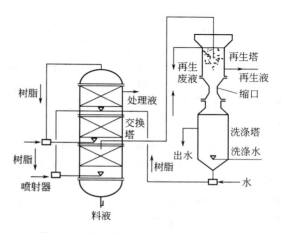

图 5-25　重力流动式离子交换装置流程

连续式离子交换设备按料液流动方式又可分为重力和压力两种。压力流动式是由再生洗涤塔和交换塔组成。交换塔为多室式，每室树脂和溶液的流动为顺流，而对于全塔来说树脂和溶液却为逆流。连续不断地运行。再生和洗涤共用一塔，水及再生液与树脂均为逆流。从树脂层来看。连续式装置的树脂在装置内不断流动，但它又在树脂内形成固定的交换层，具有固定床离子交换器的作用。另外，它在装置中与溶液顺流呈沸腾状态，因此又具有流化床离子交换器作用，其工作流程如图 5-24 所示。重力流动式又称双塔式，这种装置的主要优点是被处理液与树脂的流向为逆流，其工作流程如图 5-25 所示。

第五节　离子交换技术实施

一、离子交换工艺及操作

离子交换工艺过程一般包括：原料液中的离子与固体交换剂中可交换离子间的置换反应，饱和的离子交换剂用洗脱剂进行逆交换反应过程、树脂的再生、树脂的洗涤与循环使用等步骤。新树脂由于含有许多杂质，表面还有灰尘等污物，这些物质会影响交换效果和产品质量。另外，树脂本身的型式也可能不适用于交换过程。因此，树脂在使用之前，需进行预处理后方能使用。对于特定的料液由于所含杂质成分、含量不同，料液处理目的与要求不同，所采用的具体交换工艺也不尽相同，但从总体上讲其交换工艺的复杂程度与所选择的操作方式有关。

1. 离子交换操作方式

常用的离子交换方式有 3 种，第一种是"间歇式"，又称分批操作法，也叫静态交换，多用在学术研究中或生产规模相对较小的料液处理；第二种是"管柱式"或"固定床式操作"，其装置为装有离子交换树脂的圆柱体，它是工业中最常用、最主要的一种离子交换操作方式；第三种是"流体式"或"流动床式"，此种操作方式在生产率相同的情况下所需的树脂量比固定床操作少，再生剂利用率及树脂的饱和程度高，再生剂用量少；被处理物料的纯度高，质量均匀；操作自动化程度高，可连续出料，生产能力大，但所需的生产设备数量较多，操作管理较为复杂，且对树脂要求抗挤压、磨损的能力要强。第二、三种相对于第一种可以称为动态交换。

静态交换法是将树脂与交换溶液混合置于一定的容器中，静置或进行搅拌使交换达到平衡。如卡那霉素、庆大霉素等采用的都是静态交换法。静态交换法操作简单，设备要求低，但由于静态交换是分批间歇进行的，树脂饱和程度低、交换不完全，破损率较高，不适于用做多种成分的分离。

动态交换法一般是指固定床法，先将树脂装柱或装罐，交换溶液以平流方式通过柱床进行交换。如链霉素、头孢菌素、新霉素等多数抗生素均采用动态交换法。该法交换完全，不需搅拌，可采用多罐串联交换，使单罐进出口浓度达到相当程度，具有树脂饱和程度高、操作连续等优点，而且可以使吸附与洗脱在柱床的不同部位同时进行。适于多组分的分离以及产品等精制脱盐、中和，在软水、去离子水的制备中也多采用此种方法。例如用一根 732 树脂交换柱可以分离多种氨基酸。

固定床交换法按操作方式可分为：单床式、多床式、复床式和混合床式，如图 5-26 所示。

单床操作是一种树脂与一支交换柱组成的最简单的操作方法。多床操作是由两支或两支以上的树脂交换柱以串联或并联的方式连接在一起。复床操作是阳离子交换树脂与阴离子交换树脂一组或多组串联组成，主要用来脱盐。混合床操作是阳离子交换树脂与阴离子交换树脂均匀混合在一支交换柱中进行的操作方法，多用于制造高纯度的水或脱除料液中的某些盐。

2. 固定床离子交换器间歇工艺过程

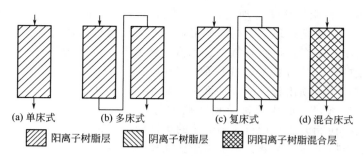

图 5-26 各种固定床方式示意

固定床离子交换工艺如图 5-27 所示，其操作过程如下。

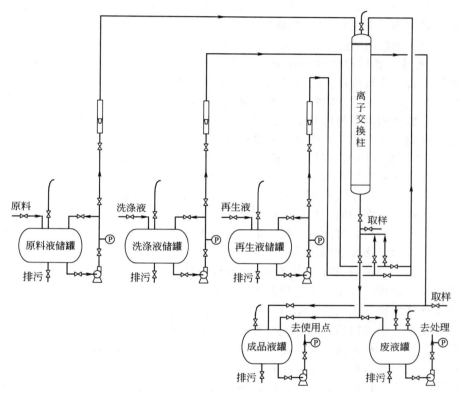

图 5-27 固定床离子交换工艺

（1）离子交换树脂的预处理

① 物理处理 商品树脂在预处理前要先去杂过筛，粒度过大时可稍加粉碎，对于粉碎后的树脂应进行筛选或浮选处理。经筛选去杂质后的树脂，往往还需要水浸泡，使之充分吸水膨胀，并用水洗以去除木屑、泥砂等杂质，再用酒精或其他溶剂浸泡以去除树脂制备过程中残存在的少量有机杂质。如果树脂已经完全干燥，则不能直接用清水浸泡，而应该用浓氯化钠溶液浸泡，逐渐稀释，以减缓溶胀速度，最后以清水洗涤，防止树脂胀裂。

② 化学处理 由于新树脂中含有一些水不溶性杂质，所以要用化学处理。化学处理的方法是用 8～10 倍的 1mol/L 的盐酸或氢氧化钠溶液交替搅拌浸泡。如 732 树脂在用于氨基酸分离前先以 8～10 倍树脂体积的 1mol/L 盐酸搅拌浸泡 4h，反复用水洗至近中性后，再用 8～10 倍体积的 1mol/L 氢氧化钠溶液搅拌浸泡 4h，反复用水洗至近中性后，再用 8～10 倍树脂体积的 1mol/L 盐酸搅拌浸泡 4h，最后水洗至中性备用。

③ **转型**　转型即树脂经化学处理后，为了发挥其交换性能，按照使用要求人为地赋予树脂平衡离子的过程。如化学处理 732 树脂的最后一步，用酸处理使之变为氢型树脂的操作也可称为转型。常用的阳离子交换树脂有氢型、钠型、铵型等；常用的阴离子交换树脂有羟型、氯型等。对于分离蛋白质、酶等物质，往往要求在一定的 pH 范围及离子强度下进行操作。因此，转型完毕的树脂还必须用相应的缓冲液平衡数小时后备用。

缓冲液酸碱度的选择，取决于被分离物质的等点电、稳定性、溶解度和交换离子的 pK 值。使用阴离子交换树脂时要选用低于 pK 值的缓冲液，如果被分离的物质属于酸性，则缓冲溶液的 pH 要高于该物质的等点电。用阳离子交换树脂时要选用高于 pK 值的缓冲液，被分离的物质属于碱性时，缓冲液要低于该物质的等点电。

树脂的转型一般根据工艺要求，用适当浓度的溶液进行处理。氯型强碱性阴树脂转化为氢氧根型比较困难，需用树脂体积 6～8 倍的 1mol/L NaOH 溶液处理，而后以清水洗至流出液无碱性（酚酞指示剂不变色）。所用的碱中不应含碳酸根，否则交换于树脂上，使其交换容量下降。氢氧根型强碱性阴树脂转化为氯型则十分容易，可用氯化钠溶液处理，当流出液 pH 升至 8～8.5 即已完成。清洗过的强酸性阳树脂转化为氢型，常用 1mol/L HCl 处理，而后洗至无酸性。从氢型转化为其他型可用相应的盐处理。弱阴离子树脂易于转化为氢氧根型，除了用氢氧化钠外，也可用氨水进行转换。如果氢氧根型需转化为其他型式，可进一步与含相应阴离子的酸反应。弱酸性阳离子树脂易于转化为氢型，再转化为其他型式，除了加相应的盐外，同时要加入相应的碱，中和产生的酸。转型操作可以采用动态法或静态法。

④ **装柱**　离子交换树脂一般采用湿法填充，即将经过处理及缓冲液平衡的离子交换剂放入容器，加入适量溶液边搅拌边倒入交换柱内，使树脂缓慢沉降，树脂层的高度一般为柱高的 2/3 左右。装柱时不允许有气泡及分层现象产生。离子交换剂装柱之后，用水充分地逆冲洗涤，把树脂中的微粒、夹杂的尘埃溢流除去，同时驱逐树脂层的气泡，使交换柱内树脂颗粒填充均匀；停止逆洗，待树脂沉降后，以一定空速放去洗涤水。有时还需用几倍于柱体积的缓冲液进行平衡以确保离子交换剂的缓冲状态。

当采用干燥树脂直接填充时，应特别注意其膨胀性。

（2）**离子交换过程**　离子交换过程是指待交换的离子从料液中交换到树脂上的过程，分正交换法和反交换法两种。正交换是指料液自上而下流经树脂，这种交换方法有清晰的离子交换层，交换饱和度高，洗脱液质量好，但交换周期长，交换后树脂阻力大，影响交换速度。反交换的料液是自下而上流经树脂层，树脂呈沸腾状，所以对交换设备要求比较高。生产中应根据料液的黏度及工艺条件选择，大多采用正交换法。当交换层较宽时，为了保证分离效果，可采用多罐串联正交换法。在离子交换操作时必须注意，树脂层之上应保持有液层，处理液的温度应在树脂耐热性允许的最高温度以下，树脂层中不能有气泡。离子交换过程可以是将目标产物离子化后交换到介质上，而杂质不被吸附，从交换柱中流出，这种交换操作，目标产物需经洗脱收集，树脂使用一段时间后吸附的杂质接近饱和状态，就要进行再生处理。另外，离子交换过程也可将料液中杂质离子化后被交换，而目标产物不被交换直接流出收集，这种交换操作，一段时间后树脂也需经再生处理。为了避免在交换过程中造成交换柱的堵塞和偏流，样品溶液须经过滤或离心分离处理。

离子交换操作之前，一般用水正洗转化柱，当洗水合格后（符合工艺检查指标），停止洗涤，控制柱出口阀开度，使柱内液面刚好降至树脂面处停止放液。选择适宜的流速，将已计算好交换量的待处理料液加入至交换柱，定时检查流出液的情况，是否交换至漏点。如果提前出现漏点，应停止交换操作，将柱内残存的料液用水（计算好用量）顶洗至原料液储槽，对柱进行洗脱或再生处理。如果没有提前出现漏点，待交换完毕，用水（计算好用量）将柱内残存的料液顶出至交换液储槽，进行洗脱或再生。

（3）洗脱过程

① 洗涤　离子交换完成后，洗脱操作前，对树脂进行洗涤相当重要，其对分离质量影响很大。洗涤的目的是将树脂上吸附的废液及夹带的大量色素和杂质除去。适宜的洗涤剂应能使杂质从树脂上洗脱下来，还不应和有效组分发生化学反应或交换反应。如链霉素被交换到树脂上后，不能用氨水洗涤，因 NH_4^+ 与链霉素反应生成毒性很大的二链霉胺，也不能用硬水洗涤，因为水中的 Ca^{2+}、Mg^{2+} 等离子可将链霉素交换下来，造成收率降低，目前生产中使用软水进行洗涤。常用的洗涤剂有软化水、无盐水、稀酸、稀碱、盐类溶液或其他配合剂等。

② 洗脱　离子交换完成后，将树脂吸附的物质释放出来重新转入溶液的过程称作洗脱。洗脱是用亲和力更强的同性离子取代树脂上吸附的目的产物。洗脱剂可选用酸、碱、盐、溶剂等。其中酸、碱洗脱剂是通过改变吸附物的电荷或改变树脂活性基团的解离状态，以消除静电结合力，迫使目的物被释放出来。盐类洗脱剂是通过高浓度的带同种电荷的离子与目的产物竞争树脂上的活性基团，并取而代之，使吸附物游离出来。

洗脱剂应根据树脂和目的产物的性质来选择。对强酸性树脂一般选择氨水、甲醇及甲醇缓冲液等作洗脱剂；弱酸性树脂用稀硫酸、盐酸等作洗脱剂；强碱树脂用盐酸-甲醇、醋酸等作洗脱剂。若被交换的物质用酸、碱洗不下来，或遇酸、碱易破坏，可以用盐溶液作洗脱剂，此外还可以用有机溶剂作洗脱剂。在常温稀水溶液中，离子的水化半径越小，价态越高，越易被树脂交换，但树脂饱和后，价态不再起主要作用，所以可以用低价态、较高浓度的洗脱剂进行洗脱。

洗脱过程是交换的逆过程，洗脱条件应尽量使溶液中被洗脱离子的浓度降低，一般情况下洗脱条件应与交换条件相反，如吸附在酸性条件下进行，洗脱应在碱性条件下进行；如吸附在碱性条件下进行，洗脱应在酸性条件下进行。洗脱流速应大大低于交换时的流速。为防止洗脱过程 pH 的变化对产物稳定性的影响，可选用氨水等较缓和的洗脱剂，也可选用缓冲溶液作为洗脱剂。若单靠 pH 变化洗脱不下来，可以试用有机溶剂，选择有机溶剂的原则是能和水混溶，并且对目标物溶解度较大。

洗脱方式分为静态洗脱和动态洗脱。一般来说，动态交换也作动态洗脱，静态交换也作静态洗脱。静态洗脱可进行一次，也可进行多次反复洗脱，旨在提高目的物收率。动态洗脱在离子交换柱上进行，在洗脱过程中，洗脱液的 pH 和离子强度可以始终不变，也可以按分离的要求人为地分阶段改变其 pH 和离子强度，这就是阶段洗脱，常用于多组分的分离上。这种洗脱液的改变也可以通过仪器来完成，称为连续梯度洗脱。所用仪器叫做梯度混合仪，如瑞典 Pharmacia-LKB 公司制造的自动梯度仪。梯度洗脱的效果优于阶段洗脱，特别适用于高分辨率的分析目的。另外，根据工艺要求，常对不同浓度的洗脱液进行分步收集，以获得较高的分离效果。

（4）树脂的再生（或称活化）　离子交换树脂在工作过程中逐渐吸附被处理液中的杂质，经过一段时间后就接近"饱和"状态，离子交换能力降低，需要进行再生处理；或者树脂经使用后其型式与使用前型式不同，也需再生处理。所谓树脂的再生就是让使用过的树脂重新获得使用性能的处理过程，包括除去其中的杂质和转型，再生反应是交换吸附的逆反应。离子交换树脂一般可重复使用多次，但使用一段时间后，由于杂质的污染，必须进行再生处理才能使其交换能力得到最大恢复。

需要再生的树脂首先要去杂质，即用大量的水冲洗，以去除树脂表面和孔隙内部物理吸附的各种杂质，然后再用酸、碱、盐进行转型处理，除去与功能基团结合的杂质，使其恢复原有的静电吸附及交换能力，最后用清水洗至所需的 pH。已用过的树脂，如果在洗脱后，树脂的型式与下次吸附树脂所要求的型式相同，则洗脱的同时，树脂就基本得到再生，可直接重复使用，直到树脂上杂质对交换有明显影响时，再进行再生处理；但如果洗脱后树脂的型式不符合下次离子交换时树脂所要求的型式，则需进行再生处理。如果树脂暂时不用则应浸泡于水中保存，以免树脂干裂而造成破损。

常用的再生剂有 1%～10% HCl、H_2SO_4、NaCl、NaOH、Na_2CO_3 及 NH_4OH 等。再生操作时，随着再生剂的通入，树脂的再生程度（再生树脂占全部树脂量的百分率）在不断增加，当上升到一定值时，再要提高再生程度就比较困难，必须耗用大量再生剂，很不经济，故通常控制再生程度在 80%～90%。再生操作与转型操作相同，有动态法与静态法两类。

动态再生法既可采用顺流再生，也可采用逆流再生。对于顺流交换而言，当顺流再生时，未再生完的树脂在床层的底部，残留离子会影响分离效果；相反，当逆流再生时，床层底部的树脂再生程度最高，分离效果稳定。动态再生法步骤如下。

① 逆洗使树脂分离　动态再生法中，逆洗可使积压结实的树脂冲开松动，同时调整了树脂的填充状态，树脂层中杂质沉淀物与浮游物等被溢流除去，气泡也被除去。逆洗的水量为树脂层原体积的 150%～170%，逆洗时间一般为 10min。在混合床装置中，逆洗还兼有两种树脂分层的作用。

② 将再生剂通过树脂层　逆洗完毕，树脂颗粒沉降后，将再生液通过树脂层，再生剂的选择原则一般为：H 型交换层用酸液；OH 型交换层用碱液；中性交换树脂（复分解反应的离子交换）层则用食盐。根据所用树脂的类型，选择适宜的再生剂，再生剂用量、再生液浓度及再生时的流速等选择可参照表 5-3。

表 5-3　离子交换树脂的完全再生条件

离子交换树脂的种类	再生剂量/(mmol/g)	再生剂浓度/%
强酸性阳离子交换树脂	50(HCl)	10
	50(NH_4Cl)	10
弱酸性阳离子交换树脂	40(HCl)	5
强碱性阴离子交换树脂	50(NaOH)	10
	30(NaCl)	10
弱碱性阴离子交换树脂	30(NaOH)	5

如果离子交换树脂要完全再生，所用再生剂的量必须达到上表中理论量的 3～20 倍，很不经济。在实际工业生产中往往采用部分再生法，再生剂的用量仅需理论用量的 1.5～3 倍。

③ 树脂层的清洗　再生后要用清水对树脂层进行洗涤，以洗去其中的再生废液。洗涤操作一般采用先正洗，再逆洗。工业上为了回收再生废液，正洗操作往往先慢速冲洗以回收再生废液，然后快速冲洗。制药生产中所用的洗涤水一般为软水或无盐水。

④ 树脂的混合　洗涤后，对于混合床还需在其下部通入压缩空气搅拌，使两种树脂充分混匀备用。

与动态再生法对应的是静态再生法，它是将洗涤后的树脂与再生剂混合反复多次，取出再生废液，然后用水对树脂洗涤，反复多次，直到再生液被全部洗出。工业上一般不用此法。

3. 连续式离子交换器工艺过程

固定床离子交换器内树脂不能边饱和边再生，因树脂层厚度比交换区厚度大得多，故树脂和容器利用率都很低；树脂层的交换能力使用不当，上层的饱和程度高，下层低，而且生产不连续，再生和冲洗时必须停止交换。为了克服上述缺陷，可采取连续式离子交换设备，包括移动床和流动床。

图 5-28 为三塔式移动床水处理系统，由交换塔、再生塔和清洗塔组成。运行时，原水由交换塔下部配水系统流入塔内，向上快速流动，把整个树脂层承托起来并与之交换离子。经过一段时间以后，当出水离子开始穿透时，立即停止进水，并由塔下排水。排水时树脂层下降

（称为落床），由塔底排出部分已饱和的树脂，同时浮球阀自动打开，从储树脂斗放入等量已再生好的树脂。注意避免塔内树脂混层。每次落床时间很短（约 2min）。之后又重新进水，托起树脂层，关闭浮球阀。失效树脂由水流输送至再生塔上部的储树脂斗，再落入再生塔。再生塔的结构及运行与交换塔大体相同。再生后的树脂由水输送至清洗塔，经清水洗涤合格后送入交换塔上部的储树脂斗。

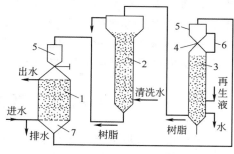

图 5-28 三塔式移动床
1—交换塔；2—清洗塔；3—再生塔；4—浮球阀；
5—储树脂斗；6—达通管；7—排树脂部分

经验表明，移动床的树脂用量比固定床少，在相同产水量时，约为后者的 1/3～1/2，但树脂磨损率大。能连续产水，出水水质也较好，但对进水变化的适应性较差，设备小，投资省，但自动化程度要求高。

移动床操作，有一段落床时间，并不是完全的连续过程。若让饱和树脂连续流出交换塔，由塔顶连续补充再生好的树脂，同时连续产水，则构成流动床处理系统。流动床内树脂和水流方向与移动床相同，树脂循环可用压力输送或重力输送（图 5-24、图 5-25）。为了防止交换塔内树脂混层，通常设置 2～3 块多孔隔板，将流化树脂层分成几个区，也起均匀配水作用。

流动床是一种较为先进的床型，树脂层的理论厚度就等于交换区厚度，因此树脂用量少，设备小，生产能力大；而且对原水预处理要求低。但由于操作复杂，目前运用不多。

二、离子交换工艺问题及其处理

1. 树脂中毒

树脂失去交换性能后不能用一般的再生手段重获交换能力的现象称为树脂的中毒。中毒的原因可以归纳为以下几点：①主要有大分子有机物或沉淀物严重堵塞孔隙，中毒树脂往往颜色加深，甚至呈现棕色，乃至黑色；②树脂的活性基团脱落；③生成不可逆化合物或树脂与氧长期接触发生氧化等；④负载离子的交换势极高，通常的洗脱剂或再生剂难以使其从活性基团上交换下来，使其不能与其他离子交换而失效；⑤负载离子发生了变化。如交换了 Fe^{3+} 的树脂，当用碱性溶液处理时，Fe^{3+} 发生水解，产生氢氧化铁凝胶，沉积于树脂孔隙中，造成堵塞。

当料液中存在明确的引起中毒因素时，一方面应该尽量净化料液，如除去固体颗粒或脱除料液中的溶解氧、二氧化碳等，再则选择适当的树脂。对已中毒的树脂用常规方法处理后，再用酸、碱加热到 40～50℃浸泡，以溶出难溶杂质，酸碱浸泡时间不宜过长，特别是酸碱浸泡后，不易用清水洗涤，避免树脂内外浓度差过大，产生很大的渗透压，导致树脂破裂。一般可用稀酸、碱或盐溶液淋洗，逐渐降低其浓度，最终过渡到纯水。对于某些难溶于酸碱的沉淀物质，也可用有机溶剂加热浸泡处理。对于吸附了有机物很难洗脱或再生时，可以用氧化剂（如次氯酸钠、双氧水等）将其氧化，分解为小分子化合物除去。总之，对不同的毒化原因须采用不同的逆转措施，不是所有被毒化的树脂都能逆转而重新获得交换能力。因此，使用时要尽可能减轻毒化现象的发生，以延长树脂的使用寿命。

2. 树脂层出现分层现象

树脂在使用过程中由于吸附了黏性物质，使树脂颗粒间相互粘连，容易引起树脂在反洗或反交换过程中出现分层现象。另外，当系统在操作中由于气密性较差，有气体进入床层也会引起床层分层。反洗或反交换等操作，若工艺控制不合理，流速的突然增大也会造成分层现象。出现分层现象后，一旦各层树脂脱落，会使树脂的交换操作恶化，影响交换能力。因此，应设法避免出现分层现象。树脂在洗涤过程中，彻底洗涤，洗掉树脂所吸附的杂质，洗掉颗粒孔隙内与颗粒间残存的料液；对系统进行密闭性实验，消除漏气区域；对料液进行预处理除去黏性很大的物质；规范操作，合理控制流速等几种方法可避免分层现象。出现分层现象后，可从容器下部放掉柱内液体，对床层进行正洗，反洗等操作，当床层稳定后再转入正常的交换操作。

3. 固定床操作中，过早出现"穿透"现象

离子交换过程中过早出现"穿透"现象，原因与处理方法同吸附操作。

第六节　离子交换技术的工业应用

离子交换技术除用于制备各级纯水外，在工业生产中还有多种用途，如应用离子交换技术进行产物的提取分离，还可利用离子交换技术进行酸碱性物质的盐型转换，或对产物进行脱盐精制等。

一、离子交换技术在水处理上的应用

1. 软水制备

普通的井水和自来水中常含有一定量的无机盐，这种含有 Ca^{2+}、Mg^{2+} 的水称为硬水。水的硬度通常用度（H^0）表示，1度是指每升水中含有相当于 10mg CaO 的数。而吨·度是指每吨水所具有的总硬度，称为纯度。硬水不能直接供给锅炉和粗提岗位，必须进行软化。除去 Ca^{2+}、Mg^{2+} 的水称为软水。软水的硬度一般要求在 $1H^0$ 以下。国内制备软水一般采用 1×7（732）树脂，其交换反应式如下：

$$2R{-}SO_3Na + Ca^{2+} \longrightarrow (R{-}SO_3)_2Ca^{2+} + 2Na^+$$
$$2R{-}SO_3Na + Mg^{2+} \longrightarrow (R{-}SO_3)_2Mg^{2+} + 2Na^+$$

树脂使用一段时间后，其交换能力逐渐下降，出口软水的硬度也逐渐升高，因此需用 10% 的 NaCl 溶液再生成钠型以重复使用，再生反应式为：

$$(R{-}SO_3)_2Ca^{2+} + 2Na^+ \longrightarrow 2R{-}SO_3Na + Ca^{2+}$$
$$(R{-}SO_3)_2Mg^{2+} + 2Na^+ \longrightarrow 2R{-}SO_3Na + Mg^{2+}$$

锅炉给水处理中常用磺化煤，它是用发烟硫酸或浓硫酸处理粉碎的褐煤或烟煤而得，为黑色无定形颗粒，软化能力为 700t·度/m^3 以上。

2. 无盐水制备

无盐水又称去离子水或纯化水，它是指不含任何盐类及可溶性阴离子和阳离子的水。其纯度比软水高得多，在药品生产中应用较多。它的制备多采用氢型强酸阳离子树脂和羟型强碱或弱碱阴离子树脂。弱碱树脂虽具有交换容量高、再生剂耗量少等优点，但它不能除去弱酸性阴离子如 SiO_3^{2-}、CO_3^{2-} 等，所以水质不如用强碱树脂制得的好。因此，在实际运用时，应根据水质要求和原水质量选用不同的树脂和组合。如采用强酸-强碱组合或强酸-弱碱组合；若原水的硬度较高，也可采用大孔弱酸-强酸-弱碱（或强碱）的组合，以得到较高质量的无盐水，其交换反应式如下：

$$R{-}SO_3H + MX \longrightarrow R{-}SO_3M + HX$$
$$R'{-}OH + HX \longrightarrow R'{-}X + H_2O$$

式中，M 代表金属阳离子；X 代表阴离子。

当阴阳树脂需要再生时，可分别用 1mol/L 的 NaOH 和 HCl 进行处理，再生成氢型和羟基型即可重复使用，再生反应式为：

$$R{-}SO_3M + HCl \longrightarrow R{-}SO_3H + MCl$$
$$R'{-}X + NaOH \longrightarrow R'{-}OH + NaX$$

当原水中碳酸氢盐、碳酸盐含量较高时，可在阳床和阴床之间装一个 CO_2 脱气塔，以延长阴离子树脂的使用期限，此法制得的无盐水比电阻一般可达 $6 \times 10^5 \Omega \cdot cm$ 以上。如果水质

要求更高，可采用阴阳树脂两次组合或采用混合床装置来制备。混合床是将阴阳两种树脂混合而成，脱盐效果更好，但再生操作不便，故适于装在强酸-强碱树脂组合的后面以除去残余的少量盐分，提高水质。交换反应式如下：

$$R—SO_3H + R'—OH + MX \longrightarrow R—SO_3M + R'—X + H_2O$$

由上述交换反应可看出，混合床除盐的交换产物为水，故反应完全，所得水质更好，其比电阻可达 $2×10^7 \sim 2×10^8 \Omega \cdot cm$，$Cl^-$ 浓度可降至 $0.1\mu g/ml$，硬度达 $0.1H^0$ 以下。另外，避免了复床中阳离子交换床层 pH 变化较大的问题。

以电渗析配合离子交换技术制备纯化水的生产工艺如图 5-29 所示。原水经离心泵输送至机械过滤器，经过滤除去水中悬浮物质后，流入活性炭过滤器进一步吸附除杂后，送入精过滤器，除去更细小的粒子，以保护电渗析装置。经精过滤器的深度过滤除杂后的原水进入电渗析装置，在外加电源与离子交换膜的作用下，脱除了水中大部分盐后流入中间水箱。初步处理后的原水经中间水泵加压后送入氢型阳离子交换柱、氢氧根型阴离子交换柱及混合柱后实现水中阴、阳离子的脱除，送入纯化水储罐，供各使用点使用。阳柱、阴柱及混合柱使用一段时间后，交换能力降低，很难保证水质要求，需用酸、碱进行再生处理，对于混床再生后还需用空气搅动，使阴阳树脂混合均匀。

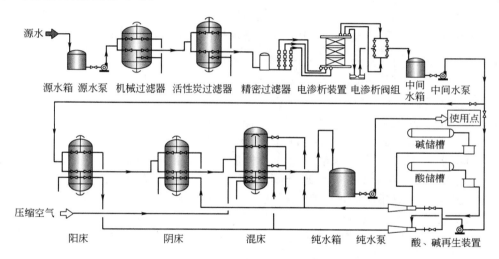

图 5-29　离子交换法制备纯化水

3. 影响水处理的因素

① 树脂的类型　树脂的性能决定着水处理的效果，如在硬水软化时，应选择既有较高的软化效率，又有合理的再生效率的离子交换树脂，可选用磺酸型阳离子交换树脂。在无盐水制备中，当水质要求较高时，可采用强酸-弱碱-强酸-强碱的组合。

② 操作方式和操作条件的影响　在制备无盐水时，根据水质要求和生产具体情况，可选择常规法去离子（阳树脂→阴树脂）、逆法去离子（阴树脂→阳树脂）、混合床去离子（强酸阳树脂与强碱阴树脂混合）等操作方式，通过实验确定最佳操作条件，如流速、温度、交换剂粒度、再生程度、再生剂浓度、再生剂的类型等。

③ 有机污染问题　在应用离子交换法进行水处理时，通常只关注无机离子的交换，但有机杂质的影响也不可忽略。如果处理地下水，则有机杂质的影响很小。但是如果以地面水作为水源时，则有机杂质的影响较大。有机杂质一般呈酸性，对阴树脂污染比较严重。污染分为两种，一种是对树脂颗粒的机械性阻塞，经逆洗后一般能恢复；另一种为化学性不可逆吸附，如吸附单宁酸、腐殖酸后，会使树脂失效。

阴树脂被有机物污染后，一般颜色变深，用漂白粉处理后可使颜色变白，但交换能力不能完全恢复，而且会损坏树脂。也可用10%的氯化钠与1%的氢氧化钠混合液进行处理，使有机物在碱性条件下分解，去除污染物而使树脂恢复原色。由于碱性食盐溶液对树脂没有损害，故可经常用来处理，处理后的树脂交换能力虽不能完全恢复，但有显著的改善。

解决有机物污染问题，可以从源头抓起，采取预处理方法，以降低原水中有机物含量；还可以选用抗有机物污染性能较好的树脂，如强碱Ⅱ型树脂、大网格树脂等，都具有抗有机污染能力较强、工作交换容量高、再生剂耗量低、淋洗容易等优点，用于水处理效果较好。

④ 再生方式的影响　在固定床制备无盐水时，一般采用顺流进行，即原水自上而下流过树脂层。再生时可以采用顺流再生，也可以采用逆流再生。无盐水的质量主要取决于离开交换塔处树脂层的再生程度；顺流再生时，未再生完全的树脂层在交换塔下部，残留离子会影响水质；逆流再生时，交换塔下部树脂层再生程度最好，故水质较好。在采用逆流再生时，为防止乱层，在再生剂从塔底自下而上通入的同时，可以从塔顶通入水、再生剂或空气来压住树脂。

二、离子交换在药物生产上的应用

1. 肝素的提取

肝素属于黏多糖，在体内与蛋白质结合成复合体，这种复合体无抗凝血活性；当除去蛋白质后，其药用功能显示出来。肝素提取一般包括肝素-蛋白质复合物的提取、肝素-蛋白质复合物的分解和肝素的分级分离三步，其中分级分离采用离子交换法。肝素生产工艺流程如下：

猪肠黏膜 $\xrightarrow[\text{[酶解]胰浆、氯化钠，pH8.5，40℃}]{}$ 滤液 $\xrightarrow[\text{[离子交换]D-254树脂，pH7}]{}$ 吸附物 $\xrightarrow[\text{[洗涤]氯化钠溶液}]{}$

$\xrightarrow[\text{[洗脱]氯化钠溶液}]{}$ 洗脱液 $\xrightarrow[\text{[乙醇沉淀]乙醇}]{}$ 沉淀物 $\xrightarrow[\text{[脱水、干燥]无水乙醇、丙酮}]{}$ 肝素粗品

酶解、过滤后得到的产物，含有其他黏多糖，也含有未除尽的蛋白质和核酸类物质，要用阴离子交换剂或长链季铵盐进行分级分离。其操作过程是将滤液冷却至50℃以下，用6mol/L氢氧化钠溶液调至pH为7，加入5kg D-254强碱性阴离子交换树脂，搅拌5h，交换完毕，弃去液体。用自来水漂洗树脂至水清。用约与树脂体积等量的2mol/L氯化钠溶液搅拌洗涤15min，弃去洗涤液。再加2倍量的1.2mol/L氯化钠溶液同法洗涤两次。用半倍量的5mol/L氯化钠溶液洗脱1h，收集洗脱液，然后用树脂体积1/3量的3mol/L氯化钠溶液同法洗脱两次，合并洗脱液，得肝素钠的盐溶液，再经醇沉，干燥即得粗成品。

D-254树脂是一种聚苯乙烯二乙烯苯、三甲胺季铵型强碱性阴离子交换树脂。按此工艺生产的肝素钠产品，最高效价可达140U/mg以上，收率平均约2×10^4U/kg肠黏膜。树脂经洗脱后浸泡于4mol/L氯化钠溶液中，下次使用前用水洗涤数遍，即可使用。

2. 抗生素的提取及转型

链霉素为一强碱性生物活性药物，在pH为4～5时稳定，链霉素在中性溶液中为三价正离子，故宜在中性和酸性条件下用阳离子交换树脂提取。强酸性树脂吸附比较容易，但洗脱困难，故宜用弱酸性树脂。在中性条件下，氢型弱酸性树脂交换作用差，故应预先将树脂处理成钠型。料液的浓度宜适当稀释，使之利于吸附链霉素这种高价离子，而不易吸附低价杂质离子。洗脱时，因弱酸性树脂对氢离子的亲和力很大，故用酸即可将链霉素完全洗脱，酸的浓度控制在1mol/L，洗脱液浓度较高，交换层较窄，洗脱高峰集中。

新霉素是六价碱性物质，可以用强酸或弱酸性树脂提取。用弱酸性树脂提取时，其流程和链霉素相似，所不同的是可以用氨水将新霉素从磺酸基树脂上洗脱下来，故常用磺酸基树脂来提取。因在碱性条件下，新霉素由正离子变为游离碱，使溶液中新霉素正离子浓度降低，即解吸离子的浓度降低，故有利于洗脱。选用的树脂交联度要合适，交联度过大，会使交换容量降低；过小会使选择性不好。氨水洗脱液可用羟型强碱树脂脱色，经过蒸发去除氨水，不留下灰分，可省去脱盐工序。

　　药物盐型转换的典型实例为青霉素钾盐转换为青霉素钠盐。用青霉素钾肌肉注射很疼，研究表明致疼原因是药品中的钾离子，故临床上使用的多为青霉素钠，但钠盐比钾盐的稳定性差，因此工业产品多为青霉素钾盐。将钾盐转化为钠盐的方法很多，较经济的转化方法为离子交换法；将青霉素钾盐溶于70％含水丁醇中，通入强酸性钠型阳离子交换柱中，发生下列交换反应：

$$R—SO_3Na + PenG—K \rightleftharpoons R—SO_3K + PenG—Na$$

　　反应生成的青霉素钠盐经无菌过滤器过滤后交结晶岗位，当钾盐交换完毕，用加注射用水的丁醇（含量90％）顶洗柱内残存的高单位转化液一并经无菌过滤器过滤后交结晶岗位，顶洗结束后再用注射用水顶洗柱内的丁醇进行回收，然后用食盐水对交换树脂进行再生，再生后的交换柱可进行下一次交换操作。转化液经无菌过滤引入无菌室内的结晶罐，用真空共沸蒸馏法结晶，即得钠盐，用离子交换法转化的收率可达85％以上。

第七节　离子交换技术的发展

一、新型离子交换树脂的开发及应用

1. 大网格离子交换树脂

　　大网格离子交换树脂，又称大孔离子交换树脂，制造该类树脂时先在聚合物物料中加进一些不参加反应的填充剂（称致孔剂），聚合物形成后再用溶剂萃取法或水洗蒸馏法将致孔剂除去，这样在树脂颗粒内部就形成了相当大的孔隙。常用的致孔剂有高级醇类有机物、乙苯、二氯甲烷等溶剂，其活性基团通常在聚合后引入，大孔离子交换树脂的合成成功是离子交换技术领域内最重要的发展之一。

　　一般凝胶离子交换树脂水化后，处在溶胀状态，交联链之间的距离拉长，形成空隙，这种空隙通常在2～3nm，称为微孔。当凝胶树脂失水或在非水体系中，分子链间的空隙闭合，由于这种空隙是不稳定的、暂时性的，所以称为"暂时孔"。因此凝胶树脂在干裂或非水体系中无交换能力，这就限制了离子交换技术的应用。另外，凝胶树脂在水中交换有机大分子比较困难，并且有机大分子被交换后不易洗脱，产生不可逆的"有机污染"而使树脂的交换能力大大降低。若降低树脂的交联度，使空隙增大，虽然交换能力有所改善，但树脂的机械强度相应降低，使树脂易破碎。大孔树脂的开发应用，克服了上述缺点。

　　大孔树脂的基本性能与凝胶树脂相似，因其制造时在树脂内部留下的孔径可达100nm，甚至1000nm以上，故称"大孔"，而且此类空隙不因外界条件而变，因此又称"永久孔"。由于大孔对光线的漫反射，从外观上看大孔树脂呈不透明状。表5-4、图5-30给出了大孔树脂和凝胶树脂孔结构、物理性能的比较。

表 5-4　大孔树脂和凝胶树脂孔结构、物理性能的比较

树脂	交联度/％	比表面积/(m²/g)	孔径/nm	空隙度/(mL 空隙/mL 树脂)	外观	孔结构
凝胶	2～10	<0.1	<3.0	0.01～0.02	透明或半透明	凝胶孔
大孔	15～25	25～100	8～1000	0.15～0.55	不透明	大孔、凝胶孔

　　与凝胶树脂比较，大孔树脂具有：①交联度高、溶胀度小，理化稳定性好、机械强度高；②孔径和比表面积较大，交换速度较快，抗有机污染能力较强，再生容易；③存在永久性孔隙，使树脂耐胀缩，不易破碎，且可应用于非水体系交换；④流体阻力小，工艺参数稳定。但大网格树脂具有孔隙率大、密度小、对小离子的交换容量小、洗脱剂用量多、成本高、一次性投资大等缺点。

　　大网格树脂已应用于维生素 B12、链霉素、四环素、土霉素、竹桃霉素、赤霉素及头孢菌

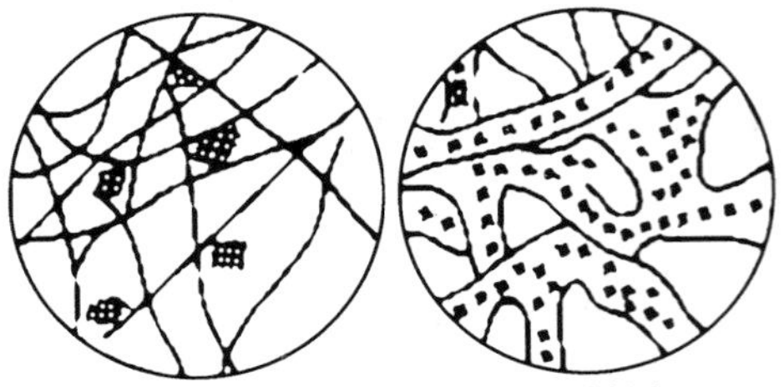

图 5-30 普通凝胶型与大网格
树脂内部结构示意

普通凝胶树脂　　　大网格树脂

素 C 的提取。例如链霉素提取，过去采用低交联度羧基树脂，机械强度差，树脂损耗大。现国内外逐步采用大网格羧基树脂，不仅提高了机械强度，而且由于交联度增大，体积交换容量也有所提高。

2. 适用于分离纯化蛋白质的离子交换剂

离子交换剂在蛋白质纯化中应用很广，在纯化蛋白质的方法中，有 75% 都应用了离子交换剂，但传统的离子交换树脂并不适用于提取蛋白质。这是由于蛋白质属于两性电解质，分子量高，具有四级结构，稳定性差。为此，开发了一些具有均匀的大网结构、适当的电荷密度、粒度较小、亲水性强等特性的离子交换剂来提取蛋白质。

最早开发的亲水性离子交换剂是以纤维素为骨架的离子交换剂，虽然价廉，但由于呈纤维状，且有可压缩性，使流动性能和分离能力差。后来研究出球状纤维素，以葡聚糖为骨架的树脂 Sephadex、以琼脂糖为骨架的树脂 Sepharose。Sepharose 具有机械强度高的大孔结构，体积随 pH 和离子强度的变化较小。另外，还有以人造聚合物作为骨架的，如树脂 Trisacry 和 Mono Beads；以二氧化硅为骨架，表面覆盖一层含离子交换基团的高聚物树脂 Spherosil 等，都可用于提取蛋白质。常用的功能基团有强酸、强碱和弱酸、弱碱 4 种，如二乙胺基乙基、二乙基氨基乙基、羧甲基和磺丙基。

由于蛋白质分子大，并且带有多价电荷，因而在交换中必须和多个功能团发生作用，一般认为一个蛋白质分子可和多达 15 个官能团起作用。因此，吸附的蛋白质分子可能会屏蔽住一些未起作用的功能团，或阻断蛋白质分子扩散而进入交换剂的其他区域，使离子交换剂上的活性中心不能完全被利用，造成交换容量降低。

二、离子交换技术与其他分离技术的结合

1. 离子交换膜和电渗析

将离子交换树脂加工成薄膜状材料，即得离子交换膜。因此，离子交换膜与离子交换树脂的性质接近。有关离子交换膜和电渗析详见"第六章　膜分离技术"。

2. 离子交换色谱

离子交换色谱是将离子交换技术与色谱技术相结合的技术。目前，该技术已成功地应用于多种氨基酸及核苷酸的分离制备或分离分析中。

思　考　题

1. 什么是吸附？吸附的种类有哪些？各有什么特点？

2. 简述吸附的基本原理，并简要分析影响吸附的有关因素。

3. 简述固定床吸附器的结构特点。

4. 固定床吸附与膨胀床吸附有哪些异同点？膨胀床吸附操作过程包括哪些步骤？简要描述各步操作过程？

5. 试比较膨胀床与流化床吸附操作的异同点，并简要描述模拟移动床吸附操作过程。

6. 吸附操作中引起床层过早出现"穿透"现象的因素有哪些？如何处理？

7. 什么叫离子交换分离技术？它有何特点？有何用途？

8. 离子交换树脂的单元结构由哪三部分构成？根据离子交换树脂的活性基团不同，树脂可以分为哪四大类？各类的主要特征有哪些？其化学稳定性如何？怎样命名？

9. 离子交换树脂的交联度、膨胀度、交换容量指的是什么？离子交换树脂为什么要具备一定的机械强度？

10. 简述离子交换的基本原理，影响离子交换速度的因素有哪些？

11. 选用离子交换树脂时应考虑哪些条件？为什么要求树脂带有较浅的颜色？

12. 简述正吸附离子交换器、反吸附离子交换器与连续离子交换设备的结构及其性能特点。

13. 洗脱的基本原理是什么？如何选择洗脱剂？常用的洗脱剂有哪些？

14. 新树脂在使用前应如何进行预处理？树脂为什么要再生？怎样再生？

15. 离子交换的操作方式主要有哪几种？有何区别？

16. 简述离子交换工艺过程。

17. 引起树脂中毒的因素有哪些？中毒后的树脂如何处理？

18. 固定床操作中，床层出现分层现象的原因是什么？如何处理？

19. 什么是软水和无盐水？写出用 1×7（732）和 D-152 树脂除去 Ca^{2+}、Mg^{2+} 的交换反应方程式。

20. 大网格离子交换树脂和普通凝胶树脂的外观、孔结构和吸附性能有何不同？

21. 离子交换法与电渗析法制备无盐水各有何特点？

第六章　膜分离技术

【学习目标】

① 了解膜的分类及各种膜组件的结构、性能以及膜在生物技术行业中的应用。

② 了解膜分离单元的主要任务及膜分离过程的类型。

③ 理解膜分离过程机理。

④ 能够正确使用膜进行分离操作；能分析膜分离过程中的常见问题，会进行正确处理；能根据不同的分离体系进行膜选择；能对膜进行常规处理及维护。

在一种流体相间有一薄层凝聚相物质，把流体相分隔成为两部分，这一薄层物质称为膜。膜本身是均匀的一相或是由两相以上凝聚物质所构成的复合体，被膜分隔开的流体相物质是液体或气体。膜的厚度应在 0.5mm 以下，否则就不称为膜。不管膜本身薄到何等程度，至少要具有两个界面，通过它们分别与被膜分隔的两侧的流体相物质接触，膜可以是完全可透过性的，也可以是半透性的，但不应该是完全不透性的，它的面积可以很大，独立地存在于流体相间，也可以非常微小而附着于支撑体或载体的微孔隙上，膜还必须具有高度的渗透选择性。利用膜的选择性分离功能，在推动力（浓度差、压力差、电位差等）作用下实现料液中不同组分的分离、纯化、浓缩的操作技术称作膜分离技术。作为一种有效的分离技术，膜传递某物质的速度必须比传递其他物质快。

第一节　膜分离单元的主要任务

一、膜的分类及性能

1. 膜的分类

可以按不同的方式对膜进行分类。

（1）按膜孔径大小分　微滤膜（$0.025 \sim 14\mu m$）；超滤膜（$0.001 \sim 0.02\mu m$）（$10 \sim 200$Å）；反渗透膜（$0.0001 \sim 0.001\mu m$）（$1 \sim 10$Å）；纳米过滤膜，平均直径 2nm。

（2）按膜结构分　对称性膜、不对称膜、复合膜等。

（3）按材料分为　高分子合成聚合物膜、无机材料膜等。

在实际应用中，面对不同分离对象必须采用相应的膜材料，但对膜的基本要求是共同的，主要有：①耐压，要达到有效的分离，各种功能分离膜的微孔是很小的，为提高各种膜的流量和渗透性，就必须施加压力，例如反渗透膜可实现 $5 \sim 15nm$ 微粒分离，所需压差为 $1380 \sim 1890kPa$，这就要求膜在一定压力下，不被压破或击穿；②耐温，分离和提纯物质过程的温度范围为 $0 \sim 82℃$，清洗和蒸汽消毒系统，温度$\geqslant 110℃$；③耐酸碱性，待处理液的偏酸、偏碱严重影响膜的寿命，例如醋酸纤维膜使用 pH 为 $2 \sim 8$，如偏碱纤维素会水解；④化学相容性，要求膜材料能耐各种化学物质的浸蚀而不致产生膜性能的改变；⑤生物相容性，高分子材料对生物体来说是一个异物，因此必须要求它不使蛋白质和酶发生变性，无抗原性等；⑥低成本。

2. 膜的性能参数

表征膜性能的参数主要有膜孔性能参数、膜通量、截留率与截留分子量、膜的使用温度范围、pH 范围、抗压能力和对溶剂的稳定性等参数。

（1）膜孔性能参数　膜的孔径大小及分布情况直接决定了膜的分离性能。膜的孔径大小可用两个物理量来表述，即最大孔径和平均孔径。最大孔径对分离过程来讲意义不大，但对于除菌过滤来讲，有着决定性的影响。无机膜的孔径在使用过程中，不会发生太大的变化。而有机膜的孔径可随温度、压力、溶剂、pH、使用时间、清洗剂等因素的变化而变化。对于贯穿膜壁的直孔，可以通过扫描电镜法直接测得；对于弯曲的孔，则通过泡点法、压汞法测得。

孔径分布是指膜中一定大小的孔占整个孔的体积百分数。孔径分布数值越大，说明孔径分布较窄，膜的分离选择性越好。

孔隙度是指膜孔体积占整个膜体积的百分数。孔隙度越大，流动阻力越小，但膜的机械强度会降低。

（2）膜通量　膜通量即膜的处理能力（即溶剂透过膜的速率）是膜分离中的重要指标，一般用膜的渗透通量来表示。它是指单位时间、单位膜面积上透过溶液的体积量来表示。对于水溶液体系，又称透水率或水通量，多采用纯水在 0.35MPa、25℃ 条件下进行实验而得到的数值。

（3）截留率和截留分子量　被截流物质的量占料液中含有的截流物质总量的百分率，称为膜的截留率，它表示了膜对溶质的截留能力。截留率为 100％ 时，表示溶质全部被膜截留，此为理想的半渗透膜；截留率为 0 时，则表示溶质全部透过膜，无分离作用。通常截留率在 0～100％ 之间。

影响截留率的因素很多，它不仅与粒子或溶质分子的大小有关，还与它们的形状有关。一般来说线性分子的截留率低于球形分子，粒子或溶质分子的直径越大，截留率越大。膜对溶质分子的吸附对截留率影响很大，溶质分子吸附在孔道上，会降低孔道的有效直径，使截留率提高。溶液的浓度降低，温度升高，膜的吸附作用减少，会降低截留率。错流过滤有助于减弱浓差极化，使截留率下降。pH 及离子强度等影响蛋白的空间构象和形状，对截留率也有影响。

截留分子量（MWCO）通常用于表示膜的分离性能。截留分子量是指截留率为 90％ 或 95％ 时所对应的溶质分子量。截留分子量的高低，在一定程度上反映了膜孔径的大小。通常可用一系列不同分子量的标准物质进行测定。

二、膜组件

由膜、固定膜的支撑体、间隔物以及收纳这些部件的容器构成的一个单元，称膜组件或膜装置。膜组件的结构根据膜的形式而异，目前市售的有 4 种型式：平板式（含锯齿式）、管式、中空纤维式和螺旋卷式，它们的优缺点见表 6-1 所列。

1. 平板式膜组件

平板式膜组件的基本元件是过滤板，它是由在一多孔筛板或微孔板的两面各粘上一张薄膜组成，过滤板有矩形和圆形，其放置方式有密闭型和敞开型两种。

（1）敞开型　其装置构成如图 6-1 所示，它是将若干矩形过滤板和夹板相互组装在一起，用长螺栓夹紧或用压紧螺栓顶紧，类似板式换热器。支撑板和膜组成的过滤板与夹板的组合情况如图 6-2 所示。支撑板的材料为不锈钢多孔筛板或烧结青铜等，而较好的材料是微孔玻璃纤维层压板或带沟槽的模压酚醛板，夹板面上具有冲压波纹，四周带有橡胶密封圈，组装时凸出的密封圈与过滤板间形成通道。波纹起湍流元件作用，使液体在通道中流动形成湍流，以减少浓差极化现象。料液从上部板孔组成的通道中流通，经板间间隙向下流动，从下板孔通道中流出进行循环。透过液从支撑板的微孔中集合于板侧通道，经收集管路汇入装置的集液槽。

（2）密闭型　将多组圆形过滤板组装入一压力容器中的装置。每组过滤板用不锈钢隔板分开，各组之间液流的流向是串联的。由于液流经过滤板后渗出一部分透过液，液流量不断减

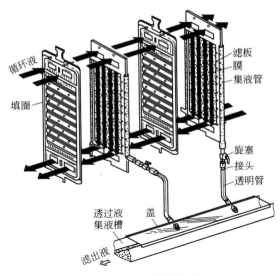

图 6-1 敞开型板式超滤器的构成

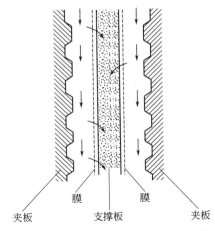

图 6-2 夹板、支撑板与膜的组合情况

少，为了使液流速度的变化不太大，每组板的数量从进口到出口逐渐减少。容器中央贯穿一根带有小孔的透过液管与每块滤板的径向沟槽连接，透过液即由此管流出器外。

2. 管式膜组件

管式膜组件的形式很多；按管的数量分有单管及管束；按液流的流动方式分管内流和管外流；按管的类型分直通管和狭沟管。它的结构原理与管式换热器类似。膜被固定在一个多孔的不锈钢、陶瓷或塑料管内，管直径通常为 6～24mm。如图 6-3 所示，原料流经膜

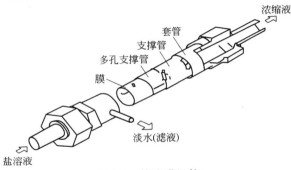

图 6-3 管式膜组件

管中心，而渗透物通过多孔支撑管流入膜组件外壳。目前，在管式膜上应用较为流行的陶瓷膜组件，一般为蜂窝结构，如图 6-4 所示，是在陶瓷"块"中开有若干个孔，用溶胶-凝胶法在这些管内表面覆盖一层很薄的 γ-氧化铝或氧化锆皮层。

3. 中空纤维膜组件

中空纤维膜组件是将制膜材料纺成空心丝，由于中空纤维很细，它能承受很高压力而不需任何支撑物，使得设备结构简化。按液流的流动方式分管内流和管外流。如图 6-5 所示，是一种外流型，用环氧树脂将许多中空纤维的两端胶合在一起，装入一管壳中，在纤维束的中心轴处安装一分布管，料液从一端经分布管流入，在纤维管外流动，透过液自纤维中空内腔流经管板而引出，在管板一端流出，浓缩液在容器另一端壳程流出。纤维束外面包以网布，以使形状固定，并能促进料液形成湍流状态。高压料液流经管内有许多优点，如纤维管能承受向内的压力比向外的拉力要大得多，而且即使纤维强度不够时，纤维管只能被压扁或者中空部分被

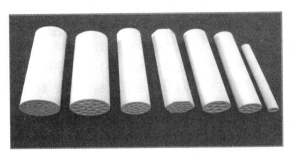

图 6-4 管式陶瓷膜

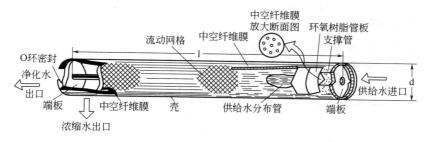

图 6-5　中空纤维式膜组件

堵塞，但不会破裂，从而防止料液因膜破裂而进入透过液中。对于内流型由于管子很细，当发生污染时清洗很困难，而管外清洗很方便。

4. 螺旋卷式膜组件

螺旋卷式膜组件的主要原件是螺旋卷，为双层结构，中间为多孔支撑材料，两边是膜，其中三边被密封而粘贴成膜袋状，另一个开放边与一根多孔中心管密封连接，在膜袋外部的料液侧再垫一层网眼型间隔材料，也就是把膜-多孔支撑体-膜-料液侧间隔材料一次叠合，围绕一中心管卷紧，形成一个螺旋卷，再装入圆柱形压力容器里，就成为一个螺旋卷式膜组件，如图 6-6 所示。料液在膜表面通过间隔材料沿轴向

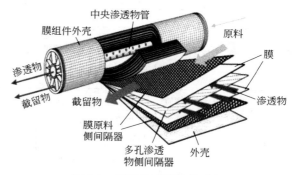

图 6-6　螺旋卷式膜组件示意

流动，而透过液则以螺旋的形式由中心管流出。中心管可用铜、不锈钢或聚氯乙烯管制成，管上钻小孔。透过液侧的支撑材料采用玻璃微粒层（中间颗粒较大，表面颗粒较小），两面衬以微孔涤纶布，也可采用密胺甲醛增强的菱纹编织物。各种膜组件性能的比较见表 6-1 所列。

表 6-1　各种膜组件性能的比较

型　式	优　点	缺　点
管式膜组件	易清洗，无死角，适宜于处理含固体较多的料液，单根管子可以调换	保留体积大，单位体积中所含过滤面积较小，压降大
中空纤维式膜组件	保留体积小，单位体积中所含过滤面积大，可以逆洗，操作压力较低（小于 0.25MPa），动力消耗较低	流道细小，易堵塞、易断丝，只适合于处理非常澄清的料液，料液需要预处理，单根纤维损坏时，需调换整个膜件
螺旋卷绕式膜组件	单位体积中所含过滤面积大，换新膜容易	料液需要预处理，压降大，易污染，清洗困难
平板式膜组件	流道宽，保留体积小，能量消耗界于管式和螺旋卷绕式之间，可以处理含固量较高的料液	死体积较大
锯齿式膜组件	为平板式的改进形式，板面有棱纹结构，膜被扭曲为锯齿状，料液流过形成湍流来破坏膜面的污染。过滤性能优异，过滤速度高于管式和板式结构，且污染更少、容易清洗、能耗更低	

三、膜分离过程的类型

1. 按推动力的不同进行分类

（1）以静压差为推动力的膜分离过程　如反渗透（RO 或 HF）、超过滤（UF）、纳滤

（NF）、微孔过滤（MF）、气体分离（GS）、膜蒸馏（MD）及渗透气化（PV）等。

（2）以浓度差为推动力的膜分离过程　如透析（D）、气体分离（GS）及液膜分离等。

（3）以电位差为推动力的膜分离过程　如电渗析（ED）等。

上述各种膜分离过程见表 6-2 所列。

表 6-2　膜分离过程

过程	示意图	膜类型	推动力	传递机理	透过物	截留物
微滤 MF	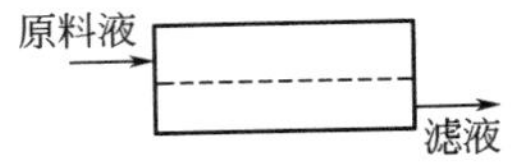 原料液 / 滤液	多孔膜	压力差（约 0.1MPa）	筛分	水、溶剂、溶解物	悬浮物各种微粒
超滤 UF	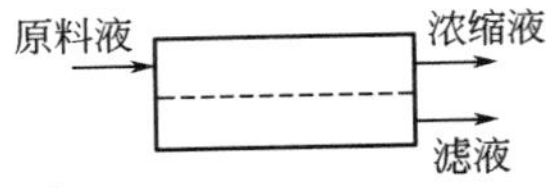 原料液 / 浓缩液 / 滤液	非对称膜	压力差（0.1～1MPa）	筛分	溶剂、离子、小分子	胶体及各类大分子
反渗透 RO	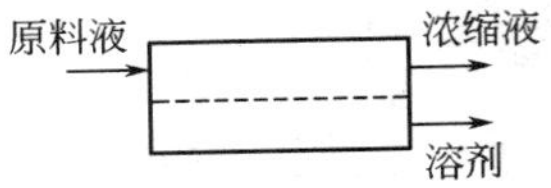 原料液 / 浓缩液 / 溶剂	非对称膜 复合膜	压力差（2～10MPa）	溶剂的溶解-扩散	水、溶剂	悬浮物、溶解物、胶体
电渗析 ED	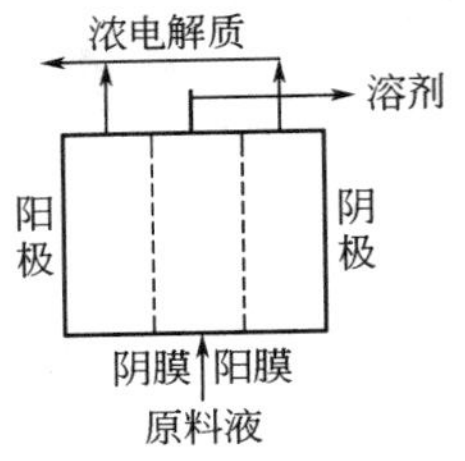 浓电解质 / 溶剂 / 阳极 / 阴极 / 阴膜 / 阳膜 / 原料液	离子交换膜	电位差	离子在电场中的传递	离子	非解离和大分子颗粒
透析 D	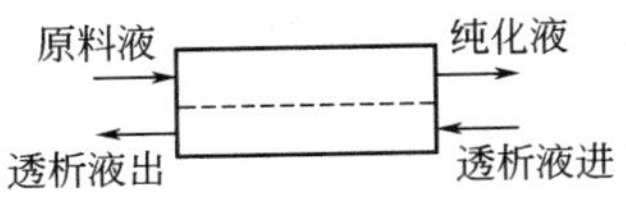 原料液 / 纯化液 / 透析液出 / 透析液进	非对称膜	浓度差	筛分微孔膜内的受阻扩散	离子和小分子的有机物	相对分子质量在 1000 以上的溶质或悬浮物
气体分离 GS	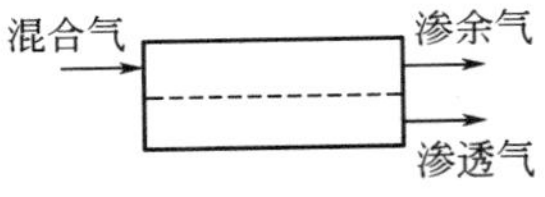 混合气 / 渗余气 / 渗透气	均质膜 复合膜 非对称膜	压力差（1～15MPa）	气体的溶解-扩散	易渗透气体	难渗透气体
渗透汽化 PVAP	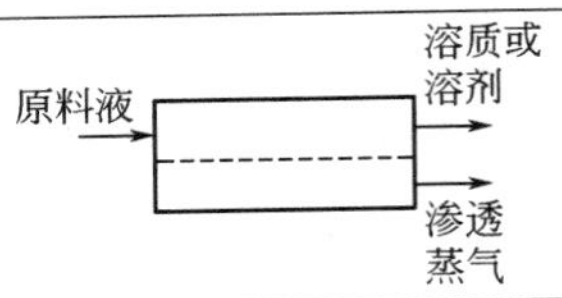 原料液 / 溶质或溶剂 / 渗透蒸气	均质膜 复合膜 非对称膜	浓度差 分压差	溶解-扩散	易溶解或易挥发组分	不易溶解或难挥发组分
膜蒸馏 MD	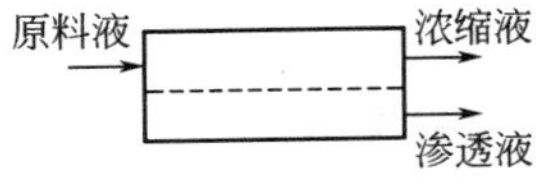 原料液 / 浓缩液 / 渗透液	微孔膜	由于温度差而产生的蒸气压差	通过膜的扩散	高蒸气压的挥发组分	非挥发的小分子和溶剂

2. 按操作方式不同进行分类

（1）开路循环　如图 6-7 所示。循环泵关闭，全部溶液用给料泵 F 送回料液槽，只有透过液排出到系统之外。

（2）闭路循环　如图 6-7 所示。浓缩液（未透过的部分）不返回到料液槽，而是利用循环泵 R 送回到膜组件中，形成料液在膜组件中的闭路循环。闭路循环中，循环液中目标产物浓度的增加比开路循环操作快，故透过通量小于开路循环。但其优点是膜组件内的流速可不依靠

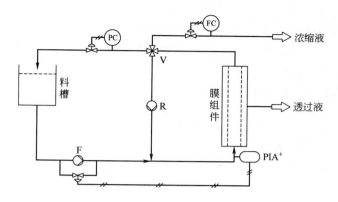

图 6-7　浓缩操作示意

F—给料泵；R—循环泵；V—四通阀

开路循环操作：V (⧖)，R 关闭；闭路循环操作：V (⧖)，R 开启；连续浓缩操作：V (⧖)，R 开启

（注：四通阀 V 中涂黑处封闭）

料液泵的供应速度进行独立的优化设计。

（3）连续操作　如图 6-8 所示。连续操作是在闭路循环的基础上，将浓缩液不断排到系统之外。每一级中均有一个循环泵将液体进行循环，料液由给料泵送入系统中，循环液浓度不同于料液浓度。各级都有一定量的保留液渗出，进入下一级。由于第一级处理量大，所以膜面积也大，以后各级依次减小。最后一级的循环液为成品，浓度最浓，因此通量较低。

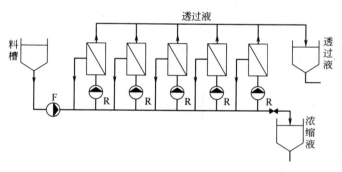

图 6-8　多级串联连续操作

F—给料泵；R—循环泵

以上 3 种操作可以实现菌体或蛋白质的浓缩，如果要除去菌体或高分子溶液中的小分子溶质，则可在上述过程的基础上稍加改动即可实现。如开路循环操作中向原料罐中连续加入水或缓冲液；当料液处理量较大时，可在连续操作的基础上进行改动，即在开始的几级将料液浓缩到一定程度，减少处理量，然后在之后的各级或部分级浓缩液中不断通入水或缓冲液。

四、膜分离单元的主要任务

膜分离单元是利用膜装置实施物料分离技术的工艺操作单元，包括膜装置、配套的辅助设备（如储槽、泵等）以及连接设备的管路及其上的各种管件（如三通等）、阀门、仪表（温度表、流量计、压力表等）。

膜分离单元的主要任务是将待处理的料液，通过加压泵输送至膜装置来实现固液分离或一定分子大小的物质与溶液中其他组分的分离。通过分离可以除去料液中的固态物质获得均一的液体，或得到固体产物；通过膜分离也可实现生物大分子（如蛋白质、核酸或多糖等）与溶液中其他组分的分离，收集这些生物大分子得到生物产品，或者将溶液中的生物大分子除去；通过膜分离也可以除去水、乙醇、甲醇等小分子溶剂来实现溶液的浓缩；通过膜分离也可以除去溶液中小分子有机物与无机离子，来实现大分子物质的精制或浓缩。使用一段时间的膜由于污染等使膜的通透率下降，需对膜进行清洗，以使膜的通透能力得到一定程度的恢复。

五、膜过滤岗位职责要求

从事膜过滤工作的人员除了要履行"绪论——第四节 药物生产岗位基本职责要求"相关职责外，还需履行如下职责。

（1）严格按膜过滤岗位工艺操作规程和设备操作规程进行操作，处理工艺问题，控制工艺指标在规定范围内，保证滤液合格。

（2）遵守设备检查制度，按时检查泵的运转及润滑状态，检查过滤管道、膜过滤装置、阀门、滤泵有无堵塞，发现异常及时处理或上报当班班长。

（3）定期对膜过滤器进行清洗、消毒。

（4）不用膜进行过滤时，依据停用时间的长短，对膜进行相应保存处理。

（5）膜性能下降，无法恢复后，依据操作规程进行膜组件的更换工作。

（6）清洗、消毒前后均应核对处方，复核称量配制相关溶液，不得有误。

（7）工作结束或更换批次时，应做好清洁工作，认真清场并填写记录。

第二节 膜分离的基本原理

一、膜分离过程的传质形式

在膜分离过程中，膜相际有 3 种基本传质形式，即被动传递、促进传递和主动传递。如图 6-9 所示。

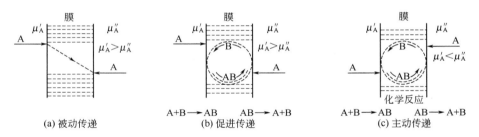

图 6-9 通过膜相际传质过程基本形式示意

图 6-9（a）为最简单的形式，称为被动传递（passive transport），为热力学"下坡"过程，其中膜的作用就像一个物理的平板屏障。所有通过膜的组分均以化学势梯度为推动力。组分在膜中化学势梯度，可以是膜两侧的压力差、浓度差、温度差或电势差。

图 6-9（b）为促进传递过程，在此过程中，各组分通过膜的传质推动力仍是膜两侧的化学势梯度。各组分由其特定的载体带入膜中。促进传递是一种具有高选择性的被动传递。

图 6-9（c）所示为主动传递，与前两者情况不同，各组分可以逆其化学势梯度而传递，为热力学"上坡"过程。其推动力是由膜内某化学反应提供，主要发现于生命膜。

已工业化的主要膜分离过程见表 6-2 所列，均为被动传递过程。这些过程的推动力主要是浓度梯度、电势梯度和压力梯度，也可归结为化学势梯度。但在某些过程中这些梯度互有联系，形成一种新的现象，如温差不仅造成热流，也能造成物流，这一现象形成了"热扩散"或"热渗透"。静压差不仅造成流体的流动，也能形成浓度梯度，反渗透就是这种现象。在膜过程中，通常多种推动力同时存在，称为伴生过程。过程中各种组分的流动也有伴生现象，如反渗透过程中，溶剂透过膜时，伴随着部分溶质同时透过。

流速与推动力间以渗透系数来关联。渗透系数与膜和透过组分的化学性质、物理结构紧密相关。在均质高分子膜中，各种化学物质在浓度差或压力差下，靠扩散来传递；这些膜的渗透率（permeability）取决于各组分在膜中的扩散系数和溶解度。通常这类渗透速率是相当低的。在多孔膜中，物质传递不仅靠分子扩散来传递，且同时伴有黏滞流动，渗透速率显著的高，但选择性较低。在荷电膜中，与膜电荷相同的物质就难以透过。因此，物质分离过程所需的膜类型和推动力取决于混合物中组分的特定性质。

二、膜分离过程机理

物质通过膜的分离过程较为复杂。不同物理、化学性质（如粒度大小、分子量、分子直径、溶解度、相互作用力等）和传递属性（如扩散系数）的分离物质，对于各种不同的膜（如多孔型、非多孔型）其渗透情况不同，机理各异。因此，建立在不同传质机理基础上的传递模型也有多种，在应用上各有其局限性。膜传递模型可分为两大类。

第一类以假定的传递机理为基础，其中包含了分离物质的物理、化学性质和传递属性。这类模型又分为两种不同情况：一是通过多孔型膜的流动；另一是通过非多孔型膜的渗透。前者有孔模型（筛分机理：假定膜表面具有无数微孔，膜的孔径分布比较均一，大于膜孔径的分子被截留，而小于膜孔径的分子可以穿过膜介质达到分离的目的）、优先吸附毛细管流动模型（膜的表面如果对料液中某一组分的吸附能力较强，则该组分就在膜面上形成一层吸附层，膜面上的这层物质就在相应的压力下通过毛细管）等；后者有溶解-扩散模型（假设溶质或溶剂都能溶解于均质的非多孔膜表面，然后在化学势推动下扩散通过膜，再从膜下游解吸。由于膜的选择性，使混合物得以分离）和不完全的溶解-扩散模型等。当前又有不少修正型的模型，但基本上是一致的，多属溶解-扩散模型。

第二类以不可逆热力学为基础，称为不可逆热力学模型，主要有 Katchalsky 模型和 Spiegler-Kedem 模型等。

不论哪类模型都涉及物质在膜中的传递性质，最主要的是溶质和溶剂的扩散系数和溶解平衡（成为吸附溶胀平衡）。

对膜过程中的物质传递，可以典型的非对称膜为例，分几个区间来描绘，如图 6-10 所示。图中所指溶质 i 是被膜脱除的或非优先选择的，如反渗透过程。

① 主流体系区间（Ⅰ）　在此区间内，在稳定情况下，溶质的浓度（c'_{ib}）加是均匀的，且在垂直于膜表面的方向无浓度梯度。

② 边界层区间（Ⅰ）　此区间只有浓度极化（或称浓差极化）现象的边界层，这是造成膜体系效率下降的一个主要因素，是一种不希望有的现象。溶质被膜置于表面，造成靠近表面的浓度增高现象，需用搅拌等方式促进其反扩散和提高其脱除率。

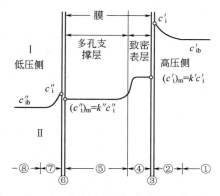

图 6-10　物质经过非对称膜的传递

③ 表面区间（Ⅰ）　在此区间发生着两种过程：其一是由于膜的不完整性和表面上的小孔缺陷，沿表面溶质扩散的同时有对流现象。另一是溶质吸附于表面而溶入膜中。后者在反渗透过程中非常重要，是影响分离的主要因素。在膜表面溶质的浓度（c'_i）$_m$ 比在溶液表面中溶质的浓度（c'_i）低得多，通常这两浓度之比定义为"分配系数"（k）或"溶解度常数"（S_m）。

④ 表皮层区间　此区间是高度致密的表皮，是理想无孔型的。非对称膜的皮层的特征是对溶质的脱除性。要求这层愈薄愈好，有利于降低流动的阻力和增加膜的渗透率。溶质和渗透物质在表皮层中的传递是以分子扩散为主，也有小孔中的少量对流。

⑤ 多孔支撑区间　这部分是高度多孔的区间，对表皮层起支撑作用。由于其孔径大且为开孔结构，所以对溶质无脱除作用，而对渗透物质的流速有一定的阻力。

⑥ 表面区间（Ⅱ）　此区间相似于③中所述的区间，其中溶质从膜中脱吸。由于多孔层基本上无选择性，所以非对称膜下游的分配系数接近于1，即溶质在产品边膜内浓度与离膜流入低压边流体中的浓度几乎相等。

⑦ 边界层区间（Ⅱ）　此区间与②中区间相似，物质扩散方向与膜垂直。但此间不存在浓度极化现象，其间浓度随流动方向而降低。

⑧ 主流体区间（Ⅱ）　此区间相似于①，在稳定状态下，其中产品的主流体浓度为 c_{ib}^t。

综上所述，溶质或溶剂在膜中的渗透率取决于膜两边溶液的条件和膜本身的化学和物理性质。传质总阻力为边界层和膜层阻力之和。

三、影响膜分离的因素

影响膜分离的因素很多，一般从料液性质、操作条件、膜本身三个方面考虑。

（1）料液性质的影响

① 料液浓度　一般来讲，随着料液浓度的增高，料液黏度会增大，形成浓差极化层的时间缩短，从而使水通量和分离效率降低。因此在进行膜分离时应注意控制料液的浓度。

② 颗粒物、多糖、蛋白质含量，电荷及粒径等　当料液内多糖、蛋白质含量较高时，会在膜表面形成一层致密的凝胶层，严重时出现膜堵塞，造成水通量急剧降低。若蛋白质的荷电性与膜的电性相反，电位差越大，凝胶层越厚；若蛋白质的荷电性与膜的电性相同，膜污染程度较轻。当溶液中的颗粒直径与孔径尺寸相近时，则可能被截留在膜孔道的一定深度上而产生堵塞，造成膜的不可逆污染，使膜通量下降。

③ 料液 pH 与无机盐　溶液的 pH 可对溶质的溶解特性、荷电性产生影响，同时对膜的亲疏水性和荷电性也有较大的影响。在生物制药的料液中常含有多种蛋白质、无机盐类等物质，它们的存在对膜污染产生重大影响。在等电点时，膜对蛋白质的吸附量最高，使膜污染加重，而无机盐复合物会在膜表面或膜孔上直接沉积而污染膜。

（2）操作条件的影响

① 操作压力　由于浓差极化的影响，随着膜分离过程的进行，膜通量不断下降，当膜通量下降到原来的70%时，比较显著，此时的操作压力称为临界压力。在临界压力以下，操作压差与膜通量基本呈正比关系；而在临界压力以上，操作压差与膜通量不再存在线性关系，其曲线逐渐平缓。在膜分离操作过程中，膜操作压力不应超过临界压力，在临界压力以上操作极易出现膜污染的情况，对膜的使用寿命及分离效果有严重影响。

② 料液流速　错流操作时，料液流速是影响膜渗透通量的重要因素之一。较大的流速会在膜表面产生较高的剪切力，能带走沉积于膜表面的颗粒、溶质等物质，减轻浓差极化的影响，有效地提高膜通量。在实际操作时，料液流速的大小主要取决于料液的性质和膜材料的机械强度。一般情况下，料液流速控制在 $2\sim8m/s$ 之间。

③ 温度　温度升高，溶液黏度下降，传质扩散系数增大，可促进膜表面溶质向溶液主体运动，使浓差极化层的厚度变薄，从而提高膜通量。一般来说，只要膜与料液及溶质的稳定性允许，应尽量选取较高的操作温度，使膜分离在较高的渗透通量下进行。

（3）膜的影响

① 膜材质　膜材料的理化性能决定了膜材料的特性，如膜材料的分子结构决定膜表面的电荷性、亲水性、疏水性；膜的孔径大小及其分布决定膜孔性能、渗透通量、截留率和截留分子量等。一般情况下，膜的亲水性越好，孔径越小，膜污染程度越小。

② 使用时间　膜在使用一段时间后，由于经过多次清洗，膜表面的活性层、膜内的网络

状支撑层会遭到破坏，可能出现逐渐溶解、破坏、断裂的现象，使膜的平均孔径数值增大，膜的孔径分布变宽，此时会出现透过液色级增加、固体微粒增多、质量变差的现象。

第三节 膜分离技术实施

一、微滤

1. 微滤的基本原理

微滤是利用微孔滤膜的筛分作用，在静压差推动下，将滤液中尺寸大于 $0.1 \sim 10 \mu m$ 的微生物和微粒子截留下来，以实现溶液的净化、分离和浓缩的技术。由于微滤所分离的粒子通常远大于用反渗透、纳滤和超滤分离溶液中的溶质及大分子，基本上属于固液分离。不必考虑溶液渗透压的影响，过程的操作压差约为 $0.01 \sim 0.2 MPa$，而膜的渗透量远大于反渗透、纳滤和超滤。

微滤和常规过滤一样，滤液中微粒的含量可以是 10^{-6} 级的稀溶液，也可以是高达 20% 的浓浆液。根据微滤过程中微粒被膜截留在膜表面或膜深层的现象，可将微滤分成表面过滤和深层过滤两种。当料液中微粒的直径与膜孔直径相近时，随着微滤过程的进行，微粒会被膜截留在膜表面并堵塞膜孔，这种过滤称为表面过滤。而当微粒的粒径小于膜孔径时，微粒在过滤时随流体进入膜的深层并被截留下来，这种过滤称深层过滤。

微滤的过滤过程有两种操作方式，即死端微滤和错流微滤。在死端过滤中，待澄清的流体在压差推动下透过膜，而微粒被膜截留，截留的微粒在膜表面上形成滤饼，并随时间而增厚，滤饼增厚使微滤阻力增加，如图6-11(a)所示。死端微滤通常为间歇式，需定期清除滤饼或更换滤膜。

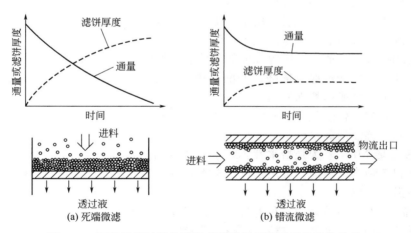

图 6-11 两种微滤过程的通量或滤饼厚度随时间的变化关系

错流微滤是用泵将滤液送入具有许多孔膜壁的管道或薄层流道内，滤液沿着膜表面的切线方向流动，在压差的推动下，使渗透液错流通过膜，如图6-11(b)所示。对流传质将微粒带到膜表面并沉积形成薄层。与死端微滤不同的是，错流微滤过程中的滤饼层不会无限地增厚，相反由料液在膜表面切线方向流动产生的剪切力能将沉积在膜表面的部分微粒冲走，故在膜面上积累的滤饼层厚度相对较薄。错流过滤能有效地控制浓差极化和滤饼层的形成。因此在较长周期内保持相对高的能量，一旦滤饼厚度稳定，通量也达到稳态或拟稳态。

一般认为微滤的分离机理为筛分机理，微孔滤膜的物理结构起决定作用。通过电镜观察，微孔滤膜的截留作用大体可分为以下几种。

（1）机械截留作用　指膜具有截留比它孔径大或与孔径相当的微粒等杂质的作用，此即过筛作用。

（2）物理作用或吸附截留作用　包括吸附和电性能的影响。

（3）架桥作用　在孔的入口处，微粒因为架桥作用也同样可被截留。

（4）网络型膜的网络内部截留作用　将微粒截留在膜的内部而不是在膜的表面。

由上可见，对滤膜的截留作用来说，机械作用固然重要，但微粒等杂质与孔壁之间的相互作用有时较其孔径的大小更显得重要。

2. 微孔滤膜的形态结构

常见的几种微孔滤膜的扫描电镜图像属于多孔体结构，其形态通常可分为以下 3 种类型：

（1）通孔型　例如核孔（nuclepore）膜，它是以聚碳酸酯为基材，利用核裂变时产生的高能射线将聚碳酸酯链击断，而后再以适当的溶剂浸蚀而成的。所得膜孔呈圆筒状垂直贯通于膜面，孔径高度均匀。

（2）网络型　这种膜的微观结构与开孔型的泡沫海绵类似，膜体结构基本上是对称的。

（3）非对称型　分海绵型与指孔型两种，可以认为是（1）和（2）两种结构的复合结构型态。

3. 微孔滤膜的主要品种

目前国内外微孔滤膜已商品化的主要品种有有机膜和无机膜。

（1）有机膜

① 混合纤维素酯 MFM　这种滤膜由乙酸纤维与硝酸纤维素混合组成，是一种标准的常用滤膜。它的孔径规格最多，性能良好，生产成本较低，亲水性好，在干态下可耐热125℃消毒，使用温度范围为－200～＋75℃。可耐稀酸和碱、脂肪族和芳香族的碳氢化合物和非极性液体，但不适用于酮类、酯类、乙醇、硝基烷烃、强酸及强碱等。灰分为 0.045%。

② 再生纤维素 MFM　该滤膜专用于非水溶液的澄清或除菌过滤，耐各种有机溶剂，但不能用来过滤水溶液，可用蒸汽热压法或干热消毒等。

③ 聚氯乙烯 MFM　适用于中等强度的酸性或碱性液体，但耐温低（≤40℃），不便消毒，强度和韧性很高，常用于过滤氢氟酸、硝酸、盐酸和乙酸等。当温度大于 60℃时便变软，所以可热封成袋、桶、盒或作特殊使用。

④ 聚酰胺 MFM　较耐碱而不耐酸，在酮、酚、醚及高分子量醇类中，不易被浸蚀，适用于电子工业中光致抗蚀剂等生产。

⑤ 聚四氟乙烯 MFM　为强憎水性膜，耐温范围为－40～＋260℃，化学稳定性极好，可耐强酸、强碱和各种有机溶剂。可用于过滤蒸汽及各种腐蚀性液体，它与高密度聚乙烯等网材结合可制成高强度滤膜。

⑥ 聚丙烯 MFM　耐酸碱和各种有机溶剂，但孔径分布差。

⑦ 聚碳酸酯 MFM　主要制成核径迹膜，孔径特别均匀，但孔隙率低（9%～10%），厚度仅 $10\mu m$ 左右，强度较差，现有产品的孔径规格自 0.2～1.0μm 等多种。

（2）无机膜

① 无机陶瓷膜　这类膜由无机陶瓷材料烧结而成，其耐温性好，可在 400℃温度下运行；化学稳定性好，耐酸碱、耐有机溶剂；耐微生物侵蚀，能适应各种恶劣的自然环境，膜使用寿命长；孔径分布窄，分离精度高，最低过滤孔径可达 4nm；过滤通道很大，可处理高固含量的物料；膜孔为刚性，不易被压缩变形，稳定性好；膜孔径呈不对称分布，不易形成深层污染；膜通量清洗恢复性好，衰减小，可维持高通量稳定过滤。由于上述良好的性能逐渐替代了有机膜。

② 不锈钢微孔滤膜　主要材质为 316L，其性能不逊于陶瓷膜，耐压，但成本相对于陶瓷

膜而言稍高。

4. 微滤膜分离的基本操作

应用微滤膜进行分离可以是单级、多级串联或并联，这主要取决于料液的处理量、处理程度及料液中固体颗粒的分布情况。下面以单级处理工艺为例，如图 6-12 所示。来自原料液储槽的料液经料浆泵输送至微滤膜过滤器，料液走管内，经过滤浓缩后可经循环泵送回微滤膜进一步浓缩直至达到相应浓度，最终流回储槽。过滤透过液从壳程引出后经流量计进入滤液储槽，最终可经离心泵送至相应的处理工段。膜经过使用一段时间后可进行正洗（与料液过滤路线相同），也可进行反洗（在滤液储槽加入洗涤液，经离心泵送入微滤膜底部的壳程，通过控制滤液出口阀及浓缩料液流回储槽阀的开度完成洗涤操作）。其操作过程如下。

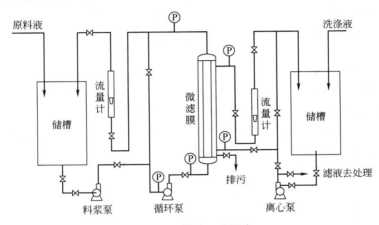

图 6-12　微滤工艺示意

（1）洗涤　进行微滤操作前一般需对膜进行洗涤。洗涤操作视膜的污染程度进行酸洗、碱洗、水洗等。

（2）微滤操作　料液储槽装入料液后，打开储槽底阀及料浆泵入口阀，进行灌泵，然后启动循环泵，再逐次打开循环流回流调节阀、膜件入口阀、透过液出口阀，调节泵出口阀及浓缩液循环阀实现缓慢稳定调节系统压力及透过液流量，至系统稳定值。操作结束后，放掉系统所有残存的料浆，向原料罐中加入清水。

（3）洗涤　与微滤操作相同，低压大流量循环冲洗设备，检测一定压力下膜的清水通量，如果膜通量与起始值相比下降很多，需进行化学清洗。当然如果确信膜污染并非严重，膜允许反洗操作时，可通过反洗操作来进行膜的清洗。

反洗操作是向滤液储槽内加入反冲洗液［纯化水或经过滤并具有一定浓度的酸（碱）水］，先关闭膜组件上下透过液出口阀，打开离心泵回流阀，向离心泵内注入反冲洗液，启动离心泵，打开泵出口阀，使反冲洗液回流到滤液储槽，形成内循环。依次打开流量控制阀门及反冲调节阀门，利用反冲回流阀门和流量控制阀门来调节反冲洗出口压力，打开膜组件透过液出口阀门，再次调节反冲洗回流阀门，使反冲洗系统压力大于膜组件内部运行压力，利用压差对膜组件进行反冲洗，反冲洗 3～10min 后，通过浓缩液回流流量计观察反冲洗效果，洗好后，关闭膜组件反冲洗阀门，同时打开反冲洗回流阀门，使反冲洗液回流至滤液储罐，打开膜组件系统透过液出口阀，使膜系统恢复正常运行。

5. 特点及应用

（1）微孔滤膜特点　微孔滤膜具有如下特点。

① 孔径的均一性　微孔滤膜的孔径十分均匀，例如平均孔径为 $0.45\mu m$ 的滤膜，其孔径变化范围在 $0.45\mu m\pm0.02\mu m$。只有达到孔径的高度均匀，才能提高滤膜的过滤精度。

② 空隙率高　微孔滤膜的表面有无数微孔，每平方厘米约为 $10^7 \sim 10^{11}$ 个，空隙率一般可高达 80％左右，通常是通过用压汞法等方法测定液体的吸收量而求得。膜的空隙率越高，意味着过滤所需的时间越短，即通量越大。一般说来，它比同等截留能力的滤纸至少快 40 倍。再加上孔径分布好，过滤结果的可靠性高，因此被卫生系统用于进行组织培养。

③ 滤材薄　大部分微孔滤膜的厚度在 $150\mu m$ 左右，与深层过滤介质（如各种滤板）相比，只有它们的 1/10 厚，甚至更小，所以，对过滤一些高价液体或少量贵重液体来说，由于液体被过滤介质吸收而造成的液体损失将非常少。其次，还因为微孔滤膜很薄，所以重量轻、储藏时占地少这些都是它的突出优点。其单位面积的重量约为 $5mg/cm^2$。

（2）微孔滤膜的应用　基于上述特点，微孔滤膜主要用来对一些只含微量悬浮粒子（如菌体或其他固体颗粒）的液体进行精密过滤，以得到澄清度极高的液体；或用来检测、分离某些液体中残存的微量不溶性物质，以及对气体进行类似的处理。下面介绍微滤在实验室中及酿酒工业上的应用。

微孔滤膜在实验室中是检测有形微细杂质的重要工具，主要用途如下。

① 微生物检验　例如对饮用水中大肠菌群、游泳池水中假单胞族菌和链球菌、酒中酵母和细菌、软饮料中酵母、医药制品中细菌的检测和空气中微生物的检测等。

② 微粒子检测　例如注射剂中不溶性异物，石棉粉尘，航空燃料中的微粒子，水中悬浮物和排气中粉尘的检测，锅炉用水中铁分的分析，放射性尘埃的采样等。

在酿酒工业中可采用聚碳酸酯核孔滤膜来过滤除去啤酒中的酵母和细菌。通常，生啤酒在装瓶后，要加热杀死酵母菌，以便长期保存。但是加热的结果破坏了生啤酒的营养并使味道变坏。利用孔径为 $0.8\mu m$ 的核孔滤膜过滤，能分离除去其中的酵母和细菌，而对啤酒的味道起主要作用的蛋白质却能通过膜而保留在啤酒内，如此处理后的啤酒不需加热就可以在室温下长期保存，因而保持了生啤酒的鲜美味道和营养价值。

二、超滤

1. 超滤的基本原理

凡是能截留分子量在 500 以上的高分子膜分离过程被称为超过滤。超滤膜孔径一般在 $0.01 \sim 0.1\mu m$。一般来讲，超过滤法是从小分子溶质或溶剂分子中，将比较大的溶质分子筛分出来，至于超过滤物质的上限，多半是像病毒或巨大的 DNA 分子那样大小的物质。如果溶质分子再大，则称溶质为分散粒子更合适，对它的筛分就是所谓的微孔过滤了。

一般认为超滤与微滤的原理相似，是一种筛孔分离过程，在静压差为推动力的作用下，原料液中溶剂和小分子溶质粒子从高压的料液侧透过膜到低压侧，而大分子物质被膜所阻拦，使它们在滤剩液中浓度增大。在超滤膜分离过程中，膜的孔径大小和形状对分离起主要作用，膜表面的化学特性等对分离所起作用不是很大。超滤过程中溶质的截留主要有以下 3 种：膜表面的机械截留、在膜孔中停留而被除去、在膜表面及膜孔内的吸附。

由于超滤法处理的对象流体大多含有水溶性高分子、有机胶体、多糖类物质及微生物等，这些物质极易黏附和沉积于膜表面上，造成严重的浓差极化和堵塞。因此，待超滤的原液，最好进行一定的前处理，在操作中大幅度提高原液的流量，加快线速度，以缩小沉积的不利影响。

2. 超滤膜

超滤膜大体上可分为两种。一种是各向同性膜，常用于超滤技术的微孔薄膜，它具有无数微孔贯通整个膜层，微孔数量与直径在膜层各处基本相同，正反面都具有相同的效应。另一种是各向异性膜，它是由一层极薄的表面"皮层"和一层较厚的起支撑作用的"海绵层"组成的薄膜，也称为非对称膜。前一种滤膜透过滤液的流量小；后者则较大且不易被堵塞。超滤膜的材料主要有醋酸纤维、聚砜、芳香聚酰胺、聚丙烯、聚乙烯、聚碳酸酯等高分子材料。

3. 超滤膜分离的基本操作

超滤工艺与微滤相似。超滤操作可以采用间歇和连续操作。在间歇操作中，分为浓缩模式和透析过滤式两种。在浓缩模式中，溶剂和小分子溶质被除去，料液逐渐浓缩。透析过滤是在过程中不断加入水或缓冲液，其加入速度和通量相等，这样可保持较高的通量，但处理的量较大，影响操作所需时间，而且会使透过液稀释。在实际操作中，常常将两种模式结合起来，即开始采用浓缩模式，达到一定浓度后，转变为透析模式。

在连续操作中，又可分为单级和多级操作。连续操作的优点是产品在系统中停留时间较短，有利于对热敏感和对剪切力敏感的产品，主要用于大规模生产。间歇操作平均通量较高，所需膜面积较小，装置简单，成本低，适用于药物和生物制品生产。

4. 超滤膜的检验

一般情况下，超滤膜的检验至少应包括下列几个方面。

（1）膜及其组件缺陷的检查。超滤膜及其组件的缺陷对于中空纤维型超滤器是较难检查的。通常，对于微孔膜可采用气泡检验法，但对于超滤膜其孔径通常在 $0.01\mu m$ 以下，在低压下（$0 \sim 0.2MPa$）气体无法透过，所以不能采用气泡法测定其孔径，不过可采用气泡法检测膜的缺陷和漏点。在中空纤维内侧注入小于 $0.2MPa$ 压力的压缩空气，外侧充满纯水，此时应绝对无气泡产生，以此作为判断超滤膜无大孔缺陷的一般依据。当然 $0.2MPa$ 压力尚不能确定无微孔级缺陷，但对于均匀孔径的超滤膜来说，已是足够的。

（2）在稳定的工艺中取样，以各种不同分子量物质测定截留率，其最低截留率应接近于 0，最高截留率为 100%，以其突变区的分子量标定出超滤膜的切割分子量标准。

（3）在额定压力（$0.1MPa$）下，用纯水测定超滤膜的水通量（取进口和出口压力的平均值计算）。

5. 特点及应用

超过滤法具有相态不变、无需加热、所用设备简单、占地面积小、能量消耗低等明显优点，此外，还具有操作压力低、泵与管对材料要求不高等特点。它能够在室温或特定温度下脱除高达 90% 的水分。因此，防止了对处理物的热降解或氧化降解作用。

超滤法有一定的缺陷：一般情况下，超过滤法与反渗透法相比，由于其水通量大得多，因而膜表面极易产生浓差极化等现象，为了强化传质，势必要加大流量，因此超滤法的动力费用较大。和其他浓缩方法相比，不能直接得到干粉。对于像蛋白质等溶液，通常只能浓缩到一定程度，其进一步浓缩，尚需采用蒸发等措施。

超滤广泛地用于某些含有各种小分子量可溶性溶质和高分子物质（如蛋白质、酶、病毒、热原等）溶液的浓缩、小分子溶质的分离、大分子溶质的分级提纯和净化，因而推动了工业生产、科学研究、医药卫生、国防和废水处理及其回收利用等方面的技术改造和经济建设。下面介绍应用超滤法制备胎白。

供静脉注射用的 25% 人胎盘血白蛋白（即胎白），通常是用硫酸铵盐析法制备的，生产过程中得到的中间产物，即低浓度胎白溶液需经两次硫酸铵盐析、两次过滤及压干、透析脱盐、除菌、真空浓缩等加工步骤。该工艺的缺点是硫酸铵耗量大，能源消耗多，操作时间长，透析过程易产生污染。

常规的硫酸铵盐析法，要求最终的硫酸铵残留量必须小于 0.05%，去除硫酸铵的经典方法是在温度 15℃ 以下的流水中透析 3 天。由于透析时间长，易被热源污染。冻干法浓缩不但费用昂贵，而且容易导致白蛋白形成一些聚合体。真空浓缩法则存在着蒸馏器内壁易形成干蛋白膜而造成损耗（一般可达 5%~7%）的缺点。

选用超滤工艺可以同时解决上述脱盐和浓缩时所存在的缺点，而且对于简化工艺、提高产品收率和产品质量具有明显的优点。上海生物制品研究所采用 LFA-50 超滤组件对胎白进行浓缩和脱盐所得结果如下：平均回收率为 97.18％；吸附损失为 1.69％；透过损失为 1.23％；截留率为 98.77％。

试验结果表明，采用超滤技术改革目前的生产工艺，可以简化工艺步骤，减少能耗及原材料的消耗，可缩短生产周期，提高产品质量，具有显著的经济效益。

三、反渗透

1. 反渗透的基本原理

一种只能透过溶剂而不能透过溶质的膜一般称之为理想的半透膜。当把溶剂和溶液（或把两种不同浓度的溶液）分别置于此膜的两侧时，纯溶剂将自然穿过半透膜而自发地向溶液（或从低浓度溶液向高浓度溶液）一侧流动，这种现象叫做渗透（osmosis）。当渗透过程进行到一定程度，溶液的液面便产生一压头 H，以抵消溶剂向溶液方向流动的趋势，即达到平衡，此 H 称为该溶液的渗透压 π（图 6-13）。

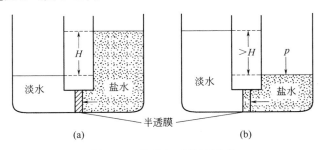

图 6-13　渗透与反渗透示意

渗透压的大小取决于溶液的种类、浓度和温度，而与膜本身无关。在这种情况下，若在溶液的液面上再施加一个大于 π 的压力 p 时，溶剂将与原来的渗透方向相反，开始从溶液向溶剂一侧流动，这就是所谓的反渗透（reverse osmosis），如图 6-13(b) 所示。凡基于此原理所进行的浓缩或纯化溶液的分离方法，一般称之为反渗透工艺。

2. 反渗透膜的主要特性参数

（1）透水率　是指单位时间内通过单位膜面积的水体积流量，用 F_w 表示。透水率也叫水通量，即水透过膜的速率。对于一个特定的膜来说水通量的大小取决于膜的物理特性（如厚度、化学成分、孔隙度）和系统的条件（如温度、膜两侧的压力差，接触膜的溶液的盐浓度及料液平行通过膜表面的速度）。

对于一定的系统而言，由于膜和溶液的性质都相对恒定、所以透水率就变成一个简单的压力函数：

$$F_w = A(\Delta p - \Delta \pi) \tag{6-1}$$

式中　A——膜的水渗透系数（体积），表示特定膜中水的渗透能力，$m^3/(m^2 \cdot s \cdot Pa)$；

　　　Δp——膜两侧的压力差，Pa；

　　　$\Delta \pi$——膜两侧溶液的渗透压差，Pa。

（2）透盐率　透盐率是指盐通过膜的速率，用 F_s 表示，如式(6-2) 所示，其值是膜的透盐系数 B 与膜两侧溶质浓度差的函数：

$$F_s = B(c_2 - c_3) \tag{6-2}$$

式中　c_2——膜高压侧界面上水溶液的溶质浓度，kg/m^3；

　　　c_1——膜低压侧水溶液的溶质浓度，kg/m^3。

由式(6-2) 可见，盐的通过主要是由于膜两侧存在溶质浓度差的缘故。和透水率不同的是，正常的透盐率几乎与压力无关。一般 F_s 值以小为好，F_s 小说明脱盐效率高。

（3）压密系数　促使膜材质发生物理变化的主要原因是出于操作压力与温度所引起的压密（实）作用，从而造成透水率的不断下降，其经验公式如式（6-3）所示：

$$\lg \frac{F_{wt}}{F_{w1}} = -m \lg t \tag{6-3}$$

式中　F_{w1}——第 1h 后的透水率，$m^3/(m^2 \cdot s)$；

　　　F_{wt}——第 t 小时后的透水率，$m^3/(m^2 \cdot s)$；

　　　t——操作时间，s；

　　　m——压密系数（或称压实斜率），％。

m 值一般可采用专门装置测定出来，它应该是越小越好。因为小的 m 值意味着膜的寿命较长。对普通的反渗透膜而言，m 值以不大于 0.03 为宜，根据有关资料得知，当 $m = 0.1$ 时，一年后，膜的平均透水率只相当于原来的 55％。

3. 反渗透膜分类

反渗透膜即用于反渗透过程的半透膜。从某种意义上讲，它是反渗透器的心脏部分，因为评价一种反渗透装置质量的优劣，关键在于半透膜性能的好坏。

关于反渗透膜的分类，如果从物理结构上来分，可分为非对称膜、均质膜、复合膜及动态膜。若从膜的材质上分类大致可分为乙酸纤维膜、芳香聚酰胺膜、高分子电解质膜、无机质膜及其他。

4. 反渗透法的基本流程

反渗透技术作为一种分离、浓缩和提纯的方法，其基本流程常见的有 4 种形式，如图 6-14 所示。

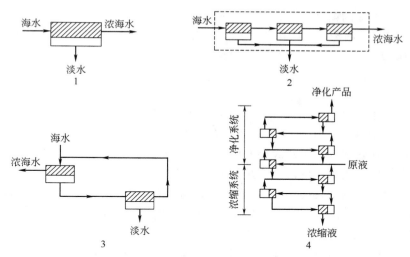

图 6-14　反渗透法工艺流程图
1——一级流程；2——一级多段流程；3——二级流程；4——多级流程

（1）一级流程　一级流程是指在有效横断面保持不变的情况下，原水一次通过反渗透装置便能达到要求的流程。此流程的操作最为简单，能耗也最少。

（2）一级多段流程　当采用反渗透作为浓缩过程时，如果一次浓缩达不到要求时，可以采用这种多段浓缩流程方式。它与一级流程不同的是，有效横断面逐段递减。

（3）二级流程　如果反渗透浓缩一级流程达不到浓缩和淡化的要求时，可采用二级流程方式。二级流程的工艺线路是把由一级流程得到的产品水，送入另一个反渗透单元去，进行再次淡化。

（4）多级流程　在生物化工分离中，一般要求达到很高的分离程度。例如在废水处理中，为了有利于最终处置，经常要求把废液浓缩至体积很小而浓度很高的程度；又如对淡化水，为达到重复使用或排放的目的，要求产品水的净化程度越高越好。在这种情况下，就需要采用多级流程，但由于必须经过多次反复操作才能达到要求，所以操作相当烦琐，能耗也很大。

在工业应用中，有关反渗透法究竟采用哪种级数流程有利，需根据不同的处理对象、要求和所处的条件而定。

5. 特点及应用

反渗透法比其他的分离方法（如蒸发、冷冻等方法）有显著的优点：整个操作过程相态不变，可以避免由于相的变化而造成的许多有害效应，无需加热，设备简单、效率高、占地小、操作方便、能量消耗少等，主要用于截留如单糖、一价离子等小分子物质。目前，已在许多领域中得到了应用，例如，从海水、苦咸水的脱盐开始，发展到了利用反渗透的分离作用进行食品、医药的浓缩，纯水的制造，锅炉水的软化，化工废液中有用物质的回收，城市污水的处理以及对微生物、细菌和病毒进行分离控制等许多方面。下面介绍反渗透在制糖工业上应用。

在制糖过程中对清净汁的浓缩通常是采用加热蒸发法。但此法需要大量燃料，而且容易发生糖分的热分解。为了克服这些缺点，制糖工业生产已开始采用反渗透法进行浓缩。

根据巴济（Baloh）等的试验，如果采用反渗透法对甜菜制糖的稀糖汁进行浓缩，则可以节约蒸发罐用能量的 12.7％和糖汁预热用能量的 16.5％（合计节能 29％）。当然，反渗透用泵需要电能，但对于全厂的用电量来说，这是个不大的数字。此外，由于加热器的温度为 $100\sim105℃$，所以能使蒸汽的压力由常用的 $3.5\sim4.5$atm 下降到 1.5atm 左右，从而大大节省了蒸汽。

不过，由于高浓度的糖液具有较高的渗透压（蔗糖的饱和溶液，也即约 67％水溶液，为 200atm 左右），采用反渗透法进行浓缩有一定限度。据悉，在进行糖液的反渗透浓缩时，当糖的浓度超过 360g/L 后，浓缩能力将急剧下降。

四、纳滤

1. 纳米过滤（纳滤）的分离机理

纳米过滤是介于反渗透与超过滤之间的一种以压力为驱动的膜分离技术。通常认为其物质传递机理为溶解-扩散方式。大多数纳滤膜具有荷电性，荷电纳滤膜具有建立在离子电荷密度基础上的选择性，能够根据离子的大小及电价高低的不同，对溶液中的不同离子进行选择性透过，这使得含有不同自由离子的溶液，透过纳滤膜的离子分布是不相同的（透过率随物质的荷电性、离子浓度及电价的变化而变化），这就是 Donnan 效应。例如：在溶液中含有 Na_2SO_4 和 NaCl，膜优先截留 SO_4^{2-}，Cl^- 的截留随着 Na_2SO_4 浓度的增加而减少。同时为了保持电中性，Na^+ 也会透过膜，在 SO_4^{2-} 浓度高时，截留甚至会被否定。

由于大多数纳滤膜含有固定在疏水性的 UF 支撑膜上的负电荷亲水性基因，因此纳滤膜比反渗透膜有较高的水通量，这是水偶极子定向的结果。由于存在着表面活性基团，它们也能改善以疏水性胶体、油脂、蛋白质和其他有机物为背景的抗污染能力。这一点，使纳滤膜用于高污染源。例如染料浓缩和造纸废水处理上优于反渗透膜。

可是，如果溶质所带电荷相反，它与膜相互配合会导致污染。纳滤膜最好应用于不带电荷分子的截留，可完全看作为筛分作用；或组分的电荷采用静电相互作用消除。

2. 纳滤膜

大多数的纳滤膜是由多层高分子聚合物（如醋酸纤维素、磺化聚砜、磺化聚醚砜和芳族聚酰胺等）薄膜组成，具有良好的热稳定性，pH 稳定性和对有机溶剂的稳定性。膜的活性层通常荷负电化学基团。一般认为纳滤膜是多孔性的，其平均孔径 3nm 以下。纳米过滤膜的截流相对分子质量大于 200。这种膜截断分子量范围比反渗透膜大而比超滤膜小，因此纳米过滤膜可以截留能通过超滤膜的溶质而让不能通过反渗透膜的溶质通过。根据这一原理。可用纳米过滤来填补由超滤和反渗透所留下的空白部分。

3. 纳滤膜分离的基本操作

其操作工艺与方法同超滤膜分离操作。

4. 特点及应用

纳滤作为一种膜分离技术，具有其独特的特点。

（1）可分离纳米级粒径。

（2）集浓缩与透析为一体　因纳滤膜是介于反渗透膜和超滤膜之间的一种膜，它能截留小分子的有机物，并可同时透析出盐。

（3）操作压力低　因为无机盐能通过纳米膜而透析，使得纳滤的渗透压力远比反渗透低，一般低于 1MPa，故也有"低压反渗透"之称。在保证一定膜通量的前提下，纳滤的操作压力低，其对系统动力设备的耐压要求也低，降低了整个分离系统的设备投资费和能耗。

（4）纳滤膜污染因素复杂　纳滤膜介于有孔膜和无孔膜之间，浓差极化、膜面吸附和粒子沉积作用均是使用中被污染的主要因素，此外，纳滤膜通常是荷电膜，溶质与膜面之间的静电效应也会对纳滤过程的污染产生影响。

纳米过滤在生产上也有许多应用，主要用于以下一些场合：①高分子量与低分子量有机物分离；②有机物与小分子无机物的分离；③溶液中不同价态的离子的分离；④盐与其对应酸的分离；⑤对单价盐并不要求有很高截留率的分离。下面介绍纳米过滤在抗生素的回收与精制上的应用。

在抗生素的生产过程中，常用溶剂萃取法进行分离提取，其中抗生素如赤霉素、青霉素常被萃取到有机溶剂中去，如被乙酸乙酯或乙酸丁酯所萃取，后续工序常用真空蒸馏或共沸蒸馏进行浓缩，若用膜过滤法进行浓缩，则要求用于分离的膜必须具有良好的耐有机溶剂的性能，同时还应具有良好的疏水性能，以便排斥抗生素，提高其选择性。现 MPW 公司生产的 MPF-50 和 MPF-60 膜，可以用于上述过程，其中透过该膜的纯化了的有机溶剂，可继续作萃取剂循环使用，而浓缩液中为高密度的抗生素。此外，在抗生素的萃取过程中，一般在水相残液中还含有 0.1%～1% 抗生素和溶解的较多量的有机溶剂，如果我们用亲溶剂并稳定的膜 MPF-42，则同样能回收抗生素与溶剂。

五、透析

当把一张半透膜置于两种溶液之间并使其与之接触时，将会出现双方溶液中的大分子溶质原地不动、小分子溶质（包括溶剂）透过膜而相互交换的现象，这种现象就是所谓的透析（dialysis）。这种技术作为蛋白质溶液等的处理手段已被广泛用于去除混入溶液的小分子杂质（主要是盐类）或调节离子的组成等方面。另外，对某些高浓度的蛋白质溶液（百分之几）而言，由于浓差极化的原因，应用超滤方法困难，这种情况下采取透析方法更为合适，特别是像用人工肾来处理浓度高的且含有固形物的血液来说、透析法无疑更具有优越性。

1. 透析的原理

透析过程的简单原理如图 6-15 所示，即中间以膜（虚线）相隔，A 侧通原液、B 侧通溶剂。如此，溶质由 A 侧根据扩散原理，而溶剂（水）由 B 侧根据渗透原理相互进行移动，一般低分子比高分子扩散得快。

透析的目的就是借助这种扩散速度的差，使 A 侧两组分以上的溶质得以分离。不过这里所说的不是溶剂和溶质的分离（浓缩），而是溶质之间的分离。浓度差（化学位）是这种分离过程的唯一推动力。这里用的透析膜也是半透膜的一种，它是根据溶质分子的大小和化学性质的不同而具有不同透过速度的选择性透过膜。通常用于分离水溶液中的溶质。

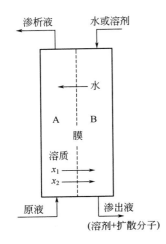

渗析液　　水或溶剂

水

A　B

膜

溶质

x_1

x_2

原液　　渗出液

（溶剂+扩散分子）

图 6-15　透析的原理示意

2. 膜材料

适于做血液透析和过滤用膜的高分子材料有许多种，其中有一些已经商品化。在这些聚合物中包括由疏水性的聚丙烯腈、聚酰胺及聚甲基丙烯酸酯到亲水性的纤维素、聚乙烯及聚乙烯醇等多种多样。

从分子能级来看，决定上述聚合物同水的关系（亲水性、疏水性）的因素是聚合物末端的分子结构，如羧基、氨基及羟基等具有氢键的分子，因其对水有亲和性，所以是亲水性的；与此相反，一些碳氢化合物因具有疏水性质，所以与水就没有亲和力，浸入水中时，固体表面的电荷取决于表面分子结构的离子解离。当聚合物中含有酸基（羧基或磺酰基等）时，将产生带负电荷的表面；当含胺基时将产生带正电荷的表面。另外，当分子内部的电荷分布不均时将产生极性，这不仅对固体表面即使对蛋白质那样的溶质也会产生。在临床应用中，此等膜材料的亲水性、疏水性及带电荷的膜表面同溶质的相互作用等，都是决定溶质向膜表面吸附或溶质在膜中传递的重要因素。

3. 透析的应用

透析主要应用于医学人工肾方面。也有一些工业应用，如从人造丝浆压榨液中回收碱。如图 6-16 所示。

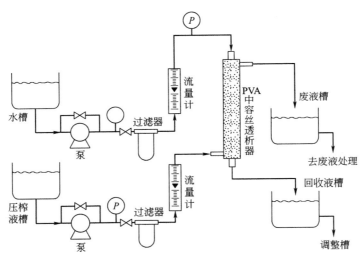

图 6-16　由人造丝浆压榨液中回收 NaOH 的流程

从人造丝浆压榨液中回收碱主要是用透析法分离含在原液（压榨液）中的半纤维素和NaOH。透析膜是由聚乙烯醇制成的中空丝，原液沿中空丝的外部自下而上流动，水则自上而下走中空丝的内腔。原液同水的流量比大约为3，若想使碱回收率提高可再增大该比值；若想使回收的渗出液的碱浓度提高可将流量比减小。

六、电渗析

电渗析技术是在电位差下用离子交换膜从水溶液中分离离子的过程。

1. 电渗析的基本原理

实施电渗析技术的主要装置是电渗析器，如图 6-17 所示。它主要由离子交换膜、隔板和电极组成。许多只允许阳离子通过的阳离子交换膜 K 和只允许阴离子通过的阴离子交换膜 A

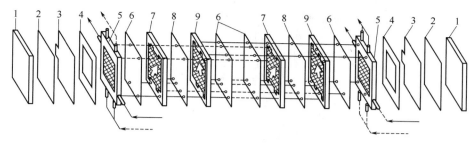

图 6-17 电渗析器的基本结构及组装形式

1—压紧板；2—垫板；3—电极；4—垫圈；5—导水、极水板；6—阳膜；7—淡水隔板框；

8—阴膜；9—浓水隔板框；-----极水；——→浓水；----淡水

多组交替地平行排列在两正负电极板之间，隔板放置其间，构成一系列相间的淡化室和浓缩室。隔板是由框和网组成的薄片，板上开有配水孔、布水槽、流水道、集水槽和集水孔，起着支撑阴、阳膜，使两层膜间形成水室，构成流水通道，使水流分布均匀及加强湍流搅动的作用。由一张阳膜、一块隔板、一张阴膜构成一个结构单元，也叫一个膜对，一台电渗析器由许多膜对组成，这些膜对总称为膜堆。膜堆的两端设电极室，室中置电极，并有电极水在电极旁流过。

电渗析的原理如图 6-18 所示。最初，在所有隔室内，阳离子与阴离子的浓度都均匀一致，且呈电的平衡状态。当在电极板上加上电压以后，在直流电场的作用下，淡室中的全部阳离子趋向阴极，在通过阳膜之后，被浓室的阴膜所阻挡，留在浓室中；而淡室中的全部阴离子趋向阳极，在通过阴膜之后，被浓室的阳膜所阻挡，也被留在浓室中，于是淡室中的电解质浓度逐渐下降，而浓室中的电解质浓度则逐渐上升。以 NaCl 为例，当 NaCl 溶液进入淡室之后，Na^+ 则通过阳膜进入右侧浓室；而 Cl^- 则通过阴膜进入左侧浓室。如此，淡室中的盐水逐渐变淡，而浓室中的盐水则逐渐变浓。

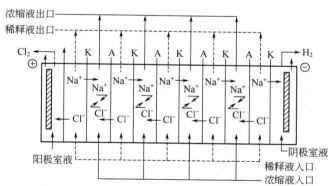

图 6-18 电渗析的原理示意

离子交换膜为什么具有选择透过性呢？离子交换膜是一种由高分子材料制成的具有离子交换基团的薄膜。其所以具有选择透过性主要是由于膜上孔隙和膜上离子基团的作用。

膜上孔隙的作用是：在膜的高分子键之间有一些足够大的孔隙，以容纳离子的进出和通过，这一些孔隙从正面看是直径为几十埃到几百埃的微孔；从膜侧面看是一根根曲曲弯弯的通道。由于通道是迂回曲折的，所以其长度要比膜的厚度大得多。这就是离子通过膜的大门和通道，水中离子就是在这些迂回曲折的通道中作电迁移运动，由膜的一侧进入另一侧。

膜上离子基团的作用是，在膜的高分子链上，连接着一些可以发生解离作用的活性基团。凡是在高分子链上连接的是酸性活性基因（例如—SO_3H）的膜，称之为阳膜；凡是在高分子链上连接的是碱性活性基团［例如—$N(CH)_3OH$］的膜，称之为阴膜。例如，在一般水处理

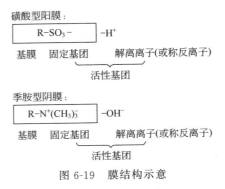

图 6-19　膜结构示意

中常用的磺酸型阳膜和季胺型阴膜的结构如图6-19所示。

在水溶液中，膜上的活性基团会发生解离作用，解离所产生的解离离子（或称反离子，如阳膜上解离出来的 H^+ 和阴膜上解离出来的 OH^-）就进入溶液。于是，在膜上就留下了带有一定电荷的固定基团。存在于膜微细孔隙中的带一定电荷的固定基团，好比在一条狭长的通道中设立的一个个关卡或"警卫"，以鉴别和选择通过的离子。阳膜上留下的是带负电荷的基团，构成了强烈的负电场。在外加直流电场的作用下，根据异性相吸的原理，溶液中带正电荷的阳离子就可被它吸引、传递而通过微孔进入膜的另一侧，而带负电荷的阴离子则受到排斥；相反，阴膜微孔中留下的是带正电荷的基团，构成了强烈的正电场，也是在外加直流电场的作用下，溶液中带负电荷的阴离子可以被它吸引传递透过，而阳离子则受到排斥。这就是离子交换膜具有选择透过性的主要原因。

由上述讨论可知，离子交换膜的作用并不是起离子交换的作用，而是起离子选择透过的作用。所以更确切地说，应称之为"离子选择性透过膜"。

在电渗析过程中，能量主要消耗于克服电流通过时所受的阻力和电极反应两方面。电极反应虽然不能产生淡水，但为使电流不断通过电渗析器，电极反应是不可免的。为了降低这部分反应所消耗的能量，在实际应用中可采用装有成百对阴、阳离子交换膜的多层式电渗析器。

2. 离子交换膜分类及性能要求

（1）分类　按活性基团不同可将离子交换膜分为阳离子交换膜，简称阳膜；阴离子交换膜，简称阴膜。阳膜能交换或透过阳离子；阴膜能交换或透过阴离子。

按结构组成不同，离子交换膜可分为异相膜和均相膜两种。异相膜是指将离子交换树脂磨成粉末，加入惰性胶黏剂：如聚氯乙烯、聚乙烯、聚乙烯醇等，再经机械混炼加工成膜，由于树脂粉末之间填充着胶黏剂，膜的结构组成是不均匀的，故称为异相膜。均相膜是指以聚乙烯薄膜为载体，首先在苯乙烯、二乙烯苯溶剂中溶胀并以偶氮二异腈为引发剂，在高温、高压和催化剂作用下，于聚乙烯主链上连接支链，聚合生成交联结构的共聚体，再用浓硫酸磺化制成阳膜；以氯甲醚氯甲基化后，再经胺化后而制成阴膜。异相膜电阻较大、电化学性能也比均相膜差，但机械强度较高，因此水的处理一般采用异相膜。近年又研制出半均相膜，它是将聚乙烯粒子浸入苯乙烯、二乙烯苯后，加热聚合，再按上述工艺制成阳膜或阴膜。

（2）性能要求　离子交换膜应具有如下性能。

① 离子选择透过性要大　这是衡量离子交换膜性能优劣的主要指标。当溶液的浓度增高时，膜的选择透过性则下降，因此在浓度高的溶液中，膜的选择透过性是一个重要因素。

② 离子的反扩散速度要小　由于电渗析过程的进行，将导致浓室与淡室之间的浓度差增大，这样离子就会由浓室向淡室扩散。这与正常电渗析过程相反，所以称之为反扩散。反扩散速度随着浓度差的增大而上升，但膜的选择透过性越高，反扩散速度就越小。

③ 具有较低的渗水性　电渗析过程只希望离子迁移速度高，因只有这样才能达到浓缩与

淡化的目的。所以为使电渗析有效地进行工作，膜的渗水性应尽量小。

④ 具有较低的膜电阻　在电渗析器中，膜电阻应小于溶液的电阻。如果膜的电阻太大，在电渗析器中，膜本身所引起的电压降就很大，这不利于最佳电流条件，电渗析器效率将会下降。

⑤ 膜的物理强度要高　为使离子交换膜在一定的压力和拉力下不发生变形或裂纹，膜必需具有一定的强度和韧性。

⑥ 膜的结构要均匀　能耐一定温度，并具有良好的化学稳定性和辐射稳定性，膜的结构必须均匀以保证在长期使用中，不至于局部出现问题。

3. 电渗析的工艺技术问题

（1）极化现象　电渗析过程中，在阴离子交换膜或阳离子交换膜的淡水一侧，由于离子在膜中的迁移数大于在溶液中的迁移数，就使得膜和溶液界面处的离子浓度 c_1' 小于溶液相中的离子浓度 c_1。同样，在阴膜或阳膜的浓水一侧，从膜中迁移出来的离子量大于溶液中的离子迁移数，就使得相界面处的离子浓度 c_2' 大于溶液相中的离子浓度 c_2。这样，在膜的两侧都产生了浓度差值。显然，通入的电流强度越大，离子迁移的速度越快，浓度差值也就越大。如果电流提高到相当程度，将会出现 c_1' 值趋于零的情况，这时在淡水侧就会发生水分子的电离（$H_2O \longrightarrow H^+ + OH^-$），由 H^+ 和 OH^- 的迁移来补充传递电流，这种现象称为极化现象。

极化包括浓差极化和电极极化。极化发生后在阳膜淡室的一侧富集着过量的氢氧根离子，阳膜浓室的一侧富集着过量的氢离子；而在阴膜淡室的一侧富集着过量的氢离子，阴膜浓室的一侧富集着过量的氢氧根离子。由于浓室中离子浓度高，则在浓室阴膜的一侧发生氢氧化物、碳酸钙等沉淀，造成膜面附近结垢；在阳膜的浓水一侧，由于膜表面处的离子浓度 c_2' 比 c_2 大得多，也容易造成膜面附近结垢。结垢的结果必然导致增加膜电阻，加大电能消耗，减小膜的有效面积，降低电流效率，缩短膜的寿命，降低出水水质，影响电渗析过程的正常进行。

防止极化最有效的方法是设法增加浓室溶液的搅拌作用和布水的均匀性，控制电渗析器在极限电流密度（单位时间单位膜面积上通过的电流，称为电流密度。使膜界面层中产生极化现象时的电流密度，称为极限电流密度）以下运行。另外，定期进行倒换电极运行，将膜上积聚的沉淀溶解下来。

（2）电渗析过程中的次要过程

① 同名离子的迁移，离子交换膜的选择透过性往往不可能是百分之百的，因此总会有少量的相反离子透过交换膜。

② 离子的浓差扩散，由于浓缩室和淡化室中的溶液中存在着浓度差，总会有少量的离子由浓缩室向淡化室扩散迁移，从而降低了渗析效率。

③ 水的渗透，尽管交换膜是不允许溶剂分子透过的，但是由于淡化室与浓缩室之间存在浓度差，就会使部分溶剂分子（水）向浓缩室渗透。

④ 水的电渗析，由于离子的水合作用和形成双电层，在直流电场作用下，水分子也可从淡化室向浓缩室迁移。

⑤ 水的极化电离，有时由于工作条件不良，会强迫水电离为氢离子和氢氧根离子，它们可透过交换膜进入浓缩室。

⑥ 水的压渗，由于浓缩室和淡化室之间存在流体压力的差别，迫使水分子由压力大的一侧向压力小的一侧渗透。

以上这些次要过程对电渗析是不利因素。因此，要合理调整操作条件予以避免或控制。

4. 电渗析的特点及应用

（1）电渗析的特点　与离子交换相比较，电渗析具有以下优点。

① 能量消耗少　电渗析器在运行中，不发生相的变化，只是用电能来迁移水中已解离的离子。耗电量一般与水中的含盐量成正比。对含盐量为 4000～5000mg/L 以下的苦咸水的淡化，电渗析水处理法耗能少、较经济（包括水泵的动力耗电在内，耗电量为每吨水 6.5kW·h）。

② 药剂耗量少，环境污染小　在采用离子交换法水处理中，当交换树脂失效后，需用大量酸、碱进行再生，水洗时有大量废酸、碱排放，而以电渗析水处理时，仅酸洗时需要少量酸。

③ 设备简单操作方便　电渗析器是用塑料隔板与离子交换膜及电极板组装而成的，它的主体与配套设备都比较简单；膜和隔板都是高分子材料制成的，因此，抗化学污染和抗腐蚀性能均较好。在运行时通电即可得淡水，不需要用酸、碱进行反复的再生处理。

④ 设备规模和脱盐浓度范围的适应性大　电渗析水处理设备可用于小至每天几十吨的小型生活饮用水淡化水站和大至几千吨的大、中型淡化水站。

电渗析的缺点如下所述。

① 对解离度小的盐类及不解离的物质，例如水中的硅酸盐和不离解的有机物等难以去除掉；对碳酸根的迁移率较小。

② 电渗析器是由几十到几百张较薄的隔板和膜组成的，部件多，组装技术要求比较高，往往会因为组装不好而影响配水的均匀性。

③ 电渗析水处理的流程是使水流在电场中流过，当施加一定电压后，靠近膜面的滞流层中电解质的盐类含量较少。此时，水的解离度增大，易产生极化结垢和中性扰乱现象，这是电渗析水处理技术中较难掌握又必须重视的问题。

④ 电渗析器本身的耗水量比较大，虽然采取极水全部回收，以及浓水部分回收或降低浓水进水比例等措施，但其本身的耗水量仍达 20%～40%。因此，对某些地区来说，电渗析水处理技术的应用将受到一定的限制。

⑤ 电渗析水处理对原水净化处理要求较高，需增加精过滤设备。

（2）电渗析技术应用　电渗析技术应用范围广泛，它可用于水的淡化除盐、海水浓缩制盐，还可以用于食品、轻工等行业制取纯水，电子、医药等工业制取高纯水的前处理。锅炉给水的初级软化脱盐，将苦咸水淡化为饮用水。也可用于物料的浓缩、提纯、分离等物理化学过程，如牛奶及乳清脱盐，医药制造，血清、疫苗精制，稀溶液中的羧酸回收及丙烯腈的电解还原等。还可以用于废水、废液的处理与贵重金属的回收，如从电镀废液中回收镍等。下面谈谈电渗析技术在纯水制备方面的应用。

电渗析法是海水、苦咸水、自来水制备初级纯水和高级纯水的重要方法之一。由于能耗与脱盐量成正比，电渗析法更适合含盐低的苦咸水淡化。但当原水中盐浓度过低时，溶液电阻大，不够经济，因此一般采用电渗析与离子交换树脂组合工艺。电渗析在流程中起前级脱盐作用，离子交换树脂起保证水质作用。组合工艺与只采用离子交换树脂相比，不仅可以减少离子交换树脂的频繁再生，而且对原水浓度波动适应性强，出水水质稳定，同时投资少、占地面积小。但是要注意电渗析法不能除去非电解质杂质。

下面是制备初级纯水的几种典型流程：

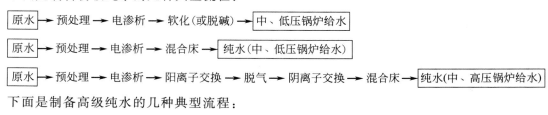

下面是制备高级纯水的几种典型流程：

原水 ➔ 预处理 ➔ 电渗析 ➔ 阳离子交换 ➔ 脱气 ➔ 阴离子交换 ➔ 杀菌 ➔ 超滤 ➔ 混合床 ➔ 微

滤 ➔ 超纯水(电子行业用水)

原水 ➔ 预处理 ➔ 电渗析 ➔ 蒸馏 ➔ 微滤 ➔ 医用纯水(针剂用水)

七、渗透蒸发

渗透蒸发又称膜蒸馏、渗透汽化等，是以混合物中组分蒸汽压差为推动力，依靠各组分在膜中溶解与扩散速率不同的性质来实现混合物中待分离组分通过膜，在膜的另一侧汽化，然后又被冷凝的过程。实现这种过程，可在膜的另一侧用如下方法进行处理：①减压式，即用真空泵减压，并设置冷凝器对气体进行冷凝处理；②气流吹扫式，即用干燥的惰性气体吹扫，再经冷凝器处理；③空气间隙式，即留有一定空隙，设置冷凝面对气体间接降温冷凝；④直接接触式，即通入冷却介质，直接对气体降温冷凝。图 6-20 为渗透蒸发的几种类型。

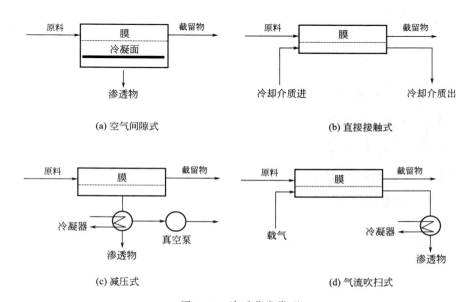

图 6-20　渗透蒸发类型

1. 渗透蒸发机理

渗透蒸发膜的分离过程可用溶解—扩散—脱附模型进行描述。溶解过程发生在液体介质和分离膜的界面。当溶液同膜接触时，溶液中各组分在分离膜中因溶解度不同，相对比例会发生改变。溶解性大的组分在膜中的相对含量会大大高于它在溶液中的浓度，使该组分在膜中得到富集。在扩散过程中，溶解在膜中的组分在蒸气压的推动下，从膜的一侧迁移到另一侧。由于液体组分在膜中的扩散速度同它们在膜中的溶解度有关，溶解度大的组分往往有较大的扩散速度。因此该组分被进一步富集，分离系数进一步提高。最后，到达膜的另一侧表面脱附汽化，从体系中脱除。

衡量渗透蒸发过程的主要指标是分离因子(α)和渗透通量(J)。分离因子定义为两组分在透过液中的组成比与原料液中组成比的比值，它反映了膜对组分的选择透过性。渗透通量定义为单位膜面积上单位时间内透过的组分质量，它反映了组分透过膜的速率。

操作条件（主要是温度和压力的改变），对渗透蒸发的分离效果影响很大。渗透蒸发的推动力是溶剂在膜两侧的蒸气压差。已经发现，在膜的溶液侧加压对渗透蒸发的分离效果影响不大。当温度确定后，膜的分离系数和渗透液通量主要取决于整个系统真空度的变化。通常要求系统的真空度不小于 500Pa。否则，不仅膜的选择性会变差，而且通量也会大大下降。当真空度低于某一数值时，膜的分离效果会完全丧失殆尽。提高温度能明显地提高溶剂分子在聚合物膜中的溶解度以及它们在膜中的扩散速度，使渗透液通量随之增加。因此提高温度能大大提高单位膜面积的生产能力。温度对选择性的影响不是很大，因此，除非被处理的溶液或分离膜在高温下会遭到破坏，渗透蒸发过程在较高温度下进行总是比较有利的。

2. 渗透蒸发设备

渗透池是渗透蒸发的关键设备。目前已经在工业中应用的渗透池主要有板框式和卷筒式两种。板框式渗透池是由不锈钢板框和网板组装而成，如图 6-21 所示。板框是由三层不锈钢薄板焊接在一起的，以便在平板间形成供液体流动的流道。每个渗透池单元由 8～10 组板框组成。渗透池用法兰固定后安装在真空室中。操作时，溶液经板框注入溶液腔同分离膜接触，渗透液经网板进入真空室脱除。卷筒式渗透池是将平板膜和隔离层一起卷制而成，层间用胶黏剂密封，如图 6-22 所示。

3. 渗透蒸发操作方法

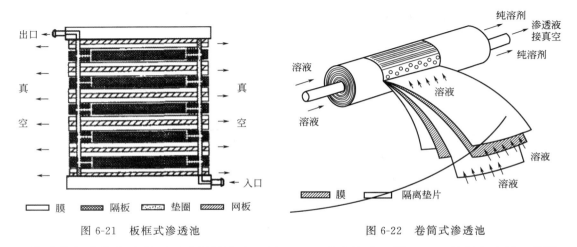

图 6-21　板框式渗透池　　　　　　　　　图 6-22　卷筒式渗透池

渗透蒸发的分离过程可以采用间歇式（图 6-23）或连续式（图 6-24）的操作方法。间歇

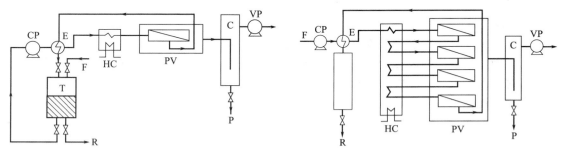

图 6-23　间歇式渗透蒸发流程图
F—溶液；R—产物；P—渗透液；T—储槽；
PV—渗透蒸发器；CP—循环泵；VP—真空泵；
E—热交换器；HC—加热器；C—冷凝器

图 6-24　连续式渗透蒸发流程图
F—溶液；R—产物；P—渗透液；
PV—渗透蒸发器；CP—循环泵；VP—真空泵
E—热交换器；HC—加热器；C—冷凝器

式操作通常只需要一级渗透池。待处理的溶液放置在储槽内，用循环泵将溶液输送到渗透池中，经渗透池处理后返回溶液储槽，直到储槽内溶液的浓度达到所要求的数值。透过膜的渗透液在减压下蒸发，在冷凝器中冷凝除去。冷凝器的温度不应过低，以免渗透液结冰堵塞管道。

部分未冷凝的渗透液蒸气由无油真空泵排出。间歇式操作可以通过调节溶液的循环速度来保证操作在最佳条件下进行。间歇法的操作比较简单、灵活，适用于处理量小、被处理溶液需经常改变的场合。

连续式可以实现溶液的连续进料和产物的连续出料，因此常需要通过几级渗透池。为了减小温度降，必须在级间加热。适当控制溶液在渗透池中的流动速度就能使溶液中的杂质源源不断地经渗透池脱除，保证从渗透池流出的溶液达到所要求的纯度。这种方法适用于处理量大、被处理溶液品种比较单一的情况，适用于大工业生产。

4. 渗透蒸发的特点及应用

渗透蒸发分离系数大，可针对物系性质，选用适当的膜来实现物质的高效分离。一般单极即可达到很高的分离效果。渗透蒸发适合于用精馏方法难以分离的近沸物和恒沸物的分离。过程中不引入其他试剂，产品不会受到污染。过程简单，附加的处理过程少，操作比较方便。过程中透过物有相变，但因透过物量一般较少，汽化与随后的冷凝所需能量不大。渗透蒸发适用具有一定挥发性的物质的分离，这是应用渗透蒸发法进行分离的先决条件。从混合液中分离出少量物质，例如有机物中少量水的脱除，可以充分利用其分离系数大的优点，又可少受透过物汽化耗能与渗透通量小的不利影响。可以用渗透蒸发与精馏联合的集成过程，分离两组分含量接近的恒沸物；与反应过程结合，选择性地移走反应产物，促进化学反应的进行。

知识拓展
渗透蒸馏

渗透蒸馏又称为等温膜蒸馏，是将渗透与蒸馏过程耦合的一种膜分离技术，通过越过膜的蒸汽压梯度来实现分离的。在分离过程中，被处理物料中易挥发性组分选择性地透过疏水性的膜，在膜的另一侧被脱除剂吸收的膜分离操作，在通常情况下，被处理物料与脱除剂均为水溶液。如图 6-25 所示。

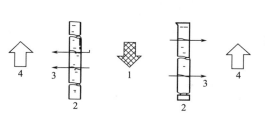
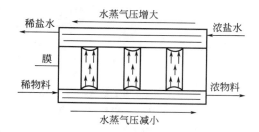

图 6-25　渗透蒸馏原理
1—被处理料液；2—微孔疏水膜；
3—蒸汽；4—脱除剂

图 6-26　通过膜的水蒸气迁移机理

1. 渗透蒸馏机理

渗透蒸馏不同于膜蒸馏（蒸汽压梯度是由于加热被浓缩的溶液产生的），是由膜两侧溶液的渗透压差所产生的蒸汽压梯度引起水蒸气通过疏水膜而实现溶液的浓缩，水蒸气的迁移机理如图 6-26 所示。因此说，疏水膜两侧被处理物料中易挥发组存在渗透活度差［即被处理物料中水的渗透活度（蒸汽压）大于脱除剂（无机盐水溶液）中水的渗透活度］是渗透蒸馏过程能够顺利进行的必要条件。而当疏水膜两侧易挥发组分渗透活度相等，即蒸汽压力差不再存在时，则渗透蒸馏过程将停止进行。渗透蒸馏包括三个连续的过程：被处理物料中易挥发组分的汽化；易挥发选择地通过疏水性膜；透过疏水性膜的易挥发组分被脱除剂所吸收。

2. 渗透蒸馏膜组件

渗透蒸馏膜组件有平板式、卷式和中空纤维式三种类型。渗透蒸馏膜组件不仅要提供被处理物料的通道，还要提供脱除剂（盐水溶液）的通道，因此渗透蒸馏膜组件与其他膜分离过程存在一定的差别。

（1）平板式膜组件　平板式渗透蒸馏膜组件主体结构类似于超滤平板式膜组件，所采用的膜为平面膜，其不同之处是将超滤平板式中的支撑板换成隔网，以便为脱除剂提供通道。如图 6-27 所示。

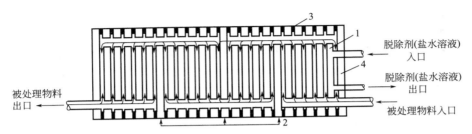

1—渗透膜；2—隔板；3—密封圈；4—金属装配框架图

图 6-27　平板式渗透蒸馏膜组件

（2）卷式膜组件　卷式渗透蒸馏膜组件所采用的膜仍然是平面膜，它是将多孔性的盐水隔网夹在信封状的膜中间，膜的两端开口分别与脱除剂的进入管和出口管密封，然后再衬上被处理物料隔网，并连同膜袋一起绕脱除剂的出口管，缠绕成卷，即构成渗透蒸馏卷式膜组件。同反渗透、超滤卷式膜组件一样，渗透蒸馏膜组件亦可以做成多叶的。如图 6-28 所示。

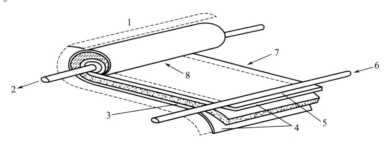

1—被处理物料侧隔网；2　脱除剂(盐水溶液)出口；3　脱除剂隔网三个边界密封；
4—膜；5—密封边界；6—脱除剂入口；7—被处理物料流向；8—隔网内脱除剂流向

图 6-28　卷式渗透蒸馏膜组件

（3）中空纤维膜组件　中空纤维渗透蒸馏膜组件采用的是中空纤维膜。它是将中空纤维膜平行放置，然后用纤维丝将其固定为如经纬交织的布状物，再将该布状物螺旋缠绕在一根开有很多小孔的中心管上，该中心管作为被处理物料进出口的导入管，这样就形成了一个由许多中空纤维膜平行于中心管的圆柱体，再将该圆柱体插入管状的壳体内，构成了一个类似于列管式换热器的中空纤维渗透蒸馏膜组件。渗透蒸馏过程中，被处理物料一般经中心管进入膜组件壳程，然后又进入中心管，让处理过的物料流出膜组件，而脱除剂则经过中空纤维膜内流动（相当于膜组件的管程），在整个膜组件内被处理物料与脱除剂呈垂直的错流流动。这样，即使在很低的流速下便可消除过程中的黏度极化现象。实验证明中空纤维式膜组件适用于渗透蒸馏高倍浓缩物料。如图 6-29 所示。

3. 渗透蒸馏的应用

渗透蒸馏能在常温常压下使被处理物料实现高倍浓缩，克服常规分离技术所引起的被

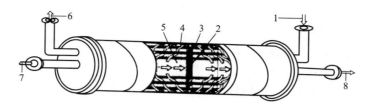

1—脱除剂(盐水溶液)入口; 2—收集管; 3—挡板; 4—中空纤维膜; 5—分布管;
6—脱除剂(盐水溶液)出口; 7—处理物料入口; 8—处理物料出口

图 6-29　中空纤维渗透蒸馏膜组件

处理物料的热损失与机械损失，特别适合处理热敏性物料及对剪应力敏感性物料，从而使渗透蒸馏在食品、医药及生化领域展示出广阔的应用前景。由于这些领域被处理物料中的溶质一般是糖类、多糖类、蛋白质类及羧酸盐类等分子量较大的物质，由于溶质的分子量较大，随着渗透蒸馏过程的不断进行，尽管浓缩后溶质质量浓度很高，但其摩尔浓度并不大，这样被处理物料中水的渗透活度尽管有所减少，但仍然接近于纯水的渗透活度，由于无机盐在水中的溶解度可以很大，从而使脱除剂（如采用 K_2HPO_4 的水溶液）中水的渗透活度可以降到很小，在被处理物料和脱除剂中水的渗透活度仍有推动力，这样便可以保证整个渗透蒸馏过程的顺利进行。

第四节　膜分离过程中的问题及其处理

膜在实际应用中，一般使用高分子合成聚合物膜。膜分离实用化产生的最大问题：膜性能的时效变化，即随着操作时间的增加，一是膜透过流速的迅速下降；二是溶质的阻止率也明显下降，这种现象是由于膜的劣化和膜污染所引起的。

膜的劣化是由于膜本身的不可逆转的质量变化而引起的膜性能的变化，造成的原因有如下 3 种。

① 化学性劣化　水解、氧化等原因造成。

② 物理性劣化　挤压造成透过阻力大的固结和膜干燥等物理性原因造成。

③ 生物性劣化　由供给液中微生物而引起的膜劣化和由代谢产物而引起的化学性劣化。

pH、温度、压力都是影响膜劣化的因素，要十分注意它们的允许范围。

下面就膜劣化及膜污染问题进行分析及处理。

一、压密作用

在压力作用下，膜的水通量随运行时间的延长而逐渐降低。膜外观厚度减少 $1/3 \sim 1/2$，膜由半透明变为透明，这表明膜的内部结构发生了变化，这种变化和高分子材料的可塑性有关。内部结构变化使膜体收缩，这种现象称为膜的压密作用。膜对透过水的阻力主要在膜的致密表层，而下面的多孔层对水的阻力是很小的。但随着运行时间的延长，下面的多孔层会逐渐被压密。因而，水通量逐渐下降。

引起压密的主要因素是操作压力和温度。压力越高，压密作用越大。在 10MPa 的操作压力下，进料温度每升高 $10 \sim 15℃$，其压密斜率约增加 1 倍。

为了克服膜的压密现象，除控制操作压力和进料温度外，主要在于改进膜的结构。也可制备超薄膜或超薄复合膜，使致密层和支撑层厚度在 $1\mu m$ 以下。皮层采用亲水性、有选择性功能的物质构成，并且有致密结构；支撑层由刚性耐压较强的高分子材料组成，这种膜结构抗压密性强。

二、膜的水解作用

醋酸纤维素是有机酯类化合物，乙酰基乙酯的形式结合在纤维素分子中，比较容易水解，特别是在酸性较强的溶液中，水解速度更快。水解的结果是乙酰基脱掉，醋酸纤维膜的截留率降低，甚至完全失去截留能力。因此，控制醋酸纤维膜的水解速率，对延长膜的使用寿命是非常重要的。在实际应用中，可控制进料液的 pH 和进料温度。

三、浓差极化

在膜分离过程中，由于水和小分子溶质透过膜，大分子溶质被截留而在膜表面处聚积，使得膜表面上被截留的大分子溶质浓度增大，高于主体中大分子溶质的浓度，这种现象称为浓差极化。浓差极化可使膜的传递性能及膜的处理能力迅速降低，还可缩短膜的使用寿命，它是膜分离过程中不可忽视的问题，为此，探讨其产生的机理及影响因素，采取相应措施，以减轻浓差极化现象的影响。

在膜分离中，溶剂和小分子物质透过膜，而大分子物质被截留，从而使大分子物质聚积在高压侧的膜表面，造成了膜表面与溶液主体之间的浓度差，使溶液的渗透压增大，当操作压差一定时，过程的有效推动力将下降，使渗透通量降低；为了保持或提高渗透通量，需提高操作压力，从而导致溶质的截留率降低，也就是说，浓差极化的存在限制了渗透通量的增加。

另外，当膜面浓度增大到某一值时，溶质呈最紧密排列，或析出形成凝胶层，使流体透过膜的阻力增大，渗透通量降低，此时再增加操作压力，不仅不能提高渗透通量，反而会加速凝胶沉淀层的增厚，使渗透通量进一步下降。浓差极化—凝胶层模型能较好地解释主体浓度、流体力学条件等对渗透通量的影响以及渗透通量随压力增大而出现极限值的现象。

概括起来，浓差极化现象的发生会对膜分离操作造成许多不利影响，主要有：①渗透压升高，渗透通量降低；②截留率降低；③膜面上结垢，使膜孔阻塞，逐渐丧失透过能力。在生产实际中，要尽可能消除或减少浓差极化现象的发生。由以上分析可知，一般情况下浓差极化造成的渗透通量降低是可逆的，通过改变膜分离操作方式，提高料液流速来减轻浓差极化现象。

膜分离操作一般采用错流方式进行，它与传统过滤的区别如图 6-30 所示。错流操作时，料液与膜面平行流动，料液的流动可有效防止和减少被截留物质在膜面上的沉积。流速增大，靠近膜面的浓度边界层厚度减小，将减轻浓差极化的影响，有利于维持较高的渗透通量。但流速增加，膜分离能量消耗增大。

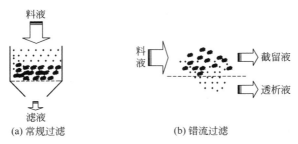

图 6-30　常规过滤与错流

四、膜的污染

1. 膜污染

膜污染（水生物污垢）是指由于膜表面形成了析着层或膜孔堵塞等外部因素导致膜性能下降的现象。其中膜的渗透通量下降是一个重要的膜污染标志，因此渗透通量也是膜分离中重要的控制指标。在膜分离操作中，渗透通量不仅与操作压差（推动力）、膜孔结构、溶液的黏度、操作温度等有关，还与料液流速、浓差极化现象及膜的污染程度有关。

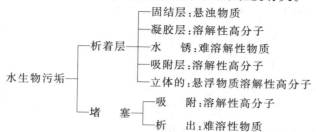

一般来说，胶凝层具有很大的抑制溶质的能力，往往其阻止率高。与此相反，固结层和水垢的阻止能力是由作为停留层而起作用的，故其阻止率低。当产生堵塞时，不论其原因如何，都使膜透过流速减少阻止率上升，在超滤时这种堵塞最成问题；而反渗透时，因膜的细孔非常小，所以不太容易堵塞，主要问题是附着层；微过滤法主要是利用膜的堵塞进行分离，所以产生堵塞不认为是问题；纳米过滤的影响介于超滤及反渗析两方面引起的原因。

不同的膜分离过程，膜污染的程度和造成的原因不同。微滤膜的孔径较大，对溶液中的可溶物几乎没有分离作用，常用于截留溶液中的悬浮颗粒，因此膜污染主要由颗粒堵塞造成的。超滤膜是有孔膜，通常用于分离大分子物质、小颗粒、胶体及乳液等，其渗透通量一般较高，而溶质的扩散系数低，因此受浓差极化的影响较大，所遇到的污染问题也是浓差极化造成的。反渗透是无孔膜，截留的物质大多为盐类，因为渗透通量较低，传质系数比较大，在使用过程中受浓差极化的影响较小，其膜表面对溶质的吸附和沉积作用是造成污染的主要原因。

2. 膜污染的清除及预防

膜污染后需经清洗处理。膜的清洗是恢复膜分离性能、延长膜使用寿命的重要操作。当渗透通量降低到一定值时，生产能力下降，能量消耗增大，必须对膜进行清洗或更换。根据膜的性能和污染原因，合理确定清洗方法，在药品分离生产中，常用物理法、化学法或两者结合的方法进行清洗。

（1）物理清洗法

① 机械清洗法　这种方法只适用于管式膜组件。它是在管式膜中放入海绵球，海绵球的直径要比膜管的直径略大些，在管内用水力让海绵球流经膜表面，对膜表面的污染物进行强制性的去除。这种方法几乎对软质垢能全部除去，但对硬质垢易损伤膜表面，因此，该法适用于以有机胶体为主要成分引起膜污染的清洗。

② 正向或反向清洗　正洗是将原料液用清液（通常是纯化水）代替，按过滤操作进行，通过加大流速循环洗涤，清除膜污染的操作。反洗是用空气、透过液或清洗剂对膜进行反向冲洗，它是以一定频率交替加压、减压和改变流向的方法，使透过液侧的液体流向原料液侧，以除去膜内或膜表面上的污染层，一般能有效地清除因颗粒沉积造成的膜孔堵塞。反洗只适用于微滤膜和疏松的超滤膜。

③ 等压清洗　在实际生产中，还常采用等压清洗（又称在线清洗）的方法，一般是每运行一个短的周期（如运转 2h）以后，关闭透过液出口，这时膜的内、外压力差消失，使得附着于膜面上的沉积物变得松散，在液流的冲刷作用下，沉积物脱离膜而随液流流走，达到清洗的目的。

其他的物理清洗方法还有电清洗、超声波清洗等。

物理清洗往往不能把膜面彻底洗净，特别是对于吸附作用而造成的膜污染，或者由于膜分离操作时间长、压力差大而使膜表面胶层压实造成的污染，需用化学清洗来消除膜污染。

（2）化学清洗法　化学清洗法是选用一定的化学药剂，对膜组件进行浸泡，并应用物理清洗的方法循环清洗，达到清除膜上污染物的目的。如抗生素生产中对发酵液进行超滤分离，每隔一定时间（如运转 1 周），要求配制 pH 为 11 的碱液，对膜组件浸泡 15～20min 后清洗，以除去膜表面的蛋白质沉淀和有机污染物。又如当膜表面被油脂污染以后，其亲水性能下降，透水性降低，这时可用热的表面活性剂溶液进行浸泡清洗。常用的化学清洗剂有酸、碱、酶（蛋白酶）、螯合剂、表面活性剂、过氧化氢、次氯酸盐、磷酸盐、聚磷酸盐等，主要利用溶解、氧化、渗透等作用来达到清洗的目的。

膜污染被认为是膜分离中最重要的问题，定期清洗是解决方法之一，但属于被动的，应主动寻求预防和减轻膜污染的方法。料液的预处理是预防膜污染的有效措施之一，针对料液的具体情况，可以选择多种预处理方法。如调节溶液的 pH，使电解质处于比较稳定的状态；加入配合剂，把能形成污染的物质配合起来，防止其沉淀；加入某些物质，使污染物沉淀，再进行预处理，以除去颗粒杂质。这些方法都可减少颗粒沉积，减轻吸附作用，防止膜孔堵塞，提高渗透通量，延长操作周期。另外，加大供给液的流速，可防止膜表面形成固结层和胶凝层，减轻膜的污染，但这种方法需要加大动力。而缩短膜的清洗周期、选择抗污染性能的膜，对防治膜污染亦有作用。

3. 膜的消毒与保存

大多数药物的生产过程需在无菌条件下进行。另外，膜长期不用或使用时间过长均会使微生物在膜的表面或孔隙内生长积累，引起膜的性能下降，特别是有机膜。因此，膜分离系统需定期或不定期进行无菌处理。有的膜（如无机膜）可以进行高温灭菌，而大多数有机高分子膜通常采用化学消毒法。常用的化学消毒剂有乙醇、甲醛、环氧乙烷等，需根据膜材料和微生物特性的要求选用和配制消毒剂，一般采用浸泡膜组件的方式进行消毒，膜在使用前需用洁净水冲洗干净。

如果膜分离操作停止时间超过 24h 或长期不用，则应将膜组件清洗干净后，选用能长期储存的消毒剂浸泡保存。一般情况下，膜供应商根据膜的类型和分离料液的特性，提供配套的清洁剂、消毒剂和相应的工艺参数，用于指导用户科学使用和维护膜组件，防止膜受损，提高膜的使用寿命。

> 问题思考：纳滤膜或超滤膜长期不用为什么要浸泡在消毒液中？这类膜使用一段时间后经过消毒是否可以不进行浸泡保存？

第五节　液膜分离技术

由于固体膜存在有选择性低和通量小的缺点。故人们试图用改变固体高分子膜的相态，使穿过膜的扩散系数增大、膜的厚度减小，从而使透过速度跃增，并再现生物膜的高度选择性迁移。这样，在 20 世纪 60 年代中期诞生了一种新的膜分离技术——液膜分离法（liquid membrane separation），又称液膜萃取法（liquid membrane extraction）。它是将第三种液体展成膜状以隔开两个液相，使料液中的某些组分透过液膜进入接受液，从而实现料液组分的分离。这种技术是以液膜为分离介质、以浓度差为推动力的膜分离操作。它与溶剂萃取虽然机理不同，但都属于液-液系统的传质分离过程，都由萃取与反萃取两个步骤组成。溶剂萃取中的萃取与反萃取是分步进行的，它们之间的耦合是通过外部设备（泵与管线）实现的；而液膜萃取过程萃取与反萃取分别发生在膜的两侧界面，溶质从料液相萃入到膜相，并扩散到膜相另一侧，再被反萃入接受相，由此实现萃取与反萃取的"内耦合"。液膜萃取是一种非平衡传质过程。

液膜分离技术具有许多明显的特色，如传质推动力大，所需分离级数少；萃取与反萃取可同时进行一步完成；过程不单纯是分离，而且能够达到浓缩，由于传输作用受到促进，使分离技术的传递速率明显提高，甚至可以使溶质从低浓度向高浓度扩散等。目前，液膜分离技术不仅在气体分离、烃类的提纯、湿法冶金、环境保护等领域中得到应用，而且在发酵产物分离领域中引起了人们的关注，特别在有机酸、氨基酸、抗生素、脂肪酸等生化产物的分离、提取中得到了较为广泛的研究，显示出了广阔的应用前景。

一、液膜类型及膜相组成

1. 液膜的定义及其膜相组成

液膜是悬浮在液体中的很薄的一层溶剂。它能把两个组成不同而又互溶的溶液隔开，并通过渗透现象起到分离的作用。

液膜通常是由溶剂（水和有机溶剂）、表面活性剂和添加剂（流动载体）制成的。溶剂构成膜基体，常用的有机溶剂有辛烷、异辛烷、癸烷等饱和烃类，辛醇、癸醇等高级醇，煤油、乙酸乙酯、乙酸丁酯或它们的混合液。表面活性剂起乳化作用，它含有亲水基和疏水基，可以促进液膜传质速度和提高其选择性，对液膜的稳定起关键作用，一般增加表面活性剂量，液膜的稳定性高，但液膜的厚度或黏度增大，萃取速率会下降，制备 O/W/O 液膜的表面活性剂其HLB（亲水-亲油平衡值）为 8～15，制备 W/O/W 液膜多用失水山梨醇单油酸酯。添加剂用于控制膜的稳定性、渗透性或促进溶质的迁移。通常将含有被分离组分的料液作连续相，称为外相，接受被分离组分的液体，称内相；成膜的液体处于两者之间称为膜相，三者组成液膜分离体系。

2. 液膜的类型

液膜分离技术按其构型和操作方式的不同，主要分为乳状液膜（liquid surfactant membranes）和支撑液膜（supported liquid membranes）。

（1）乳状液膜　乳状液膜的制备是首先将两个不互溶相即内相（回收液）与膜相（液膜溶液）充分乳化制成乳液，再将此乳液在搅拌条件下分散于第三相或称外相（原液）中而成。通常内相与外相互溶，而膜相既不溶于内相也不溶于外相。在萃取过程中，外相的传递组分通过膜相扩散到内相而达到分离的目的。萃取结束后，首先使乳液与外相沉降分离，再通过破乳回收内相，而膜相可以循环制乳，如图 6-31 所示。上述多重乳状液可以是 O/W/O（油包水包油）型、也可以是 W/O/W（水包油包水）型。前者为水膜，用于分离碳氢化合物，而后者为油膜，适用于处理水溶液。

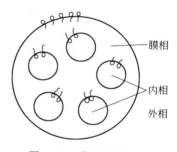

膜相

内相

外相

图 6-31　乳状液膜示意

上述液膜的液滴直径范围为 0.5～2mm，乳液滴直径范围为 1～100μm，膜的有效厚度为1～10μm，因而具有巨大的传质比表面，使萃取速率大大提高。

（2）支撑液膜　支撑液膜是由溶剂及其溶解载体，在表面张力作用下，依靠聚合凝胶层中的化学反应或带电荷材料的静电作用，含浸在多孔支撑体的微孔内而制得的，如纸浸泡在水中，如图 6-32 所示。由于将液膜含浸在多孔支撑体上，可以承受较大的压力，且具有更高的选择性，因而它可以承担合成聚合物膜所不能胜任的分离要求。支撑液膜的性能与支撑体材质、膜厚度及微孔直径的大小关系极为密切。支撑体一般都采用聚丙烯、聚乙烯、聚砜及聚四氟乙烯等疏水性多孔膜，膜厚为 25～50μm，微孔直径为 0.02～1μm。通常孔径越小液膜越稳定，但孔径过小将使空隙率下降，从而将降低透过速度。所以开发透过速度大而性能稳定的膜组件是支撑液膜分离过程达到实用化目的的技术关键。

支撑液膜使用的寿命目前只有几个小时至几个月，不能满足工业化应用要求，可以采取以下措施来提高稳定性：①开发新的支撑材料，现用的超滤膜或反渗透膜不符合支撑液膜特殊的要求，开发具有最佳孔径、孔形状、孔弯曲度的疏水性的膜材质和膜结构的支持体势在必行，

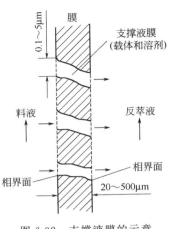

图 6-32　支撑液膜的示意

如复合膜的制备，使穿过膜的扩散速率加快，更可增加稳定性；②支撑液膜的连续再生，通过各种手段在不停车的情况下，连续补加膜液，使膜的性能得以稳定；③载体与支撑材料的基体进行化学键合，即所谓"架接"以制成载体分子的一端固定在支撑体上，另一端可自由摆荡的支撑液膜系统，这样既能满足载体的活动性，又能满足载体的稳定性；④让膜相循环流动构成流动液膜，在循环流动中随时补充膜相组分，弥补支撑液膜膜相容易流失的缺点。

二、乳化液膜的分离机制

液膜分离技术是蓬勃发展中的一项新技术，对其分离机理的认识目前还没有形成完整的理论，现按液膜渗透中有无流动载体分为两类进行分离机理介绍。

1. 无流动载体液膜分离机理

这类液膜分离过程有三种主要分离机理，即选择性渗透、化学反应及萃取和吸附。图 6-33 是这 3 种分离机理示意。

（1）选择性渗透　这种液膜分离属单纯迁移选择性渗透机理，即单纯靠待分离的不同组分在膜中的溶解度和扩散系数的不同导致透过膜的速度不同来实现分离。图 6-33（a）中包裹在液膜内的 A、B 两种物质，由于 A 易溶于膜，而 B 难溶于膜，因此 A 透过液膜的速率大于 B，经过一定的时间后，在外部连续相中 A 的浓度大于 B，液膜内相中 B 的浓度大于 A，从而实现 A、B 的分离。但当分离过程进行到膜两侧被迁移的溶质浓度相等时，输送便自行停止。因此，它不能产生浓缩反应。

（2）化学反应　包括滴内化学反应及膜相化学反应。

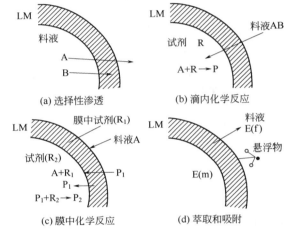

图 6-33　液膜分离机理

① 滴内化学反应（Ⅰ型促进迁移）　如图 6-33（b）所示，液膜内相添加有一种试剂 R，它能与料液中迁移溶质或离子 A 发生不可逆化学反应并生成一种不能逆扩散透过膜的新产物 P，从而使渗透物 A 在内相中的浓度为零，直至 R 被反应完为止。这样，保持了 A 在液膜内外两相有最大的浓度差，促进了 A 的传输，相反由于 B 不能与 R 反应，即使它也能渗透入内相，但很快就达到了使其渗透停止的浓度，从而强化了 A 与 B 的分离。这种因滴内化学反应而促进渗透物传输的机理又称Ⅰ型促进迁移。

② 膜相化学反应（属载体输送，Ⅱ型促进迁移）　如图 6-33（c）所示，在膜相中加有一种流动载体 R_1，先与料液（外相）中溶质 A 发生化学反应，生成配合物 P_1 在浓差作用下，由膜相内扩散至膜相与内水相界面处，在这里与内水相中的试剂 R_2，发生解络反应，溶质 A 与 R_2 结合生成 P_2 留于内水相，而流动载体 R_1 又扩散返回至膜相与外水相界面一侧。不难看出，在整个过程中，流动载体并没有消耗，只起了搬移溶质的作用。这种液膜在选择性、渗透性和定向性三方面更类似于生物细胞膜的功能，它可使分离和浓缩两步合二为一。这种机理叫作载体中介输送或称Ⅱ型促进迁移。

（3）萃取和吸附　如图 6-33（d）所示，这种液膜分离过程具有萃取和吸附的性质，它能把有机化和物萃取和吸附到液膜中，也能吸附各种悬浮的油滴及悬浮固体等，达到分离的目的。

2. 有载体液膜分离过程

有载体液膜分离过程主要决定于载体的性质。载体主要有离子型和非离子型两类，其渗透机理分为逆向迁移和同向迁移两种。

（1）逆向迁移　它是液膜中含有离子型载体时溶质的迁移过程（图 6-34）。载体 C 在膜界面 I 与欲分离的溶质离子 1 反应，生成络合物 C_1，同时放出供能溶质 2。生成的 C_1 在膜内扩散到界面 II 并与溶质 2 反应，由于供入能量而释放出溶质 1 和形成载体络合物 C_2 并在膜内逆向扩散，释放出的溶质 1 在膜内溶解度很低，故其不能返回去，结果是溶质 2 的迁移引起了溶质 1 逆浓度迁移，所以称其为逆向迁移，它与生物膜的逆向迁移过程类似。

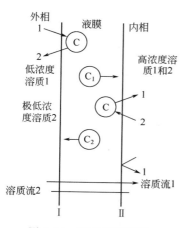

图 6-34　逆向迁移机理

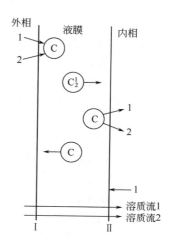

图 6-35　同向迁移机理

（2）同向迁移　液膜中含有非离子型载体时，它所载带的溶质是中性盐，它与阳离子选择性络合的同时，又与阴离子络合形成离子对而一起迁移，故称为同向迁移，如图 6-35 所示。载体 C 在界面 I 与溶质 1、2 反应（溶质 1 为分欲离的溶质离子，而溶质 2 供应能量），生成载体络合物 C_2^1 并在膜内扩散至界面 II，在界面 II 释放出溶质 2，并为溶质 1 的释放提供能量，解络载体 C 在膜内又向界面 I 扩散。结果，溶质 2 顺其浓度梯度迁移，导致溶质 1 逆其浓度梯度迁移，但两溶质同向迁移，它与生物膜的同向迁移相类似。

上述有载体液膜分离机理不仅适用于乳状液膜也适用于支撑液膜。

三、乳化液膜分离技术实施

1. 工艺流程

液膜分离操作全过程分 4 个阶段，如图 6-36 所示。

（1）制备液膜　将反萃取的水溶液 F_3（内水相）强烈地分散在含有表面活性剂、膜溶剂、载体及添加剂的有机相中制成稳定的油包水型乳液 F_2 ［图 6-36(a)］。

（2）液膜萃取　将上述油包水型乳液，在温和的搅拌条件下与被处理的溶液 F_1 混合，乳液被分散为独立的粒子并生成大量的水/油/水型液膜体系，外水相中溶质通过液膜进入内水相被浓集 ［图 6-36(b)］。

（3）澄清分离　待液膜萃取完后，借助重力分层除去萃余液 ［图 6-36(c)］。

（4）破乳　使用过的废乳液需将其破碎，分离出膜组分（有机相）和内水相，前者返回再制乳液，后者进行回收有用组分 ［图 6-36(d)］。破乳方法有化学破乳、离心、过滤、加热和静电破乳法等，目前常用静电破乳法。

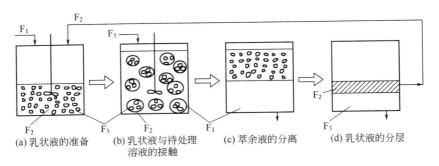

图 6-36　液膜分离流程图

F_1—待处理液；F_2—液膜；F_3—内相溶液

2. 工业上应用

液膜分离技术由于具有良好的选择性和定向性，分离效率又高，而且能达到浓缩、净化和分离的目的。因此，它广泛用于化工、食品、制药、环保、湿法冶金、气体分离和生物制品等工业部门中，近年来液膜分离技术在发酵产物分离领域中也引起了人们的关注，进行了较为广泛的研究和开发工作。下面着重介绍在这一方面的应用。

（1）液膜分离制取有机酸　柠檬酸是利用微生物代谢生产的一种极为重要的有机酸，广泛应用于食品、饮料、医药、化工、冶金、印染等各个领域，对于柠檬酸的提取，目前国内外均采用传统的钙盐法，存在有工艺流程长、产品收率低、原材料消耗大、污染环境等问题。液膜分离技术可用于分批或连续地萃取发酵产物。具体步骤如下所述。

① 在外相与膜相的界面上，三元胺与柠檬酸反应形成胺盐：

$$6R_3N+2C_6H_8O_7 \longrightarrow 2(R_3NH)_3C_6H_5O_7$$

② 生成的胺盐在膜相内转移，然后在膜相与内相界面间 Na_2CO_3 反应并被萃取形成柠核酸钠；

$$2(R_3NH)_3C_6H_5O_7+3Na_2CO_3 \longrightarrow 2C_6H_5O_7Na_3+3(R_3NH)_2CO_3$$

③ 碳酸胺盐 $[(R_3NH)_2CO_3]$ 在膜相与外相界面间转移并释放出 CO_2，胺得到再生：

$$3(R_3NH)_2CO_3 \longrightarrow 6R_3N+3CO_2+2H_2O$$

（2）液膜分离萃取氨基酸　大多数氨基酸均可利用微生物发酵法生产，离子交换法分离、提取，存在有周期长、收率低、三废严重等弊端，也能用液膜法进行有效分离，特别适用于从低浓度氨基酸溶液中提取氨基酸，降低损耗，甚至可以建立无害化工艺。

用液膜分离技术从水溶液中制取氨基酸（赖氨酸、色氨酸）的工艺过程包括如下几个阶段：①乳液准备；②液膜萃取；③萃取后乳液的破坏；④内水相溶液的蒸浓；⑤从浓缩液中结晶氨基酸并经洗涤、干燥制得固体产品。

液膜分离技术发展很快，但总体来说，大都处于实验室研究及中间工厂试验阶段，需要转化为生产力，更有一些新的领域尚待开发，可以预料液膜分离技术将不断完善并在生物技术等领域中发挥应有的作用。

思　考　题

1. 简述膜的分类。

2. 简述各种膜组件结构及其性能。

3. 名词解释：孔隙度、膜通量、水能量、截留率、截留分子量、错流过滤、死端过滤、渗透压、反渗透、电渗析、极化现象、压密作用、液膜。

4. 什么是浓差极化？简述浓差极化的危害及预防措施。

5. 什么是膜污染？分析造成膜污染的原因，如何减轻膜污染？膜污染后如何处理？

6. 简述反渗透（RO 或 HF），超过滤（UF）和微孔过滤、纳滤、透析及电渗析等具体膜分离方法的异同点。

7. 简述各种膜分离方法的基本原理及工艺操作，分析影响膜分离效率的因素。

8. 简述液膜的类型及乳化液膜的分离机制。

9. 叙述乳化液膜分离物质的工艺过程。

第七章 结晶技术

【学习目标】

① 了解结晶单元的主要任务及结晶类型。

② 掌握结晶的基本原理及主要设备结构。

③ 掌握结晶操作控制要点，能够找出提高晶体质量的方法。

④ 能够正确进行结晶操作，会分析结晶过程中相关问题并进行正确处理。

固体物质分为结晶形和无定形两种状态。食盐、蔗糖、氨基酸、柠檬酸等都是结晶形物质，而淀粉、蛋白质、酶制剂、木炭、橡胶等都是无定形物质。它们的区别在于构成单位——原子、分子或离子的排列方式不同。结晶形物质是三维有序规则排列的固体，其形态规则、粒度均匀，具有固定的几何形状；而无定形物质是无规则排列的物质，其形态不规则、粒度不均匀，不具有特定的几何形状；结晶形物质即晶体的化学成分均一，具有一定的熔化温度（熔点），具有各向异性的现象，无定形物质不具备这些特征。

形成结晶形物质的过程称作结晶。结晶操作能从杂质含量较高的溶液中得到纯净的晶体；结晶过程可赋予固体产品以特定的晶体结构和形态；结晶过程所用设备简单，操作方便，成本低；结晶产品的的外观优美，它的包装、运输、储存和使用都很方便。许多化工产品、医药产品及中间体、生物制品均需制备成具有一定形态的纯净晶体。因此，结晶是一个重要的生产单元操作，在化工、医药、轻工、生物行业分离纯化物质的过程中得到广泛应用。

第一节 结晶单元的主要任务及职责要求

结晶是固体物质以晶体形态从气相或液相（溶液或熔融液）中析中的过程，是相态变化过程，通过结晶最终实现相态的平衡。由于晶体构成单位的排列需要一定的时间，所以在条件变化缓慢时有利于晶体的形成；相反，条件变化剧烈时，溶质分子来不及排列，则固体物质就从液相或气相中析出形成无定形状态沉淀。由于只有同类分子或离子的有规则排列才能形成晶体，所以结晶过程具有高度的选择性。当溶质从液相中析出时，不同的环境条件和控制条件，可以得到不同形状的晶体，甚至无定形物质，见表 7-1 所列。因此，结晶过程是一个复杂的物理变化过程，环境与控制条件变化均会对晶体的形成有重要的影响。

表 7-1 光辉霉素在不同溶剂中的凝固状态

溶 剂	凝固状态	溶 剂	凝固状态
氯仿浓缩液滴入石油醚	无定型沉淀	丙酮	长柱状晶体
醋酸戊酯	微粒晶体	戊酮	针状晶体

工业上结晶过程不但要求晶体产品有较高的产率和纯度，而且对晶体的晶形、晶体的粒度和粒度分布也加以规定。因此，通过结晶技术获得晶体的生产操作过程要严格控制好环境条件和操作条件，才能实现一定的生产目标。

生产上利用结晶技术获得晶体产品，是通过一系列设备构成的工艺操作单元实现的，我们称之为结晶单元。主要包括结晶设备、配套的辅助设备（如储罐、换热器、分离器、离心泵、真空泵等）以及连接设备的管路及各种阀门、仪表（温度计、压力表等）。

结晶单元作为分离纯化产品的生产操作单元，除了要满足产品质量要求外，还要考虑节能降耗及环境保护的要求。因此，结晶单元要合理设计生产工艺，完成一系列操作任务，才能适应产品工业化的需求。

一、结晶单元的主要任务

结晶单元的主要操作任务有五个方面。其一，将待结晶的料液输送至结晶设备；其二，使溶质尽可能多的从溶液中结晶析出。其目的是通过采取适宜的方法，实现溶质从料液中结晶出来，生成相应物质的晶体，并提高结晶物的产率；其三，控制好结晶操作条件。其目的是使晶体的生成过程更加合理，以得到高质量的晶体（一定的晶型，一定的粒度且粒度均匀，杂质含量要尽可能低）；其四，对结晶后的料液进行分离，并对晶体进行处理。其目的是使结晶后的物质与料液中其他组分分离，同时通过对晶体的处理，使晶体的纯度达到产品质量的要求；其五，对结晶后的母液进行处理。其目的是减少三废的排放或者回收母液中其他溶质组分。

二、结晶岗位职责要求

从事药物结晶操作的人员除了要履行"绪论——第四节药物生产岗位基本职责要求"相关职责外，还需履行如下职责。

（1）本岗位易使用醇、酯等有机溶剂，进岗后严禁开启手机、照相器材等电子产品，严禁携带打火机、火柴、香烟等，工作环境要严防碰撞、摩擦产生静电火花。禁止穿带铁钉鞋进入防火防爆区，严禁用铁器敲打设备。

（2）严格按结晶岗位工艺操作规程和设备操作规程进行操作，做到操作无误，严格控制工艺指标在规定范围内，防止结晶器的温度、液位、压力和结晶床出现异常，保证结晶质量和收率。及时发现生产中的异常情况，正确调整并对现场发出正确指令，处理不了的要及时向班长汇报。

（3）有机溶媒落地必须全部回收，不准扫入下水道。

（4）凡原装溶媒的设备拆除不用时，必须进行清洗置换，以防发生意外。

第二节 结晶基本原理

一、饱和和过饱和溶液的形成

结晶过程中的相平衡主要是指溶液中固相与液相浓度之间的关系，此平衡关系可用固体在溶液中的溶解度来表示。将一种可溶性固体溶质加入某恒温溶剂如（水）中，会发生两个可逆的过程：①固体的溶解，即溶质分子扩散进入液体内部；②物质的沉积，即溶质分子从液体中扩散到固体表面进行沉积。刚开始向溶剂中加入固体溶质时，固体的溶解作用大于沉积作用，此时溶液为未饱和溶液，若添加固体则固体溶解。继续添加固体，至溶解作用和沉积作用达到动态平衡，此时溶液称为该溶质在该温度下的饱和溶液。此时，溶液中溶质的浓度称为此溶质在该温度下的溶解度或饱和浓度。一般常用100g溶剂中所能溶解溶质的质量（g）来表示。当压力一定时，溶解度是温度的函数，用温度-浓度图来表示，就是一条饱和曲线（图7-1曲线 AB）。大多数物质的溶解度随温度升高而显著增大，也有一些物质的溶解度对温度的变化不敏感，少数物质（如螺旋霉素）的溶解度随温度的升高而显著降低。此外，溶剂的组成（如有机溶剂与水的比例、其他组分、pH和离子强度等）对溶解度也有显著的影响。

实际工作中，可以制备一个含有比饱和溶液更多溶质的溶液，这样的溶液称为过饱和溶液。过饱和状态下的溶液是不稳定的，也可称为"介稳状态"；一旦遇到振动、搅拌、摩擦、加晶种甚至落入尘埃，都可能使过饱和状态破坏而立即析出结晶，直到溶液达到饱和状态后，

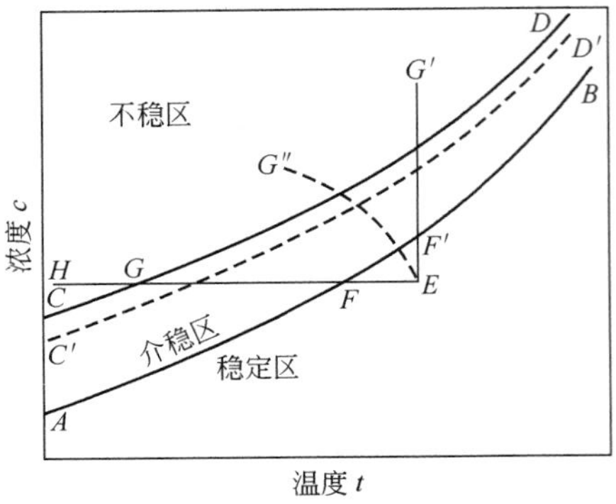

图 7-1　饱和曲线和过饱和曲线

结晶过程才停止。如果没有其他外界条件的影响，过饱和溶液的浓度只有达到一定值时，才会有结晶析出。有结晶析出时的过饱和浓度和温度的关系可以用过饱和曲线表示（图 7-1 曲线 CD）。过饱和曲线，即无晶种无搅拌时自发产生晶核的浓度曲线。饱和曲线 AB 和过饱和曲线 CD 大致平行。两条曲线把浓度-温度图分为 3 个区域，相应的溶液也处于 3 种状态。

（1）稳定区　又称不饱和区，为 AB 曲线以下的区域。此区溶液尚未饱和，没有结晶的可能。

（2）介稳区或亚稳区　为 AB 曲线与 CD 曲线之间的区域。在此区内，如果不采取措施，溶液可以长时间保持稳定，如遇到某种刺激，则会有结晶析出。另外，此区不会自发产生晶核，但如已有晶核，则晶核长大而吸收溶质，直至浓度回落到饱和线上。介稳区又细分为两个区，第一个分区称第一介稳区或第一过饱和区，位于平衡浓度曲线与超溶解度曲线（标识溶液过饱和而能被诱导产生晶核的极限浓度曲线 C'D'）之间，在此区域内不会自发成核，当加入结晶颗粒时，结晶会生长，但不会产生新核，加入的结晶颗粒称为晶种；第二个分区称第二介稳区或第二饱和区。位于超溶解度曲线和过饱和曲线之间，在此区域内不会自发成核，但极易受刺激（如加入晶种）而结晶（主要是二次成核），在结晶生长的同时会有新核生成。因此，习惯上也将第一介稳区称为养晶区，第二介稳区称为刺激结晶区。

（3）不稳定区　为 CD 曲线以上的区域。是自发成核区，溶液不稳定，瞬间出现大量微小晶核，发生晶核泛滥。如 E 点是溶液原始的未饱和状态，EH 是冷却线，F 点饱和点，不能结晶，因为缺少结晶的推动力-过饱和度。穿过介稳区到达 G 点时，自发产生晶核，越深入不稳区，自发产生的晶核越多。EF'G' 为恒温蒸发过程，EG'' 为冷却蒸发过程，当到达 G、G'、G'' 时结晶才能自动进行。不稳定区的溶液都是过饱和溶液。

在上述三个区域中，稳定区内，溶液处于不饱和状态，没有结晶；不稳区内，晶核形成的速度较大，因此产生的结晶量大，晶粒小，质量难以控制；介稳区内，晶核的形成速率较慢，生产中常采用加入晶种的方法，并把溶液浓度控制在介稳区内的养晶区，即 AB 线与 C'D' 线区域内，让晶体逐渐长大。

过饱和曲线与溶解度曲线不同，溶解度曲线是恒定的，而过饱和曲线的位置不是固定的。对于一定的系统，它的位置至少与 3 个因素有关：①产生过饱和度的速度（冷却和蒸发速度）；②加晶种的情况；③机械搅拌的强度。冷却或蒸发的速度越慢，晶种越小，机械搅拌越激烈，则过饱和曲线越向溶解度曲线靠近。在生产中应尽量控制各种条件，使曲线 AB 和 C'D' 之间有一个比较宽的区域，便于结晶操作的控制。

结晶过程和晶体的质量都与溶液的过饱和度有关，溶液的过饱和程度可用过饱和度 S（％）来表示，即：

$$S = \frac{c}{c'} \times 100\%\qquad\qquad(7-1)$$

式中　c——过饱和溶液的浓度，g 溶质/100g 溶剂；

　　　　c'——饱和溶液的浓度，g 溶质/100g 溶剂。

结晶的首要条件是产生过饱和，采用何种途径产生过饱和会对目标产品的规格产生重要影响，制备过饱和溶液一般有 4 种方法。

（1）将热饱和溶液冷却　冷却法的结晶过程中基本上不去除溶剂，而是使溶液冷却降温，成为过饱和溶液，如图 7-1 中直线 EFG 所代表的过程。此法适用于溶解度随温度降低而显著减小的场合。例如冷却 L-脯氨酸的浓缩液至 4℃左右，放置 4h，L-脯氨酸就会大量结晶析出。反之，如果溶解度随温度升高而降低，则采用升温结晶法。例如将红霉素的缓冲提取液调整 pH 至 9.8～10.2，再加温至 45～55℃，红霉素碱即析出。根据冷却的方法不同，可分为自然冷却、强制冷却和直接冷却。在生产中运用较多的是强制冷却，其冷却过程易于控制，冷却速率快。

> 问题思考：直接冷却的方式如何实现？采用直接冷却应该注意什么？

（2）将部分溶剂蒸发　此种方法也称等温结晶，是借蒸发除去部分溶剂，而使溶液达到过饱和的方法。加压、常压或减压条件下，通过加热使溶剂气化一部分而达到过饱和，如图 7-1 中直线 $EF'G'$ 所表示的过程。适用于溶解度随温度变化不大的场合。例如真空浓缩赤霉素的醋酸乙酯萃取液，除去部分醋酸乙酯后，赤霉素即结晶析出。蒸发法的不足之处在于能耗较高，加热面容易结垢。生产上常采用多效蒸发，以提高热能利用率。

如果结晶产物是热敏性物质，则可采用真空蒸发法、共沸蒸馏方法。此法适用于溶解度随温度变化介于蒸发和冷却之间的热敏性物质结晶分离过程。真空的产生常采用多级蒸汽喷射泵及热力压缩机，操作压力一般可低至 30mmHg（绝压），也有低至 3mmHg（绝压），但能量消耗较高。真空蒸发冷却法的优点是主体设备结构简单，操作稳定，器内无换热面，因而不存在晶垢的影响，且操作温度低，可用于热敏性药物的结晶分离。

> 问题思考：生产上如何实现真空？

（3）化学反应结晶　通过加入反应剂或调节 pH，使体系发生化学反应产生一个可溶性更低的物质，当其浓度超过其溶解度时，就有结晶析出。例如红霉素醋酸丁酯提取液中加入硫氰酸盐并调节溶液 pH 为 5 左右，可生成红霉素硫氰酸盐结晶析出。

（4）盐析反应结晶　加入一种物质（另一种溶剂或另一种溶质）于溶液中，使溶质的溶解度降低，形成过饱和溶液而结晶析出的办法，称为盐析反应结晶。加入的溶剂必须能和原溶剂互溶，例如利用卡那霉素易溶于水，不溶于乙醇的性质，在卡那霉素脱色的水溶液中，加入 95％乙醇，加入量为脱色液的 60％～80％，搅拌 6h，卡那霉素硫酸盐即成结晶析出。如普鲁卡因青霉素结晶时，加入一定量的食盐，可以使结晶体容易析出。

工业上，除单独使用上述四种方法外，还常将以上几种方法结合使用。例如，制霉菌素的乙醇提取液真空浓缩 10 倍冷至 5℃，放置 2h，即可得到制霉菌素结晶，就是采用第一种和第二种方法结合使用。而将青霉素钾盐溶于缓冲液中，冷至 3～5℃，滴加盐酸普鲁卡因，得到普鲁卡因青霉素结晶，则是采用第一、三种方法结合使用。

二、成核

1. 成核的方式

溶质从溶液中结晶出来，要经过两个步骤：晶核的形成和晶体的生成。晶核的形成，根据成核机理的不同，分为两种方式：初级成核和二次成核，其中初级成核又分为均相成核和非相成核。

（1）初级成核　初级成核现象是过饱和溶液中的自发成核现象。其发生的机理是坏种及溶制质分子相互碰撞的结果。根据溶液中有、无自生或外来的微粒又划分为初级均相成核和初级非均相成核两类。

初级均相成核是指溶液在不含外来物体时自产生晶核的现象。此种现象只有溶液进入不稳定区才能发生。而溶液表面因蒸发的关系其浓度一般超过主体浓度。在表面首先形成晶体，这些晶体能诱发主体溶液在到达过饱和曲线之前就发生结晶析出，形成大量微小结晶，产品质量难于控制，并且晶体的过滤或离心分离困难。因此，初级均相成核在工业十分罕见，也不受欢迎，但其有助于人们了解其他类型成核现象。

晶核可以由溶质的原子、分子或离子形成，因这些粒子在溶液中作快速运动，可统称为运动单元，结合在一起的运动单元称为结合体。这种结合可认为是可逆的链式化学反应，如下表示：

$$A_1 + A_1 \longleftrightarrow A_2$$
$$A_2 + A_1 \longleftrightarrow A_3$$
$$A_3 + A_1 \longleftrightarrow A_4$$
$$\cdots$$
$$A_{m-1} + A_1 \longleftrightarrow A_m$$

结合体从 A_1 到 A_m 逐渐增大。当 m 值增大到某种极限，结合体可称之为晶坯。晶坯长大成为晶核，其 m 值均为数百。因而可以认为晶体的生长经历了以下步骤：

$$运动单元 \longrightarrow 结合体 \longrightarrow 晶坯 \longrightarrow 晶核 \longrightarrow 晶体$$

初级非均相成核是指由于灰尘的污染，发酵液中的菌体，溶液中其他不溶性固体颗粒的诱导而生成晶核的现象，称为初级非均相成核。

由于实际的操作中难以控制溶液的过饱和度，使晶核的生成速率恰好适应结晶过程的需要。因此，在工业中，一般不以初级成核作为成核的标准。

（2）二次成核　向介稳区（不能发生初级成核）过饱和度较小的溶液中加入晶种，就会有新的晶核产生。把这种成核现象称为二次成核。工业上的结晶操作均在有晶种的存在下进行。因此，工业结晶的成核现象通常为二次成核。在二次成核中有两种起决定作用的机理：液体剪切力成核和接触成核。其中又以接触成核占主导地位。

> 问题思考：什么是晶种？晶种如何制备？

当饱和溶液以较大速度流过已成核的晶体表面时，在流体边界层上的剪切力会将一些附着在晶体上的粒子扫落，小的溶解，大的则作为晶核继续生长长大。这种成核现象称为剪切力成核。由于只有粒度大于临界粒度的晶粒才能生长，故这种机理的重要性在工业上有限。

接触成核是指新生成的晶核是已有的晶体颗粒，在结晶器中与其他固体接触碰撞时产生的较大的晶体表层的碎粒。

在工业的结晶过程中，接触成核有以下 3 种方式，其中又以第一种方式为主：

① 晶体与搅拌器螺旋桨或叶轮之间的碰撞；

② 晶体与晶体的碰撞；

③ 晶体与结晶器壁间的碰撞。

2. 影响成核的因素

（1）晶体粒度的影响　同一温度下，小粒子较大粒子具有更大表面能，这一差别使得微小晶体的溶解度高于粒度大的晶体。如果溶液中大小晶粒同时存在，则微小晶粒溶解而大晶粒生长，直至小晶粒完全消失。因此存在一个临界粒度值。晶体的粒度只有大于此临界值，才能成为可以继续长大的稳定的晶核。

接触成核中晶核生成量与晶体粒度有着密切的关系。粒度小于某最小值的晶体，其单个晶体的成核速率接近于零。粒度增大，接触的频率和碰撞的能量增大，单个晶体的成核速率增大。超过某一最大值后，接触的频率降低，成核的速率下降。当晶粒大于某一界限时，晶粒不再参与循环而沉降在结晶器的底部。

（2）过饱和度 S　过饱和度 S 是晶核产生和晶核长大的一个推动力。过饱和度 S 和产生的

晶粒数 N 有如下关系：

无机物 $N \propto S$

有机物 $N \propto 1/\ln S$

需指出无论哪一类晶体，晶核的生成量与晶体生长速率成正比。

（3）晶种的影响　晶种可以是同种物质或相同晶型的物质，有时惰性的无定形物质也可以作为结晶的中心，诱导产生晶核。如非均相成核中，菌体、尘埃的影响。

（4）温度的影响　当温度升高时，成核的速率升高。一般当温度升高时，过饱和度降低。因此，温度对成核速率的影响要以 T 与 S 相互消长速度决定。依实验，一般的成核速率随温度上升达到最大值后，温度再升高，成核的速率反而下降。如图 7-2 所示。

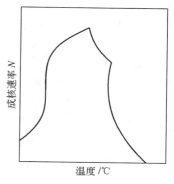

图 7-2　温度对成核的影响

（5）碰撞能量 E 的影响　在二次成核中，碰撞的能量 E 越大产生的晶粒数越多。

（6）螺旋桨的影响　螺旋桨对接触成核的影响最大，主要体现在它的转速和桨叶端速度上。为了避免产生过量的晶核，螺旋桨总是在适宜的低转速下运行。发酵产品结晶器的搅拌器转速一般在 $20 \sim 50 r/min$ 之间，有的甚至低于 $10 r/min$。

另外螺旋桨的材质对成核也有一定的影响。软的桨叶吸收了大部分的碰撞能量，使晶核生成量大幅度减小（聚乙烯桨叶与不锈钢桨叶相比，晶核的生成量相差 4 倍以上，也有晶核的生成与材质无关的报道）。一般情况下，低转速时，桨叶材质的影响要突出些。

三、晶体生长

晶核一旦形成，立即开始长成晶体，与此同时新的晶核也在不断地形成。晶体大小决定于晶体生长的速度和晶核形成的速度之间的对比关系。如晶核形成速度大大超过其生长速度，则过饱和度主要用来生成新的晶核，因而得到细小的晶体，甚至呈无定形状态；反之，如果晶体生长速度大于成核速度，则得到粗大的晶体。

晶体的生长是以浓度差为推动力的扩散传质和晶体表面反应（晶格排列）所组成，晶体表面附近的溶质浓度分布如图 7-3 所示。

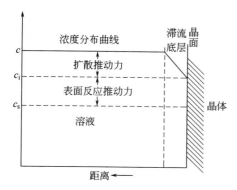

图 7-3　结晶附近的溶质浓度分布

在晶体表面与溶液主体之间始终存在着一层边界层，即在晶体表面和溶液之间存在着浓度推动力，为 $(c - c_i)$，其中 c 是液相主体浓度，而 c_i 是晶体表面溶质浓度。由于浓度梯度的结果，待结晶的溶质粒子借扩散穿过边界层到达晶体表面，这是一个扩散传质过程。到达晶体表面的粒子在推动力 $(c_i - c_s)$ 的作用下，在适当的晶格位置长入晶面，使晶体增大，同时放出结晶热，结晶热以热传导的方式释放到溶液中。其中 c_s 为饱和浓度。

在工业上，通常希望得到颗粒粗大而均匀的晶体，使以后的过滤、洗涤、干燥操作较为方便，同时也可以提高产品的质量。

影响晶体大小的因素主要有过饱和度、温度、搅拌速度和杂质等。

过饱和度过大时，成核和生长的速率过快，结晶热必须以较快的方式放出，以适应快速成核和迅速长大的需要。因表面越大，放热越快，所以容易形成片状、针状、树状比表面积大的晶簇，这种结晶或晶簇易包裹母液，因而结晶质量大幅度地下降。

溶液快速冷却时，达到的过饱和程度较高，所得到的晶体较细小，缓慢冷却时常得到较粗大的颗粒。因温度对晶体生长速度的影响要大于成核速度，所以在较低温度下晶核的形成速度大于晶体的生长速度，形成的晶体较细小。

搅拌能促使成核和加速扩散，提高晶体的生长速度，但超过一定范围后，效果就会降低，搅拌越剧烈，晶体越细。加入晶体能控制结晶的形状，大小和均匀度，因此要求晶种首先要有一定的形状大小而且比较均匀。

综上所述，要想获得比较粗大而均匀的晶体，一般温度不宜太低，搅拌不宜太快，并要控制好晶核生成速度远小于晶体成长速度，最好将溶液控制在介稳区内结晶。使较长时间里只有一定量的晶核生成，而使原有的晶核不断成长为晶体。

四、晶习及产品处理

1. 晶习

晶习是指在一定环境中，晶体的外部形态。如谷氨酸晶体存在两种晶形：α 结晶和 β 结晶。α 结晶呈颗粒状，晶体产品质量好；β 结晶呈片状、针状，比表面积大，易包含杂质和母液，质量差。结晶的过程中，晶体的晶习、晶体的大小和纯度是影响结晶产品质量的重要因素。工业上常希望得到粗大而均匀的晶体。粗大而均匀的晶体较细小、不规则的晶体易过滤、洗涤，在存储中也不易结块。但是抗生素作为药品时有其特殊的要求，非水溶性抗生素一般为了使人体容易吸收，粒度要求较细。例如灰黄霉素规定细度 $4\mu m$ 以下占 80% 以上，这样才有利于吸收。

温度、过饱和度、搅拌、pH 等对晶习有影响。从不同的溶剂中得到的晶体具有不同的晶习。如 NaCl 从纯水中结晶为立方晶体；如水中含有少量尿素，则为八面体晶体。又如光辉霉素在醋酸戊酯中结晶，得到微粒晶体，而从丙酮中结晶，则得到长柱状晶体。杂质的存在也会影响晶习，杂质可以附在晶体表面上，而使其生长速度受阻。例如在普鲁卡因青霉素结晶中，醋酸丁酯的存在会使晶体变得细长。

另外，在溶质结晶过程中，加入某些盐、表面活性剂和其他有机物质也可改变晶习。常用的阴离子表面活性剂有烷基磺酸盐、链烷磺酸盐和芳基烷基磺酸盐。季铵盐类常用作阳离子晶习改变剂。乙二胺、己二胺、油酸钠等有机物也常用于晶习的改变。在溶液中究竟加入何种晶习改变剂，应通过实验确定。

2. 产品的处理

为得到合乎质量标准的晶体产品，结晶后的产品还需经过固液分离、晶体的洗涤或重结晶、干燥等一系列操作，其中晶体的分离与洗涤对产品质量的影响很大。

（1）分离和洗涤 在药品生产中，晶体的分离操作多采用真空过滤和离心过滤。一般情况下，从离心机分离出来的晶体含有 $5\%\sim10\%$ 的母液，但对于粒度不均的细小晶体，即便用离心分离法，所分出的晶体有时还含有 50% 的母液。由此可见，在结晶产品的过滤分离中，不但要求使用高效的过滤分离设备，更重要的是要求结晶器能生产出具有良好粒度分布的晶体。

一个达不到一定纯度的产品是不能被人们所接受的。除了晶习以外，母液在晶体表面的吸藏和母液在晶簇中的包藏都会影响到晶体的纯度。母液是指分离了结晶晶体后剩余的溶液。吸藏是指母液吸附于晶体表面，因母液中含有大量杂质，如果晶体生长过快，杂质甚至会陷入晶体。这样都会影响产品的纯度，常常需洗涤或重结晶降低或除去杂质。当结晶的速度过大时，常易形成包含母液等杂质的晶簇，这种情况也称为包藏。对于此种情况，用洗涤的方法不能除去，只能通过重结晶来除去。

洗涤的关键是洗涤剂的确定和洗涤方法的选择。如果晶体在原溶剂中的溶解度很高，可采用一种对晶体不易溶解的液体作为洗涤剂，此液体应能与母液中的原溶剂互溶。例如，从甲醇中结晶出来的物质可用水来洗涤；从水中结晶出来的物质可用甲醇来洗涤。这种"双溶剂"法的缺点是需要溶剂回收设备。对于晶体（滤饼）的洗涤，一般采用喷淋洗涤法，操作时应注意：①洗涤液喷淋要均匀；②对于易溶的晶体洗涤，滤饼不能太厚，否则洗涤液在未完全穿过滤饼前，就已变成饱和溶液，以致不能有效地除掉母液或其中的杂质；③洗涤时间不能太久，否则会减少晶体产量；④易形成沟流，使有些晶体没有被洗涤，从而影响洗涤效果。当采用喷淋洗涤不能满足产品纯度要求时，为加强洗涤效果，常采用挖洗的方法。此法是将晶体（滤饼）从过滤分离器中挖出，放入大量洗涤剂中，搅拌使其分散洗涤，然后再进行固液分离。挖洗法的洗涤效果很好，但溶质损失量较大。

在反应结晶法中，结晶物质在溶剂中的溶解度可能相当小，而母液中却可能含有大量的可溶性杂质，此时用简单的过滤洗涤不能适应产品纯度的要求，尤其是产品粒度细小时更是如此。例如将 $BaCl_2$ 和 Na_2SO_4 的热溶液混合，$BaSO_4$ 作为晶体产品析出，但其粒度很小，过滤和洗涤都将遇到困难，此种情况下，可采用"洗涤-倾析法"除去母液中的 $NaCl$。

经分离洗涤后的晶体，杂质含量降低，过滤分离后，仍为湿晶体（洗涤剂残留在晶体中），为便于干燥，洗涤后常用易挥发的溶剂（如乙醚、丙酮、乙醇、乙酸乙酯等）进行顶洗。例如灰黄霉素晶体，先用 1:1 的丁醇洗两次（大部分油状物色素可被洗去），再用 1:1 乙醇顶洗一次，以利于干燥。

（2）**晶体结块及防止**　结块的原因很多，如大气湿含量、温度和晶体本身的吸湿性。关于晶体结块的理论，目前公认的有结晶理论和毛细管吸附理论。

① **结晶理论**　由于物理或化学原因，使晶体表面溶解并重结晶，于是在晶粒之间相互接触点上形成晶桥而黏结在一起。

物理原因是与物质吸湿性密切相关，所谓吸湿性指不同的物质从空气中吸收水分的性质。晶体从空气中吸收水分的程度取决于物质的化学组成、空气中水蒸气含量和晶体的比表面积。晶体的吸湿性程度可用吸湿点 h 来表示：

$$h = \frac{p_a}{p} \times 100\% \tag{7-2}$$

式中　p_a——盐类饱和溶液上的水蒸气压，MPa；

　　　p——纯水上方的水蒸气分压，MPa。

当周围空气中水蒸气蒸汽压比盐类饱和溶液的水蒸气压大，则吸湿而潮解，反之盐中的水分就蒸发，如果盐类先潮解而后蒸发，将会使晶体颗粒胶粘在一起而结块。因此，结晶产品还应储藏在干燥、密闭的容器中。

结块的化学原因是由于晶体产品中杂质的存在，使晶粒表面在接触中发生化学反应或与空气中的 O_2、CO_2 等发生化学反应，反应物因溶解度降低而析出，导致晶体结块。如果温度高可增大化学反应速度，使结块速度加快。

② **毛细管吸附理论**　由于微细晶粒间毛细管吸附力的存在，使毛细管弯月面上的饱和蒸汽压低于外部的饱和蒸汽压，这就为水蒸气在晶粒间扩散造成条件，使晶体易于潮解，最后结块。

影响结块因素：包括外部和晶体自身因素。外部因素主要是空气湿度及温度。晶体自身因素包括晶体的性质，化学组成，粒度和粒度分布及晶习。粒度不均匀的晶体，隙缝较少，晶粒相互接触点较多，因而易结块；均匀整齐的粒状晶体，结块倾向较小，即使发生结块，由于晶块结构疏松，单位体积的接触点少，结块易弄碎，所以晶体粒度应力求均匀一致。

另外，晶体受压，一方面使晶粒紧密接触而增大接触面，另一方面对其溶解度也有影响，因此压力增加导致结块严重。随着储存时间的增长，结块现象也趋于严重，这是因为溶解及重结晶反复次数增多所致。因此，在产品储藏期间要防止产品受压。

为了防止晶体结块可采用如下方法。

① 加入惰性型防结块剂：这类防结块剂大多是不溶于水的固体细微粒子，甚至是气溶胶，要求它们具备良好的覆盖能力。工业上采用的物料有滑石粉、硅藻土、高岭土、硅石粉、白垩、硅酸钙、水合硅石等。

② 加入表面活性剂型防结块剂：在结晶过程中向溶液中可入少量表面活性物质，可较好地防止晶体结块。可使用表面活性剂有：硫酸烷基酯、脂肪酸、乳酸、脂肪胺，十五烷基磺酰氯等。

③ 惰性型与表面活性剂型防结块剂联合使用。

第三节　结晶的类型

按照结晶操作过程的连续性程度不同把结晶方法分为批结晶和连续结晶。而依结晶操作过程的重复性又可把结晶分为一次结晶、重结晶和分级结晶。一次结晶又分为冷却结晶、蒸发结晶、真空结晶、反应和盐析结晶。一次结晶在前面已有论述，本节主要讲述分批结晶、连续结晶、重结晶和分级结晶。

一、分批结晶

分批结晶操作的原理是选用合适的结晶设备，用孤立的方式，在全过程中进行特殊的操作，并且这个操作仅仅间接地与前面和后面的操作有关。结晶器的容积可以是 100mL 的烧杯，也可以是几百吨的结晶罐。其设备简单、操作人员的技术要求不苛刻，我国发酵产品的结晶过程目前仍以分批操作为主。

在结晶过程中，为了获得粒度较为均匀的产品，必须控制晶体的生长，防止不需要的晶核生成。工业结晶操作通常在有晶种存在的第一介稳区内的进行。随着结晶的进行，晶体不断增多，溶质浓度不断下降。因此，我们必须采用冷却降温或蒸发浓缩的方法，维持一定的过饱和度，使其控制在介稳区内。冷却或蒸发速度必须与结晶的生长速率相协调。

分批结晶过程是分步进行的，各步之间相互独立。一般情况下，分批结晶操作过程包括：①结晶器的清洗；②将物料加入结晶器中；③用适当的方法产生过饱和；④成核和晶体生长；⑤晶体的排出。其中③、④是结晶过程控制的核心，其控制方法和操作条件对结晶过程影响很大。下面以加入晶种进行分批冷却结晶为主进行说明。

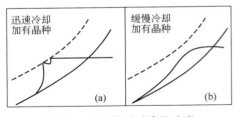

图 7-4　加有晶种时降温速度对结晶的影响

图 7-4（a）加晶种，迅速冷却。随温度的降低，溶液进入介稳区，晶种开始长大。由于有溶质结晶出来，在介稳区内溶液的浓度有所下降。又因冷却速度快，溶液状态很快到达过饱和曲线，于是产生大量细小的晶核。

图 7-4（b）加晶种，缓慢冷却。溶液中有晶种存在，并且降温速率得到一定控制，使其和结晶的生长速率相协调，操作过程中过饱和浓度差 Δc 基本保持不变。这种方法可以产生预定粒度的，合乎质量要求的均匀晶体。

总的来说，分批结晶操作最主要的优点是能生产出指定纯度，粒度分布及晶形合格的产品。缺点是操作成本较高，操作和产品质量的稳定性差。

二、连续结晶

当结晶的生产规模达到一定水平后，为了降低费用，缩短生产周期，则必须采用连续结晶。在连续结晶的操作过程中，单位时间内生成晶核的数目是相同的，并且在理想的条件下，它与单位时间内从结晶器中排出的晶体数是相等的。

在连续结晶过程中，料液不断地被送入结晶器中，首先用一定方法形成过饱和溶液，然后在结晶室内同时发生晶核形成过程和晶体生长过程，其中晶核形成速率较难控制，使晶核数量较多，晶体大小不一，需采用分级排料的方法，取出合乎质量要求的晶粒。为了保证晶浆浓度、提高收率，常将母液循环使用。因此，在连续结晶的操作中往往要采用"分级排料"、"清母液溢流"、"细晶消除"等技术，以维护连续结晶设备的稳定操作、高生产能力和低操作费用，从而使连续结晶设备结构比较复杂。下面介绍连续结晶工艺过程中特有的操作。

（1）分级排料　这种操作方法常被混合悬浮型连续结晶器所采用，以实现对晶体粒度分布的调节。含有晶体的混合液从结晶器中流出前，先使其流过一个分级排料器，分级排料器可以是淘洗腿、旋液分离器或湿筛，它可将大小不同的晶粒分离，其中小于某一产品分级粒度的晶体被送回结晶器继续长大，达到产品分级粒度的晶体作为产品排出系统，因此分级排料装置是控制颗粒大小和粒度分布的关键。

（2）清母液溢流　清母液溢流是调节结晶器内晶浆密度的主要手段。从澄清区溢流出来的母液中，总是含有一些小于某一粒度的细小晶粒，所以实际生产中并不存在真正的清母液，为了避免流失过多的固相产品组分，一般将溢流出的带细晶的母液先经旋液分离器或湿筛分离，然后将含较少细晶的液流排出结晶系统、含较多细晶的液流经细晶消除后循环使用。

（3）细晶消除　在工业结晶过程中，由于成核速率难以控制，使晶体数量过多，平均粒度过小，粒度分布过宽，而且还会使结晶收率降低。因此，在连续结晶操作中常采用"细晶消除"的方法，以减少晶体数量，达到提高晶体平均粒度，控制粒度分布，提高结晶收率的目的。常用的细晶消除方法是根据淘洗原理，在结晶器内部或下部建立一个澄清区，晶浆在此区域内以很低的速度上流，由于粒度大小不同的晶体具有不同的沉降速度，当晶粒的沉降速度大于晶浆上流速度时，晶粒就会沉降下来，故较大的晶粒沉降下来，回到结晶器的主体部分，重新参与晶浆循环而继续长大，最后排出结晶器进入分级排料器。而较小晶粒则随流体上流从澄清区溢流而出，进入细晶消除系统，采用加热或稀释的方法使细小晶粒溶解，然后经循环泵重新回到结晶器中。"细晶消除"有效地减少了晶核数量，从而提高了结晶产品的质量和收率。

从另一角度看，分级排料和清母液溢流的主要作用是使粒度大小不同的晶粒和液相在结晶器中具有不同的停留时间。在具有分级排料的结晶器中，粒径相近的晶体可同时排出，从而保证了粒度分布。在无清母液溢流的结晶器中，固液两相的停留时间相同，而在具有清母液溢流的结晶器中，固相的停留时间比液相长数倍，从而保证晶粒有充足的时间长大，这对于结晶这样的低速过程有重要的意义。

连续结晶过程可以有不同的产量输出，它可以从每天的几公斤到几吨间变化。与分批操作相比，连续操作具有以下优点。①生产周期短，节省劳动力；②多变的生产能力，相同的生产能力下，投资省，占地面积小；③有较好的冷却加热装置；④产品的粒度大小和分布可控；⑤产品稳定，收率高。

但连续结晶也有缺点：①在器壁和换热面上容易产生晶垢，并不断积累使后期操作条件和产品质量逐渐恶化，清理的机会少于分批操作；②设备复杂，操作控制比分批结晶困难，要求严格；③和操作良好的分批操作相比，产品平均粒度小。

三、重结晶

结晶时，溶液中溶质因其溶解度与杂质的溶解度不同，溶质结晶而杂质留在溶液中，因而相互分离。或两者的溶解度虽然相差不大，但晶格不同，而相互分离（有些场合下可能出现混晶现象）。所以结晶出来的晶体通常是非常纯净的，但在实际中会因为吸藏，包藏或共结晶，

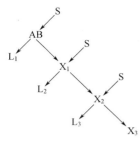

图 7-5　重结晶

而难免有杂质夹带其中。因此需要重结晶，重结晶常能降低杂质的浓度，提高产品的纯度。

用少量的纯热溶剂溶解不纯的晶体，然后冷却得到新的晶体，后者的纯度高于前者，但收率下降。经过不断重复这一操作，直到新晶体达到所要求的纯度为止。

简单重结晶过程如图 7-5 所示。其中 S 为新鲜溶剂；L 代表母液；AB 为初始晶体。随着重结晶操作的进行，晶体的纯度由 X_1 提高到 X_2、X_3；母液的纯度由 L_1 提高到 L_2、L_3。

在任何情况下，杂质的含量过多都是不利的（杂质太多还会影响结晶速度，甚至妨碍结晶的生成）。一般重结晶只适用于纯化杂质含量在 5% 以下的固体混合物。

进行重结晶时，选择理想的溶剂是一个关键，按"相似相容"的原理，对于已知化合物可先从手册中查出在各种不同溶剂中的溶解度，最后要通过实验来确定使用哪种溶剂。所选溶剂必须具备如下条件：①不与被提纯物质起化学反应；②在较高温度时能溶解多量的被提纯物质；而在室温或更低温度时，只能溶解很少量的该种物质；③对杂质的溶解非常大或者非常小，前一种情况是使杂质留在母液中不随被提纯物晶体一同析出；后一种情况是使杂质在热过滤时被滤去；④容易挥发（溶剂的沸点较低），易与结晶分离除去；⑤能给出较好的晶体；⑥无毒或毒性很小，便于操作；⑦价廉易得。

经常采用试验的方法选择合适的溶剂。如果难于选择一种适宜的溶剂，可考虑选用混合溶剂。混合溶剂一般由两种能互相溶解的溶剂组成，目标物质易溶于其中之一种溶剂，而难溶于另一种溶剂。

四、分级重结晶

为了更好地利用母液需采用分级重结晶。分级重结晶的过程如图 7-6 所示。

其中 AB 表示初始混合物，A 为不易溶的溶质，B 为较易溶的物质。AB 混合物溶解于少量热溶剂中，冷却得到晶体 X_1 和母液 L_1，将晶体 X_1 从母液 L_1 中分离出来后，再溶解于少量热的新鲜溶剂中，同样得到新晶体 X_2 和母液 L_2。母液 L_1 进一步被浓缩得到结晶 X_3 和母液 L_3，将晶体 X_3 溶解于热的母液 L_2 中，从这个新形成的溶液中结晶得到另一种晶体 X_5 和母液 L_5，

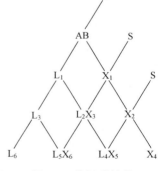

图 7-6　分级重结晶

母液 L_3 被浓缩得到晶体 X_6 和液体 L_6。如此，经过每一步，晶体的纯度逐步向图的右边提高，而杂质则向图的左边迁移。结果溶解度小的产品 A 在图的右边得到浓缩，溶解度大的杂质（或另一种产品）B 则在图的左边被浓缩。溶解度处于两者之间的溶质富集于图的中央部分。

第四节　结晶操作控制

在结晶的过程中，影响其操作和产品质量的因素很多。目前的结晶过程理论还不能完全考虑各种因素，定量描述结晶现象。针对某种特殊的物质，需要通过充分实验确定合适的结晶操作条件。在满足产品质量要求的前提下，最大限度地提高生产效率、降低成本。因此，在操作时应考虑如下因素，采用适当方法加以控制。

一、溶液的浓度及纯度

溶质的结晶必须在超过饱和浓度时才能实现。溶液的浓度越高，溶质也越容易达到过饱

和，同时溶质的结晶收率也就越高，结晶也越容易实现，但浓度太高时结晶过程不易控制，容易生成无定形沉淀。另外，溶液浓度高也会引起溶液中杂质浓度的升高，导致不能结晶，即使能够结晶，也会使晶体中杂质含量升高，对晶体的纯化不利。但溶液浓度偏低，肯定不利于结晶。因此，在结晶操作之前应控制适当的溶液浓度。

大多数情况下，结晶是同种物质分子的有序排列。当溶液中存在杂质分子时，对物质分子的排列造成空间障碍，不利于晶体的形成；另外，当杂质与结晶物质的性质较为接近时，还有可能造成共晶现象，使晶体纯度下降。因此，杂质的存在对结晶不利，应尽可能提高溶液的纯度。但溶液的纯度要求越高，其前处理越复杂，费用越高，而且当杂质的含量低于某一数值时，其对结晶过程的影响不大，甚至没有影响，某些情况下杂质的存在还有可能促进结晶，或利于形成某种晶形的晶体。因此，溶液纯度，应针对具体物质的结晶情况进行控制。

二、过饱和度

溶液的过饱和度是结晶过程的推动力，因此在较高的过饱和度下进行结晶，可提高结晶速率和收率。但是在工业生产实际中，当过饱和度（推动力）增大时，溶液黏度增高，杂质含量也增大，可能会出现如下问题：①成核速率过快，使晶体细小；②结晶生长速率过快，容易在晶体表面产生液泡，影响结晶质量；③结晶器壁易产生晶垢，给结晶操作带来困难；④产品纯度降低。因此，过饱和度与结晶速率、成核速率、晶体生长速率及结晶产品质量之间存在着一定的关系，应根据具体产品的质量要求，确定最适宜的过饱和度。因此，生产上应重点控制好溶液的过饱和度。溶液的过饱和度一般通过控制温度、溶液浓度及结晶器内液位等实现。

对于冷却结晶，维持稳定的过饱和度，是获得晶体大小、粒度分布、晶习等项指标符合要求的结晶产品的保障。一般应在操作过程中，通过控制冷却介质量来使冷却所获得的单位时间内过饱和度的增加量正好补偿由于溶质的析出造成的单位时间内过饱和度的下降量，从而维持过饱和度基本不变，使结晶过程处于稳定状态。

对于分批蒸发结晶，通过确定适宜的操作程序（加料、排料量及蒸发汽用量等与时间的关系），使整个操作过程中能够维持一个恒定的最大允许过饱和度，使晶体能在指定的速率下生长尤为重要。另外维持稳定的液位高度，对维持过饱和度、晶种数量等非常重要。液位高度是指结晶器进料口与器内沸腾液面之间的高度差。液位过高使循环晶浆中的晶粒不能被充分地送入产生过饱和度的液体表面层；液位过低，液位的微小变化可能切断导流筒上缘的循环通道，破坏结晶器的运行。通常液位控制系统以进料量为调节参数，但在有些情况下以母液的再循环量或排料量为调节参数，也可结合三方面因素综合调整控制。如连续加料、分批排料等。

三、温度

许多物质在不同的温度下结晶，其生成的晶形和晶体大小会发生变化，而且温度对溶解度的影响也较大，可直接影响结晶收率。因此，结晶操作温度的控制很重要，一般控制较低的温度和较小的温度范围。如生物大分子的结晶，一般选择在较低温度条件下进行，以保证生物物质的活性，还可以抑制细菌的繁殖。但温度较低时，溶液的黏度增大，可能会使结晶速率变慢，因此应控制适宜的结晶温度。

利用冷却法进行结晶时，要控制降温速度。如果降温速度过快，溶液很快达到较高的过饱和度，则结晶产品细小；若降温速度缓慢，则结晶产品粒度大。蒸发结晶时，随着溶剂逐渐被蒸发，溶液浓度逐渐增大，使沸点上升，因此蒸发室内溶液温度（沸点）较高。为降低结晶温度，常采用真空绝热蒸发，或将蒸发后的溶液冷却，以控制最佳结晶温度。

冷却结晶过程，结晶温度的控制是通过控制冷却介质的温度或介质量来控制的，一般为了避免器壁内外温差过大，容易形成晶垢，常采用冷却介质量的调节进行温度控制。对于蒸发结晶，常控制加热蒸汽量。真空蒸发冷却结晶，常采用控制真空压力来控制结晶温度。

问题思考：如果结晶需在－5℃下进行，如何制备冷却介质？

四、晶浆浓度

结晶完成后，含有晶粒的混合液称为晶浆。结晶操作一般要求晶浆具有较高的浓度，有利于溶液中溶质分子间的相互碰撞聚集，以获得较高的结晶速率和结晶收率。但当晶浆浓度增高时，相应杂质的浓度及溶液黏度也增大，悬浮液的流动性降低，混合操作困难，反而不利于结晶析出；也可能造成晶体细小，使结晶产品纯度较差，甚至形成无定形沉淀。因此，晶浆浓度应在保证晶体质量的前提下尽可能取较大值。对于加晶种的分批结晶操作，晶种的添加量也应根据最终产品的要求，选择较大的晶浆浓度。只有根据结晶生产工艺和具体要求，确定或调整晶浆浓度，才能得到较好的晶体。对于生物大分子，通常选择 3%～5% 的晶浆浓度比较适宜，而对于小分子物质（如氨基酸类）则需要较高的晶浆浓度。

晶浆浓度可用悬浮液中两点间的压差来表示。一般情况下，此两测压点可设在结晶器主体的液面下方。晶浆浓度的控制可通过调节清母液溢流速率而保持器内晶浆浓度恒定。

五、流速

流速对结晶操作的影响主要有以下几个方面：①较高的流速有利于过饱和度分布均匀，使结晶成核速率和生长速率分布均匀；②提高流速有利于提高热交换效率，抑制晶垢的产生；③流速过高会造成晶体的磨损破碎。另外，如果结晶器具备分级功能，则流速需要保证正常的分级功能。流速一般以调节进料量或循环量来进行控制。

六、结晶时间

结晶时间包括过饱和溶液的形成时间、晶核的形成时间和晶体的生长时间。过饱和溶液的形成时间与其方法有关，时间长短不同。晶核的形成时间一般较短，而晶体的生长时间一般较长。在生长过程中，晶体不仅逐渐长大，而且还可达到整晶和养晶的目的。结晶时间一般要根据产品的性质、晶体质量的要求来选择和控制。

对于小分子物质，如果在适合的条件下，几小时或几分钟内便可析出结晶；对于蛋白质等生物大分子物质，由于分子量大，立体结构复杂，其结晶过程比小分子物质要困难得多。这是由于生物大分子在进行分子的有序排列时，需要消耗较多的能量，使晶核的生成及晶体的生长都很慢，而且为防止溶质分子来不及形成晶核而以无定形沉淀形式析出的现象发生，结晶过程必须缓慢进行。生产中主要控制过饱和溶液的形成时间，防止形成的晶核数量过多而造成晶粒过小。

七、溶剂与 pH

结晶操作选用的溶剂与 pH，都应使目标产物的溶解度较低，以提高结晶的收率。另外，溶剂的种类和 pH 对晶形也有影响，如普鲁卡因青霉素在水溶液中的结晶为方形晶体，而在醋酸丁酯中的结晶为长棒形。因此，需通过实验确定溶剂的种类和结晶操作的 pH，以保证结晶产品质量和较高的收率。结晶过程的 pH 可通过加酸、碱等来进行调节。

八、晶种

加晶种进行结晶是控制结晶过程、提高结晶速率、保证产品质量的重要方法之一。工业上晶种的引入有两种方法：一种是通过蒸发或降温等方法，使溶液的过饱和状态达到不稳定区，自发成核一定数量后，迅速降低溶液浓度（如稀释法）至介稳区，这部分自发成核的晶核作为晶种；另一种是向处于介稳区的过饱和溶液中直接添加细小均匀晶种。工业生产中主要采用第二种加晶种的方法。

对于不易结晶（也就是难以形成晶核）的物质，常采用加入晶种的方法，以提高结晶速率。对于溶液黏度较高的物系，晶核产生困难，而在较高的过饱和度下进行结晶时，由于晶核形成速率较快，容易发生聚晶现象，使产品质量不易控制。因此，高黏度的物系必须采用在介稳区内添加晶种的操作方法。

九、搅拌与混合

增大搅拌速度，可提高成核速率，同时搅拌也有利于溶质的扩散而加速晶体生长，但搅拌速率过快会造成晶体的剪切破碎，影响结晶产品质量。工业生产中，为获得较好的混合状态，同时避免晶体的破碎，一般通过大量的试验，选择搅拌桨的形式，确定适宜的搅拌速度，以获得需要的晶体。搅拌速率在整个结晶过程中可以是不变的，也可以根据不同阶段选择不同的搅拌速度。也有采用直径及叶片较大的搅拌桨，降低转速，以获得较好的混合效果；也有采用气体混合方式，以防止晶体破碎。

十、操作压力

真空冷却结晶器的操作压力会影响结晶温度，要严格控制。一般是通过控制真空系统的排汽速率来控制。

第五节　结晶技术的实施

一、结晶工艺

溶液结晶一般按产生过饱和度的方法分类，而产生过饱和度的方法又取决于物质的溶解特性。对于不同类型的物质，适于采用不同类型的结晶工艺。溶解度随温度变化较大，适于冷却结晶，溶解度随温度变化较小适于蒸发结晶，而溶解度随温度变化介于上述两类之间的物质，适于采用真空结晶。

1. 冷却结晶

按冷却方式分，冷却结晶可分为：自然冷却、间接换热冷却与直接接触冷却结晶。

（1）自然冷却结晶　自然冷却结晶采用的是无搅拌的槽式结晶器，热的结晶母液置于釜中几小时甚至几天，自然冷却结晶，晶体析出后，将结晶母液放出，人工取出晶体。这种结晶工艺所得晶体纯度较差，容易发生结块现象，而且劳动强度大，但结晶设备造价低，安装使用条件要求不高，目前在某些产量不大、对产品纯度及粒度要求不严格的情况下仍在应用。

（2）间接换热冷却结晶　这种工艺一般由原料液储存设备、液体输送设备、冷却介质供给系统及结晶设备构成。结晶设备多采用搅拌结晶罐或粒析式冷却结晶器进行结晶。图7-7为采用搅拌结晶罐进行结晶，原料液通过泵或压缩空气输送至结晶罐，自罐顶加入，经导流筒下行，在搅拌器作用下从导流筒底排出后在筒外上行，形成内循环，由于器壁外夹套内冷却介质的作用，料液降温达到过饱和，从而析出晶体，晶体在器内长大到一定程度后下沉至器底，从器底定期排出一定的晶浆去固液分离，结晶母液可从器顶溢流排出。图7-8为采用粒析式冷却结晶器进行结晶，原料液与循环晶浆通过浆液外部循环，经器外换热器冷却达到一定过饱和度后回结晶罐进一步长大，这类操作可使器内混合均匀和提高换热速率。

（3）直接接触冷却结晶　这种工艺一般也由原料液储存设备、液体输送设备、冷却介质供给系统、结晶设备及冷却介质回收系统构成。间接换热冷却结晶的缺点是冷却表面结垢，导致换热效率下降。直接接触冷却结晶避免了这一问题的发生。它的原理是依靠结晶母液与冷却介质直接混合制冷。以乙烯、氟利昂等惰性液体碳氢化合物为冷却介质，靠其蒸发、气化移出热量，气化后的冷却介质需进行回收。应注意的是结晶产品不应被冷却介质污染，以及结晶母液中溶剂与冷却介质不互溶或者易于分离。也有用惰性气体或固体以及不沸腾的液体作为冷却介质的，直接与结晶物料换热，通过相变或显热移走结晶热。直接冷却结晶具有如下特点：①节能；②无须设置换热面；③易于浆料处理；④不会引起结疤；⑤不会导致晶体破碎。目前在润

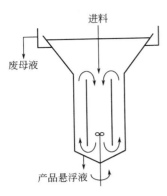

图 7-7 搅拌式结晶

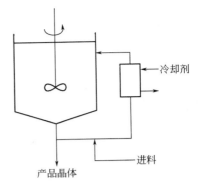

图 7-8 粒析式冷却结晶

滑油脱蜡、水脱盐及某些无机盐生产中采用这些方法。但由于冷却剂选择较为困难，此项技术正处于开发阶段。

2. 蒸发结晶

依靠蒸发除去一部分溶剂的结晶过程称为蒸发结晶。它是使结晶母液在加压、常压或减压下加热蒸发、浓缩而产生过饱和度。

此种结晶工艺一般由原料液储存设备、液体输送设备、加热介质供给系统、换热器、蒸发的溶剂回收处理系统及结晶设备构成。此工艺又分为两种，一是采用真空蒸发来获得过饱和溶液；另一种是绝热蒸发（或称闪急蒸发），即利用高温的溶液进入真空状态，压力突然降低，引起溶剂的大量蒸发，并带走大量的热量而使溶液温度下降，从而获得低度过饱和溶液。目前工业上以真空蒸发的结晶工艺使用得较广。大规模的生产多采用浓缩与结晶两个步骤分开的办法，即首先采用多效蒸发的方法将物料浓缩至一定的浓度，然后再转入到带有冷却和搅拌装置的结晶设备中进行结晶。较小型的生产则采用将蒸发浓缩与结晶两个步骤在同一设备进行的方法，如采用蒸发结晶锅（器）对溶液同时进行浓缩和结晶。

结晶设备和蒸发浓缩设备的类型很多，有间歇的，也有连续的；有带搅拌的，也有强制循环的。可结合结晶的性质需要和生产规模等情况来选用。

3. 真空绝热冷却结晶

真空绝热冷却结晶是使溶剂在真空下绝热闪蒸，同时依靠浓缩与冷却两种效应来产生过饱和度，这是广泛采用的结晶方法。这种结晶工艺一般由原料液储存设备、液体输送设备、真空系统及结晶设备构成。图 7-9 为带有导流筒及挡板的结晶器，简称 DTB 型结晶器。这种结晶器除可用于真空绝热冷

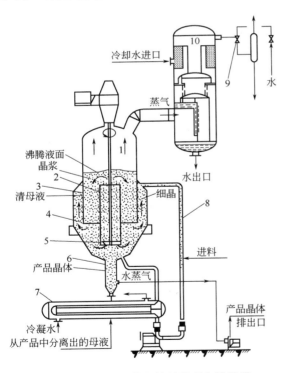

图 7-9 带有导流筒和挡板的真空结晶器

1—结晶器；2—导流筒；3—环形挡板；4—沉降区；
5—搅拌桨；6—淘洗腿；7—加热器；8—循环泵；
9—喷射真空泵；10—大气冷凝器

却法之外，尚可用于蒸发法、直接接触冷却法以及反应结晶法等多种结晶操作。它的优点在于生产强度高，能生产粒度达 $600\sim1200\mu m$ 的大粒结晶产品，已成为国际上连续结晶器的最主要形式之一。

生产上待结晶的料液与从结晶器溢流出的母液（含有细小的晶体颗粒）一并通过结晶器给料泵送入加热器，通过蒸汽加热使混合料液中的细小晶体溶解，同时提高料液的温度。料液经加热后送入 DTB 型结晶器的导流筒下方，在搅拌桨的作用下，与循环流动的晶浆经导流筒一并上升，升至结晶器上部后，由于真空作用，料浆中溶剂蒸发，使料浆浓度提高温度下降，溶液达到过饱和，晶体成长并伴有新的晶核产生，而后过饱和溶液沿导流筒与环形挡板形成的晶体生长区向下流动，过饱和度逐渐降低，晶体逐渐长大；随后溶液在环形挡板与器壁间的环隙内澄清、沉降。大颗粒的晶体向结晶器底部沉降，细小的晶体及部分母液又折转向上进入结晶器的溢流区，流出器外与待结晶的料液合并循环回结晶器。向下沉降的大颗粒晶体及母液部分经中间导流筒作用送回结晶区，部分向下沉入淘洗腿，经循环回来的母液浮选后，相对较小的颗粒及母液又回到结晶区继续长大，更大的颗粒及一定的母液经晶浆泵送入固液分离器，分离晶体后，部分母液循环送入淘洗腿，部分母液排出结晶系统。蒸发的溶剂经大气冷凝器冷凝回收溶剂后，不凝气体经水力真空喷射泵抽吸进入分离器，分离后放空。DTB 型结晶器属于典型的晶浆内循环结晶器。由于设置了内导流筒及高效搅拌器，形成了内循环通道，内循环速率很高，可使晶浆质量密度保持至 $30\%\sim40\%$，并可明显地消除高饱和度区域。器内各处的过饱和度都比较均匀，而且较低，因而强化了结晶器的生产能力。DTB 型结晶器还设有外循环通道，用于消除过量的细晶以及产品粒度的淘洗，保证了生产粒度分布范围较窄的结晶产品。

4. 盐析结晶

盐析结晶通过向结晶体系加入添加剂（亦称媒晶剂），以降低溶质在原溶剂中的溶解度，促进溶质的析出，达到溶质从溶液中分离的目的。所加入的添加剂可以是气体、液体或固体。这种结晶工艺一般由原料液储存设备、液体输送设备、添加剂供给系统及结晶设备构成。

例如，向盐溶液中加入甲醇则盐的溶解度发生变化，如图 7-10 所示。将甲醇加进盐的饱和水溶液中，经常引起盐的沉淀。

盐析结晶主要应用于热敏性物质的提纯精制，在这方面它具有得天独厚的优势。盐析结晶替代蒸发结晶生产 NaCl 是非常有前景的。另一个例子是制备无水 Na_2CO_3。无水 Na_2CO_3 的转变温度为 $109℃$，高于其常压水溶液的沸腾

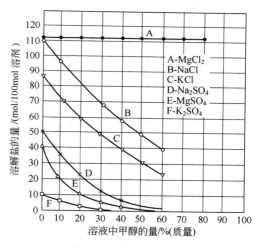

图 7-10 甲醇对盐类溶解度的影响（30℃）

温度。若采用加压蒸发结晶一步得到无水 Na_2CO_3 成品，高压设备的投资大，成本高。而采用 1-丁醇和二乙烯醇盐析结晶无水 Na_2CO_3 工艺，由于盐析剂的加入降低了无水 Na_2CO_3 的转变温度，常压下即可得到目的产物，能耗仅为 $0.4\times10^{-3}J/kg$。

盐析结晶器可采用简单的搅拌釜，但需增加甲醇回收设备。甲醇的盐析作用可应用于 $Al_2(SO_4)_3$ 的结晶过程，并能降低晶浆的黏度。

盐析结晶的另一个应用是将 $(NH_4)_2SO_4$ 加到蛋白质溶液中，选择性地沉淀不同的蛋白质。工业上已使用 NaCl 加到饱和 NH_4Cl 溶液中，利用共同离子效应使母液中 NH_4Cl 尽可能多地结晶出来。

5. 反应结晶

反应结晶是指两个或多个反应物均相反应，反应产物从溶液中结晶出来的过程。它是一种同时涉及反应、传质、快速成核及成长以及可能发生的二次过程，如老化、熟化、凝聚和破裂等的复杂过程。这种结晶工艺一般由原料液储存设备、液体输送设备、反应剂供给系统及结晶设备构成。

反应结晶过程常用于煤焦炉、制药工业和某些化肥的生产中。例如由焦炉废气中回收 NH_3，就是利用 NH_3 和 H_2SO_4 反应结晶产生 $(NH_4)_2SO_4$ 的方法。一旦反应产生了很高的过饱和度，沉淀会析出，只要仔细控制产生的过饱和度，就可以把反应沉淀过程变为反应结晶过程。某些物质尤其是生物体内的某些成分，在游离状态时难以结晶，可先转变成结晶衍生物，然后再利用其他方法复原。例如有机酸可与钙、钾、钠生成盐类，还有某些生物碱及胺类可与有机酸、无机酸生成盐类，形成较好的结晶衍生物。木瓜蛋白酶与汞结合后形成汞-木瓜酶结晶衍生物，再通过透析法除去汞即可得到较纯的活性木瓜酶。

由于反应结晶过程高选择性的特点，常用于某些香料产品的分离提纯。如工业上柏木脑的生产过程是：首先，柏木脑与铬酸反应结晶生成铬酸柏 $(C_{15}H_{25})_2CrO_4$，再水解得粗柏木脑，然后加以精制得到高纯柏木脑。同样在柠檬醛的生产中，首先在含有柠檬醛的精油中加入亚硫酸氢钠，柠檬醛与之发生反应而结晶析出，结晶产物再水解得到醛，然后精制得到高纯柠檬醛。反应结晶过程是一个复杂的传热、传质过程。在不同的物理、化学环境中，结晶过程的控制步骤可能改变，反映不同的行为。

间歇结晶和连续结晶都适用于反应结晶过程。生产能力大于 50t/天的应采用连续结晶。间歇结晶通用性强，而连续结晶收率高、能耗低。

6. 冷冻结晶

冷冻结晶通过将待分离的物系降温冷却，梯度形成不同的结晶顺序，从而达到分离提纯的目的。天津大学于 1991 年研制出了参数系分布结晶法及相应的 PFC 结晶器，该结晶器每根结晶管上部外壁处均设有布膜器，传热介质在结晶管外壁均匀地布满液膜呈降膜流动，膜厚 1mm 以下，流动速度快，提高了传热速率，加快结晶速率。同时，由于滞液量小，消除了改变介质温度时发生的温变滞后，可使结晶、发汗操作温度准确地按着所需控温曲线变化，有利于产品质量的改善。株洲化工厂采用降膜冷冻结晶器精制对氯甲苯，脱除其中少量的同分异构体：间氯甲苯、邻氯甲苯后，对氯甲苯的含量由 97% 提高到 99% 以上，产品质量显著提高。

7. 熔融结晶

大多数石油化工、精细化工等过程产物都含有副产品、溶剂或其他杂质的混合物，产品均需经分离或提纯步骤。比较不同的分离方法，新型的熔融结晶技术独具特点：①低能耗，结晶相转变潜能仅是精馏的 $1/7 \sim 1/3$；②低操作温度；③高选择性，可制取高纯或超纯（≥99.9% 色谱纯产品）产品；④较少环境污染。

由于近 90% 的有机物化合物为低共熔型，与其余的固体溶液相比，用熔融结晶法更易于分离。70% 的化合物熔点在 $0 \sim 200℃$，只有 10% 左右低于 $0℃$。这意味着大多数有机化合物的结晶，不需使用昂贵的深度冷冻剂。在目前的有机化工领域中，新型的熔融结晶技术愈来愈多地用于分离与提取高纯有机产品，特别是难分离的同分异构体、热敏性物质、共沸物系、提取超纯组分等。在国外已广泛用于分离芳香族混合物、脂肪酸、焦油等复杂物系以及生化物质提纯等。

8. 其他结晶工艺

（1）高压结晶技术　高压结晶是在高压条件下，利用物系平衡的关系，用变压操作代替变温操作，完成结晶分离过程。高压结晶过程最显著优点是生产效率高，一次处理周期可短至 $2 \sim 5min$。据报道，从苯-环己烷物系分离苯，利用高压结晶技术，最大结晶速率可达 13.73mm/s，而在同样系统中，冷却结晶的生长速率仅约为 3.0×10^{-4} mm/s。其次是产品纯度高,只经一次处理便可以获得高纯度(接近100%)的精制品,例如采用高压结晶方法从苯—环己烷体系中精制苯,产品纯度超过99.9%,而与进料组成及过饱和度以外的其他操作条件(如温度、晶种数量等)无关,这意味着采用高压结晶技术可从低浓度物系中分离得到高纯度产品而不受其他操作条件的限制。另外,高压结晶可提高目的组分回收率。当然其设备投资昂贵、系统维护也较困难。

(2)萃取结晶技术 结合萃取和结晶两种分离技术的优缺点,研究了一种萃取结晶的新技术。萃取结晶技术作为分离沸点、挥发度等物性相近组分的有效方法及无机盐生产过程中节能的方法,已越来越受重视。它既有萃取去除杂质的优点,又有结晶分离因子高的优点,提高了分离效果,大大简化了工艺过程,具有广阔的应用前景。

(3)升华结晶 升华指的是固体受热后直接变成蒸汽,遇冷再由蒸汽直接冷凝成固体。升华过程常用于将一种挥发组分从含其他不挥发组分的混合物中分离出来。工业上采用升华结晶技术分离提纯香料的例子有樟脑的生产。将富含樟脑的樟脑油或樟油经精馏或结晶后得纯度为85%~90%的樟脑粗品,将粗樟脑进行升华可得到98%以上的精制产品。如果控制得当,升华结晶法所得产品纯度较高,但不适用于热敏性香料的分离,另外还存在装置复杂、生产能力低等问题,有待进一步研究。

二、结晶设备

工业结晶器按生产操作方式分为间歇和连续式两大类,连续结晶器又可分为线性的和搅拌的两种。按照形成过饱和溶液的途径不同又可分为冷却结晶器、蒸发结晶器、真空结晶器、盐析结晶器和其他结晶器,其中前三类使用较广。

1. 冷却结晶器

冷却结晶器是采用降温来使溶液进入过饱和,并不断降温,以维持溶液一定的过饱和浓度进行育晶,常用于温度对溶解度影响比较大的物质结晶。结晶前先将溶液升温浓缩,使料液达到一定浓度。冷却结晶器的冷却比表面积较小,结晶速度较低,不适于大规模结晶操作。一般常见如下几种类型。

(1)槽式结晶器 通常用不锈钢板制作成槽形,外部有夹套,通冷却水对溶液进行冷却降温,分为间歇操作的槽式结晶器(图7-11)和连续操作的槽式结晶器(图7-12)。

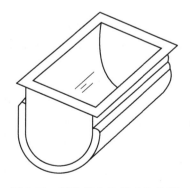

图 7-11 间歇操作的槽式结晶器

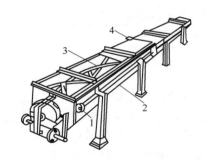

图 7-12 连续操作的槽式结晶器
1—冷却水进口;2—水冷却夹套;
3—长螺距螺旋搅拌器;4—两段之间接头

间歇操作槽式结晶器通常为敞口式设备,但有些设备槽的上部设有活动顶盖,以保持槽内物料的洁净。这类设备结构简单、造价低,但传热面有限,生产能力低,而且对溶液的过饱和度难以控制。结晶操作中在把母液排出后,需人工取出晶体,劳动强度大。

连续操作的槽式结晶器为一个敞式或闭式长槽,槽内装有长螺距的低速螺带搅拌器,靠近槽底，其作用是搅拌溶液、输送晶体，同时还可防止晶体聚集在冷却面上，把生成的晶体上扬，散布于溶液中，利于晶体均匀生长。此器每一单元长度一般是 $3\sim4m$，每米长度约有 $0.9m^2$ 的有效传热面积。如有需要，可把若干个单元组合成所需的长度。可以把结晶器的各单元上下排列，使溶液得以逐个降流。在结晶器的末端，可装溢流口，晶体与母液一起溢流到过滤设备中去。也可在结晶器尾装设一段倾斜螺旋运输机，把晶体升离溶液，送入离心机，母液则从适当的位置溢流而出。操作时浓溶液从槽的一端加入，冷却水通常与溶液逆流流动。

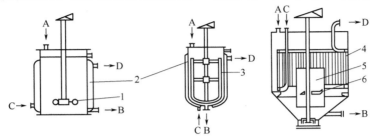

图 7-13　结晶罐

1—桨式搅拌器；2—夹套；3—刮垢器；4—鼠笼冷却管；5—导流管；6—尖底搅拌耙；

A—液料进口；B—晶浆出口；C—冷却剂入口；D—冷却剂出口

（2）搅拌结晶罐　这是一类立式带有搅拌器的罐式结晶器，如图 7-13 所示。可采用夹套冷却或在罐内装入鼠笼冷却管，在结晶过程中冷却速度可以控制得比较缓慢。常用于间歇操作，生产能力较低，过饱和度不能精确控制。另外，由于采用夹套换热，结晶器壁的温度较低，溶液过饱和度最大，所以器壁上容易形成结晶垢，影响传热效率。为消除晶垢的影响，罐内常设有除晶垢装置。另外，为了促进料液在结晶器内形成循环，常设有导流筒，搅拌器装入导流筒内，搅拌器与可以实现上传动和下传动，晶浆在导流筒内可以向上流动也可以向下流动。

（3）粒析式冷却结晶器　这是一种能够严格控制晶体大小的结晶器，如图 7-14 所示。料液沿入口管进入器内，经循环管由循环泵升压后进入冷却器，于冷却器室中达到过饱和，此过饱和溶液沿中央管进入结晶室底部，由此向上流动，通过一层晶体悬浮体层，进行结晶。不同大小的晶体因沉降速度不同，大的颗粒在下，小的颗粒在

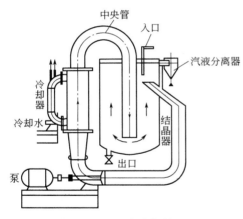

图 7-14　粒析式冷却结晶器

上进行粒析，晶体长大沉降速度大于循环液上升速度后而沉降到器底，连续或定期从出口排出，小的晶体、结晶母液与进料液一起经循环管进入循环泵。极细的颗粒浮在液面上，用汽液分离器使之分离。外部循环式冷却结晶器通过外部热交换器冷却，由于强制循环，溶液高速流过热交换器表面，通过热交换器的温差较小，热交换器表面不易形成晶垢，交换效率较高，可较长时间连续运作。这类结晶器可以连续或间歇操作。

2. 蒸发结晶器

蒸发结晶设备是采用蒸发溶剂，使浓缩溶液进入过饱和区起晶，并使溶剂不断蒸发，以维持溶液在一定的过饱和度进行育晶。蒸发式结晶器是一类蒸发-结晶装置。蒸发结晶器由结晶器主体、蒸发室和外部加热器构成。较典型的设备有以下几类。

（1）Krystal-Oslo 蒸发结晶器　图 7-15 是一种常用的 Krystal-Oslo 型常压蒸发结晶器。溶液经循环泵送入外部循环加热器，加热器采用单管程换热器，料液走管程，加热后送入蒸发室，

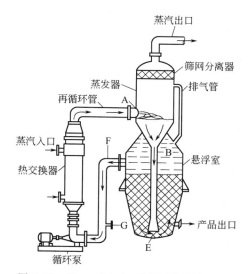

图 7-15 Krystal-Oslo 型常压蒸发结晶器

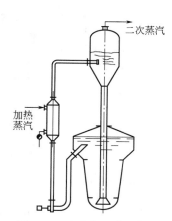

图 7-16 有大气腿接导管的
奥斯陆蒸发式结晶器

在蒸发室内部分溶剂被蒸发，二次蒸汽经筛网分离器分离掉泡沫后排出，浓缩的料液达到饱和状态，通过中心导管下降到结晶生长槽中。在结晶生长槽中，流体向上流动，不断接触流化的晶粒，过饱和度逐渐降低而晶体不断生长，大颗粒结晶发生沉降，从底部排出产品晶浆。而细晶粒随液体从成长段上部（悬浮室）排出，经管道与原料液 G 一起吸入循环泵，进入加热室，形成外循环。

将蒸发式与真空泵相连，可进行真空绝热蒸发。与常压蒸发结晶器相比，真空蒸发结晶器不设加热设备，进料为预热的溶液，蒸发室中发生绝热蒸发。因此，在蒸发浓缩的同时，溶液温度下降，操作效率更高。此外，为使结晶槽内处于常压状态，便于结晶产品的排出和澄清母液的溢流在常压下进行，真空蒸发结晶器设有大气腿，如图 7-16 所示。大气腿的长度应大于蒸发室液面与结晶槽液面位差和流动摩擦压降之和。

（2）DTB 型结晶器　另一种蒸发结晶器为 DTB 型结晶器。内设导流管和钟罩形挡板，导流管内又设螺旋桨，驱动流体向上流动进入蒸发室。在蒸发室内达到过饱和的溶液沿导流管与钟罩形挡板间的环形面积缓慢向下流动。在挡板与器壁之间流体向上流动，其间细小结晶沉积，澄清母液循环加热后从底部返回结晶器。另外，结晶器底部设有淘洗腿，细小结晶在淘洗腿内溶解，而大颗粒结晶作为产品排出回收。若对结晶产品的结晶度要求不高，可不设淘洗腿。

DTB 型结晶器的特点是：由于结晶器内设置了导流管和高效搅拌螺旋桨，形成内循环通道，内循环效率很高，过饱和度均匀，并且较低（一般过冷度小于 1℃）。因此，DTB 型结晶器的晶浆密度可达到 30%～40% 的水平，生产强度高，可生产粒度达 600～1200μm 的大颗粒结晶产品。

3. 真空结晶器

真空式结晶器比蒸发式结晶器要求有更高的操作真空度。另外，真空式结晶器一般没有加热器，料液在结晶器内闪蒸浓缩并同时降低温度。因此，在产生过饱和度的机制上兼有蒸发溶剂和降低温度两种作用。由于不存在传热面积，从根本上避免了在复杂的传热表面上析出并积结晶体。下面谈几种常见的真空结晶器。

（1）间歇式真空结晶器　图 7-17 是一台间歇式真空结晶器。器身是直立圆筒形容器，下部为锥形底，原料液在结晶室被闪蒸，蒸除部分溶剂并降低温度，以浓度的增加和温度的下降程度来调节过饱和度，二次蒸汽先经过一个直接水冷凝器，然后再接到一台双级蒸汽喷射泵，以造成较高的真空度。

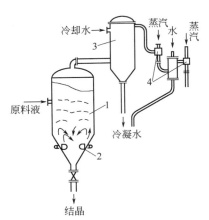

图 7-17　间歇式真空结晶器
1—结晶室；2—搅拌器；
3—直接水冷凝器；
4—二级蒸汽喷射泵

有些间歇式真空结晶器，如图 7-18 所示。内部装有导流筒，并装有下传动式螺旋桨，后者将驱动溶液向上流过导流筒而达到溶液的蒸发表面。在操作时，加入热浓溶液至指定的液位，开启搅拌器及真空系统，于是器内压力降低，溶液开始沸腾并降温，调节设备所连真空系统的抽汽速率（调节喷射的高压蒸汽量及冷却水量），使器内的压力及相应溶液的温度能按照预定的程序逐步降低，直至达到真空系统的极限。当溶液被冷却至所要求的低温，即可解除真空，终止操作，通过底阀把晶浆排放至固液分离设备。

采用分批式操作时，必须注意保持一个恒定的结晶推动力，尤其是在操作之初应避免过高的冷却速率，以防止出现过度成核现象。

（2）Oslo 型真空冷却结晶器　Oslo 型真空冷却结晶器由汽化室及结晶室两部分组成。结晶室的器身有一定锥度，上部较底部有较大截面积。循环管路中的母液与热浓原料液混合后用循环泵送到高位的汽化室，在汽化室中溶液汽化、冷却而产生过饱和，然后通过中央降液管流至结晶室的底部，转而向上流动，晶体悬浮于此液流中成为粒度分级的流化床，粒度较大的晶体富集于底层，与降液管中流出的过饱和度最大的溶液接触，得以长得更大。在结晶室中，液体向上的流速逐渐降低，其上悬浮晶体的粒度越往上越小，过饱和溶液在向上穿过晶体悬浮床时，逐渐解除其过饱和度。当溶液到达结晶室的顶层，基本上不再含有晶粒，作为澄清的母液在结晶室的顶部溢流进入循环管路。

这种操作方式的结晶器属于典型的母液循环式，优点在于循环液中基本不含晶粒，从而避免发生叶轮与晶粒间的接触成核现象，再加上结晶室的粒度分级作用，晶体一般大而均匀，适于生产在过饱和溶液中沉降速度大于 20mm/s 的晶粒。缺点在于生产能力受到限制，因为必须限制液体的循环流量及悬浮密度，把结晶室中悬浮液的澄清界面限制在混流口之下，以防止母液中挟带明显数量的晶体。

这类结晶器有"敞式"和"闭式"，示于图 7-19。区别在于敞式的［图 7-19（a）］结晶室与大气相通，汽化室位于结晶室的上方，有足够的高度，中央循环管则同时用作大气腿，使汽化室内的过饱和溶液能从真空下流入敞口的结晶室。闭式的汽化室与结晶室则全部处于相同的真空度下，装配在同一容器中，其总高度要比敞式低得多。另外，这类结晶器也可采用晶浆循环方式进行操作，如图 7-19（b）所示。实现的方法只需增大循环量，使结晶室溢流的不再是清母液，而是母液与晶体混合均匀的晶浆，循环到汽化室中去，结晶器各部中的晶浆密度大致相同。在汽化室中，溶液所产生的过饱和度立即被悬浮于其中的晶体所消耗，使晶体生长，所以过饱和度生成区与晶体生长区不能明确划分。这

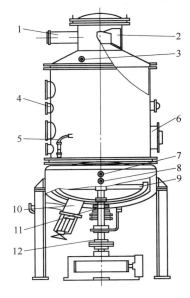

图 7-18　真空结晶器
1—二次蒸汽排出管；2—气液分离器；
3—清洗孔；4—视镜；5—吸液孔；
6—人孔；7—压力表孔；8—蒸汽
进口管；9—锚式搅拌器；10—排
料阀；11—轴封填料箱；12—搅拌

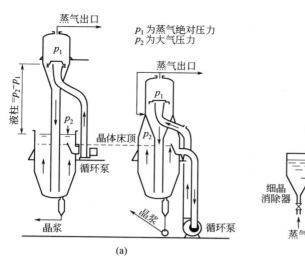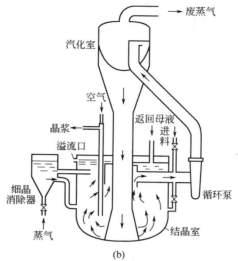

图 7-19　Oslo 型真空冷却结晶器

类结晶器可看成是全混型操作的结晶器，循环晶浆中的晶粒与高速叶轮的碰撞会产生大量的二次晶核，降低了产品的平均粒度，并产生较多的细晶。

（3）DP 结晶器　DP 结晶器即双螺旋桨（Double-propeller）结晶器，如图 7-20 所示。DP 结晶器是对 DTB 型结晶器的改良，内设两个同轴螺旋桨。其中之 1 与 DTB 型一样，设在导流管内，驱动流体向上流动，而另外一个螺旋桨比前者大 1 倍，设在导流管与钟罩形挡板之间，它们的安装方位与导流筒内的叶片相反，驱动环隙中的液体向下流动。内外两组桨叶共同组成一个大直径的螺旋桨，其外直径与圆形挡板的内径相近，相应的中间一段导流筒与此大螺旋桨制成一体而同步旋转。故导流筒分成 3 段，上下两段固定不动。由于是双螺旋桨驱动流体内循环，所以在低转数下即可获得较好的搅拌循环效果，功耗较 DTB 结晶器低，有利于降低结晶的机械破碎。但 DP 结晶器的缺点是大螺旋桨要求动平衡性能好、精度高，制造复杂。这种设备除可用于真空冷却结晶，也可用于蒸发结晶及外循环冷却结晶。

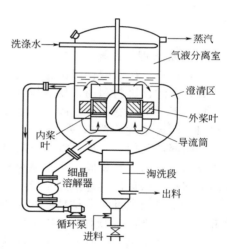

图 7-20　DP 结晶器

三、结晶操作

由于各种物质的性质不同，所处的溶液环境也可能不同，因此采用结晶方法从一特定的溶剂中分离某种溶质，所采用的结晶工艺也可能不同，其操作方式、操作内容、操作程序也就不同。但从总体角度来看，结晶操作重点在于控制过饱和溶液形成的速度、溶液的过饱和程度、晶种的数量等。下面以青霉素钾盐结晶操作为例。

1. 青霉素钾盐的结晶工艺

青霉素的澄清发酵液（pH 为 3.0）经乙酸丁酯萃取，水溶液（pH 为 7.0）反萃取和乙酸丁酯二次萃取后，向丁酯萃取液中加入碳酸钾的水溶液，进行碱化，即生成青霉素钾。因青霉素钾在乙酸丁酯中溶解度很小，在水中溶解度大，故进入到水溶液中。经离心分离除去乙酸丁酯相，得青霉素钾的水溶液。将此水溶液抽到已接好丁醇的稀释罐内（即为稀释液）。将稀释液过滤后，送入结晶罐，通过真空蒸发结晶得到青霉素钾盐（水与丁醇形成共沸物，将水带出，使青霉素钾达到过饱和而结晶析出）。青霉素钾结晶工艺如图 7-21 所示。

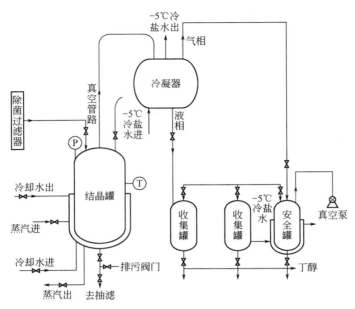

图 7-21　青霉素钾结晶工艺

2. 青霉素钾结晶操作

（1）送料　接到碱化岗位送料通知后，先打开结晶工段除菌过滤器顶端排气阀门，再微微打开除菌过滤器进料阀门，使液体进入外壳，将外壳充满至液体从排气阀门溢出后关闭排气阀门，打开下一级过滤器排气阀门。重复以上操作，当料液进入最后一级过滤器后，缓慢打开回流阀门，回流至过滤器出液合格（无菌）后，打开过滤器出料阀门，使料进入无菌室的结晶罐，关闭回流阀门，开展过滤器进料阀门。稀释液压完后通知碱化岗位压丁醇进行顶洗，压顶洗的操作方法与压料相同。顶洗结束后，依次关闭过滤器进料阀门、出料阀门。在压料过程中要加强巡检，保证压料速度正常。

（2）结晶前的准备　结晶罐送料前要检查结晶罐罐底阀门、蒸汽进出阀门、结晶罐盖是否全部关闭，确认关闭后，依次打开冷却水进出阀门、结晶罐排气阀门、进料阀门，接入过滤的无菌料。

（3）共沸结晶　检查并拧紧结晶罐罐盖，依次关闭排气阀门和冷却水进、出阀门，通知真空泵人员启动结晶真空泵，待真空度≥0.090MPa 后，打开并调节结晶罐空气泄漏阀门，让一定量的空气进入结晶罐使罐内料液翻腾均匀。一段时间后，依次打开加热蒸汽进、出阀门，对结晶罐进行加热，使结晶罐内料液沸腾，蒸出溶剂（水与丁醇的共沸物）。

共沸过程中每隔一段时间巡检一次，观察结晶罐上真空度及汽相温度应正常，液面低于加热面时补加丁醇（少量多次，以控制溶剂水的带出速度，进而控制过饱和度的大小）。料液快出晶时通过视镜进行不间断观察，发现出晶，立即调小蒸汽量，开始养晶，养晶时间大约在半小时，青霉素钾结晶析出，出晶温度控制在 30℃左右。养完晶后，调大蒸汽量，补加一定量丁醇，然后每隔半小时补加一次，终点前半小时不补加，共沸终点气相温度控制在≤42℃。

共沸结束后，先停真空泵，再关闭结晶罐上蒸汽进出阀门。依次打开冷却水进出阀门、结晶罐排气阀门。真空表指示为零后，静止 15min，搞好结晶罐体表面卫生，再打开罐体罐盖，将清洗干净的不锈钢临时罐盖盖住罐口，通知抽滤人员放料。料液快放完时，结晶人员用丁醇冲结晶罐底及罐壁粉子。放料过程中，抽滤人员取母液样送化验室测水分、效价。当抽滤人员放完料后，对结晶罐清洗灭菌，完毕，通知抽滤人员关闭结晶罐底阀。

知识拓展

正丁醇与水的共沸蒸馏

正丁醇和水体系共沸蒸馏原理如图 7-22 所示。从图中可以看出，纯水沸点为 100℃，正丁醇沸点 117.7℃，曲线 CD 表示水溶解于正丁醇的各种溶液的沸点和液相组成，HD 曲线为相应的蒸汽组成。在 B、C 间均产生两层饱和溶液，其沸点如 BC 所示，与 BC 相应的蒸汽组成为 H，只要有两种饱和层存在，物系的沸点是恒定的，产生的蒸汽组成也是恒定的，与组成无关。曲线 AB 表示丁醇溶解于水中的溶液组成与沸点的关系。AH 是相应的蒸汽组成。

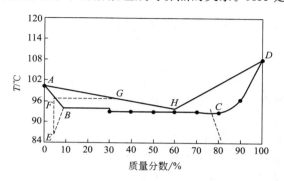

图 7-22　正丁醇和水的沸点组成图

此物系的蒸馏情况，先看 AB 间组成的溶液，组成为 N_1 的溶液（即溶有少量丁醇的水溶液），当温度到达 F 时，即沸腾，最初产生的蒸汽为 G，可见气相里丁醇含量大，高于液相里的含量。这样液相中水的相对含量增多，曲线沿 B→A 渐渐移动，最后趋向一点，液相内只留下水，而没有丁醇。

在 CD 间的各种浓度的溶液与上述情况相似，沸腾时气相组成沿 HD 变化，这时气相内水的相对含量较液相多，曲线沿 C→D 渐渐移动（即继续蒸馏），最后趋向 D 点，液相内只留下丁醇，而没有水。

总组成在 BC 之间的混合物都有两层饱和溶液，如 B 和 C 表示，它们的共沸点是一定的为 92.6℃（分别低于水、丁醇的沸点，称之为最低共沸点），而且产生一定组成的蒸汽如 H 所示（只有两层液相组成）。假如总组成如 H 所示，则通过蒸馏法将水和丁醇两种组分加以分离。因为混合物经过不断蒸馏而改变两液层的相对量，以至有一层消失，另一层剩余之时，再继续蒸馏就可以分离为接近纯的水和正丁醇。

案例分析

青霉素钾盐结晶异常现象分析及处理方法

现象	原因	处理方法
结晶时贴壁	(1)升温过快； (2)出晶时温度过高； (3)升温不稳	(1)控制升温速度； (2)控制出晶温度； (3)控制平稳升温
结晶产生逃液	(1)升温过快 (2)真空度低，抽得太快	(1)控制平稳升温； (2)控制抽气量
结晶真空度低	(1)真空阀门内漏或未开展，真空系统有问题； (2)真空泵出故障； (3)冷盐水温度高	(1)检查真空系统管路及阀门； (2)倒换开一台泵，通知机修检查； (3)联系调度或制冷站，用−5℃水降温
结晶时温升太快	(1)蒸汽压力大； (2)真空度低； (3)冷盐水温度高	(1)关小蒸汽压力，勤检查严格控制好蒸汽； (2)检查真空泵和真空管道阀门； (3)与调度联系，−5℃水降温

续表

现象	原因	处理方法
出晶太慢	(1)冷盐水温度高； (2)真空度低； (3)蒸汽压力小	(1)及时反映情况并作好记录； (2)检查真空系统； (3)检查蒸汽情况进行适当调整
结晶罐内液面突然急剧下降	罐底阀门被打开	检查和关闭罐底阀门

第六节　结晶工艺问题及其处理

1. 晶粒过于细小

晶粒过于细小一般与溶液的过饱和度过大、溶液的降温速度过快、搅拌强度或流速过大、晶种过多或缺少晶种、溶液中杂质浓度高等有关，应结和具体情况进行相应处理。

2. 母液在晶体表面吸藏

母液在晶体表面吸藏是指母液中的杂质吸附于晶体表面。这种现象在结晶中较为常见，一般的处理方法是在晶浆进行固液分离后，用适当的溶剂对晶体进行洗涤。溶剂的选择应使杂质的溶解度大，而结晶物质尽可能小或不溶解。生产上多采用低温溶剂进行淋洗、顶洗或淘洗。

3. 形成晶族，包藏母液

当晶体生成速度过快，结晶过程中容易形成晶族，这使得母液往往包藏其中，使产品质量下降。对于包藏的母液很难用洗涤的方法加以清除，一般采用重结晶操作。

4. 结晶系统的晶垢

结晶操作中常会在结晶器壁等处产生晶垢，严重影响结晶过程的效率。一般可采用如下一些方法防止或消除晶垢的产生：①器壁内表面采用有机涂料，尽量保持壁面光滑；②提高流体流速，消除低流速区；③为防止因散热而使壁面附近温度降低而造成的过饱和度过高，可以采用夹套保温的办法，或者控制结晶设备内溶液的主体温度与冷却表面的温度差不应超10℃；④控制适宜的过饱和度，防止过多细小晶核出现；⑤适时投放晶种；⑥对于以产生的晶垢可以通过晶垢铲除装置，或用溶剂溶解进行消除。

5. 蒸发结晶过程的能耗大

蒸发法结晶消耗的热能较多，往往是由于工艺设计不合理，可以改进生产工艺。如使用由多个蒸发结晶器组成的多效蒸发，操作压力逐效降低，以便重复利用二次蒸汽的热能。采用自然循环及强制循环（溶液循环推动力可借助于泵、搅拌器或蒸汽鼓泡虹吸作用产生）的蒸发结晶器。也可采用减压蒸发代替常压蒸发，降低操作温度，减小热能损耗。图 7-23 为两种蒸发结晶工艺。

6. 结晶速率低

结晶速率是指单位时间内溶液中析出的晶体数量，主要由晶核形成速率和晶体生长速率决定，提高晶核的形成速率或晶体的生长速率，都有助于提高结晶速率。而晶核的形成速率与晶体的成长速率又是影响结晶颗粒大小的决定因素。若晶核形成的速率远大于晶体生长的速率，则晶核形成很快，而晶体生长很慢，晶体来不及长大，溶液浓度已降至饱和浓度，因此形成的结晶颗粒小而多。若晶核形成速率远小于晶体生长速率，则结晶颗粒大而少。晶核形成速率与晶体生长速率接近时，形成的结晶颗粒大小参差不齐。因此，要提高结晶速率，同时又要控制好结晶的粒度大小，主要是控制好晶核的形成速率和晶体的成长速率。但由于在结晶过程中晶核的形成与晶体的成长几乎是同时发生的，所以很难将两者彻底分开，以采取相应措施提高各

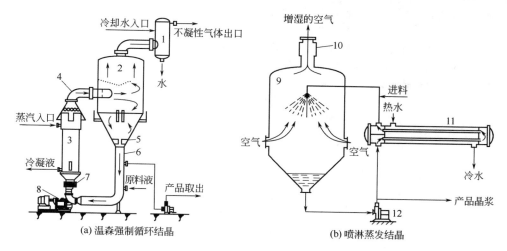

图 7-23　两种蒸发结晶工艺

1—蒸发器；2—换热器；3—大气冷凝器；4，12—泵；5—漩涡破坏装置；6—循环管；7—伸缩接头；
8—循环泵；9—喷淋室；10—鼓风机；11—加热器

自速率的同时并且保证结晶质量（晶型、大小、均匀度及纯度）。

　　一般而言，结晶前期主要以晶核的生成为主，结晶过程的中后期主要以晶体的成长为主。结晶速率低是由于起始阶段晶核形成速率小，而中后期晶体成长速率小。这样在保证晶体质量的前提下，结晶前期尽可能提高晶核的形成速率（如加入晶种，提高过饱和度或加强搅拌等），结晶中后期尽可能提高晶体成长速率（在保证足够的过饱和度下，提高操作温度等）。

　　7. 结晶产率低

　　结晶产率是指生成的晶体数量占原料液中这种溶质总量的百分含量。主要取决于溶液的开始浓度和结晶后母液的浓度。大多数物质，温度越低，溶解度越小，结晶后的母液浓度越小，则所得的结晶量就越多，结晶产率高。溶液的开始浓度越高，溶液中所含溶剂越少，结晶过程中越容易形成过饱和，结晶后溶液中所含溶质越少，结晶产率越高。因此，结晶产率低主要是溶液的开始浓度低或结晶后的母液浓度高。因此，可采取适当的措施提高原料液的初始浓度或降低结晶后母液的浓度。当然如果原料液中有其他杂质的影响，使结晶很难进行，也会使结晶产率偏低，这时应对原料液进行适当的除杂处理。

思　考　题

　　1. 解释名词：结晶、重结晶、溶解度、超溶解度曲线、晶习、晶核、晶种、过饱和度、初级均相成核、初级非均相成核。

　　2. 试述第一和第二超溶解度曲线的定义和影响因素。

　　3. 什么是二次成核？二次成核的机理是什么？分析接触成核的影响因素。

　　4. 结晶的基本原理是什么？通过哪些方法可以形成过饱和溶液？

　　5. 晶体洗涤目的是什么？如何选择洗涤剂及洗涤方法？

　　6. 晶体结块的原因是什么？如何防止？

　　7. 温度快速降低和缓慢降低对结晶过程有何影响？

　　8. 工业操作中，结晶过程主要控制哪些因素？如何控制？

　　9. 影响晶体质量素有哪些？如何保证产品的质量？

　　10. 举例说明冷却结晶器、蒸发结晶器、真空结晶器、盐析结晶器的结构特点及其适用范围。

11. 简述冷却结晶、蒸发结晶、真空绝热冷却结晶、盐析结晶工艺。

12. 结晶速率低是什么原因造成的？如何解决？

13. 以青霉素钾结晶为例，简述其结晶操作过程。

14. 结晶系统的晶垢是如何形成的？怎样消除？

15. 如何解决溶液在晶体内或表面吸藏？

第八章 干燥技术

【学习目标】

① 理解湿度、相对湿度、比体积、比热容、比焓、干球温度、湿球温度、绝热饱和温度等基本概念。

② 掌握干燥的基本原理，能够分析影响干燥的相关因素。

③ 掌握干燥过程物料与能量衡算的基本方法，会对干燥过程进行物料与能量衡算。

④ 熟悉各种干燥工艺及主要干燥设备结构特点。

⑤ 能够正确进行干燥工艺操作，会处理干燥过程中相关工艺问题。

第一节 干燥单元的主要任务及职责要求

干燥是利用热能除去固体物料中湿分（水分或其他溶剂）的单元操作。

在药物生产过程中，会经常用到各种湿物料，为了降低物料的体积，便于加工、运输和使用，需将物料中的湿分除去。而成品药物中若含有过多水分，则易发生水解、霉变，从而引起药物中有效成分含量降低、杂质含量增加以及外观变化。

例如阿司匹林的含水量应小于 0.5%，若超过此限度，阿司匹林有可能在短时间内水解，产生具有毒性的水杨酸，从而使药品质量发生变化。所以对于药品这种特殊商品，为了保证产品的质量和价值、提高药物的稳定性，必须对其进行干燥。

干燥在制药生产中应用十分广泛，几乎所有的化学原料药、流浸膏、颗粒剂、胶囊剂、片剂、丸剂及生物制品等的制备过程中都会使用干燥技术，例如在制剂生产中，固体物料制成颗粒后，需经干燥处理方可进行压片或者填入胶囊。

一、干燥单元的主要任务

干燥在药品生产中是不可缺少的一个单元操作过程，往往是一个工艺过程中的最后一步，它直接影响出厂产品的质量，在制药生产中占有重要地位。干燥单元的主要任务有以下几个方面。

① 将被干燥的物料送入干燥设备，通入干燥介质或控制好相应的操作条件，使物料中的水分挥发进入气相，被干燥的物料达到相应的含水指标后，将其输送到包装或筛分等工段。干燥过程中要保证物料的质量及化学稳定性。

② 对从干燥设备导出的气相进行处理。对于真空干燥可将气体冷凝除去水分；对于气流干燥要回收气相中所夹带的固体物料，除去气相中所夹带粉尘，最终将气体排入大气。

二、干燥岗位职责要求

干燥岗位一般有一定粉尘，从事干燥操作的人员，在完成物料干燥任务的过程中除了要履行"绪论——第四节 药物生产岗位基本职责要求"相关职责外，还需履行如下职责。

（1）一般作业时要佩戴耳塞、口罩等，做好安全防护工作。

（2）按 GMP 要求及批生产指令进行干燥生产，严格按工艺操作规程和设备操作规程进行操作，做到操作无误，控制工艺指标在规定范围内，处理发生的工艺问题，保证干燥后的物料符合工艺要求，节约电、汽等能源物质。

（3）生产结束后，核对物料品名、批号（或编号）、复核称量、数量、质量、检验报告单相符，不得有误。

（4）工作结束或更换品种时，应及时做好清洁卫生按有关操作规程进行清场工作，并认真填写原始记录和各设备运行状况的原始记录。

（5）生产结束后负责清场并保障检查合格。

第二节　干　燥　原　理

工业中去湿的方法有 3 类：机械去湿法、加热去湿法、化学去湿法。

（1）机械去湿法　通过沉降、过滤、离心分离、挤压等方法去除湿分，比较经济，但是一般去湿后湿分含量还较高，往往不能满足工艺要求。

（2）加热去湿法（又称干燥）　借助热能除去固体物料中的湿分，这种操作是采用某种加热方式将热量传给物料，使湿物料中湿分气化并被分离，从而获得湿分较少的固体干燥物。

（3）化学去湿法　利用干燥剂去除物料中少量湿分，这种方法因干燥剂吸湿能力有限，只适用于除去物料中的微量湿分。

通常，干燥过程按下列方法分类：按操作压力分为常压干燥和真空干燥。常压干燥适用于一般对温度没有特殊要求的物料；真空干燥适用于处理热敏性及易氧化的物料。按操作方式分为连续式操作和间歇式操作，连续操作具有生产能力大、产品质量均匀、热效率高以及劳动条件好的优点；间歇操作适用于处理小批量、多品种或要求干燥时间较长的物料。按供热方式分为传导干燥（间接加热干燥）、对流干燥（直接加热干燥）、辐射干燥、介电加热干燥 4 种。上述几种方法中，应用最多的是对流干燥。本章以热空气干燥湿物料中的水分为例，介绍对流干燥过程的机理、计算以及对流干燥的设备。

一、基本概念

1. 湿空气

空气是由水蒸气和绝干空气构成，在干燥中称为湿空气。在干燥过程中，湿空气中的水汽含量不断增加，其中的干空气作为载体，质量是不变的。因此，为了计算上的方便，湿空气的各种性质都是以单位质量（1kg）的绝干空气为基准。

（1）湿空气中水汽的分压　作为干燥介质的湿空气是不饱和的空气，其水汽分压 $p_水$ 与绝干空气分压 $p_空$ 及其总压力 P 的关系为：

$$P = p_水 + p_空 \tag{8-1}$$

$$p_水 = yP \tag{8-2}$$

式中　y——湿空气中水汽的摩尔分数。

（2）湿度（湿含量）H　湿度是指湿空气中所含水蒸气的质量与绝干空气质量之比。

$$H = \frac{湿空气中水汽的质量}{湿空气中绝干空气的质量} = \frac{n_水 M_水}{n_空 M_空} \tag{8-3}$$

式中　H——空气的湿度，kg 水/kg 绝干空气；

$\quad\quad n_水$——湿空气中水汽的摩尔数，kmol；

$\quad\quad n_空$——湿空气中绝干空气的摩尔数，kmol；

$\quad\quad M_水$——水汽的分子量，kg/kmol；

$\quad\quad M_空$——空气的平均分子量，kg/kmol。

当湿空气可视为理想气体时，则有：

$$\frac{n_水}{n_空} = \frac{p_水}{p_空} = \frac{p_水}{P - p_水} \tag{8-4}$$

则式(8-3) 可变为:

$$H = \frac{18.02 n_水}{28.95 n_空} = 0.622 \frac{p_水}{P - p_水} \tag{8-5}$$

当湿空气中水蒸气分压 $p_水$ 恰好等于同温度下水蒸气的饱和蒸汽压 p_s 时,则表明湿空气达到饱和,此时的湿度 H 为饱和湿度 H_s。

$$H_s = 0.622 \frac{p_s}{P - p_s} \tag{8-6}$$

(3) 相对湿度 φ　在一定温度及总压下,湿空气的水汽分压 $p_水$ 与同温度下水的饱和蒸汽压 p_s 之比称为相对湿度。相对湿度代表空气中水分含量的相对大小。

$$\varphi = \frac{p_水}{p_s} \times 100\% \tag{8-7}$$

当 $\varphi = 1$ 时, $p_水 = p_s$,湿空气达到饱和,不可以作为干燥介质;当 $\varphi < 1$ 时, $p_水 < p_s$,湿空气未达到饱和,可作为干燥介质。φ 越小,湿空气偏离饱和程度越远,干燥能力越大。相对湿度 φ 与湿度 H 的关系为:

$$H = 0.622 \frac{\varphi p_s}{P - \varphi p_s} \tag{8-8}$$

湿度 H 只能表示出水汽含量的绝对值,而相对湿度却能反映出湿空气吸收水汽的能力。

(4) 湿空气的比体积 $v_湿$ (比容)　在湿空气里,1kg 绝干空气中所具有的湿空气(绝干空气和水蒸气)的总体积称为湿空气的比体积。

$$v_湿 = \frac{湿空气的体积}{湿空气中干空气的质量} = \frac{干空气体积 + 水汽体积}{湿空气中干空气的质量}$$

在标准状态下,气体的标准摩尔体积为 22.4m³/mol。因此,总压力为 P、温度为 t、湿度为 H 的湿空气的比容为:

$$v_湿 = 22.4 \left(\frac{1}{M_空} + \frac{H}{M_水} \right) \times \frac{273 + t}{273} \times \frac{101.3}{P} \tag{8-9}$$

式中　$v_湿$——湿空气的比体积,m³ 湿空气/kg 绝干空气;

　　　　t——温度,℃;

　　　　H——湿空气湿度,kg 水/kg 绝干空气;

　　　　P——湿空气总压,kPa。

将 $M_空 = 29$kg/kmol, $M_水 = 18$kg/kmol 代入式(8-9) 得:

$$v_湿 = (0.772 + 1.244H) \frac{273 + t}{273} \times \frac{101.3}{P} \tag{8-10}$$

(5) 湿空气的比热容 $c_湿$ (比热容)　在常压下,将 1kg 绝干空气和其所带有的 Hkg 水蒸气温度升高(或降低)1℃所需的热量,称为湿空气的比热容,即:

$$c_湿 = c_空 + c_水 H \tag{8-11}$$

式中　$c_湿$——湿空气的比热容,kJ/(kg 绝干空气·℃);

　　　　$c_空$——绝干空气的比热容,kJ/(kg 绝干空气·℃);

　　　　$c_水$——水蒸气的比热容,kJ/(kg 绝干空气·℃)。

在通常的干燥情况下,绝干空气的比热容和水蒸气的比热容随温度的变化很小,在工程计算中通常取常数,取 $c_空 = 1.01$kJ/(kg 绝干空气·℃), $c_水 = 1.88$kJ/(kg·℃)。将这些数值代入(8-11),得:

$$c_湿 = 1.01 + 1.88H \tag{8-12}$$

即湿空气的比热容只随空气的湿度变化。

(6) 湿空气的比焓 I　湿空气中 1kg 绝干空气的焓与其所含有的 Hkg 水蒸气的焓之和称

为湿空气的比焓。即：

$$I = I_空 + H I_水 \qquad (8\text{-}13)$$

式中　I——湿空气的比焓，kJ/kg 绝干空气；

　　　$I_空$——绝干空气的比焓，kJ/kg 绝干空气；

　　　$I_水$——水汽的焓值，kJ/kg 水蒸气；

通常以 0℃ 干空气及 0℃ 液态水的焓值为 0 作基准。0℃ 液态水的汽化热为 $r_0 = 2490$ kJ/kg 水，则有：

$$I_空 = c_空 t = 1.01t$$
$$I_水 = r_0 + c_水 t = 2490 + 1.88t$$

因此，湿空气的比焓可由式(8-14)计算：

$$I = (c_空 + c_水 H)t + r_0 H = (1.01 + 1.88H)t + 2490H \qquad (8\text{-}14)$$

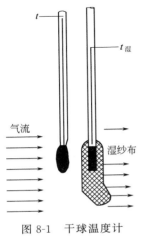

图 8-1　干球温度计
和湿球温度计

（7）干球温度 t 和湿球温度 $t_湿$　干球温度 t 是指用普通温度计测得的湿空气的温度，是湿空气的真实温度，简称为空气的温度。

用湿纱布包扎温度计水银球感温部分，纱布用水保持润湿，这就形成了一支湿球温度计。如图 8-1 所示。

将湿球温度计放在温度为 t，湿度为 H 的湿空气流中，在绝热条件下达到平衡时所显示的温度就称为该湿空气的湿球温度 $t_湿$。

湿球温度计工作原理：假设开始时，湿纱布中的水温与湿空气的温度相同，但因湿空气是不饱和的，湿纱布表面的水蒸气压力（就是干球温度下水的饱和蒸汽压）大于湿空气中水汽分压，故纱布表面的水分汽化，并向空气中扩散，汽化所需要的潜热只能由水本身温度下降所放出的显热供给（湿球温度计读数随之下降），水温降低后，与空气间出现温度差，于是，引起空气与湿纱布之间的对流传热。水温越低，对流传热温差越大，对流传热速率越快。当空气传递给水的热量恰好等于水分汽化所需要的热量时，水温不再变化，这一水温即湿球温度计所指示的温度就称为湿球温度。

在一定总压下，只要测出湿空气的干、湿球温度，就可以确定湿空气的湿度。测湿球温度时，空气的流速应大于 5m/s，且气温不应太高，以减少辐射和导热传热的影响，才能使测量结果更为精确。

通常情况下，将干球温度计和湿球温度计组装在一起，称为干湿球温度计，同时测得干球温度和湿球温度。当湿空气的温度一定时，湿度越高测得的湿球温度也越高；若空气为水汽所饱和，测得的湿球温度就是空气的温度。

（8）绝热饱和温度 $t_绝$　绝热饱和温度 $t_绝$ 可在如图 8-2 所示的绝热饱和冷却塔中测得。

初始温度为 t、湿度为 H、焓为 I 的不饱和湿空气从塔底进入塔内，与自上而下的大量水在填料层上直接接触后由塔顶排出，水则在塔底排出，经循环泵返回塔顶循环使用。设塔与外界绝热（即塔保温良好无热损失，亦无热量补充），空气与水接触过程中，水分不断向空气中汽化。水分汽化所需的热量只能由空气温度降低放热而得，但水汽又将吸收的热量以汽化潜热的形式携带回空气中，在塔中若两相有足够长的接触时间，最终空气不再接受水汽，水汽也将不再汽化，空气和水之间不再有传质、传热过程进行，空气达到饱和，此时空气的温度与水温相等，且保持恒定不变，这一过程称为湿空气的绝热饱和冷却过程或等焓过程。称这一稳定状态下的温度为湿空气的绝热饱和温度 $t_绝$，与其相应的湿空气的湿度称为绝热饱和湿度，用 $H_湿$ 表示。显然，为了补偿随气流带出的水分损失，需向塔内不断补充温度为 $t_绝$ 的水。

由上面的分析可知，在稳定的情况下，空气经过绝热饱和塔时，空气释放的显热等于水分汽化后返回空气所带的潜热，根据热量衡算推导得湿空气的绝热饱和温度为：

$$t_绝 = t - \frac{r_0}{c_湿}(H_绝 - H) \qquad (8\text{-}15)$$

式中　$H_绝$——空气在 $t_绝$ 时的饱和湿度，kg 水/kg 绝干空气；

r_0——液体在 0℃下的汽化潜热，kJ/kg。

从式(8-15)可知绝热饱和温度 $t_绝$ 是湿空气干球温度 t、湿度 H 的函数。当湿空气温度不高，相对湿度不低的情况下 $t_湿 = t_绝$。

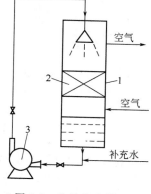

图 8-2　绝热饱和塔示意
1—绝热饱和冷却塔；
2—填料；3—循环泵

(9) 露点 $t_露$　一定压力下，将不饱和空气等湿冷却到饱和状态时的温度称为露点 ($t_露$)，相应的湿度称为饱和湿度 ($H_饱$)。

湿空气在露点温度下，温度达到饱和，故 $\varphi = 1$，式(8-8)可以改为：

$$H_饱 = 0.622 \frac{p_s}{P - p_s} \qquad (8\text{-}16)$$

式中　$H_饱$——湿空气在露点下的饱和湿度，kg/kg 绝干空气；

P——露点温度下湿空气的总压，kPa；

p_s——露点温度下水的饱和蒸汽压，kPa。

在一定的总压下，若已知空气的露点，可以根据式(8-16)算出空气的湿度；若已知空气的湿度，可以根据式(8-16)算出露点下的饱和蒸气压，再从水蒸气表中查出相应的温度，即为露点。

对水蒸气-空气系统，干球温度、绝热饱和温度（即湿球温度）及露点三者之间的关系为：

不饱和空气　$t > t_绝$（或 $t_湿$）$> t_d$

饱和空气　$t = t_绝$（或 $t_湿$）$= t_d$

【例 8-1】　若常压下某湿空气的温度为 20℃、湿度为 0.014673kg/kg 绝干气，试求：(1) 湿空气的相对湿度；(2) 湿空气的比容；(3) 湿空气的比热；(4) 湿空气的焓。若将上述空气加热到 50℃，再分别求上述各项。

解：20℃时的性质：

(1) 相对湿度　从饱和水蒸气表中查出 20℃时水蒸气的饱和蒸汽压为 2.3346kPa。

$$H = \frac{0.622\varphi p_s}{P - \varphi p_s}$$

$$0.14673 = \frac{0.622 \times 2.3346\varphi}{101.3 - 2.3346\varphi}$$

解得　$\varphi = 1 = 100\%$

所以该空气为饱和空气，不能作干燥介质用。

(2) 比容 $\upsilon_湿$

$$\upsilon_湿 = (0.772 + 1.244H) \times \frac{273 + t}{273} \times \frac{1.013 \times 10^5}{P}$$

$$= (0.772 + 1.244 \times 0.014673) \times \frac{273 + 20}{273}$$

$$= 0.848(\text{m}^3\ 湿空气/\text{kg}\ 绝干空气)$$

(3) 比热 $c_湿$

$$c_湿 = 1.01 + 1.88H$$

$$= 1.01 + 1.88 \times 0.014673 = 1.038\text{kJ/(kg}\ 绝干空气 \cdot ℃)$$

(4) 湿空气焓 I

$$I=(1.01+1.88H)t+2490H$$
$$=(1.01+1.88\times0.014673)\times20+2490\times0.014673=57.29 \text{（kJ/kg 绝干空气）}$$

50℃时的性质：

（1）相对湿度 φ

从饱和水蒸气表中查出 50℃时水蒸气的饱和蒸汽压为 12.340kPa。当空气从 20℃加热到 50℃时，湿度没有变化，仍为 0.014673kg/kg 绝干气，故：

$$0.014673=\frac{0.622\times12.34\varphi}{101.3-12.340\varphi}$$

解得 $\varphi=0.1892=18.92\%$

由计算结果看出，湿空气被加热后虽然湿度没有变化，但相对湿度降低了。所以在干燥操作中，总是先将空气预热后再送入干燥器内，目的是降低相对湿度以提高吸湿能力。

（2）比容 $v_{湿}$

$$v_{湿}=(0.772+1.244\times0.014673)\times\frac{273+50}{273}$$
$$=0.935 \text{（m}^3\text{湿空气/kg 绝干空气）}$$

湿空气被加热后虽然湿度没有变化，但受热后体积膨胀，所以比容增大。

（3）比热容 $c_{湿}$

湿空气的比热容只是湿度的函数，因此 20℃与 50℃时的湿空气比热容相同，均为 1.038kJ/kg 绝干气。

（4）焓 I
$$I=(1.01+1.88\times0.014673)\times50+2490\times0.014673$$
$$=88.42 \text{（kJ/kg 绝干空气）}$$

湿空气被加热后虽然湿度没有变化，但温度增高，故焓值增大。

2. 湿空气的 I-H 图

（1）I-H 图的构成　在总压一定的条件下，只要任意规定两个独立参数，就可以确定湿空气的状态。工程上为了方便，在总压一定的情况下，将诸参数之间的关系在平面坐标上绘成图线，用此图来求湿空气的性质。从形式上看，常用的有湿度-焓（I-H）图、温度-湿度（t-H）图，本章采用 I-H 图。

图 8-3 是总压为 101.3kPa 下空气-水系统的 I-H 图，纵坐标为 I，横坐标为 H。为了避免图线过于集中而影响读数，采用纵横坐标之间的夹角为 135°的斜角坐标；为了便于读取数据，将横坐标上的 H 值投影到纵坐标正交的水平辅助轴上。

图中诸线意义如下。

① 等湿度线，简称等 H 线　是与纵轴平行的直线群，每根直线都是等湿度线。

② 等焓线，即等 I 线　是一组与横坐标平行的直线，同一条线上不同点都具有相同的焓值。

③ 等干球温度线，简称等 t 线　是一组直线，温度值可以在纵坐标上读出。

④ 等相对湿度线，简称等 φ 线　当总压一定时，由于 p_s 仅与空气的温度 t 有关，因而 φ 仅与 H 及 t 有关。对某一固定的 φ 值，若假设一个温度，便可按式（8-8）求得一个对应的 H 值，这样可算出若干组 t-H 关系，标绘于图中，即为等 φ 线，等 φ 线是一组曲线。图中 $\varphi=1$ 的线称为饱和线，此线左上方为未饱和区域，右下方为过饱和区域，过饱和区域的空气中含雾状水滴，不能用来干燥物料。

⑤ 水蒸气分压线　由式（8-8）可得　$p_{水}=\dfrac{HP}{0.622+H}$，据此可作出水蒸气分压-湿度线。它是在总压 $P=101.325$kPa 时，空气中水汽分压 $p_{水}$ 与湿度 H 之间的关系曲线。水汽分压 $p_{水}$ 的坐标位于图的右端纵轴上。

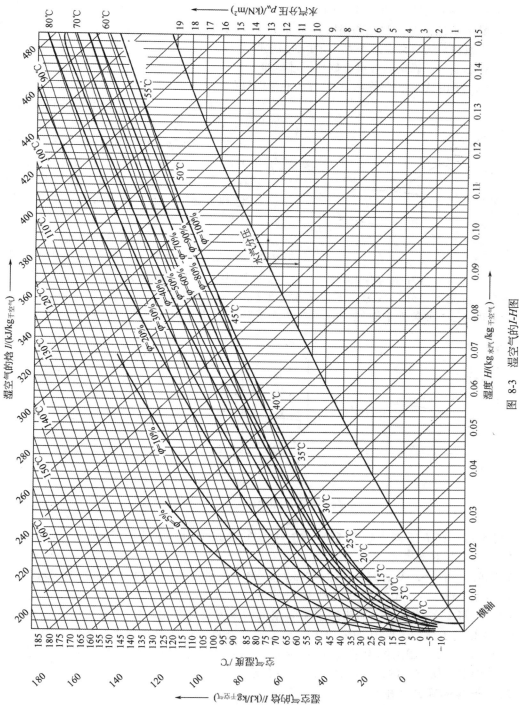

图 8-3　湿空气的 I-H 图

（2）湿空气 I-H 图的应用　根据空气的任意两个独立参数，先在 I-H 图上确定该空气的状态点，然后即可查出空气的其他性质。干球温度 t、露点 $t_{露}$ 和湿球温度 $t_{湿}$（或绝热饱和温度 $t_{绝}$）都是由等 t 线确定的。露点是在湿空气湿度 H 不变的条件下冷却至饱和时的温度。因此，通过等 H 线与 $\varphi=100\%$ 的饱和空气线交点的等 t 线所示的温度即为露点，如图 8-4 所示，对水蒸气-空气系统，湿球温度 $t_{湿}$ 与绝热饱和温度 $t_{绝}$ 近似相等，因此由通过空气状态点图 8-4 中的等 I 线与 $\varphi=100\%$ 的饱和空气线交点的等 t 线所示的温度即为 $t_{湿}$ 或 $t_{绝}$。

对于状态点 A，确定其各项参数具体过程如下。

① 湿度 H 由 A 点沿等湿线向下与水平辅助轴的交点，即可读出 A 点的湿度值。

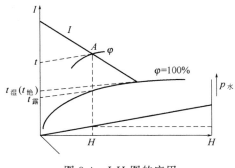

② 焓值 I 通过 A 点做等焓线的平行线，与纵轴相交，由交点可得焓值。

③ 水汽分压 $p_{水}$ 由 A 点沿湿度线向下交水汽分压线于一点，在图右端纵轴上读出水汽分压值。

④ 露点 $t_{露}$ 由 A 点沿等湿度线向下与 $\varphi=100\%$ 饱和线交于一点，再由过该点的等温线读出露点温度。

⑤ 湿球温度 $t_{湿}$（绝热饱和温度 $t_{绝}$）由 A 点沿着等焓线与 $\varphi=100\%$ 饱和线交于一点，再由过该点的等温线读出湿球温度（绝热饱和温度）。

图 8-4　I-H 图的应用

通常，湿空气已知参数为：干、湿球温度 t 和 $t_{湿}$；干球温度 t 和露点温度 $t_{露}$；干球温度 t 和相对湿度 φ。3 种条件下空气气的状态点 A 的确定方法分别示于图 8-5(a)、(b) 及 (c) 中。

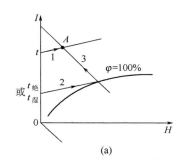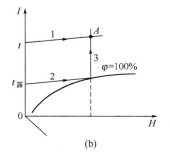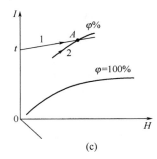

(a)　　　　　　　　　　(b)　　　　　　　　　　(c)

图 8-5　在 I-H 图中确定湿空气的状态点

【例 8-2】　在 I-H 图中确定【例 8-1】中 20℃ 及 50℃ 时的 1 及 4 两项。

解：（1）相对湿度 ϕ

20℃ 时：当 $t=20℃$、$H=0.014673\text{kJ/kg}$ 绝干气时，湿空气的状态点如本例附图 8-6 中 A 所示。该点正位于 $\phi=100\%$ 线上，故 $\phi=100\%$。

50℃：将 20℃ 的湿空气加热到 50℃，空气的湿度没有变化，故从点 A 沿等 H 线向上，与 $t=50℃$ 线相交于点 B，点 B 即为加热到 50℃ 时状态点，过点 B 的等 ϕ 线数值为 19%。

（2）焓 I　在本题附图中过点 A 的 $I=58\text{kJ/kg}$ 绝干气，过点 B 的 $I=88\text{kJ/kg}$ 绝干气。由于读图的误差，使查图的结果与计算结果略有差异。

二、干燥的理论基础

1. 物料中的水分

干燥是指通过气化而使湿物料中水分除去的方法。干燥过程中，物料内部的水分首先应扩散到物料表面，然后再由湿物料表面向干燥介质中扩散。水分在物料内部的扩散速率与物料结构以及物料中水分的性质有关。水分除去的难易程度取决于物料与水分的结合方式。湿物料中水分与物料的结合有如下3种方式。

（1）化学结合水　如晶体中的结晶水，这种水分不能用干燥方法去除。化学结合水的解离不应视为干燥过程。

（2）物化结合水　如吸附水分、渗透水分和结构水分。其中以吸附水分与物料的结合力最强。

（3）机械结合水　如毛细管水分，孔隙中水分和表面润湿水分。其中以润湿水分与物料的结合力最弱。

物料中水分与物料的结合力愈强，水分的活度即愈小，水分也就愈难除去。反之，如结合力较小，则较易除去。

因此，可以根据水分除去的难易，将水分大体分为非结合水分和结合水分。

（1）非结合水　存在于物料的表面或物料间隙的水分，此种水分与物料的结合力为机械力。属于非结合水分的有上述机械结合水中的表面润湿水分和孔隙中的水分，结合较弱，易用一般方法除去。

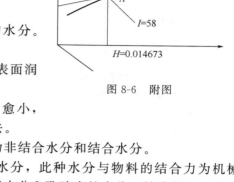

图 8-6　附图

（2）结合水　存于细胞及毛细臂中的水分，主要是指物化结合的水分及机械结合中的毛细管水分，由于结合力使结合水所产生的蒸汽压低于同温度下纯水所产生的蒸汽压，所以降低了水气向空气扩散的传质推动力。此水分与物料的结合力为物理化学的结合力，由于结合力较强，水分较难从物料中除去。

当湿物料与湿空气接触时，如空气中的水蒸气分压低于湿物料的平衡水蒸气压，则湿物料中的水分将汽化，物料被干燥，这一过程进行到湿物料的含水量降低到其水蒸气压等于空气中的水蒸气分压为止，这时湿物料的含水量称为平衡水含量，是干燥的极限。湿物料中高于平衡水含量的水称为自由水含量。可见，自由水含量是用一定温度和湿度的空气干燥湿物料时，可以从湿物料除去的水分的最大量。平衡水分的数值不仅与物料的性质有关还受空气湿度的影响。

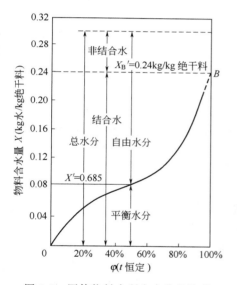

图 8-7　固体物料中所含水分的性质

湿空气的相对湿度愈大，或温度愈低，则平衡水分的数值愈大。

问题思考：空气含水量对干燥有何影响？对空气如何处理可提高干燥效率？

由此可见，在一定条件下，无限制地延长干燥时间也不能改变物料的湿度。此外，干燥的物料应密封保存，否则物料将吸收湿空气中的水分，使平衡水分的数值增大。

自由水分、平衡水分、结合水分、非结合水分及物料总水分之间的关系如图8-7所示。

2. 干燥速率和干燥速率曲线

干燥速度是指单位时间内被干燥物料所能汽化的水分量，而干燥速率 U 则是指单位时间内于单位干燥面积 A 上所能汽化的水分量，用微分式表示为：

$$U = \frac{dW}{A \cdot d\tau} \tag{8-17}$$

式中　U——干燥速率，又称干燥通量，kg/(m² · s)；

　　　A——干燥面积，m²；

　　　W——一批操作中汽化的水分量，kg；

　　　τ——干燥时间，s。

因为 $dW = -GdX$

$$U = \frac{dW}{A \cdot d\tau} = \frac{-GdX}{A \cdot d\tau} \tag{8-18}$$

式中　G——绝干料的质量，kg。

干燥速率可由干燥实验求得，取一干燥试样，已知其面积 A m²，其绝干物料质量 G kg。空气为恒定状况（H、T）下，对试样进行干燥。减重 ΔW_1 kg 时，记下所需时间 $\Delta \tau_1$，于是记下了一系列 ΔW_1，ΔW_2，ΔW_3，……和对应的一系列 $\Delta \tau_1$，$\Delta \tau_2$，$\Delta \tau_3$，…。

因为 $X_i = \dfrac{W_i - G}{G}$，$U_i = \dfrac{\Delta W_i}{A \cdot \Delta \tau_i}$，所以可画出 $U_i = f(X_i)$ 曲线，即干燥速率对干基含水量的变化曲线——干燥速率曲线，如图 8-8 所示。

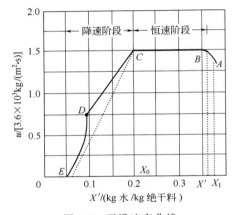

图 8-8　干燥速率曲线

干燥速率受以下几方面因素的影响。

（1）物料的性质、结构和形状　物料的性质和结构不同，物料与水分的结合方式以及结合水与非结合水的界线也不同，因此其干燥速率也不同。物料的形状、大小以及堆置方式不仅影响干燥面积，而且影响干燥速率。

（2）物料的湿度和温度　物料中水分的活度与湿度有关，因而影响干燥速率。而物料温度与物料中水分的蒸汽压有关，并且也与水分的扩散系数有关，一般温度愈高，则干燥速率愈大。

（3）干燥介质的温度和湿度　干燥介质的温度越高，湿度越低，干燥速率越大。但干燥介质的温度过高，最初干燥速率过快不仅会损坏物料，还会造成临界含水量的增加，反而会使后期的干燥速率降低。

（4）干燥操作条件　干燥操作条件主要是干燥介质与物料的接触方式，以及干燥介质与物料的相对运动方向和流动状况。介质的流动速度影响干燥过程的对流传热和对流传质，一般介质流动速度愈大，干燥速率愈大，特别是在干燥的初期。介质与物料的接触状况，主要是指流动方向。流动方向与物料汽化表面垂直时，干燥速率最大，平行时最差。凡是对介质流动造成较强烈的湍动，使气-固边界层变薄的因素，均可提高干燥速率。例如块状或粒状物料堆成一层一层地、或在半悬浮或悬浮状态下干燥时，均可提高干燥速率。

（5）干燥器的结构型式　烘箱、烘房等因为物料处于静态，物料暴露面小，水蒸气散失慢，干燥效率差，干燥速率慢。沸腾干燥器、喷雾干燥器属流化操作，被干燥物料在动态情况下，粉粒彼此分开，不停地跳动，与干燥介质接触面大，干燥效率高，干燥的速率大。

需要指出，由于影响干燥的因素很多，所以物料的干燥速率与湿度的关系必须通过具体的实验来测定。

3. 干燥过程

干燥过程是指水分从湿物料内部借扩散作用到达表面，并从物料表面受热气化的过程。带走气化水分的气体叫干燥介质。通常为空气。大多数情况下干燥介质除带走水蒸气外，还供给水分汽化所需要的能量。

在一般情况下，干燥速率曲线是随湿物料与水分结合情况的不同而不同的，图 8-8 所示仅为恒定干燥条件下物料干燥速率曲线的一种类型。在此种情况下，依据干燥速度的变化，干燥过程可分为预热阶段、恒速阶段、降速阶段和平衡阶段。

（1）预热阶段 图 8-8 中 *AB* 段。当湿物料与干燥介质接触时，干燥介质首先将热量传给湿物料，使湿物料及其所带水的温度升高，由于受热水分开始汽化，干燥速率由零增加到最大值。湿物料中的水分则因汽化而减少。此阶段仅占全过程的 5％左右，其特点是干燥速率由零升到最大值，热量主要消耗在湿物料加温和少量水分汽化上，因此水分降低很少。

（2）恒速阶段 图 8-8 中 *BC* 段。干燥速率达最大值后，由于物料表面水蒸气分压大于该温度下空气中水蒸气分压，水分从物料表面汽化并进入热空气，物料内部的水分不断向表面扩散，使其表面保持润湿状态。只要物料表面均有水分时，汽化速度可保持不变，故称恒速阶段。恒速阶段，当物料在恒定的干燥条件（热空气的温度、湿度、速度及气固的接触方式一定）下进行干燥时，物料表面的温度等于该空气的湿球温度。该阶段的特点是，物料表面非常湿润，干燥速度达最大值并保持不变，*BC* 平行于横坐标；物料的含水量迅速下降；如果热空气传给湿物料的热量等于物料表面水分汽化所需热量，则物料表面湿度保持不变。该阶段时间长，占整个干燥过程的 80％左右，是主要的干燥脱水阶段。预热阶段和恒速阶段脱除的是非结合水分，即自由水和部分毛细管水。恒速阶段结束时的物料含水量 *ω* 称为第一临界含水量，常简称为临界含水量，以 ω_0 表示。

（3）降速阶段 图 8-8 中的 *CDE* 段。达到临界含水量以后，随着干燥时间的增长，水分由物料内部向表面扩散的速度降低，并且低于表面水分汽化的速度，干燥速率也随之下降，称为降速阶段。在降速阶段中，根据水分汽化方式的不同又分为两个阶段，即部分表面汽化阶段和内部汽化阶段。

① 部分表面汽化阶段 进入降速阶段以后，由于内部水分向表面的扩散速度小于表面水分汽化的速度而使湿物料表面出现干燥部分，但水分仍从湿物料表面汽化，故称部分表面汽化阶段。这一阶段的特点是，干燥速率均匀下降，且潮湿的表面逐渐减少、干燥部分越来越多，由于汽化水量降低，需要的汽化热减少，故使物料温度升高。

② 内部汽化阶段 随物料表面干燥部分增加温度越来越高，热量向内部传递而使蒸发面向内部移动，水分在物料内部汽化成水蒸气后再向表面扩散流动，直到物料中所含水分与热空气的湿度平衡时为止，称内部汽化阶段。这一阶段的特点是，物料含水量越来越少，水分流动阻力增加，干燥速率甚低，物料温度继续升高。

（4）平衡阶段 当物料中水分达到平衡水分时，物料中水分不再汽化的阶段。

三、基本计算

1. 物料中含水率的表示方法

湿物料中的含水率是指湿物料中的水分含量，通常用下面两种方法表示。

（1）湿基含水率 指水分质量占总湿物料质量的百分数，用 *ω* 表示，即：

$$\omega = \frac{水分质量}{湿物料的总质量} \times 100\% \tag{8-19}$$

（2）干基含水率 湿物料在干燥的过程中，绝干物料的质量不变，故常取绝干物料为基准定义水分含量。把水分质量与绝干物料的质量之比称为干基含水率，以 *X* 表示，即：

$$X = \frac{湿物料水分量}{湿物料总质量 - 湿物料中水分量} \tag{8-20}$$

两种含水率之间的换算关系为：

$$\omega = \frac{X}{1+X} \tag{8-21}$$

$$X = \frac{\omega}{1-\omega} \tag{8-22}$$

2. 干燥系统的物料衡算

在干燥器的设计计算中，通常已知：单位时间被干燥物料的质量 G_1、干燥前、后物料中的含水量 ω_1 和 ω_2、湿空气进入干燥器前的状态 H_1 和 ϕ_1，

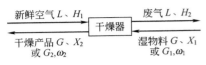

图 8-9 干燥器的物料衡算

如果确定了湿空气离开干燥器时状态 H_2，T_2，通过热量衡算可以求得水分蒸发量 W 和干燥产品的质量 G_2 和空气消耗量 L，而空气消耗量则直接关系到预热器的能力和干燥器尺寸的设计。

（1）水分蒸发量　图 8-9 所示为连续逆流操作的干燥过程，设干燥器内无物料损失，以 1s 为基准进行物料衡算。

$$LH_1 + GX_1 = LH_2 + GX_2 \tag{8-23}$$

或

$$W = L(H_2 - H_1) = G(X_1 - X_2) \tag{8-24}$$

式中　G——绝干物料量，kg 绝干料/s；

　X_1，X_2——干燥前后物料中干基含水量；

　H_1，H_2——湿空气进、出干燥器的湿度，kg/kg 绝干气；

　L——绝干空气的质量流量，kg 绝干空气/s；

　W——水分蒸发量 kg 水/s。

（2）空气消耗量　整理式(8-24) 得：

$$L = \frac{G(X_1 - X_2)}{H_2 - H_1} = \frac{W}{H_2 - H_1} \tag{8-25}$$

（3）干燥产品流量　对干燥器做绝干物料的衡算

$$G_2(1-\omega_2) = G_1(1-\omega_1)$$

解得：

$$G_2 = \frac{G_1(1-\omega_1)}{1-\omega_2} \tag{8-26}$$

式中　ω_1，ω_2——物料进出干燥器时的湿基含水量。

应注意，干燥产品是指离开干燥器时的物料，并非是绝干物料，它仍是含少量水分的湿物料。

3. 干燥系统的热量衡算

通过热量衡算，可求得预热器的热负荷、向干燥器补充的热量、干燥过程消耗的总热量。它是预热器传热面积、加热介质用量、干燥器尺寸以及干燥系统热效率等计算的基础。

（1）热量衡算的基本方程　连续干燥过程的热量衡算示意如图 8-10 所示。

忽略预热器的热损失，以 1s 为基准，对预热器列焓衡算：

$$LI_0 + Q_p = LI_1 \tag{8-27}$$

单位时间内预热器消耗的热量为：

$$Q_p = L(I_1 - I_0) \tag{8-28}$$

对干燥器列焓衡算，以 1s 为基准：

$$LI_1 + GI'_1 + Q_D = LI_2 + GI'_2 + Q_L \tag{8-29}$$

单位时间内向干燥器补充的热量为：

$$Q_D = L(I_2 - I_1) + G(I'_2 - I'_1) + Q_L \tag{8-30}$$

单位时间内干燥系统消耗的总热量为：

$$Q = Q_p + Q_D = L(I_2 - I_0) + G(I_2' - I_1') + Q_L \tag{8-31}$$

式(8-31)即为连续干燥系统热量衡算的基本方程式。

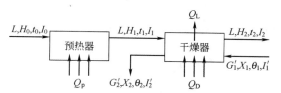

图 8-10 连续干燥过程的热量衡算示意

图中 H_0, H_1, H_2——分别为湿空气进入预热器、离开预热器（即进入干燥器）及离开干燥器时的湿度，kg/kg 绝干气；

$\quad\quad I_0, I_1, I_2$——分别为湿空气进入预热器、离开预热器（即进入干燥器）及离开干燥器时的焓，kJ/kg 绝干气；

$\quad\quad t_0, t_1, t_2$——分别为湿空气进入预热器、离开预热器（即进入干燥器）及离开干燥器时的温度，℃；

$\quad\quad L$——绝干空气流量，kg 绝干气/s；

$\quad\quad Q_p$——单位时间内预热器消耗的热量，kW；

$\quad\quad G_1', G_2'$——分别为湿物料进出干燥器时的流量，kg 湿物料/s；

$\quad\quad \theta_1, \theta_2$——分别为湿物料进出干燥器时的温度，℃；

$\quad\quad X_1, X_2$——分别为湿物料进出干燥器时的干基含水量，kg/kg 绝干料；

$\quad\quad I_1', I_2'$——分别为湿物料进出干燥器时的焓，kJ/kg；

$\quad\quad Q_D$——单位时间内向干燥器补充的热量，kW；

$\quad\quad Q_L$——干燥器的热损失速率（若干燥器中采用输送装置输送物料，则装置带出的热量也应计入热损失中），kW。

（2）干燥系统的热效率

$$\eta = \frac{\text{蒸发水分所需的热量}}{\text{向干燥系统输入的总热量}} \times 100\% \tag{8-32}$$

蒸发水分所需的热量为：

$$Q_V = W(2490 + 1.88t_2) - 4.187\theta_1 W \tag{8-33}$$

忽略物料中水分带入的焓：

$$Q_V = W(2490 + 1.88t_2) \tag{8-34}$$

联立式(8-32)和式(8-34)得：

$$\eta = \frac{W(2490 + 1.88t_2)}{Q} \times 100\% \tag{8-35}$$

【例 8-3】 常压下以温度为 20℃，相对湿度为 60% 的新鲜空气为介质，干燥某种湿物料。空气在预热器中被加热到 90℃ 后送入干燥器，离开时的温度为 45℃、湿度为 0.022kg/kg 绝干气，每小时有 1100kg 湿度为 20℃、湿基含水量为 3% 的湿物料送入干燥器，物料离开干燥器时的温度升到 60℃、湿基含水量降到 0.2%。湿物料的平均比热为 3.28kJ/(kg 绝干料·℃)，忽略预热器向周围的热损失，干燥器的热损失为 1.2kW。试求：（1）水分蒸发量 W；（2）新鲜空气消耗量 L_0；（3）若风机装在预热器的入口处，求风机的风量；（4）预热器消耗的热量 Q_p；（5）干燥系统消耗的总热量 Q，（6）补充的总热量 Q_D；（7）干燥系统的热效率。

解：根据题意画的流程图如图 8-10 所示。

$$X_1 = \frac{\omega_1}{1 - \omega_1} = \frac{0.03}{1 - 0.03} = 0.0309 \text{（kg/kg 绝干料）}$$

$$X_2 = \frac{\omega_2}{1 - \omega_2} = \frac{0.002}{1 - 0.002} \approx 0.002 \text{（kg/kg 绝干料）}$$

$$G = G_1(1 - \omega_1) = 1100 \times (1 - 0.03) = 1067 \text{（kg 绝干料/h）}$$

$$W = G(X_1 - X_2) = 1067 \times (0.0309 - 0.002) = 30.84 \text{（kg 水分/h）}$$

新鲜空气消耗量 L

$$L = \frac{W}{H_2 - H_1}$$

由图查出当 $t_0=20℃$、$\varphi_0=60\%$，$H_0=0.009kg/kg$ 绝干空气，故：

$$L=\frac{30.84}{0.022-0.009}=2372 \text{（kg 绝干气/h）}$$

新鲜空气的消耗量为：

$$L_0=L(1+H_0)=2372\times(1+0.009)=2393 \text{（kg 新鲜空气/h）}$$

（3）风机的风量 V　风机的风量由下式计算：

$$V=Lv_H$$

$$v_H=(0.772+1.244H_0)\times\frac{273+r_0}{273}$$

$$=(0.772+1.244\times0.009)\times\frac{20+273}{273}$$

$$=0.841 \text{（m}^3 \text{ 鲜湿空气/kg 绝干气）}$$

$$V=2372\times0.841=1995 \text{（m}^3 \text{ 新鲜空气/h）}$$

（4）预热器中消耗的热量 Q_p，若忽略预热器的热损失

$$Q_p=L(I_1-I_0)$$

当 $t_0=20℃$、$\varphi_0=60\%$ 时，$I_0=43kJ/kg$ 绝干空气，空气离开预热器时 $t_1=90℃$、$H_1=H_0=0.009kg/kg$ 绝干气时，查图 $I_1=115kJ/kg$ 绝干空气，故：

$$Q_p=2372\times(115-43)\approx170800(kJ/h)=47.4(kW)$$

（5）干燥系统消耗的总热量 Q

$$Q=1.01L(t_2-t_0)+W(2490+1.88t_2)+Gc_{湿}(\theta_2-\theta_1)+Q_L$$
$$=1.01\times2372\times(45-20)+30.84\times(2490+1.88\times45)+1067\times3.28\times(60-20)+1.2\times3600$$
$$\approx283600(kJ/h)=78.8(kW)$$

（6）干燥器补充的热量 Q_D

$$Q_D=Q-Q_p=283600-170800=112800(kJ/h)=31.3(kW)$$

（7）干燥系统的热效率 η　若忽略湿物料中水分带入系统中的焓，则可用式（8-38）计算 η，即：

$$\eta=\frac{W(2490+1.88t_2)}{Q}\times100\%$$
$$=\frac{30.84(2490+1.88\times45)}{283600}\times100\%=28\%$$

第三节　干燥技术实施

一、干燥单元工艺构成

1. 干燥方法

按照供能特征即供热的方式可将干燥分为接触式（传导式）、对流式、辐射式干与介电加热干燥。

在接触干燥时，热量通过加热的表面（金属方板、辊子）的导热性传给需干燥的湿物料，使其中的水分汽化，然后，所产生的蒸汽被干燥介质带走，或用真空泵抽走的干燥操作过程，称为接触干燥。根据这一方法建立起来的，并且用于微生物合成产品干燥的干燥器有单滚筒和双滚筒干燥器、厢式干燥器、耙式干燥器、真空冷冻干燥器等。该法热能利用较高，但与传热壁面接触的物料在干燥时，如果接触面温度较高易局部过热而变质。

对流式干燥是指热能以对流给热的方式由热干燥介质（通常是热空气）传给湿物料，使物

料中的水分汽化，物料内部的水分以气态或液态形式扩散至物料表面，然后汽化的蒸汽从表面扩散至干燥介质主体，再由介质带走的干燥过程称为对流干燥。对流干燥过程中，传热和传质同时发生。干燥过程必需的热量，由气体干燥介质传送，它起热载体和介质的作用，将水分从物料上转入到周围介质中。

这个方法广泛地应用在微生物合成产物上，主要有转筒干燥器、洞道式干燥器、气流干燥器、空气喷射干燥器、喷雾干燥器和沸腾床干燥器等。

辐射干燥是指热能以电磁波的形式由辐射器发射至湿物料表面后，被物料所吸收转化为热能，而将水分加热汽化，达到干燥的目的。红外辐射干燥比热传导干燥和对流干燥的生产强度大几十倍，且设备紧凑，干燥时间短，产品干燥均匀而洁净，但能耗大，适用于干燥表面积大而薄的物料。有电能辐射器（如专供发射红外线的灯泡）和热能辐射器，在辐射干燥时，即红外线干燥时，热从能源（辐射源）以电磁波形式传入。辐射源的温度通常在 700~2200℃，这个加热方法应用在微生物合成产物的升华干燥上。

介电加热干燥（包括高频干燥、微波干燥）：将湿物料置于高频电场内，利用高频电场的交变作用使物料分子发生频繁的转动，物料从内到外都同时产生热效应使其中水分汽化。这种干燥的特点是，物料中水分含量愈高的部位获得的热量愈多，故加热特别均匀。这是由于水分的介电常数比固体物料要大得多，而一般物料内部的含水量比表面高，因此介电加热干燥时物料内部的温度比表面要高，与其他加热方式不同，介电加热干燥时传热的方向与水分扩散方向是一致的，这样可以加快水由物料内部向表面的扩散和汽化，缩短干燥时间，得到的干燥产品质量均匀，自动化程度很高。尤其适用于当加热不匀时易引起变形、表面结壳或变质的物料，或内部水分较难除去的物料。但是，其电能消耗量大，设备和操作费用都很高，目前主要用食品、医药、生物制品等贵重物料的干燥。

目前，对于干燥微生物合成产物，最广泛应用的干燥方法主要是对流给热的干燥方式（气流、空气喷射、沸腾床、喷雾等），对于活的菌体、各种形式的酶和其他热不稳定产物的干燥，可使用冷冻干燥。

知识拓展
微波真空干燥技术

微波真空干燥技术是微波技术与真空技术相结合的一种技术，兼备了微波及真空干燥的一系列优点。在常规真空干燥中，由于真空条件下对流传热难以进行，只有依靠热传导的方式给物料提供热能，干燥速度缓慢，效率低，强度难以控制。微波加热是一种辐射加热，是微波与物料直接发生作用，使其内外同时被加热，无需通过对流或传导来传递热量。将微波技术与真空技术结合起来，使干燥过程既具有高效率，又具有低温、隔绝氧气的特点，使得这一技术非常适合于各种热敏感性物质的干燥。

微波真空干燥对物料中热敏感性成分及生物活性物质具有极高的保存率，一般可达 90%~95%，成品品质接近或达到冻干产品。其原因主要是因为微波真空干燥时间较冻干大大缩短的缘故。

由于微波真空干燥的一系列优点，尤其适用于：①植物浸提物、各种名贵中药原材料、各种结晶物料的干燥等；②各种热敏感性中间体及成品药的干燥、剩余溶剂的脱除。

2. 干燥工艺组成

干燥单元是实施干燥技术的工艺操作单元，由于所采用的干燥方法不同，其工艺组成也不相同。其中对流干燥工艺构成最为复杂，包括供热及供风设备（主要由鼓风机或压缩机、加热器等）、干燥器、产品回收及废气处理设备（如气固分离设备、洗涤设备、引风机等）以及连接设备的管路及其上的各种管件、阀门、仪表（温度表、流量计、压力表等）。其干燥工艺过程如下。

对流干燥可以是连续过程也可以是间歇过程。一般空气经鼓风机送至预热器（通过蒸汽或电）加热至适当温度后，进入干燥器。在干燥器内，气流与湿物料直接接触，气体温度降低，湿含量增加，物料中水分挥发进入气相，水含量下降，当其水含量达到一定值后，被干燥物料从干燥器内排出。干燥产生的废气（干燥用的空气与产生的水蒸气）从干燥器引出，经旋风分离器分离回收所夹带的固体颗粒后，经洗涤塔洗去残尘后，经引风机排入大气。对流干燥过程实质是动量、热量和质量传递同时进行的过程。热空气称为干燥介质，它既是载热体，又是载湿体。为了减轻汽化水分的热负荷，湿物料中的水分应当尽可能采用机械分离方法先行除去。

二、干燥设备

在工业生产中，根据被干燥物料的形状和性质、生产能力和干燥产品的要求来选用干燥器型式。通常，按加热方式干燥器分成见表 8-1 所列的类型。

表 8-1　常用干燥器的分类

类　型	干燥器名称
对流干燥器	厢式干燥器,气流干燥器,沸腾干燥器,转筒干燥器,喷雾干燥器
传导干燥器	滚筒干燥器,真空盘架式干燥器
辐射干燥器	红外线干燥器
介电加热干燥器	微波干燥器

1. 厢式干燥器

厢式干燥器是间歇式常压干燥器的一种。通常小型的称为烘箱，大型的称为烘房。按气体流动的方式，又可分为并流式、穿流式和真空式 3 种。

并流式干燥器的基本结构如图 8-11 所示，四壁用绝缘材料保温，以减少热量损失。器内有多层框架，湿物料装在盘内，置于框架上。以热风通过湿物料的表面，使物料得到干燥。干燥所用空气经过一组加热管预热后，依箭头方向横经框架，在盘间和盘上流动，温度降低后经过另一组加热管重新预热，再流过干燥器的中部，这样重复进行，直到最后由右上角排出。空气的入口处和出口处各装风门，以调节温度和流量。这种干燥器的浅盘也可放在能移动的小车盘架上，用来方便物料的装卸，减轻劳动强度。

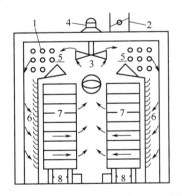

图 8-11　厢式并流干燥器
1—空气入口；2—空气出口；3—风扇；4—电动机；5—加热器；6—挡板；7—盘架；8—移动轮

厢式干燥器可以在真空下操作，称为厢式真空干燥器。干燥厢是密封的，将浅盘架制成中空结构，加热蒸汽从中空结构中通过，以传导方式加热物料，使盘中物料所含水分或溶剂汽化，汽化出的水汽或溶剂蒸气用真空泵抽出，以维持厢内的真空度。

厢式干燥器的优点：构造简单，设备投资少；适应性强，物料损失小，干燥盘易清洗。

厢式干燥器的缺点：干燥时间长；若物料量大，所需的设备容积也大；工人劳动强度大；热利用率低；产品质量不均匀。

适用范围：尤其适用于需要经常更换产品或小批量物料的干燥。

2. 气流式干燥器

气流干燥装置是一种连续操作的干燥器，如图8-12(a)。主要由空气加热器、加料器、干燥管、旋风分离器和风机等设备组成。其主要设备是直立圆筒形的干燥管，长度一般为10～20m，热空气（或烟道气）进入干燥管底部，将加料器连续送入的湿物料吹散，并悬浮在其中，气、固间进行传热传质。一般物料在干燥管中的停留时间约为0.5～3s，干燥后的物料随气流进入旋风分离器，产品由下部收集，湿空气经袋式过滤器（或湿法、电除尘等）回收粉尘后排出。

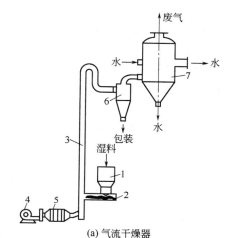

(a) 气流干燥器

1—加料斗；2—螺旋加料器；3—干燥管；4—风机；
5—预热器；6—旋风分离器；7—湿式除尘器

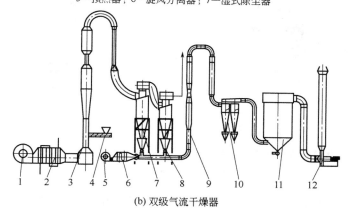

(b) 双级气流干燥器

1—鼓风机；2—加热器；3—一级干燥主管；4—螺旋进料机；5—鼓风机；
6—加热器；7—旋风收集器；8—星形出料机；9—二级干燥主管；
10—旋风收集器；11—布袋除尘器；12—引风机

图8-12　气流干燥器和双级气流干燥器

双级气流干燥是一种改进的气流干燥装置，如图8-12(b)所示。这种装置是将湿物料的干燥分为两步完成，原料先进行一级干燥，干燥后的半成品由新鲜的热空气进行二级干燥，使用过的高温低湿尾气也可用做一级干燥的干燥介质。

气流干燥器的优点：气、固间传递表面积大，干燥速率高，接触时间短；气流干燥器结构相对简单，占地面积小，运动部件少，易于维修，成本费用低。

气流干燥器的缺点：必须有高效能的粉尘收集装置，否则尾气携带的粉尘将造成很大的浪费，也会形成对环境的污染；对结块、不易分散的物料，需要性能好的加料装置，有时还需附加粉碎过程；气流干燥系统的动力消耗较大。

适用范围：气流干燥器适宜于处理含非结合水及结块不严重又不怕磨损的粒状物料，尤其适宜于干燥热敏性物料或临界含水量低的细粒或粉末物料。对黏性和膏状物料，采用干料返混方法和适宜的加料装置，如螺旋加料器等，也可正常操作。

3. 流化床干燥器（沸腾床干燥器）

流化床干燥器又称沸腾床干燥器，是流态化原理在干燥技术中的应用。流化床干燥器种类很多，大致可分为：单层流化床干燥器、多层流化床干燥器、卧式多室流化床干燥器、喷动床干燥器、旋转快速干燥器、振动流化床干燥器、离心流化床干燥器和内热式流化床干燥器等。

图 8-13 为单层和多层圆筒沸腾床干燥器。在单层圆筒沸腾床干燥器中，散物料从床侧加料口加入，热空气由多孔板的底部送入，使其均匀地与物料接触，颗粒在热气流中上下翻动，彼此碰撞和混合，气、固间进行传热、传质，最终在干燥器底部得到干燥产品。废气由干燥器顶部排出，经旋风分离器分出细小颗粒后放空。由于在单层圆筒沸腾床干燥器中颗粒的不规则运动，可能有一部分物料未经充分干燥就离开干燥器，而另一部分物料又会因停留时间过长而产生过度干燥现象，使得产品质量不均匀。多层圆筒沸腾床干燥器则有效解决了这个问题。多层圆筒沸腾床干燥器中物料由最上层加入，热风由底层吹入，在床内进行逆流接触。

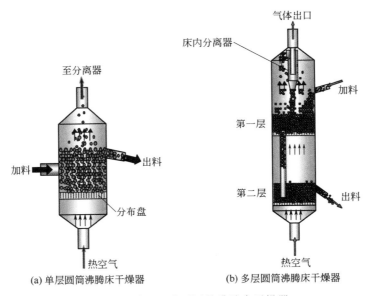

(a) 单层圆筒沸腾床干燥器 (b) 多层圆筒沸腾床干燥器

图 8-13 单层和多层圆筒沸腾床干燥器

流化床干燥器的优点：传热、传质速率和热效率高；由于气体可迅速降温，可采用更高的气体入口温度（700～800℃），而产品温度不超过 70～90℃；设备操作控制容易、成本费用低。

流化床干燥器的缺点：由于流速大，压力损失大，物料颗粒容易受到磨损，对晶体有一定要求的物料不适用。

适用范围：单层沸腾床干燥器仅适用于易干燥、处理量较大而对干燥产品的要求又不太高的场合。对于干燥要求较高或所需干燥时间较长的物料，一般可采用多层（或多室）流化床干燥器。

4. 喷雾干燥器

喷雾干燥器是将溶液、浆液或悬浮液通过喷雾器而分散成雾状液滴，在热气流中自由沉降并迅速蒸发，最后被干燥为固体颗粒与气流分离。热气流与物料可采用并流、逆流或混合流等

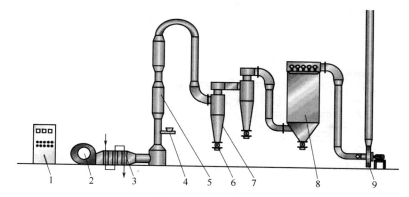

图 8-14　喷雾干燥器

1—电控柜；2—鼓风机；3—加热器；4—螺旋加料机；5—干燥主管；
6—关风器；7—旋风除尘器；8—除尘器；9—引风机

接触方式，该法能直接使溶液、乳浊液干燥成粉状或颗粒状制品，可省去蒸发、粉碎等工序。

喷雾干燥器（图 8-14）由雾化器、干燥室、产品回收系统、供热及热风系统等部分组成。喷雾器是喷雾干燥器的关键部分，雾化器的作用是将物料喷洒分散成雾滴，提供了较大的蒸发面积，从而达到快速干燥的目的。

常用的喷雾器有压力式喷雾器（应用最广）、旋转式喷雾器和气流式喷雾器 3 种形式。

喷雾干燥器优点：干燥过程极快；处理物料种类（溶液、悬浮液、浆状物料等）广泛；可直接获得干燥产品，如速溶的粉末或空心细颗粒等；过程易于连续化、自动化。

喷雾干燥器缺点：热效率低；设备占地面积大、成本费高；粉尘回收麻烦，回收设备投资大，固体颗粒易粘壁等。

适用范围：适用于各类细粉、超细粉、无粉尘粉剂及空心颗粒剂、热敏性药物及微囊制备。

5. 洞道式干燥器

洞道式干燥器（图 8-15）的器身为狭长的洞道，内部设有铁轨，小车载着盛在浅盘中或悬挂在架上的湿物料通过洞道，在洞道中与热空气接触从而被干燥。物料可放置在小车、运输带、架子等上面，或自由地堆列在运输设备上。

洞道式干燥器的干燥介质热空气或烟道气经气道送入，再由位于干燥器器底下面或干燥器顶板上的气道抽出。

洞道干燥器的优点：容积大、结构简单、能耗低。

洞道干燥器的缺点：物料干燥时间较长、干燥不均匀。

适用范围：处理量大、干燥时间长的物料。

6. 带式干燥器

带式干燥器是连续式常压干燥器的一种，如图 8-16 所示。在长方形干燥室中，有一根运输带（单带式）或几根运输带（多带式）运送被干燥物料。多带式干燥器运输带由帆布、橡胶、涂胶布、金属网等制成，由传动装置带动，同时使干燥介质（通常是热空气）经预热器后与物料成逆流或错流（适用于金属带）方向流动，将湿分汽化后带出干燥器外。湿物料由进料器卷入小

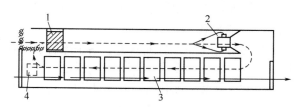

图 8-15　洞道式干燥器

1—加热器；2—风扇；3—装料车；4—排气口

圆滚而掉落在最上一根运输带上，自左端被运送至右端后，掉落在下一根运输带上。由于下一根运输带运动方向同上一根带相反，所以物料从右端被输送至左端。这样反复输送并与热空气直接接触，不断进行干燥，从最下一根运输带进入卸料室内。

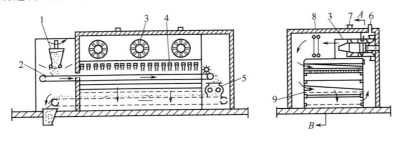

图 8-16　带式干燥器

1—加料器；2—传送带；3—风机；4—热空气喷嘴；5—压碎机；6—空气入口；
7—空气出口；8—加热器；9—空气再分配器

　　带式干燥器的优点：物料基本可保持原状，也可以同时连续干燥多种固体物料。

　　带式干燥器的缺点：物料的堆积厚度、装载密度必须均匀，否则干燥不均匀，致使产品质量下降。

　　适用范围：颗粒状、块状和纤维状的物料。

　　7. 转筒式干燥器

　　如图 8-17 所示，湿物料从转筒较高的一端加入，热空气由较低端进入，在干燥器内与物料进行逆流接触。一般转筒内壁上装有许多块抄板，作用是把物料抄起来又洒下，使物料与气流接触的表面积增大，以提高干燥速率，同时还促使物料向前运行。

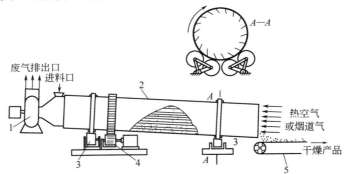

图 8-17　热空气或烟道气直接加热的逆流操作转筒干燥器

1—风机；2—转筒；3—支撑托轮；4—传动齿轮；5—输送带

　　转筒式干燥器的优点：生产能力大，操作稳定可靠，机械化程度较高。

　　转筒式干燥器的缺点：设备笨重，一次性投资大；结构复杂，物料在干燥器内停留时间长，且物料颗粒之间的停留时间差异较大。

　　适用范围：主要用于散粒状物料，不适合于对温度有严格要求的物料。

　　三、干燥操作

　　以利用洞道式干燥装置测定物系干燥特性为例（图 8-18）。

　　1. 工艺流程

　　空气由风机鼓入加热管，风量由加热管入口处孔板流量计控制，空气在加热管中被加热并进入洞道式干燥箱中，在通过视窗前有一铂电阻温度计测量空气进口温度，空气通过被干燥物，陆续经过干球、湿球温度计后，由排风口排出。

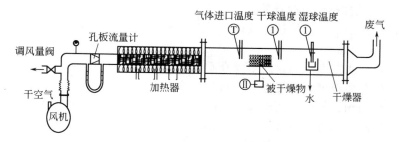

图 8-18 洞道干燥设备

2. 操作步骤

（1）先检查各部分电路是否连接完好，开关处于关闭状态，电位器逆时针旋到头，风机连接是否完好。

（2）湿球温度计下的小碗中加入适量水。

（3）上托架，接通总电源，打开电源开关。

（4）打开风机开关后再开加热开关，将加热调节钮向顺时针方向缓慢旋转，同时注意与其对应的电流表示数不可太大。

（5）待温度升到预设值时，系统再预热 30min。

（6）放上被干燥物，先记录空载时的质量，再记录放入绝干物料后的质量。

（7）将绝干物料取出，充分湿润后，放干燥箱中，同时用秒表开始计时，记录数据。

（8）待干燥物料质量不再下降时，即为干燥终点。

（9）关闭加热开关，系统温度下降到 50℃ 以下时再关闭风机，然后关闭总电源。将物料及托架都拿出，结束实验。

3. 注意事项

（1）为防止电炉丝过热，开车时可先开风机再开加热系统，否则加热系统不能正常工作，停车时应先关加热，待系统温度降到 50℃ 以下再关风机。禁止在不通风的情况下开加热系统。

（2）每次实验前应先开风机，再开加热系统，预热 15～30min 后再开始实验。

（3）由于称重传感器系精密仪器，实验过程中要特别注意保护，尤其是不能磕、碰、或承受 8.8N 以上的力。

（4）由于正常使用中，加热器不需太大的电流（第一、二段为 2～6A，第三段为 2～4A），所以，实验中不可将电流调的太大，否则将烧毁熔断器。

（5）由于称重传感器的零点在温度变化时，有少量漂移，所以干燥过程中以干燥物质量不减少为干燥终点判断依据。

（6）每次实验前应先往湿球温度计下的小碗中加水，水量要加满小碗，以有少量溢出为判断依据。

第四节　干燥中常见问题及其处理

物料的干燥过程用是一个受诸多因素影响的过程。首先在进行干燥器的选择时，要根据湿物料的形态、干燥特性、产品要求、处理量以及所采用的热源为出发点，进行干燥实验，确定干燥形式、干燥设备的工艺尺寸及干燥操作条件，结合环境要求，选择出适宜的干燥器型式；然后要根据干燥设备特点制定出合理的操作规程和维护方法，以保证干燥过程的顺利开展。但由于干燥过程中操作不当，常常会出现一些问题，影响最终产品的干燥效率。现就一些的常见故障做一简单分析。

1. 干燥效率低及提高的有效措施

干燥效率低主要是干燥操作条件设计不合理，为了达到更为高效的干燥效率，可以采取如下几方面措施。

（1）提高干燥介质温度，如提高干燥介质温度，但不能使物料表面温度升高太快，避免局部过热；降低干燥介质湿度，湿度越低，水蒸气分压相差越大，干燥越迅速。

（2）增加传热面积，如改单面干燥为双面干燥，分层放料，增加与热气体的接触面积。

（3）降低介质的总压力，如采用真空干燥。

（4）改变加热方式，如远红外加热、微波加热干燥等。

（5）减少料层的厚度，加强料层的搅拌促进传热传质。

（6）延长干燥时间。

2. 沸腾干燥常见问题及其处理方法

沸腾干燥常见问题及其处理方法见表 8-2 所列。

表 8-2　沸腾干燥常见问题及其处理方法

故障名称	产生原因	处理方法
死床	1）入炉物料过湿或块多 2）热风量少或温度低 3）床面干料层高度不够 4）热风量分配不均匀	1）降低物料的含水量 2）增加风量，升高温度 3）缓慢出料，增加干料层厚度 4）调整进风阀开度
尾气含尘量大	1）分离器破损，效率下降 2）风量大或炉内温度高 3）物料颗粒变细小	1）检查修理 2）调整风量和温度 3）检查操作指标变化
沸腾流动不好	1）风压低或物料多 2）热风温度低 3）风量分布不合理	1）调节风量和物料 2）加大加热蒸汽量 3）调节进风板阀开度

3. 喷雾干燥常见故障与其处理方法

喷雾干燥常见问题及其处理方法见表 8-3 所列。

表 8-3　喷雾干燥常见故障与其处理方法

故障名称	发生原因	处理方法
产品水分含量高	1）溶液雾化不均匀，喷出的颗粒大 2）热风的相对湿度过大 3）溶液供量大，雾化效果差	1）提高溶液压力和雾化器转速 2）升高送风温度 3）调节雾化器进料量或更换雾化器
塔壁黏有积粉	1）进料太多，蒸发不充分 2）气流分布不均匀 3）个别喷嘴堵塞 4）塔壁预热温度不够	1）减少进料量 2）调节热风分布器 3）清洗或更换喷嘴 4）升高热风温度
产品颗粒过细	1）溶液的浓度低 2）喷嘴孔径过小 3）溶液压力过高 4）离心盘转速过快	1）增大溶液浓度 2）换大孔喷嘴 3）适当降低压力 4）降低转速
尾气含粉尘过多	1）分离器堵塞或积料，分离效果差 2）过滤袋破裂 3）风速大，细粉含量大	1）清理物料 2）修补破口 3）降低风速

第五节 新型干燥技术

随着科技的发展，一些新的干燥方法相继出现。例如冷冻干燥、太阳能干燥、微波干燥和红外干燥等，本节以冷冻干燥为例简要介绍其原理和工艺过程。

一、冷冻干燥的特点及应用

冷冻干燥简称真空冷冻干燥或冻干，是将湿物料或溶液在较低的温度下冻结成固态，然后在真空下使其中的水分不经液态直接升华成气态，最终使物料脱水的一种干燥技术。

冻干的固体物质由于微小的冰晶体的升华而呈现多孔结构，并保持原先冻结时的体积，加水后极易溶解而复原，制品在升华过程中温度保持在较低温度状态下，在最大程度上防止干燥物质的理化和生物学方面的变性，如蛋白质、微生物之类不会发生变性或失去生物活力。目前，冻干工艺在生物制药中主要应用于生物、生化制品、中药注射剂制品和热不稳定的抗生素类制品的生产，药物干燥过程是在真空条件下进行的，故产品不易氧化。干燥后能去除95％～99％的水分，有利于制品的长期保存。随着生化药物与生物制剂的迅速发展，冻干技术将越来越显示其重要性与优越性。

二、冷冻干燥原理

真空冷冻干燥是将含水物料冻结后，在真空环境下加热，使物料中水分直接除去，从而使物料脱水获得冻干制品的过程。真空冷冻干燥属于物理脱水，了解它应该从水的三相图开始。

如图 8-19 所示为水的三相平衡图，图中 OA、OB、OC 三条曲线分别表示冰和水、水和水蒸气、冰和水蒸气两相共存时压力和温度之间的关系，分别称为固液平衡线（熔化线）、气液平衡线（气化线）和固气平衡线（升华线），3 条曲线将图面分为 3 个区域，分别称为固相区、液相区和气相区。三曲线的交点 O，为固、液、汽三相共存的平衡状态，称为三相点，在三相点以下，不存在液相。热干燥是在三相点以上的温度和压力条件下，基于气化曲线进行的干燥操作。冷冻干燥是在三相点以下的温度和压力条件下，物质可由固相直接升华变为气相。

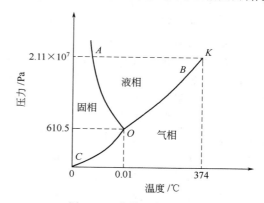

图 8-19 水的三相平衡图

在冷冻干燥操作时，首先将物料温度降低到共熔点以下使物料全部冻结，然后在较高的真空度下，使冰直接升华为水蒸气，再用真空系统中的水汽凝结器将水蒸气冷凝，从而获得干燥制品。在进行升华干燥时，物料的温度不能高于共熔点温度，否则物料会发生熔化现象。

三、冷冻干燥工艺及操作

冷冻干燥工艺单元由冻干箱、水汽冷凝器、制冷系统、真空系统、加热系统等部分组成，如图8-20所示。冻干箱是能抽成真空的密闭容器，箱内设有若干层搁板，搁板内置冷冻管和加热管，用来放置被干燥的物料。冷凝器内装有螺旋冷冻管数组，其操作温度应低于冻干箱内的温度，工作温度可达－45～－60℃，其作用是将来自干燥箱中升华的水分进行冷凝，以保证冻干过程顺利进行。制冷系统是为干燥系统提供冷量，以使冻干箱及冷凝器达到所需的温度。真空系统是将干燥系统降压，达到一定的真空度。加热系统给系统加热升温，提供水蒸气升华所需热量，提供冷凝器除霜所需的热量。冷冻干燥工艺操作过程包括冻结、升华干燥和解吸干燥三个阶段。

（1）冻结 先将欲冻干物料用适宜冷却设备冷却至 2℃ 左右，然后置于冷至约－40℃

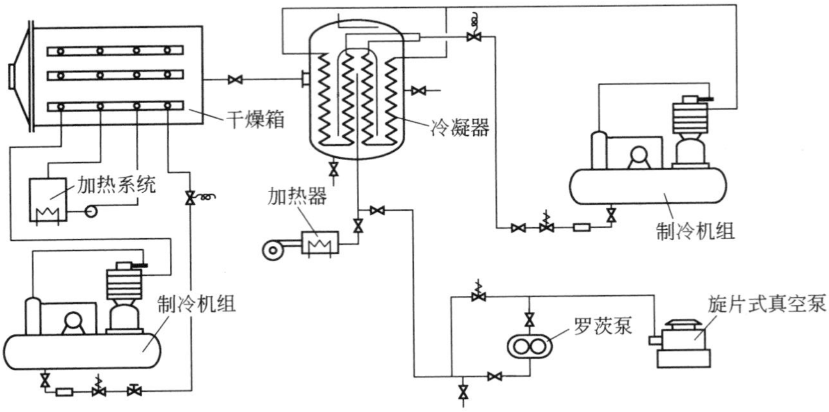

图 8-20　冷冻干燥系统简图

（13.33Pa）冻干箱内。关闭干燥箱，迅速通入制冷剂（氟利昂、氨），使物料冷冻，并保持 2～3h 或更长时间，以克服溶液的过冷现象，使制品完全冻结，即可进行升华。

（2）升华　制品的升华是在高度真空下进行的，冻结结束后即可开动机械真空泵，并利用真空阀的控制，缓慢降低干燥箱中的压力，在压力降低的过程中，必须保持箱内物品的冰冷状态，以防溢出容器。待箱内压力降至一定程度后，再打开罗茨真空泵（或真空扩散泵），压力降至 1.33Pa、−60℃ 以下时，冰即开始升华，升华的水蒸气，在冷凝器内结成冰晶。为保证冰的升华，应开启加热系统，将搁板加热，不断供给冰升华所需的热量，热量的供给需给予控制在一定的范围之内。过多的热量会使冻结产品本身的温度上升，使产品可能出现局部熔化甚至全部熔化，引起产品的干缩起泡现象，整个干燥就会失败。在升华阶段内，冰大量升华，此时制品的温度不宜超过最低共熔点，以防产品中产生僵块或产品外观上的缺损，在此阶段内搁板温度通常控制在 ±10℃ 之间。升华阶段干燥完成后，约除去全部水分的 90% 左右。

（3）解吸干燥　在升华干燥完成后，产品内还存在 10% 左右的结合水，于这一部分水分是通过范德华力、氢键吸附在药品上的结合水，因此要除去这部分水，需要克服分子间力，需要更多的能量，这部分结合水干燥的过程称为解吸干燥。制品的解吸干燥阶段所除去的水分为结合水分，此时固体表面的水蒸气压力呈不同程度的降低，干燥速度明显下降。在保证产品质量的前提下，在此阶段内应适当提高搁板温度，以利于水分的蒸发，一般是将搁板加热至 30～35℃，实际操作应按制品的冻干曲线（事先经多次试验绘制的温度、时间、真空度曲线）进行，直至制品温度与搁板温度重合达到干燥为止。

一般说来，在这一阶段中，温度要选择能允许的最高温度，保持尽可能高的真空度，这样有利于残留水分的逸出；持续的时间一般需要 4～6h。自动化程度较高的冻干机可采取压力升高试验对残留水分进行控制，保证冻干药品的水分含量少于 3%。

知识拓展

赋形剂

冻干产品浓度过低会增大干燥层的空隙，并使产品疏松，引湿性太强，欲保持较低的残余水分也比较困难。另外，由于表面积过大，使产品容易萎缩，干燥后的成品也缺乏一定的机械强度，一经外界振动，极易分散为粉末而黏附在瓶壁上，影响成品的外观及使用。一般而言，冻干产品浓度控制在 4%～25% 范围内。若低于 4%，最好加入一些赋形剂。

理想的冻干制剂的赋形剂应具备纯度高、能参与机体正常代谢、无毒、无抗原性、热原易除去、引湿性小、共晶点高、冻干后的外观洁白细腻和价廉等特点。常见的赋形剂有乳糖、甘露醇、葡萄糖等。乳糖的特点是成品外观洁白、均匀、细腻，并有一定的机械强度，但引湿性较强，常用浓度为 3%～6%。甘露醇的特点是成品外观粒度较粗、性脆，但引湿性很小，常用乳糖与甘露醇配伍，可以取长补短，不仅外观洁白均匀美观，引湿性也比较小，乳糖与甘露醇的配伍比可为 1：1，赋形剂总浓度宜为 3%～6%。各种赋形剂可配成较高浓度的储备液，经活性炭处理过滤，热原检查合格后，灌封在输液瓶中灭菌备用。某些稳定剂如甘氨酸、精氨酸，低分子右旋糖酐和人血白蛋白也可兼作赋形剂用。

四、冷冻干燥设备

图 8-20 所示的冷冻干燥系统与电器控制元件等组装成可用于对物料进行冷冻干燥的设备，称冷冻干燥机。

冷冻干燥机按照规格的大小分为：台式冷冻干燥机、小型冷冻干燥机、中型冷冻干燥机和大型冷冻干燥机。其中搁板有效面积已基本形成系列，习惯上将 1～10m^2 的冻干机称为中型（生产型）冻干机；10～50m^2 冻干机称为大型（生产型）冻干机；而 1m^2 以下（如 0.4m^2 或 0.6m^2）冻干机称为实验型冻干机。台式和小型主要是应用于实验室，大中型主要是应用于工厂规模化生产等等。

按照式样可分为：经济型、普通型、压盖型和多歧管型。其中经济型和普通型主要是应用于一般的冷冻干燥，压盖型除了冷冻干燥外还具备真空包装的性能，多歧管型具有冷冻速度快、使用方便的特点。

思 考 题

1. 干燥单元的主要任务是什么？

2. 试述常用干燥方法的种类及特点。

3. 采用哪些措施可以提高物料的干燥速度？

4. 干燥基本原理是什么？

5. 影响干燥的因素有哪些？

6. 若已知湿空气的总压为 101.3kPa，温度为 30℃，湿度为 0.024kg 水/kg 绝干空气，试计算湿空气的相对湿度、露点、绝热饱和温度、焓和空气中水汽的分压。

7. 在一连续干燥器中，每小时处理湿物料为 1000kg，经干燥后物料含水量由 10% 降至 2%（均为湿基质量含量）。以热空气为干燥介质，初始湿度 H_1 为 0.008kg 水/kg 绝干空气，离开干燥器时湿度 H_2 为 0.05kg 水/kg 绝干空气。假设干燥过程中无物料损失，试求：（1）水分蒸发量；（2）空气消耗量；（3）干燥产品量。

8. 采用常压气流干燥器干燥某种湿物料，在热空气以一定的速度吹送湿物料的同时，湿物料被干燥。已知条件如下。

（1）空气进预热器前温度为 15℃，湿度为 0.15kg 水/kg 绝干空气，进干燥器前温度为 90℃，出干燥器后为 50℃。

（2）湿物料进干燥器前为 15℃，湿含量为 0.0073kg 水/kg 绝干料；出干燥器前为 40℃，湿含量为 0.01kg 水/kg 绝干料；绝干物料比热为 1.156kJ/（kg 绝干料·℃）。

（3）干燥器热损为 3.2kW。

试求此时空气消耗量、预热器的传热量及干燥热效率。

9. 冷冻干燥的基本原理是什么？冷冻干燥的基本过程是什么？

第九章　粉体物料的处理技术

【学习目标】
① 了解粉体的性质、粉体处理单元与制粒单元的主要任务。
② 掌握制粒的基本原理，能够分析影响制粒的相关因素。
③ 熟悉制粒设备的结构、工作原理及特点，能够正确操作制粒设备进行颗粒制备。
④ 会用湿法制备中药颗粒，能够处理制粒过程中常见问题。

固体物料通过粉碎、筛分可得一定粒度的粉体。粉体是无数个固体粒子集合体的总称。粒子是指粉体中不能再分离的运动单位。但习惯上，将≤100μm 的粒子叫"粉"，>100μm 的粒子叫"粒"。通常说的"粉末"、"粉粒"或"粒子"都属于粉体。

将单一结晶粒子称为一级粒子，将一级粒子的聚结体称为二级粒子。由范德华力、静电力等弱结合力的作用而形成的不规则絮凝物和由黏合剂的强结合力的作用聚集在一起的聚结物属于二级粒子。

第一节　粉体物料处理单元的主要任务

一、粉体的基本性质

在固体剂型（如散剂、颗粒剂、胶囊剂、片剂、粉针、混悬剂等）的制备过程中，必将涉及固体药物的粉碎、分级、混合、制粒等。这些都属于粉体物料的处理单元，对粉体加以认识，有助于正确完成相应操作单元的工作任务。下面介绍粉体的几种性质。

1. 粒径

（1）几何学粒子径　根据几何学尺寸定义的粒子径，如图 9-1 所示。一般用显微镜法、库尔特计数法、筛分法等测定。近年来计算机的发展对几何学粒子径的测定带来很大方便，测定快速、结果准确。

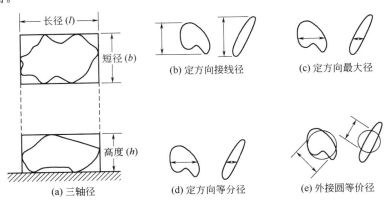

图 9-1　各种直径的表示方法

三轴径在粒子的平面投影图上测定长 l、短径 b，在投影平面的垂直方向测定粒子的厚度 h，以此表示长轴径、短轴径和厚度。三轴径反映粒子的实际尺寸。

定方向径也叫投影径，系指粒径由所有粒子按同一方向测量得到。常见的有以下几种。

① 定方向接线径　即一定方向的平行线与粒子的投影面外接时，平行线间的距离。

② 定方向最大径　即在一定方向上分割粒子投影面的最大长度。

③ 定方向等分径　即一定方向的线将粒子的投影面积等份分割时的长度。

④ 外接圆等价径　以粒子外接圆的直径表示的粒径。

（2）等价径　对形态不规则的粒子，可以用与粒子具有相同表面积或相同体积的圆球直径表示的粒径，分别称为投影面积径和体积等价径。

投影面积径：与粒子的投影面积相同的圆的直径。

体积等价径：与粒子的体积相同的球体直径，也叫球相当径，可用库尔特计数器测得。如图 9-2 所示。小孔管浸泡在电解液中。小孔管内外各有一个电极，电流可以通过孔管壁上的小圆孔从阳极流到阴极。小孔管内部处于低气压状态，因此管外的液体将源源不断地流到管内。测量时将颗粒分散在液体中，颗粒就跟着液体一起流动。当其经过小孔时，两电极之间的电阻增大。当电源是恒流源时，两极之间会产生一个电压脉冲，其峰值正比于小孔电阻的增量，也正比于颗粒体积；在圆球假设下，可换算成粒径。仪器只要准确测出每一个电压脉冲的峰值，即可得出各颗粒的大小，统计出粒度分布。

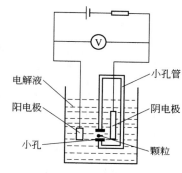

图 9-2　库尔特计数器示意

（3）筛分径　筛分法是一种最传统的粒度测试方法。它是使颗粒通过不同尺寸的筛孔来测试粒度的。筛分法分干筛和湿筛两种形式，可以用单个筛子来控制单一粒径颗粒的通过率，也可以用多个筛子叠加起来同时测量多个粒径颗粒的通过率，并计算出百分数。筛分法有手工筛、振动筛、负压筛、全自动筛等多种方式。颗粒能否通过筛子与颗粒的取向和筛分时间等因素有关，不同的行业有各自的筛分方法标准。

（4）有效径　是指用沉降法测得的粒径，又称斯托克斯（Stokes）径。粒径相当于在液相中具有相同沉降速度的球形颗粒的直径。这是用沉降法测得的粒径，可根据 Stokes 方程计算得到，常用于测定混悬剂粒径。

$$d=\sqrt{\frac{18\eta V}{(\rho_1-\rho_2)g}} \tag{9-1}$$

式中　d——粒子的有效径，cm；

ρ_1——被测粒子的密度，g/mL；

ρ_2——液相的密度，g/mL；

η——液相的黏度，g/(cm·s)；

g——重力加速度，9.8m/s^2

V——粒子沉降速度，cm/s。

2. 平均粒径

粉体中众多的粒径并不是均一的，尤其是用粉碎法等制成的粉体，其粒径是从最大粒径到最小粒径的一个分布。由于粒子大小不等，所以不能用某一个或某一些粒子的直径来表示粉体的粒度，而只能用统计方法算出的粒子的平均粒径来表示。最常用的是算术平均径，常用 d_{av} 表示，即由各粒度范围的粒径之和除以粒子的总数求得。

$$d_{av}=\frac{n_1d_1+n_2d_2+\cdots+n_nd_n}{n_1+n_2+\cdots+n_n}=\frac{\sum(nd)}{\sum n} \tag{9-2}$$

其中，n_1，n_2，$\cdots$，n_n 是粒子各为粒径为 d_1，d_2，$\cdots$，d_n 的粒子数。

其他还有平均表面径（d_s）、平均体积径（d_v）、体积-面积平均径（d_{vs}）、中间粒径等表示方法。

在实际工作中，较多应用算术平均径和中间粒径，其余平均径只有在特定情况下才有实用意义。例如粉体的充填、分剂量与平均体积径有关；粉体的溶解、吸收与平均表面径有关；粉体比表面积的计算则采用体积-面积平均径。

3. 粒度分布

粒度分布是表示不同粒径的粒子群在粉体中所分布的情况，反映粒子大小的均匀程度的指标。多数粉体是由不同粒径范围的粒子组成，不同粉体的平均粒径虽然相同，但其粒子大小分布却可能有较大的差异，最终表现在粉体的整体性质，如相对密度、流动性有很大的差异，对以后的工序带来不利的影响。所以，粒度分布也是粉体的重要性质之一。

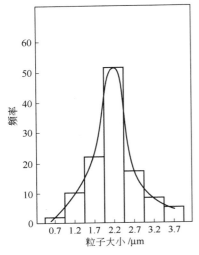

图9-3 粒子分布直方图与分布曲线

粒度分布的表示方法如下所述。

① 表格法　用表格的方法将粒径区间分布、累计分布一一列出的方法。

② 图形法　在直角坐标系中用直方图和曲线等形式表示粒度分布的方法。如图 9-3 所示。

③ 函数法　用数学函数表示粒度分布的方法。这种方法一般在理论研究时用。如著名的 Rosin-Rammler 分布就是函数分布。

4. 表示粒度特性的几个关键指标

① D_{50}　一个样品的累计粒度分布百分数达到 50％时所对应的粒径。它的物理意义是粒径大于它的颗粒占 50％，小于它的颗粒也占 50％，D_{50} 也叫中位径或中值粒径。D_{50} 常用来表示粉体的平均粒度。

② D_{97}　一个样品的累计粒度分布数达到 97％时所对应的粒径。它的物理意义是粒径小于它的颗粒占 97％。D_{97} 常用来表示粉体粗端的粒度指标。

5. 粉体的密度

因粒子本身有孔隙与裂缝，粒与粒之间也存在大量的空隙。所以，测定的方法不同，粉体密度也不相同。粉体密度的表示方法可分为 3 种：真密度、粒密度、堆密度。

（1）真密度　是指粉体质量除以不包括颗粒内外空隙的体积求得的密度。真实体积是排除粒子本身及粒子间空隙的体积。

（2）粒密度　是指粉体质量除以排除粒子间的空隙，但不排除粒子本身的空隙测得的体积所求得密度。

（3）堆密度　又称松密度，是指粉体质量除以该粉体所占容器的体积 V 求得的密度。

将粉体装入容器中所测得的体积包括粉体真体积、粒子内空隙、粒子间空隙等，因此测量容器的形状、大小、物料的装填速度及装填方式等影响粉体体积。将粉体装填于测量容器时不施加任何外力所测得密度为最松松密度，施加外力而使粉体处于最紧充填状态下所测得密度叫最紧松密度。振实密度随振荡次数而发生变化，最终振荡体积不变时测得的振实密度即为最紧松密度。

6. 流动性及其表示方法

（1）休止角　是指粒子在粉体堆积层的自由斜面上滑动时受到重力和粒子间摩擦力的作用，当这些力达到平衡时处于静止状态。休止角是此时粉体堆积层的自由斜面与水平面所形成的最大角。常用的测定方法有固定漏斗法、固定圆锥法、倾斜箱法、转动圆筒法等，如图9-4

所示。休止角小于 30°时，粉体的流动性良好；大于 40°时，粉体的流动性差。

（2）流出速度　是将物料加入漏斗中，测量全部物料流出所需的时间，即为流出速度。流速快，流动性好；反之，流动性差。也有的粉体的流速易发生波动，从而影响分剂量的准确性。流速的测定如图 9-5 所示。

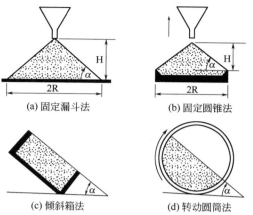

（a）固定漏斗法　　（b）固定圆锥法

（c）倾斜箱法　　（d）转动圆筒法

图 9-4　休止角测定方法示意

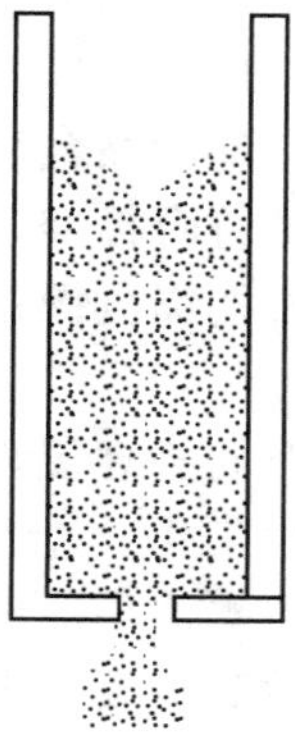

图 9-5　流速测定示意

粉体的流动性与粒子的形状、大小、表面状态、密度、空隙率等有关。对颗粒剂、胶囊剂、片剂等制剂的重量差异以及正常的操作影响很大。

7. 粉体的比表面积

比表面积是指单位质量的微粉所具有的比表面积。微粒的比表面积大小与其某些理化性质有密切的关系。如活性炭的比表面积越大，其吸附能力越强；中药材粉末的比表面越大，越易漂散，且"燥性"大。

8. 粉体的孔隙率

孔隙率是指微粒中孔隙及微粒间孔隙所占体积之和与微粉的容积之比。微粉的孔隙率受很多因素影响，如粒子的形态、大小、排列、温度与压力等。孔隙率对制剂的质量影响较大，如提高片剂或丸剂的孔隙率可加速其崩解速度。

9. 微粉的吸湿性

因微粉具有巨大的比表面积，置于空气中可吸附其中的水分，而使其流动性变差，并可产生潮解、结块、变色、分解等变化。水溶性药物在干燥环境下一般吸湿性很少，但当相对湿度增大到某一值时，吸湿量会急剧增加，此时的相对湿度称为该药物的临界相对湿度。药物的临界相对湿度越大越不易吸湿。一般药物生产或储存环境的相对湿度应控制在药物的临界相对湿度以下。

10. 微粉的润湿性

润湿性是指液体在固体表面的铺展现象。使用亲水性表面活性剂以降低固液间的表面张力，可以提高物料的润湿性。

二、粉体物料处理单元的主要任务

在生产中，粉体处理是十分重要的环节。无论是固体制剂还是液体制剂都不离开粉体的处理。制粒过程的好坏，对产品质量有直接的影响，比如粒度的流动性对片剂的重量差异影响，粒子的可压缩性对片剂外观的影响等。一般来讲，在制药生产中粉体物料处理有着以下任务。

① 根据工艺要求，将固体原料粉碎成适宜的粒径。

② 通过筛分工艺，将固体原料进行分级。

③ 对分级后的粒径，根据不同的工艺要求进行下工序的作业，如制粒、浸取、泡制等。

④ 在各工序之间，采取不同的运输方式进行固体原料的输送。在输送过程中，尽量做到连续、定量、定时、定速，避免外在的污染。

三、粉体物料处理岗位职责要求

粉体物料处理的人员应履行如下职责。

（1）严格按 GMP 管理要求进入车间，遵守消毒制度进行个人工作前消毒处理，穿戴洁净工衣、工帽、口罩上岗，严禁佩戴手饰、手表等。

（2）严格按照 GMP 要求，执行岗位 SOP 的相关规定。根据经批准的生产指令按规定程序领取物料，配制黏合剂，准确称量和配料，控制相关工艺参数，完成制粒和出粉生产操作，保障颗粒质量符合标准，节约能源。

（3）负责按岗位操作 SOP 要求在灭菌后存放间内进行包材、取样工具等灭菌后出柜和传递工作。

（4）按车间管理规程和岗位操作 SOP 要求进行无菌室的无菌环境的保持，出粉后要立即做好相关卫生工作。

（5）负责本岗位的设备和设施维护、清洁，确保相关维护、清洁工作按要求实施并记录，操作时发现故障应及时上报。

（6）负责清场工作，确保生产前和生产后本岗位清场合格，避免污染、交叉污染、混淆和差错。

粉碎、筛分及固体物料输送已在第一章介绍，本章只介绍制粒技术。

第二节　制　粒　技　术

制粒是把粉状、块状、熔融液或水溶液等状态物料中的一种或几种混合在一起，加工制成具有一定形状与大小粒状制品的操作。几乎所有的固体制剂的制备过程都离不开制粒过程。所制成的颗粒可能是最终产品，如颗粒剂；也可能是中间产品，如用于制备片剂等。

制粒操作使颗粒具有某种相应的目的性，以保证产品质量和生产的顺利进行。如在颗粒剂、胶囊剂中颗粒是产品，而在片剂生产中颗粒是中间体。制粒的目的不仅仅是为了改善物料的流动性、飞散性、黏附性及有利于计量准确、保护生产环境等，而且必须保证颗粒的形状大小均匀、外形美观等。

制粒方法有多种，制粒方法不同，即使是同样的处方不仅所得制粒物的形状、大小、强度不同，而且崩解性、溶解性也不同，从而产生不同的药效。因此，应根据所需颗粒的特性选择适宜的制粒方法。

一、制粒单元的主要任务

一般说来，制粒单元的主要任务是将粉体物料或液体物料，采用适当的方法，制备成一定粒度与形状的固体颗粒，以达到如下目的。

① 改善流动性。一般颗粒状比粉末状粒径大，每个粒子周围可接触的粒子数目少，因而黏附性、凝集性大为减弱，从而大大改善颗粒的流动性。使药物在输送、包装、充填等方面容易实现自动化、连续化、定量化。

② 防止各成分的离析。混合物各成分的粒度、密度存在差异时容易出现离析现象。混合后制粒，或制粒后混合可有效地防止离析现象的发生。

③ 防止粉尘飞扬及器壁上的黏附，制粒后可防止环境污染与原料的损失，有利于 GMP 的管理。

④ 调整堆密度，改善溶解性能。

⑤ 改善片剂生产中压力的均匀传递。

⑥ 避免物料黏结，稳定其化学成分，控制物料透气性及孔隙度，减少粉尘污染。

⑦ 便于运输、储存、方便服用，携带方便，提高商品价值等。

二、制粒的基本原理

湿法制粒是在药物粉末中加入液体胶黏剂，靠胶黏剂的架桥或黏结作用，使粉末粒子借助于不同的结合力聚结在一起形成颗粒的方法。由于湿法制粒的产物具有外形美观、流动性好、耐磨性较强、压缩成形性好等优点，在医药工业中的应用最为广泛。而对于热敏性、湿敏性、极易溶性等特殊物料可采用其他方法制粒。

1. 粒子间的结合力

制粒时多个粒子黏结而形成颗粒，Rumpf 提出粒子间的结合力有五种不同方式：

（1）固体粒子间引力　固体粒子间发生的引力来自范德华力（分子间引力）、静电力和磁力。这些作用力在多数情况下虽然很小，但粒径小于 $50\mu m$ 时，粉粒间的聚集现象非常显著。这些作用随着粒径的增大或颗粒间距离的增大而明显下降，在干法制粒中范德华力的作用非常重要。

（2）自由可流动液体　以流动液体作为架桥剂进行制粒时，粒子间产生的结合力由液体的表面张力和毛细管力产生，因此液体的加入量对制粒产生较大影响。液体的加入量可用饱和度 S 表示：在颗粒的空隙中液体架桥剂所占体积（V_L）与总空隙体积（V_T）之比。

液体在粒子间的充填方式由液体的加入量决定，参见图 9-6。

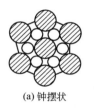 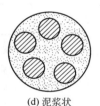

(a) 钟摆状　　　　　(b) 索带状　　　　　(c) 毛细管状　　　　　(d) 泥浆状

图 9-6　液体在粉末间的充填结构

① $S \leqslant 0.3$ 时，液体在粒子空隙间充填量很少，液体以分散的液桥连接颗粒，空气成连续相，称钟摆状（pendular state）；②适当增加液体量 $0.3 < S < 0.8$ 时，液体桥相连，液体成连续相，空隙变小，空气成分散相，称索带状（funicular state）；③液体量增加到充满颗粒内部空隙（颗粒表面还没有被液体润湿）$S \geqslant 0.8$ 时，称毛细管状（capillary state）；④当液体充满颗粒内部与表面 $S \geqslant 1$ 时，形成的状态叫泥浆状（slurry state）。毛细管的凹面变成液滴的凸面。

一般在颗粒内液体以悬摆状存在时，颗粒松散；以毛细管状存在时，颗粒发黏；以索带状存在时得到较好的颗粒。

（3）不可流动液体产生的附着力与黏着力　不可流动液体包括高黏度液体和吸附于颗粒表面的少量液体层（不能流动）。因为高黏度液体的表面张力很小，易涂布于固体表面，靠黏附性产生强大的结合力；吸附于颗粒表面的少量液体层能消除颗粒表面粗糙度，增加颗粒间接触面积或减小颗粒间距，从而增加颗粒间引力等。淀粉糊制粒产生这种结合力。

（4）粒子间固体桥　固体桥形成机理可由以下几方面论述。①结晶析出。架桥剂溶液中的溶剂蒸发后析出的结晶起架桥作用；②黏合剂固化。液体状态的黏合剂干燥固化而形成的固体架桥；③熔融。由加热熔融液形成的架桥经冷却固结成固体桥；④烧结和化学反应产生固体桥。制粒中常见的固体架桥发生在黏合剂固化或结晶析出后，而熔融-冷凝固化架桥发生在压片，挤压制粒或喷雾凝固等操作中。

（5）粒子间机械镶嵌　机械镶嵌发生在块状颗粒的搅拌和压缩操作中。结合强度较大，但一般制粒时所占比例不大。

由液体架桥产生的结合力主要影响粒子的成长过程，制粒物的粒度分布等；而固体桥的结合力直接影响颗粒的强度和其他性质，如溶解度。

湿法制粒首先是液体将粉粒表面润湿，水是制粒过程中最常用的液体，制粒时含湿量对颗粒的长大非常敏感。研究结果表明，含湿量与粒度分布有关，即含湿量大于60％时粒度分布较均匀，含湿量在45％～55％范围时粒度分布较宽。

2. 从液体架桥到固体架桥的过渡

在湿法制粒时产生的架桥液经干燥后固化，形成一定强度的颗粒。从液体架桥到固体架桥的过渡主要有以下两种形式。

（1）架桥液中被溶解的物质（包括可溶性黏合剂和药物）经干燥后析出结晶而形成固体架桥。

（2）高黏度架桥剂靠黏性使粉末聚结成粒。干燥时黏合剂溶液中的溶剂蒸发除去，残留的黏合剂固结成为固体架桥。

3. 制粒的方法与影响因素

根据制粒的原理制粒方法可分为两大类，一类是自给造粒，另一类是强制造粒。每一类方法中根据造粒的目的及原料特性、对象的不同，又分为多种具体造粒方法，见表9-1所列。

表9-1　造粒原理、分类及应用

造粒原理	造粒方法	造粒主要特征	应用
强制式造粒法	挤压成型造粒法	由螺旋挤出湿润的粉体，压缩成型	塑料制品、药品、催化剂、无机盐氯化钠、氯化钾、磷酸盐、肥料、粉末冶金制品、陶瓷产品、其他化工产品
	喷雾造粒法	溶液、熔融液雾化分散成细粒，经干燥或冷却成型	尿素、硝酸铵、树脂、煤焦油、沥青
	碎解造粒法	将事先加工成的块状物再碎解成所需要的粒度	农药、药品、塑料、饲料、肥料、化工产品
	吸附造粒法	分散的液滴被多孔的粒子吸附	药品、农药、食品
自给式造粒法	转动造粒法	转动（振动、混合）中的湿润粉体的凝集	药品、肥料、无机盐
	流化床造粒	由于流化床内粒子液滴附着凝集	药品、水泥、有机产品、食品、无机盐、液态放射性物质
	包覆造粒法	在混合机器内粒子表面湿润粉体的凝集	农药、药品、有机、无机助剂、食品

（1）挤压成型造粒　挤压成型造粒法是湿式造粒，在原料中加水捏和，在适宜造粒的条件下，由挤出机构通过筛网、孔板等使物料挤出成型。生产的颗粒形状和大小，可根据要求，可以是圆柱形、角柱形、球形、不定形等。

一般分为螺旋挤出型造粒、滚动挤出型造粒、刮板挤出型造粒、自身成型挤出型造粒、活塞挤出成型造粒。影响造粒的因素很多，有机械方面和物料方面的因素。机械方面有螺旋的形状和转速、挤出叶片的形状、孔板的孔径和厚度及开孔等影响因素；物料方面有加水量、结合剂量、增量剂量等影响因素。

由挤出造粒机成型后的造粒制品需进行干燥、整粒、筛分等处理才能获得合格制品。

挤出成型造粒是先将原料（物料、增量剂、结合剂、表面活性剂、稳定剂等）按配比要求加入，在混合机中混合均匀。混合后的物料经提升机到中间料仓，由容积式定量加料器连续地向捏合机供给，由加水系统按一定比例进行捏合，然后获得可塑性的块状物料进入造粒机中，挤出一定形状的物料，再经干燥器干燥后经整粒机进行整粒，最后经分级处理，细粉和大颗粒再分别回捏和机和整粒机，合格的颗粒进行包装。

挤出成型造粒工艺流程长，投资大，适宜较大吨位生产，造粒制品粒径及物理化学性质可以自由调节，有效成分调节幅度较大，适应性广。

（2）喷雾造粒法　喷雾造粒法是将溶液物料向逆流或并流的气流中喷雾，在液滴与气流间进行热量与物质传递，从而制得球状粒子，采用喷雾造粒处理的液体物料有：溶液、膏状物、糊状物、悬浊液和熔融液。一般按喷雾器的种类分为压力式、回转圆盘式和气流式喷雾器等。

影响因素：原液浓度可直接影响成品的相对密度、黏度、水分，并与干燥能力密切相关。原液温度变化可与黏度、悬浮粒子溶解度等物性变化有关，温度增加则黏度下降，液滴直径变小，而相对密度增加。成品的粒度决定于喷雾装置的构造及原液的物性等操作条件，其中采用压力喷雾得到的粒径较粗，而采用回转圆盘得到的粒径较细，气流喷嘴可得到 $5\sim30\mu m$ 的粒径。

工艺流程：载热空气经预热以一定的方式（逆流、并流、混合流）进入造粒干燥器，原料经与助剂在分散器内搅拌分散后送到喷雾器，雾化后的料浆，喷入喷雾造粒塔与载热空气密切接触，使物料干燥，干燥后的成品被接收，尾气除尘后放空。

喷雾造粒特点是造粒速度快，成品质量好，特别适用于热敏性物料造粒，系统可密闭连续操作，适合大规模生产，缺点是热效率低。

（3）转动造粒法　转动造粒是一边干燥粉体物料在装置内滚动，一边喷洒液体，制造出具有一定强度的造粒制品，成品颗粒大小一般为 $2\sim20mm$。一般把粉体加温并添加黏结剂等助剂结合进行。分为回转滚筒造粒、回转圆盘造粒、振动型造粒、搅拌转动型造粒。

影响造粒因素很多，有原料方面：如供给原料粉体粒子大小、加入黏结剂的种类及加入量、物料粒子凝集状态等；也有操作条件方面因素，如回转盘直径、倾斜度、转速、喷水的方式、加料及加水的位置以及刮料板的位置等。

转动造粒的特点是造粒直径较大，一般 $1\sim20mm$，适用于水溶性好的粉料生产，工艺流程短，处理量相同的情况下与其他方法相比，设备费用较低，耗电少，运转费用低。

（4）流化床造粒　流化床造粒是使粉体保持流动状态，再把含有黏结剂的溶液进行喷雾使之凝集的造粒操作。混合、捏合、造粒、干燥、分级等工序均在一个装置中，在密闭状态下短时间完成。

该操作是在床层内事先装入一定量粉体，空气经过送风机再经过加热器保持一定温度，通过气体供给室，使流化气体均匀分布通过筛板，在热风作用下，把粉体保持悬浮状态，由流化床中心的喷嘴使黏结剂雾化，使与粉体接触，逐渐凝集成粒，未成型的微粉经集尘回收，再去循环造粒，尾气经处理后排出。流化床造粒得到的粒子是多孔的，流动性良好，没有污染及输送方面的损失，处理时间短，安装面积小，可连续生产。

三、制粒设备

1. 螺旋挤压制粒机

如图（俯视图）9-7 所示，螺旋挤压制粒机由混合室和制粒室两部分组成。物料从混合室双螺杆上方的加料口加入。两个螺杆分别由齿轮带动相向旋转，借助螺杆上螺旋的推力，物料被挤进制粒室。物料在制粒室内被挤压滚筒进一步挤压通过筛筒上的筛孔而成为颗粒。

螺旋挤压制粒机的特点：①生产能力大；②制得颗粒较结实，不易破碎。

2. 旋转式制粒机

如图 9-8 所示，旋转式制粒机的圆筒型制粒室内有上下两组叶片：上部的倾斜叶片（压料叶片）将物料压向下方；下部的弯形叶片（碾刀）将物料推向周边。两组叶片逆向旋转。物料从制粒室上部加料口加入，在两组叶片的联合作用下，物料由制粒室下部的细孔挤出而成为颗

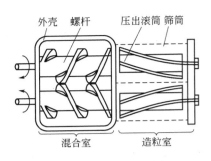

图 9-7　螺旋挤压制粒机

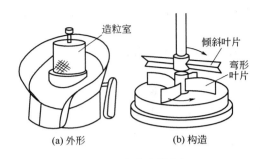

图 9-8　旋转式制粒机

粒。颗粒的大小由细孔的孔径而定，一般选用孔径 0.7～1mm。它适用于制备湿颗粒，也可将干硬原料研成颗粒或将需要返工的药片研成颗粒。其生产能力为：200～300kg/h。

3. 旋转挤压式制粒机

在旋转挤压式制粒机里面，由电动机带动旋转的圆环形筛框内放置一个可更换的筛圈。如图 9-9 所示，筛圈内有一个可自由旋转的或由另一个电动机带动旋转的辊子。投入筛圈里的湿料被同向旋转的辊子和筛圈挤压通过筛孔而成颗粒。挤压制粒的压力由辊子和筛圈之间的距离调节，颗粒的粒度可以由更换不同孔径的筛圈来调节。筛圈转速约为 100r/min。其生产能力决定于物料的流动性、粒度、水分、含量、筛孔形状和筛圈的转速等。

特点：①产热较少；②处理能力大；③运转可靠。

4. 摇摆式颗粒机

如图 9-10 所示，摇摆式颗粒机料斗底部有个可正反旋转的多棱滚筒，多棱滚筒的下面被一个筛网紧紧兜住，拉紧的筛网靠两个棘轮装置来固定。滚筒的各棱截面为梯形，称为："刮刀"。滚筒旋转时，借助"刮刀"斜面对物料的挤压作用以及它与筛网对物料的剪切作用，将物料挤过筛网制成颗粒。

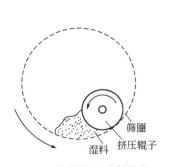

图 9-9　旋转挤压式制粒机

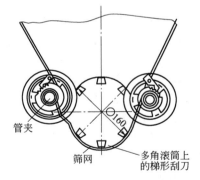

图 9-10　摇摆式颗粒机

摇摆式颗粒机是最常用的制颗粒设备，它制得的颗粒更接近于球形，且表面更光滑。除制颗粒外它还常用于筛分、整粒（去除团块和大颗粒）、粉碎（如：片剂打碎返工）和混合（如：等量递加稀释）。要得到密度较大，表面光滑的颗粒通常采用尼龙筛网。由于筛网承受较大的摩擦力，较易磨损，可改用由整块不锈钢板冲孔得到的筛板。

5. 快速搅拌制粒机（快速混合制粒机）

快速搅拌制粒机分为立式和卧式两种。如图 9-11 所示，立式搅拌制粒机主要由可上下移动的容器、锚型搅拌桨和可高速旋转的切割刀组成。它可将混合、加胶黏剂、搅拌制粒等操作在一台设备中连续完成。整个操作过程仅需十几分钟。

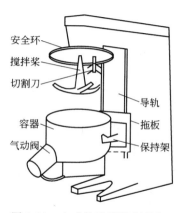

图 9-11　立式快速搅拌制粒机

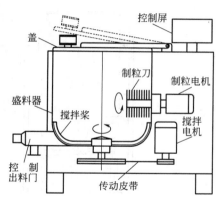

图 9-12　卧式快速搅拌制粒机

操作时将物料置于容器中，容器上升密闭，开动搅拌桨使物料混合均匀，用泵加入适量黏合剂后就可将物料制成软材。这时启动切割刀，高速旋转的切割刀就可将软材切割成湿颗粒。打开气动出料阀，制好的湿颗粒即从出料口卸下，然后再采用不同的方法干燥。上盖边缘有一圈安全环，容器上升过程中如碰到任何其他物体就会立刻自动断电，停止上升。

卧式快速搅拌制粒机结构如图 9-12 所示。其工作原理与立式快速搅拌制粒机基本相同。不同点是：盛放物料的容器不能上下移动；并且切割刀的轴是水平的。操作时，伸入容器的搅拌桨轴和切割刀轴采用 0.5MPa 的压缩空气密封，同时盖板也在压缩空气的作用下使容器密闭，粉尘很少逸出。物料翻动时，容器内的空气可以通过套着过滤布套的出气口排出。

与使用摇摆式颗粒机的传统制粒工艺相比，快速搅拌制粒的优点是：①制得颗粒致密、均匀，流动性好；②容器密闭，避免粉尘飞扬；③胶黏剂用量少；④简化工艺过程；⑤可降低劳动强度。由于卧室快速搅拌制粒机比立式造价低，操作方便，故市场占有率高。

6. 离心制粒机（转动制粒机）

如图 9-13 所示，离心制粒机主要由下部通入空气的容器、转盘和喷雾装置等部分组成。容器底部的圆盘带着物料做旋转运动。在离心力作用下，物料被甩向器壁，从圆盘四周缝隙向上吹出的气流使物料向上运动，随后物料又在重力作用下滑向圆盘中心，又再一次被甩向容器壁……

喷雾装置将胶黏剂喷洒在物料层斜面上部的表面，被黏合剂雾滴湿润的物料粉末不断与碰到的其他物料粉末发生凝聚，形成颗粒。物料在容器内呈螺旋状翻转运动，有

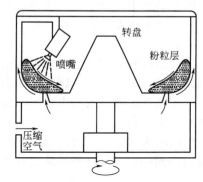

图 9-13　离心制粒机

利于形成较致密的球形颗粒。然后按工艺要求提高进风温度进行颗粒的干燥。经多次反复操作就可得到所需大小的颗粒。

离心制粒机的优点：①结构简单，操作方便；②不易形成颗粒间粘连；③不要求大功率风机。缺点：①干燥时间较长；②处理能力较小。

7. 沸腾制粒机

沸腾制粒机又称流化制粒机。如图 9-14 所示，它主要由干燥室、分布板、胶黏剂喷嘴、过滤袋（布袋过滤器）、顶升汽缸、进气过滤器、翅片式换热器等部分组成。

其基本原理就是流态化干燥（见第十章"干燥设备"）。用气流将固体粉末流化，再喷入黏合剂溶液，使粉末凝结成颗粒，再经热风流化干燥即可制得粒径在 0.15～0.5mm 的干颗粒（相当于粒状散剂）。采用这种方法可将混合、制粒、干燥等工序合并在一台设备中完成，故又

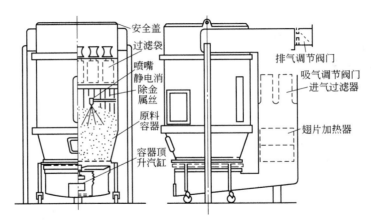

图 9-14　沸腾制粒机

称一步制粒，沸腾制粒机也常被称为一步制粒机。

　　沸腾制粒机属间歇操作，每批的操作时间约为 40～60min。生产能力由设备的大小而定。加入干燥室中物料的静止高度应根据物料性质控制在 50～300mm，否则容易产生沟流，对流化不利。

　　将干燥室下部的原料容器平移出来，把物料加到分布板上（为防止漏粉，常在分布板上衬一层 60～80 目不锈钢筛网）。原料容器恢复原位后借助顶升汽缸即可将干燥室密闭。由风机吸入的空气先经空气过滤器过滤，再由翅片式换热器加热到所需的温度，通过分布板进入干燥室，使物料流态化。空气流量可由风门调节，进而调整流化状态。干燥室的上方的布袋过滤器能让空气通过而防止固体粉末逸出（黏在布袋上的物料可采用压缩空气反吹抖落）。胶黏剂的喷嘴多装在干燥室上部。胶黏剂喷入流化物料中，可使物料粉末湿润，发生凝聚，形成颗粒。然后提高进风温度进行颗粒的干燥。如制备压片的颗粒，还可加入一些其他辅料，继续流化混合直到均匀。

　　常用的胶黏剂：聚乙烯吡咯烷酮、羟丙基甲基纤维素、明胶等。胶黏剂喷雾的喷嘴多为气流式喷嘴；对易结晶的物料，如乙基纤维素等，可采用压力式喷嘴。

　　根据所制颗粒的要求不同，如：缓释制剂和微丸剂的生产，喷嘴可以采取不同的方式（角度）喷出胶黏剂，如图 9-15 所示，其中，顶喷时喷嘴不容易被堵塞，可以得到较大的颗粒；底喷时增大向上的动力，形成中心向四周的环流，更适合对颗粒物料进行包衣；侧喷和底部转盘的协同作用，使物料呈螺旋状运动，除制粒外还适用于制微丸。

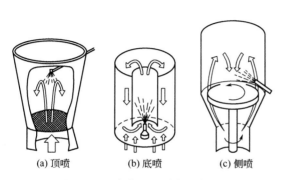

(a) 顶喷　　　　(b) 底喷　　　　(c) 侧喷

图 9-15　喷嘴的不同喷出方式

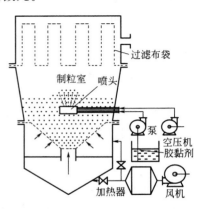

图 9-16　强制循环沸腾制粒机

为了提高生产能力，可采用强制循环沸腾制粒机。如图 9-16 所示，它的分布板为倒锥形，可消除流化床的死角。在床底中心有一股喷射气流，使床层产生强制循环，可以使黏合剂的雾滴分散于更多的固体粉末上，防止物料集块成团或黏附于器壁。

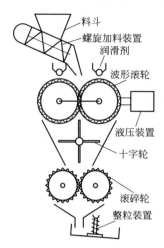

图 9-17　干法制粒机

与摇摆式颗粒机等的湿法制粒相比沸腾制粒的优点：①颗粒粒度均匀，松实适宜，用于压片可使片剂含量均匀，片重差异稳定，崩解迅速，释放度好；②简化工艺，可实现自动化操作；③密闭操作，减少原料消耗，避免对环境、对药物的污染；④节约人力，减轻劳动强度。其缺点：①能耗较大；②不适用于密度相差悬殊的物料。

国外有的沸腾制粒机采用微波加热，其突出的优点：①能耗低；②干燥周期短；③可降低药品降解的可能。

8. 干法制粒机

如图 9-17 所示，干法制粒机主要由：螺旋加料器、波形滚筒、液压装置、十字轮、滚碎轮和整粒器等部分组成。它可将添加固体胶黏剂的原料粉末（多含有结晶水）先压成片状，再碎解成颗粒。

物料由料斗加入后，被螺旋加料器推送到波形滚轮，相向旋转的波形滚轮借助液压装置的压力将物料压成固体片坯。必要时可由喷散装置向滚筒表面喷洒固体润滑剂。固体片坯在装有十字轮的料斗内被打碎成较小的块状物，落到两个相向旋转的滚碎轮之间，具有较小凹槽的滚碎轮将物料进一步制成一定大小的颗粒。经整粒器整粒即可得到合格颗粒。剔除的大颗粒可返回重新滚碎。

干法制粒的优点：①可以省去制软材、干燥等工序；②可以节约能源；③避免药物在受湿或在干燥温度下分解变质。缺点：对物料的选择性较强，适用范围较小。

9. 复合制粒机

常见的复合制粒机是以流化床与其他制粒方式进行组合的结果，如：快速搅拌制粒与流化床组合成为搅拌流化制粒机，快速搅拌制粒与底部设有转盘的流化床组合搅拌转动流化制粒机等。复合制粒机综合了多种设备的特点，因此具备更强的功能和更大的适应性。

（1）搅拌流化制粒机　如图 9-18 所示，搅拌流化制粒机的圆筒形容器下部与卧式快速搅拌制粒机基本相同，有锚型搅拌桨，器壁上装有切割刀，喷雾装置装在上方。不同的地方：搅拌桨下面装有固定孔板及可上下移动的通气阀，容器顶部有袋滤器的反吹装置。混合时关闭流化板上的通气阀，其余操作和卧式快速搅拌制粒机基本相同；干燥时则全开通气阀，其余操作和沸腾制粒机基本相同。

根据口服固体制剂工艺对颗粒的要求，可以采取不同的制粒方式：生产用于压片的颗粒或生产要求速溶颗粒剂的轻质颗粒时，以流化为主；生产用于填充硬胶囊或生产以包衣颗粒的形式制备缓释、控释制剂的重质颗粒时，则以搅拌为主。

（2）搅拌转动流化制粒机　如图 9-19 所示，搅拌转动流化制粒机的圆筒形容器下部由一个转动的圆盘代替了锚型搅拌桨，从其周边缝隙通入流化空气。器壁上装有切割刀。喷雾装置根据需要安装在流化床上部、中部或下部的切线方向。容器顶部采用高压逆流处理式圆筒过滤器。

流态化的物料粉末受旋转圆盘上冲空气的联合作用，沿圆筒形容器周边以螺旋运动的方式旋转。胶黏剂喷在物料上，使其聚结成颗粒，再由于受离心力作用，使颗粒不断沿光滑壁面滚动。借助高速旋转的切割刀，可以得到细小、均匀的致密颗粒。除了制粒时的切割刀操作之外，其余操作和采用旋转圆盘、侧吹喷嘴的沸腾制粒机基本相同。

它具有制粒速度快、不易结块、喷雾效率高等优点。用于颗粒的制备（包括致密球形颗

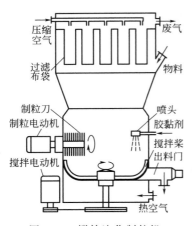

图 9-18 搅拌流化制粒机

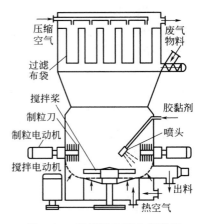

图 9-19 搅拌转动流化制粒机

粒）、颗粒的包衣、颗粒的修饰等。

四、制粒技术实施

下面以湿法制粒为例，介绍中药生产中制粒技术实施方案。湿法制粒操作规程一般包括：作业前检查、备料、操作、清场、填写生产记录等。

1．上岗前的检查

① 检查上批清场合格证。

② 检查器具是否齐备。

③ 检查设备的清洁卫生，试开空车，检查设备有无故障。

④ 对设备及所需工具进行消毒。

2．制软材

① 检查和核准衡器校验合格证是否在有效期内，校准零点。

② 复核原辅料的名称、规格、批号、数量，根据生产指令的要求准确称量所需原、辅料，做到一人称量一人复核，做好记录。

③ 按工艺要求配制胶黏剂或润湿剂。

④ 将原辅料加入槽式混合机中按工艺规程规定的时间混合。

⑤ 加入规定量浸膏、胶黏剂或润湿剂，采取渐加方式，边加边观察软材干湿度，制成符合要求的软材，软材手握成团，捏之即散。

⑥ 及时认真填写好制软材原始记录，操作者签名。

本岗位质量控制点：按处方称配料、称量要准确，混料均匀，胶黏剂或润湿剂均匀加入。

3．制粒

① 按工艺要求准备筛网，装好，装筛网做到松紧适宜。

② 开动摇摆颗粒机，将软材放进摇摆颗粒机的进料口。

③ 开动沸腾干燥床，将湿颗粒送进，根据工艺要求调节好干燥温度与风量。

④ 根据产品工艺规程的具体要求，确定干燥相应的操作时间。

⑤ 干燥的颗粒移交到整粒工序整粒。

⑥ 及时填写原始记录。

本岗位质量控制点：按工艺要求选好筛网，按产品工艺要求控制好干燥温度与干燥时间，控制颗粒水分。湿粒的粗细和松紧须视具体品种加以考虑。总之，要求湿颗粒置于手掌簸动应有沉重感，细粉少，湿粒大小整齐，色泽均匀，无长条者为宜。

4．整粒

① 按工艺要求选择好整粒用筛网（颗粒剂采用双层筛：上层一号筛、下层四号筛）。

② 将需整粒的物料称重，记下整粒前重量。

③ 启动设备开始整粒。

④ 分别记下合格颗粒、粗颗粒、细粉的重量，将颗粒送检（检测水分）。

⑤ 将合格的颗粒分料桶装好记下重量。

⑥ 进片剂颗粒应在工艺员的监督、指导下按工艺要求加入助流剂，混匀。

⑦ 整粒完后装桶，标示名称、批号、重量、工序，办好物料交接手续。

5. 清场

① 每班工作完毕，应及时清洁机器设备和场地，更换品种应彻底清场。

② 填写好生产记录及清场记录。

五、制粒中常见问题及其处理

1. 颗粒料弯曲且一面呈现许多裂纹

这种现象通常是在颗粒料离开环模时产生的。在生产中，当切刀位置调得离环模表面较远并且刀口较钝时，颗粒从模孔挤出时是被切刀碰断或撕裂而非被切断，此时有部分颗粒料弯向一面并且另一面呈现许多裂纹。这种颗粒料在进入冷却器冷却或运输过程中，往往会从这些裂纹处断裂，造成生产出的颗粒料粉料过多。

改进办法如下所述。

（1）增加环模对颗粒的压缩力，即增大环模的压缩比，从而增加颗粒料的密度及硬度值。

（2）将颗粒原料粉碎得更细些，如果添加了糖蜜或脂肪，应改善糖蜜或脂肪的散布均匀度并且控制其添加量，以提高颗粒料的密实度，防止颗粒松软。

（3）调节切刀离环模表面的距离，通常刀口离环模外表面的距离不大于所生产的颗粒的直径值，或者更换使用较锋利的切刀片，对于小直径的颗粒料也可采用薄刀片，并使薄刀片紧贴环模表面生产。

（4）使用黏结类的制粒助剂，有助于改善颗粒内部的结合力。

2. 水平裂纹横过整个颗粒

与情形 1 中的现象有些类似，裂纹发生于颗粒的横切面，只是颗粒没有弯曲。当将含有较多纤维的蓬松颗粒制粒时，就有可能发生此种情况。这种颗粒料往往是在将颗粒挤入环模的造粒孔时，由于其中含有比孔径长的纤维，当颗粒被挤出后，因纤维的膨胀作用使颗粒料在横截面上产生横贯裂纹，产生枞树皮状的颗粒外观。

改进的办法在于增加环模对颗粒的压缩力，即增大环模的压缩比；控制纤维的粉碎细度，其最大长度不能超过粒径的 1/3；降低产量以减低颗粒通过模孔时的速度，增加密实度；加长调质的时间，使用多层调质器或釜式调质器。

3. 颗粒料产生垂直裂纹

有些颗粒配方中含有蓬松而略具弹性的原料，这种原料在经过调质器调质时会吸水膨胀，在经过环模压缩制粒后，会因水分的作用及原料本身所具有的弹性而弹开，产生了垂直裂纹。

改进的办法：更改配方，但这样做有可能增加原料成本；控制调质时使用的蒸汽的质量，尽量采用较饱和的干蒸汽，以使添加的水分尽可能减至最低；降低产量或增加模孔的有效长度，尽可能使颗粒在模孔中滞留的时间增加；添加黏结剂也有助于减少垂直裂纹的发生。

4. 颗粒料由一源点产生辐射式裂纹

此种外观表明颗粒料中含有大的颗粒原料，此等大颗粒原料在调质时，很难充分吸收水蒸气中的水分与热量，不像其他较细的原料那么容易软化，而在冷却时，由于软化程度不同，导致收缩量的差异，以致产生辐射式裂纹，使得粉化率增加。

改进的办法在于妥善控制粉状颗粒原料的粗细度与均匀度，从而在调质时能使所有的原料都能够充分均匀软化。

5. 颗粒料表面凹凸不平

此种情况在于用于制粒的粉料中，含有没有粉碎过或半碎的大颗粒原料，由于在调质过程中未能充分软化，颗粒比较硬又比较大，在通过制粒机的模孔时就不能很好地和其他原料结合在一起，使颗粒显得凹凸不平。

6. 单个颗粒或个体间颗粒颜色不一致，俗称"花料"

这种情况在生产水产颗粒时较为常见，主要表现为从环模挤出的个别颗粒的颜色比其他正常颗粒的颜色深或者浅，或者单个颗粒的表面颜色不一致，从而影响整批颗粒的外观质量。该现象产生的原因主要有以下几个方面。

（1）由于水产颗粒配方成分复杂，原料品种多，有的成分添加量又比较小，在进行原料混合时，如果混合机的混合效果不理想，就很难保证进入制粒机的混合原料是均匀的，从而在调质和制粒过程中，在水分、温度和压力的共同作用下，原料发生物理和化学变化，导致不同组分的原料颜色变化不一致，产生"花料"，这种情况在颗粒配方中含有对温度和水分变化原料颜色变化比较敏感时更为突出。

（2）用于制粒的原料水分含量不一致。在水产颗粒生产工艺中，时常为了弥补超微粉碎后原料水分的损失，要在混合机中加入一定量的水，混合后再进入调质器进行调质。有的颗粒生产厂家工艺较简单，直接在混合机中倒入一定量的水，而不是采用专用喷头均匀喷入，这样就很难使颗粒在混合后水分能够均匀分布。当这种混合原料进入调质器调质时，由于调质器也不可能在短时间内使水分进一步分布均匀，在蒸汽的作用下，颗粒各个部分在调质后熟化效果不一致，制粒后颜色变化也就不一致。

（3）待制粒仓中具有重复制粒的回机料。制粒后的颗粒料经过冷却和筛分后，才能成为成品料，筛分后的细粉或小颗粒料时常会进入工艺流程中重新进行制粒，通常是进入混合机或待制粒仓，由于这种回料是重新进行调质和制粒，在调质后如果和其他原料混合得不均匀或夹杂有回机小颗粒料，对于某些颗粒配方，有时会产生"花料"。

（4）环模孔径内壁光洁度不一致。由于模孔光洁度不一致，颗粒在挤出时受到的阻力和挤压力就不一样，颜色的变化就不一致。另外有的环模小孔壁上具有毛刺，颗粒在挤出时会划伤表面，致使单个颗粒的表面颜色不同。

对于上面列出的四种产生"花料"的原因，改进的办法已很清晰，主要在于控制配方中各组分的混合均匀度以及所添加的水分的混合均匀度；改善调质性能，必要时控制调质温度，采用低一些的调质温度以减少颜色的变化；控制回机料，对于易产生"花料"的配方，尽量不用回机料直接制粒，应该把回机料和原料混合后重新进行粉碎；采用质量有保障的环模，控制模孔的光洁度，必要时对模孔进行砂磨后再使用。

思　考　题

1. 粉体物料处理单元的主要任务是什么？
2. 名词解释：定方向径、等价径、筛分径、有效径、平均径、比表面积、真密度、粒密度、堆密度、休止角、孔隙率、润湿性、吸湿性。
3. 制粒单元的主要任务是什么？
4. 制粒的基本原理是什么？

5. 简述旋转式制粒机、摇摆式制粒机、卧式快速搅拌制粒机、干法制粒机、沸腾式制粒机及复合式制粒机的基本结构及工作原理。

6. 简述制粒的基本原理。

7. 简述湿法制备颗粒的工艺操作规程。

8. 制粒中常见的问题有哪些？如何解决？

每升硫酸铵水溶液应加入固体硫酸铵的质量

单位：g

项目		需要达到的硫酸铵的饱和度/%																
		10	20	25	30	33	35	40	45	50	55	60	65	70	75	80	90	100
硫酸铵的饱和度/%	0	56	114	144	176	196	209	243	277	313	351	390	430	472	516	561	662	767
	10		57	86	118	137	150	183	216	251	288	326	365	406	449	494	592	694
	20			29	59	78	91	123	155	189	225	262	300	340	340	382	424	520
	25				30	49	61	93	125	158	193	230	267	307	348	390	485	583
	30					19	30	62	94	127	162	198	235	273	314	356	449	546
	33						12	43	74	107	142	177	214	252	292	333	426	522
	35							31	63	94	129	164	200	238	278	319	411	506
	40								31	63	97	132	168	205	245	285	375	496
	45									32	65	99	134	171	210	250	339	431
	50										33	66	101	137	176	214	302	392
	55											33	67	103	141	179	264	353
	60												34	69	105	143	227	314
	65													34	70	107	190	275
	70														35	72	153	237
	75															36	115	198
	80																77	157
	90																	79

附录二　0℃硫酸铵水溶液达到所需要的饱和度时每100mL硫酸铵水溶液应加入固体硫酸铵的质量

单位：g

项目		在0℃时所达到的硫酸铵饱和度/%															
		20	25	30	35	40	45	50	55	60	65	70	75	80	85	90	95	100
		在100mL中欲加固体硫酸铵的质量/g																
溶液的原始饱和度/%	0	10.6	13.4	16.4	19.4	22.6	25.8	29.1	32.6	36.1	39.8	43.6	47.6	51.6	55.9	60.3	65.0	69.7
	5	7.9	10.8	13.7	16.6	19.7	22.9	26.2	29.6	33.1	36.8	40.5	44.4	48.4	52.6	57.0	61.5	66.2
	10	5.3	8.1	10.9	13.9	16.9	20.0	23.3	26.6	30.1	33.7	37.4	41.2	45.2	49.3	53.6	58.1	62.7
	15	2.6	5.4	8.2	11.1	14.1	17.2	20.4	23.7	27.1	30.6	34.3	38.1	42.0	46.0	50.3	54.7	59.2
	20	0	2.7	5.5	8.3	11.3	14.3	17.5	20.7	24.1	27.6	31.2	34.9	38.7	42.7	46.9	51.2	55.7
	25		0	2.7	5.6	8.4	11.5	14.6	17.9	21.1	24.5	28.0	31.7	35.5	39.5	43.6	47.8	52.2
	30			0	2.8	5.6	8.6	11.7	14.8	18.1	21.4	24.9	28.5	32.2	36.2	40.2	44.5	48.8
	35				0	2.8	5.7	8.7	11.8	15.1	18.4	21.8	25.4	29.1	32.9	36.9	41.0	45.3
	40					0	2.9	5.8	8.9	12.0	15.3	18.7	22.2	25.8	29.6	33.5	37.6	41.8
	45						0	2.9	5.9	9.0	12.3	15.6	19.0	22.6	26.3	30.2	34.2	38.3
	50							0	3.0	6.0	9.2	12.5	15.9	19.4	23.0	26.8	30.8	34.4
	55								0	3.0	6.1	9.3	12.7	16.1	19.7	23.5	27.3	31.3
	60									0	3.1	6.2	9.5	12.9	16.4	20.1	23.1	27.9
	65										0	3.1	6.3	9.7	13.2	16.8	20.5	24.4
	70											0	3.2	6.5	9.9	13.4	17.1	20.9
	75												0	3.2	6.6	10.1	13.7	17.4
	80													0	3.3	6.7	10.3	13.9
	85														0	3.4	6.8	10.5
	90															0	3.4	7.0
	95																0	3.5
	100																	0

参 考 文 献

[1] 郭勇. 生物制药技术. 北京：中国轻工业出版社，2000.

[2] 张雪荣. 药物分离与纯化技术. 北京：化学工业出版社，2005.

[3] 赵庆新，袁生. 植物细胞壁研究进展. 化工进展，2007，42（7）：8-9.

[4] 申奕，简华. 化工单元操作技术. 天津：天津大学出版社，2009.

[5] 张宏丽，周长丽. 制药过程原理及设备. 北京：化学工业出版社，2005.

[6] 杨瑞虹. 药物制剂技术与设备. 北京：化学工业出版社，2005.

[7] 顾觉奋. 分离纯化工艺原理. 北京：中国医药科技出版社，2002.

[8] 张劲. 药物制剂技术. 北京：化学工业出版社，2005.

[9] 袁惠新. 分离工程. 北京：中国石化出版社，2002.

[10] 曹军卫，马辉文. 微生物工程. 北京：科学出版社，2002.

[11] 徐清华. 生物工程设备. 北京：科学出版社，2007.

[12] 郑裕国. 生物工程设备. 北京：化学工业出版社，2007.

[13] 刘俊果. 生物产品分离设备与工艺实例. 北京：化学工业出版社，2009.

[14] 毛忠贵. 生物工业下游技术. 北京：中国轻工业出版社，1999.

[15] 孙彦. 生物分离工程. 北京：化学工业出版社，1998.

[16] 俞俊堂，唐孝宣等. 新编生物工艺学（上、下册）. 北京：化学工业出版社，2003.

[17] 李津，俞霆等. 生物制药设备和分离纯化技术. 北京：化学工业出版社，2003.

[18] 陆美娟. 化工原理：下册. 北京：化学工业出版社，2001.

[19] 朱宏吉. 制药设备与工程设计. 北京：化学工业出版社，2008.

[20] 于文国，卞进发. 生化分离技术. 北京：化学工业出版社，2007.

[21] 李淑芬，姜忠义. 高等制药分离工程. 北京：化学工业出版社，2004.

[22] 周立雪等. 传质与分离技术. 北京：化学工业出版社，2002.

[23] 蒋维钧. 新型传质分离技术. 北京：化学工业出版社，1992.

[24] 化工设备设计全书编辑委员会，金国森等. 干燥设备. 北京：化学工业出版社，2002.

[25] 陆九芳，李总成，包铁竹. 分离过程化学. 北京：清华大学出版社，1993.

[26] 何志成. 制剂单元操作与制剂工程设计. 北京：中国医药科技出版社，2006.

[27] 王学松. 膜分离技术及应用. 北京：科学出版社，1994.

[28] 唐燕辉. 药物制剂生产设备及车间工艺设计. 北京：化学工业出版社，2006.

[29] 张颖等译. 液膜分离技术. 北京：原子能出版社，1983.

[30] 陈来同，唐运. 生物化学品制备技术. 北京：科学技术文献出版社，2003.

[31] 刘国诠. 生物工程下游技术. 北京：化学工业出版社，2003.

[32] 欧阳平凯，胡永红. 生物分离原理及技术. 北京：化学工业出版社，1999.

[33] 王志祥. 制药工程学. 北京：化学工业出版社，2003.

[34] 严希康. 生化分离工程. 北京：化学工业出版社，2001.

[35] 郑裕国，薛亚平，金利群. 生物加工过程与设备. 北京：化学工业出版社，2004.

[36] 郑怀礼等. 生物絮凝剂与絮凝技术. 北京：化学工业出版社，2004.

[37] 蒋维钧，雷良恒，刘茂林. 化工原理. 北京：清华大学出版社，1993.

[38] 刘茉娥等. 膜分离技术. 北京：化学工业出版社，2000.

[39] 陈立功，张卫红等. 精细化学品的现代分离与分析. 北京：化学工业出版社，2000.

[40] 曹学君. 现代生物分离工程. 上海：华东理工大学出版社，2007.

[41] 伍钦，钟理等. 传质与分离工程. 上海：华东理工大学出版社，2005.

[42] 田瑞华. 生物分离工程. 北京：科学出版社，2008.

[43] 田亚平. 生化分离技术. 北京：化学工业出版社，2006.

[44] 于文国，陶秀娥. 包涵体蛋白复性及其影响因素. 河北工业科技，2007（5）：314-316.

[45] 郝少莉，仇农学. 沉淀分离技术在蛋白质处理方面的应用. 粮食与食品工业，2007，14（1）：20-22.

[46] 李冬梅，张锦茹等. 蛋白质沉淀分离. 粮食与油脂，2007（7）：9-11.

[47] 朱洪涛. 工业结晶分离技术研究新进展. 石油化工，1999，28（7）：494-504.

[48] 黎常宏，万真. 结晶工艺及设备的最新进展. 江西化工，2006，（1）：37-29.

[49] 张海德，李琳等. 结晶分离技术新进展. 现代化工，2001，21（5）：13-16.

[50] 刘宝河. 间歇结晶分离技术的若干研究［D］. 南京：南京工业大学，2003.

[51] 伍川，岳云平等. 溶液结晶研究进展. 江西化工，2003（4）：7-12.

[52] 吴龙琴，李克. 微波萃取原理及其在中草药有效成分提取中的应用. 中国药业，2012，21（12）：110-112.

[53] 姬宏深，范正. 凝胶萃取分离技术研究进展. 化工冶金，1995，16（4）：362-368.

［54］ 姜忠义，李多，彭福兵．渗透蒸发传质理论与模型．膜科学与技术，2003，23（2）：37-47.

［55］ 平郑骅．渗透蒸发的原野及应用．上海化工，1995，20（5）：4-6；20（6）：3-5.

［56］ 朱圣东，吴迎．渗透蒸馏．膜科学与技术，2000，20（5）：42-48.

［57］ 李炜．殷宁．新型膜分离技术——渗透蒸馏．精细与专用化学品，2005，13（17）：13-16.

［58］ 严希康．生物物质分离工程．北京：化学工业出版社，2010.